Fiedler | Fünfstück
Die Vögel Mitteleuropas

Wolfgang Fiedler
Hans-Joachim Fünfstück

Die Vögel Mitteleuropas

Das große Fotobestimmungsbuch

unter Mitarbeit von Hans-Heiner Bergmann

Quelle & Meyer Verlag Wiebelsheim

Dr. Wolfgang Fiedler
Max-Planck-Institut für Verhaltensbiologie
Zentrale für Tiermarkierung „Vogelwarte Radolfzell"
Am Obstberg 1
D-78315 Radolfzell

Hans-Joachim Fünfstück
Gsteigstr. 43
D-82467 Garmisch-Partenkirchen

Die Angaben in diesem Buch sind von Autoren und Verlag sorgfältig erwogen und geprüft, dennoch kann keine Garantie übernommen werden. Eine Haftung der Autoren und des Verlags und seiner Beauftragten für Personen-, Sach- und Vermögensschäden ist ausgeschlossen.

Bibliografische Information der Deutschen Nationalbibliothek
Die Deutsche Nationalbibliothek verzeichnet diese Publikation in der Deutschen Nationalbibliografie; detaillierte bibliografische Daten sind im Internet über http://dnb.d-nb.de abrufbar.

© 2021 by Quelle & Meyer Verlag GmbH & Co., Wiebelsheim
www.quelle-meyer.de

Das Werk einschließlich aller seiner Teile ist urheberrechtlich geschützt. Jede Verwertung außerhalb der engen Grenzen des Urheberrechtsgesetzes ist ohne Zustimmung des Verlages unzulässig und strafbar. Kein Teil dieses Buches darf deshalb ohne ausdrückliche schriftliche Genehmigung des Verlages digital oder analog vervielfältigt werden.

Umschlagabbildungen: Zwergadler und Kleiber vorne: H.-J. Fünfstück außer oben rechts: D. Haase, Kappenammer hinten links: H.-J. Fünfstück, rechts: J. Ferdinand

Druck und Verarbeitung: Belvédère Print & Packaging b.v.
Printed in Europe/Imprimé en Europe
ISBN 978-3-494-01764-8

Inhaltsverzeichnis

Einleitung 10
Artenteil 13
Abkürzungen und Glossar 633
Literaturempfehlungen 639
Bild- und Tonnachweis 640
Register der deutschen Vogelnamen 646
Register der wissenschaftlichen Vogelnamen 651
Register der englischen Vogelnamen 656
Register der französischen Vogelnamen 660
Register der spanischen Vogelnamen 664
Register der italienischen Vogelnamen 668
Die Autoren 672

Vogelfamilien

Nandus 13

Fasanverwandte 14

Entenverwandte 24

Gänse 24   Schwäne 39   Enten 48   Säger 83

Im Vergleich: Entenweibchen im Prachtkleid 46

Nachtschwalben 89   Segler 91   Trappen 96

Kuckucke 100   Flughühner 103   Tauben 106

Inhaltsverzeichnis

Rallen 113

Kraniche 123

Lappentaucher 126

Flamingos 132

Triele 136

Austernfischer 137

Säbelschnäbler 138

Regenpfeiferverwandte 140

Schnepfenverwandte 157

Im Vergleich: Strandläufer 164

Im Vergleich: Wasserläufer und andere schlanke, hochbeinige Limikolen ... 189

Brachschwalben 205

Möwenverwandte 209

Raubmöwen 254

Möwen 209

Seeschwalben 238

Im Vergleich: Kleine Möwen im Schlicht- und Jugendkleid 215

Im Vergleich: Großmöwen im Jugendkleid 226

Im Vergleich: Seeschwalben im Jugendkleid 238

Im Vergleich: Raubmöwen im Jugendkleid 254

Alke 259

Seetaucher 266

Sturmschwalben 271

Albatrosse 273

Inhaltsverzeichnis

Im Vergleich: Seetaucher 265
Im Vergleich: Röhrennasen 274

| Wellenläufer 276 | Sturmvögel 279 |

| Störche 289 | Tölpel 291 | Scharben 293 |

| Ibisse 296 | Reiher 300 | Pelikane 310 |

| Fischadler 313 | Habichtverwandte 314 |

Im Vergleich: Geier und große Adler 312
Im Vergleich: Bussarde, Milane und kleine Adler ... 317
Im Vergleich: Eulen 344

| Schleiereulen 345 | Eulen 346 | Wiedehopfe 358 |

Inhaltsverzeichnis

Racken 359
Eisvögel 360
Spinte 363
Spechte 365
Falken 375
Papageien 386
Würger 390
Vireos 400
Pirole 401
Krähenverwandte . 402
Seidenschwänze 415
Meisen 416
Beutelmeisen 423
Bartmeisen 424
Lerchen 425
Schwalben 435
Seidensänger 440
Schwanzmeisen 441
Laubsänger 443

Im Vergleich: Laubsänger 442
Im Vergleich: Schwirle, Rohrsänger, Spötter 458

Inhaltsverzeichnis

Rohrsänger ···· 459
Schwirlverwandte ···· 472
Halmsänger ···· 477
Grasmücken ···· 478

Goldhähnchen ···· 492
Zaunkönige ···· 494
Kleiber ···· 495
Mauerläufer ···· 496

Spottdrosseln ···· 497
Baumläufer ···· 498
Starenverwandte ···· 500
Drosseln ···· 504

Im Vergleich: Drosseln ···· 503

Schnäpperverwandte ···· 520
Wasseramseln ···· 549
Sperlinge ···· 550

Braunellen ···· 556
Stelzenverwandte ···· 559
Finken ···· 580
Tundraammern ···· 603

Im Vergleich: Pieper ···· 568
Im Vergleich: Kleinere Finken ···· 589
Im Vergleich: Ammern ···· 602

Ammern ···· 605
Stärlinge ···· 627
Waldsänger ···· 629
Kardinäle ···· 632

Einleitung

Dieses Bestimmungsbuch, das ganz auf realistischen Fotos der verschiedenen Arten und ihrer Kleider aufbaut, soll eine Ergänzung zu den existierenden mitteleuropäischen Vogelführern sein. Die Artenauswahl (einschließlich der Raritäten) deckt, bis auf einige Ausnahmeerscheinungen, mit über 600 behandelten Arten den ganzen mitteleuropäischen Raum ab. Die Reihenfolge, in der die Arten abgehandelt werden, folgt der aktuellen Artenliste der Vögel Deutschlands, bis auf ganz wenige Fälle, wo aus Gründen des Layouts Arten um wenige Positionen verschoben wurden.

Bei der Auswahl der Fotos haben wir uns bemüht, alle gängigen Kleider abzubilden sowie immer wieder auch Übergangskleider, Morphen oder besondere Färbungstypen, die zeigen, welche beachtliche Varianz im Aussehen einiger Vogelarten stecken kann. Alle denkbaren Kleider, Varianten und Übergangsformen einer Vogelart zu zeigen ist allerdings etwas, das weder Zeichnungen noch Fototafeln leisten können. Besonders bei selteneren Arten sind wir trotz einer heute unglaublichen Fülle hervorragender Vogelfotos gelegentlich auch an Grenzen gestoßen und einige Wunschbilder waren einfach nicht zu beschaffen. Vielleicht fühlt sich ein Fotograf oder eine Fotografin durch ein qualitativ noch steigerungsfähiges Foto in unserem Buch dazu motiviert, hier mit einer eigenen Aufnahme nachzubessern. Wir freuen uns über Hinweise.

Dieses Buch ist ein Bestimmungsbuch, in dem wir uns weitestgehend auf die Angaben beschränkt haben, die zur Art-, Geschlechts- und Altersbestimmung in der Natur erforderlich sind. Bezüglich der vielen spannenden Fakten zur Ökologie und Lebensweise der einzelnen Arten verweisen wir auf das Buch „Die Vögel Mitteleuropas im Porträt" von H.-J. Fünfstück und I. Weiß (ebenfalls erschienen bei Quelle & Meyer), in dem sich zahlreiche Fakten zur Biologie der Vogelarten nachlesen lassen. Kleine blaue Hinweisnummern hinter dem Vogelnamen bilden die Verknüpfung zur Nummer dieser Art im „Porträtbuch".

Sofern eine Art nicht weiter in Unterarten aufgeteilt wird oder von den bekannten Unterarten normalerweise nur eine in unserer Region auftritt, ist nur der zweigliedrige wissenschaftliche Artname angegeben (bestehend aus dem Gattungsnamen, beispielsweise für die Gattung der Kormorane *Phalacrocorax* und einem die Art bezeichnenden zweiten Ausdruck, z. B. für unseren heimischen Kormoran *carbo*). Werden von einer Art auch innerhalb Mitteleuropas regelmäßig mehrere Unterarten unterschieden, ist dies beim Blick auf die wissenschaftlichen Artnamen an der üblichen dreigliedrigen Nomenklatur (Gattungsname, Artbezeichnung, Unterartbezeichnung, z. B. die zwei mitteleuropäischen Unterarten des Kormorans *Phalacrocorax carbo sinensis* und *Phalacrocorax carbo carbo*) erkennbar. Aus Platzgründen werden außer bei der ersten Nennung Gattungsname und Artname dann meist mit ihren Anfangsbuchstaben abgekürzt: *P. c. carbo*.

Zur Bedeutung der Grafiken, Symbole und wichtigsten Abkürzungen siehe vorderen inneren Buchdeckel.

Im oberen rechten Bereich der Artdarstellung befindet sich bei den meisten Arten ein Streifen, der die Monate des Jahres symbolisieren soll. Hier ist die **Anwesenheit in Mitteleuropa** markiert. Dabei ist nicht berücksichtigt, ob es sich um dieselben Populationen oder Individuen handelt, die beobachtet werden können. Eine Vogelart, von denen zumindest ein Teil der Population nicht wandert, ist ganzjährig ebenso durchgehend markiert wie eine Art, bei der die Brutpopulation im Winter abwandert, dafür aber nordische Vertreter der Art zuwandern. Der Vogelbeobachter wird den Unterschied letztlich ohnehin oft nicht bemerken. Arten, von denen beispielsweise einzelne Individuen bei uns überwintern, aber deutlich weniger Vögel anwesend sind als zu anderen Jahreszeiten, sind in einem helleren Farbton markiert. Wir haben uns bemüht, einen insgesamt aussagekräftigen, schnellen Überblick zu ermöglichen. Insbesondere im Norden können Gebiete im Frühjahr auch später erreicht oder im Herbst früher geräumt werden als im Süden des Bearbeitungsgebietes. Es ist auch möglich, dass die Art nur in bestimmten Teilen Mitteleuropas auftritt, beispielsweise an den Küsten, und im Binnenland nicht vorkommt, auch wenn sie als „anwesend" markiert ist. In einigen Fällen, z. B. bei Arten mit wenigen Einzelnachweisen, ist uns eine Zeitleiste nicht sinnvoll erschienen. Bei ihnen steht stattdessen hier ein roter Balken mit einem Schlagwort zum Auftreten.

 Die **Größe** der Vogelart, die im Gelände ohnehin schwer einschätzbar ist und bei Vögeln oft auch überschätzt wird, stellen wir vereinfacht in Form von acht Größenklassen vor, die eine schnelle Orientierung durch den Vergleich mit allgemein bekannten Arten liefern sollen.

Daneben ist der **fremdsprachliche Artname** in Englisch (En), Französisch (Fr), Spanisch (Es) und Italienisch (It) angegeben. Dies kann bei der Zuhilfenahme weiterer Literatur, dem Verständnis von Infotafeln oder natürlich der Verständigung mit anderen Vogelbeobachtern durchaus hilfreich sein.

Darunter befinden sich Symbole, die einen schnellen Überblick über die typischen **Lebensräume** der Art geben sollen. Immer wieder können Vertreter von Arten auch außerhalb ihrer typischen Lebensräume auftreten,
insbesondere zur Zugzeit. Dennoch kann auch der Lebensraum eines der vielen Kriterien sein, die man zur Artbestimmung heranziehen sollte.

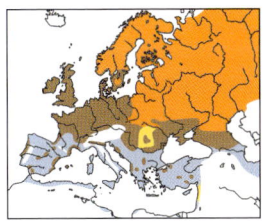 Die **Verbreitungskarte** ist in Zusammenhang mit den Angaben unter **Status** zu sehen. Beide sollen einen Hinweis geben, wie selten oder häufig die vermutete Vogelart ist und wo sie hauptsächlich vorkommt. Die Farben in den Verbreitungskarten geben noch genauere Informationen, siehe innerer Buchdeckel. Gerade bei mobilen Organismen wie den Vögeln können Vertreter auch immer wieder einmal weitab der üblichen Verbreitungsgebiete auftauchen. Für viele fortgeschrittene Vogelbeobachter machen gerade die Ausnahmeerscheinungen und Irrgäste den Reiz des Vogelbeobachtens aus.

Den Auftakt des Textblockes bildet eine sehr knappe Kurzcharakterisierung der Art, die einen ersten Bestimmungseinstieg bieten soll. Nach den bereits erwähnten Statusangaben wird auf die verschiedenen **Kleider** der Art eingegangen. Weitere Erklärungen zu den Bezeichnungen der einzelnen Kleider finden sich im Glossar. Je nach Vogelgruppe haben sich etwas voneinander abweichende Schemata zur Nomenklatur der Kleider eingebürgert. Wir haben versucht, diese zu übernehmen, aber dabei so konsistent wie möglich zu bleiben. Existierende Ansätze zu einer generellen Bezeichnung der Kleider unter Bezugnahme auf die vielfältigen und oft komplizierten Zyklen des Gefiederwechsels sind recht komplex und für die Artbestimmung oft zu abstrakt.

Auf **Verhaltensweisen** gehen wir dann ein, wenn diese einen Beitrag zur Artbestimmung leisten können, wie beispielsweise das „Schwanztrillern" der Rotschwänze. Selbes gilt auch für die **Stimme** (und ebenso bei **Lautäußerungen**, die nicht mit dem Stimmapparat in der Kehle erzeugt werden), bei der wir uns auf die Angabe kennzeichnender Laute beschränken, die als auffällige Merkmale oft eine Artbestimmung unterstützen oder sogar entscheidend dafür sein können. Neben den kurzen und schnell verfügbaren Sprachumschreibungen besteht die Möglichkeit, einen angegebenen QR-Code mit der entsprechenden Software Ihres Smartphones oder Ihres Tablets einzulesen und so im Internet eine Tondatei abzurufen. Bitte beachten Sie, dass je nach Einstellung und Tarif Ihres Mobilgerätes dabei Kosten für die Internetverbindung entstehen können. Zusätzlich bieten wir unter: https://www.quelle-meyer.de/wp-content/uploads/2021/04/Fotobestimmungsbuch_Tondateien.zip die Tondateien zum Download an, damit Sie diese bei Bedarf auf einem Abspielgerät speichern können. Über den nebenstehenden QR-Code können Sie die Datei auf Ihrem Mobiltelefon oder Tablett speichern und anschließend entpacken.

Unter **Ähnliche Arten** stehen Hinweise auf Verwechslungsmöglichkeiten mit anderen Arten. Hinweise wie „kaum zu verwechseln" zeigen auch an, dass man sich nach erfolgter Artbestimmung wenig Sorgen bezüglich eventuell übersehener Alternativen machen muss.

Den unteren Teil der Artenseite bilden dann die Fotos der verschiedenen Kleider. Hier sind in der Regel die Merkmale beschrieben, die gute Anhaltspunkte für die Unterscheidung von anderen Arten, aber auch von anderen Kleidern derselben Art bieten.

Dank

Ein herzlicher Dank geht an die zahlreichen Fotografinnen und Fotografen, die ihre Bilder für dieses Buch zur Verfügung gestellt haben. Es sind Aufnahmen dabei, bei denen man nur erahnen kann, wie viel Glück, vor allem aber Gespür und Ausdauer für ihre Entstehung nötig waren – und dies manchmal für ein wenig attraktives, unscheinbares Gefiederkleid statt eines prachtvoll bunt gefärbten Männchens.

Christopher König (alle Arten), Tobias Krause (Papageien) und Florian Oertel (Wespenbussard) gaben uns wertvolle Hinweise zu den Arttexten und Fotos.

Nicht zuletzt möchten wir dem Verlagsteam, insbesondere Svenja Höchster und Georg Grothe, herzlich für die vielfältige Unterstützung und Motivation bei der Erstellung dieses Buches danken.

Nandus · Rheidae

Nandu *Rhea americana*   (→ 0)

Flugunfähiger, großer Laufvogel mit lockerem, zerzaust aussehendem Gefieder, das grau oder braun gefärbt ist.

Status: In Norddeutschland etablierte, sehr kleine Population (Neozoon).

Kleider: Geschlechter gleich.

Ähnliche Arten: In Europa keine.

Neozoon

En: Greater Rhea
Fr: Nandou d'Amérique
Es: Ñandú común
It: Nandù

adult

Haselhuhn *Tetrastes bonasia rhenanus* („Westliches Haselhuhn"), *T. b. styriacus* und *T. b. rupestris* (→ 79)

J	F	M	A	M	J	J	A	S	O	N	D

En: Hazel Grouse
Fr: Gélinotte des bois
Es: Grévol común
It: Francolino di monte

Etwas größer als Rebhuhn mit kleinem Kopf und rundlichem Körper.

Status: Seltener Brutvogel, vielerorts ausgestorben. Unterart *rhenanus* nur noch in kleinem Bestand in den Vogesen, *styriacus* in Jura und Alpen bis Südpolen, *rupestris* in Süddeutschland, Böhmen, Sudetenland.

Kleider: Kleider der Geschlechter sehr ähnlich, Männchen mit schwarzer Kehle mit weißem Saum und größerer Haube. Jugendkleid sehr ähnlich Weibchen.

Stimme: Hochtoniger Strophengesang des Hahnes in größeren Zeitabständen, schwer zu lokalisieren. Auf Distanz goldhähnchenartig zart.

Ähnliche Arten: Im Flug von anderen braunen Hühnern durch den grauen Schwanz mit schwarzer Endbinde unterscheidbar.

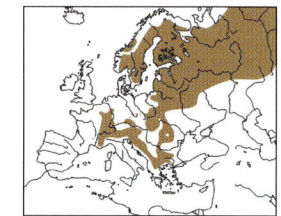

♀ adult

Haube
Kehle gefleckt
Steiß und Schwanz grau
schwarze Kehle, weißer Saum
♂ adult
dunkle Binde

Fasanverwandte · Phasianidae

Auerhuhn *Tetrao urogallus* (→ 83)

Sehr großes Raufußhuhn.

Status: Seltener Brutvogel, v. a. im Alpenraum und in wenigen Mittelgebirgen.

Kleider: Kleider der Geschlechter deutlich unterschiedlich (siehe Fotos), außerdem Männchen bedeutend größer. Jungvögel im ersten und zweiten Jahr kleiner.

Stimme: Die Gesangsstrophen des Hahns tragen im Wald nicht weit. Sie bestehen aus Knappen, Triller, Hauptschlag und Wetzen.

Ähnliche Arten: Aufgrund der Größe unverwechselbar. Henne durch Größe, rotbraunen Brustfleck und Oberbrust und insgesamt wärmer braune Gefiederpartien von Birkhenne unterschieden.

En: Western Capercaillie
Fr: Grand Tétras
Es: Urogallo común
It: Gallo cedrone

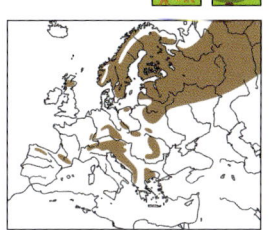

Fasanverwandte • Phasianidae

Birkhuhn *Lyrurus tetrix* (→ 82)

En: Black Grouse
Fr: Tétras lyre
Es: Gallo-lira común
It: Fagiano di monte

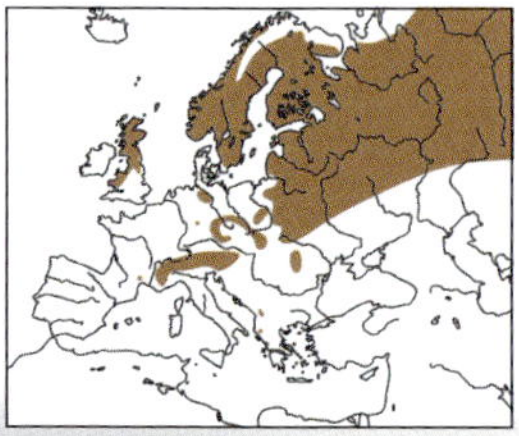

Mittelgroßes Raufußhuhn.

Status: Seltener Brutvogel, außerhalb der Alpen noch in der Lüneburger Heide und wenigen kleinen Restbeständen.

Kleid: Kleider der Geschlechter deutlich unterschiedlich (siehe Fotos), außerdem Männchen erkennbar größer. Jugendkleid sehr ähnlich Weibchen.

Stimme: Die gurrenden Strophen des Birkhahns tragen vom gemeinschaftlichen Balzplatz aus weit über Moor und Grünland.

Ähnliche Arten: Männchen fast schwarz und durch lange sichelförmige Steuerfedern unverwechselbar. Weibchen ähnlich Auerhenne, jedoch kleiner und einfarbig braun mit schwarzer Querbänderung, auch an der Brust.

Fasanverwandte · Phasianidae

Alpenschneehuhn *Lagopus muta* (→ 81)

Rundlich wirkendes Huhn mit kurzem Schnabel, im Winter bis auf den ganzjährig schwarzen Schwanz schneeweiß.

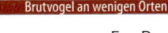 Brutvogel an wenigen Orten

En: Rock Ptarmigan
Fr: Lagopède alpin
Es: Lagópodo alpino
It: Pernice bianca

Status: Regional verbreiteter Brutvogel in den Alpen von etwa 1700 bis 2300 m Meereshöhe.

Kleider: Wechselt von einem überwiegend braunen Gefieder im Sommer in ein rein weißes Wintergefieder, dazwischen viele „gescheckte" Stadien. Anhand der braunen Gefiederbereiche sind Geschlechter unterscheidbar, siehe Fotos. Im weißen Wintergefieder Männchen mit dunklem Zügelstreif. Jugendkleid braun, sehr ähnlich Weibchen, aber mit mehr Braun im Flügel.

Stimme: Im späten Frühjahr hart knarrende Strophe, teils im Singflug vorgetragen.

Ähnliche Arten: Im Flug von anderen braunen Hühnern durch schwarze Steuerfedern unterscheidbar. Das ähnliche Moorschneehuhn überlappt nur in Skandinavien und Schottland mit dem Verbreitungsgebiet des Alpenschneehuhns.

♂ Sommergefieder — weiße Flecken, graubraun — deutlich rot geschwollen („Rosen")

♂ Wintergefieder — ♂ mit schwarzem Zügelstrich

Übergangskleid — braune Federn des Sommergefieders

Jugendkleid — Flügel ganz braun

Schwanz unten schwarz

♀ Sommergefieder — grobe dunkle Bänderung — feine Bänderung

Fasanverwandte • Phasianidae

Rothuhn *Alectoris rufa* (→ 84)

Eher kleines Huhn von Gestalt eines Rebhuhns.

Status: Ehemaliger lokaler Brutvogel. Zuletzt Auftreten nur nach Aussetzungen.

Kleider: Geschlechter gleich, Jugendkleid ähnlich Adultkleid.

Stimme: Strophiger Gesang von niedriger Warte aus, mit wetzendem Beginn, dann andere Phrasen bis zu lautem Ende mit Kräh-Elementen.

Ähnliche Arten: Rothuhn, Steinhuhn und weitere ähnliche Arten lassen sich anhand der Kopf- und Halszeichnung unterscheiden, siehe Fotos.

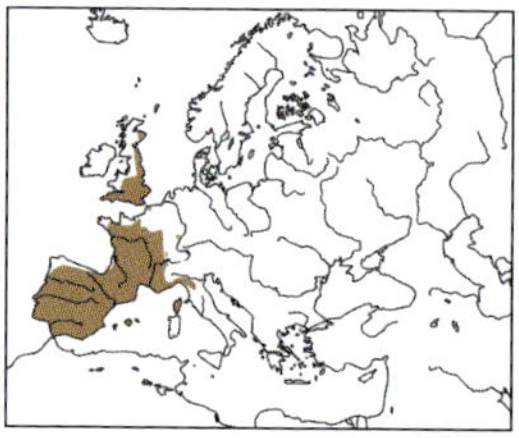

Neozoon

En: Red-legged Partridge
Fr: Perdrix rouge
Es: Perdiz roja
It: Pernice rossa

Fasanverwandte • Phasianidae

Steinhuhn *Alectoris graeca* (→ 85)

Eher kleines Huhn von Gestalt eines Rebhuhns.
Status: Seltener Brutvogel v. a. in den Südalpen.
Kleider: Geschlechter gleich.

Stimme: Lange Strophen beginnen mit spitzem „tsik-tsik…", danach steigernd zu Doppelelementen wie „tri-wet", am Ende Krählaute.

Ähnliche Arten: Steinhuhn, Rothuhn und weitere ähnliche Arten lassen sich anhand der Kopf- und Halszeichnung gut unterscheiden, siehe Fotos.

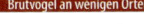

En: Rock Partridge
Fr: Perdrix bartavelle
Es: Perdiz griega
It: Coturnice

heller Überaugenstreif schmal und kaum sichtbar (vgl. Rothuhn)

Scheitel grau

Hals einfarbig grau

Streifen beige und braun

adult

Fasanverwandte • Phasianidae

Rebhuhn *Perdix perdix* (→ 87)

En: Grey Partridge
Fr: Perdrix grise
Es: Perdiz pardilla
It: Starna

Typischer, eher kleiner Hühnervogel.

Status: Ehemals häufiger, heute in großen Regionen verschwundener Brutvogel.

Kleider: Im Adultgefieder haben Weibchen einen kleineren braunen Bauchfleck als Männchen. Jugendgefieder braun mit gestreiften Flanken.

 Stimme: Gesang von Hahn und Henne vor allem in der Dämmerung „kerrick".

Ähnliche Arten: Nur im Jugendkleid mit Wachtel (diese kleiner und dünner) oder Fasanenküken (dieses ohne helle Flankenstreifen) verwechselbar.

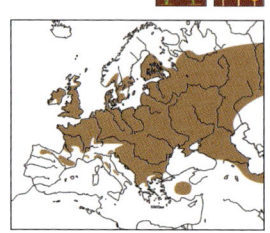

Flanken weniger deutlich gestreift als bei Wachtel

Kopf und Hals überwiegend braun

Brustbereich bereits grau

Küken

Stirn, Kopfseiten und Kehle orange-braun

überwiegend grau

Übergangskleid (Jugendkleid → adult)

brauner Bauchfleck (bei ♀ kleiner)

Juv.

adult

♂ adult

Fasanverwandte • Phasianidae

Wachtel *Coturnix coturnix* (→ 88)

Sehr kleiner, sehr versteckt lebender Hühnervogel.

Status: Verbreiteter, in Ackerlandschaften aber teils sehr selten gewordener Brutvogel, regelmäßiger Durchzügler.

Kleid: Im Adultgefieder haben Männchen eine schwarze Kehlmitte und kontrastreiche Kehlzeichnung. Jugendkleid sehr ähnlich Weibchen.

Stimme: Der typische dreisilbige Wachtelschlag „pick-werwick" ist wesentlich häufiger zu hören als eine Sichtbeobachtung gelingt.

Ähnliche Arten: Beim Auffliegen Verwechslungsmöglichkeit mit Fasanenküken, diese sind aber langhalsiger und mehr gefleckt als gestreift.

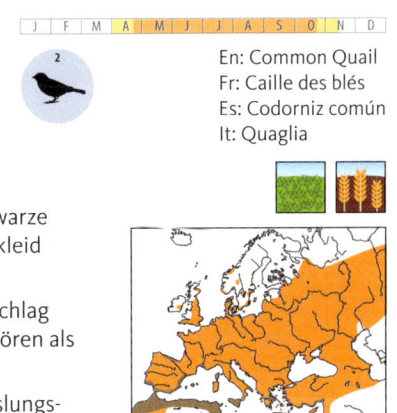

En: Common Quail
Fr: Caille des blés
Es: Codorniz común
It: Quaglia

Königsfasan *Syrmaticus reevesii* (→ 90)

Typische Fasanengestalt, etwas größer als Jagdfasan.

Status: Kleine etablierte Population aus ausgesetzten Vögeln in Tschechien, sonst ausnahmsweise auftretende Gefangenschaftsflüchtlinge.

Kleider: Im Adultgefieder Geschlechter deutlich unterschiedlich gefärbt, siehe Fotos. Jugendkleid sehr ähnlich Weibchen.

Ähnliche Arten: Das Weibchen ist im Gegensatz zum Jagdfasan nicht gefleckt, sondern deutlich gebändert.

Neozoon

En: Reeves's Pheasant
Fr: Faisan vénéré
Es: Faisán venerado
It: Fagiano venerato

Jagdfasan *Phasianus colchicus* (→ 89)

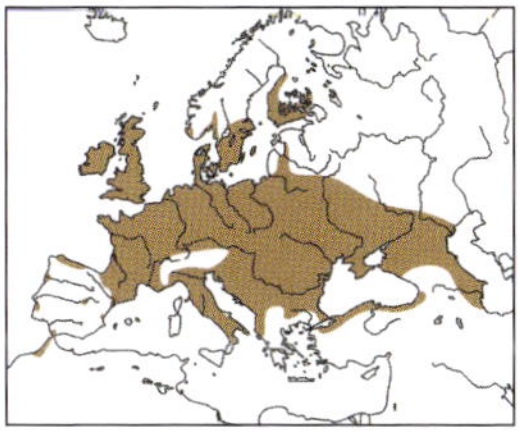

Bekannteste Fasanenart, von typischer, langschwänziger Gestalt.

Status: Zu Jagdzwecken aus Asien eingeführter Brutvogel, jedoch nur in wenigen Gebieten selbsttragende Populationen.

Kleider: Im Adultgefieder Geschlechter deutlich unterschiedlich gefärbt, siehe Fotos. Jugendkleid sehr ähnlich Weibchen. Bei den ad. Männchen sind verschiedene Gefiedervarianten (z. B. ohne weißen Halsring) beschrieben.

Verhaltensweisen: Duckt sich bei Herannahen eines Feindes, um ihn dann durch plötzliches „explosionsartiges" Auffliegen zu erschrecken.

Stimme: Der Hahn äußert plötzlich ausbrechende zweisilbige Kurzstrophen wie „gökök", die von lautem Flügelschwirren begleitet werden.

Ähnliche Arten: Durch den langen Schwanz nur mit anderen Fasanen verwechselbar. Bezüglich Küken siehe auch Wachtel und Rebhuhn.

Neozoon

En: Common Pheasant
Fr: Faisan de Colchide
Es: Faisán vulgar
It: Fagiano comune

Entenverwandte · Anatidae

Ringelgans *Branta bernicla bernicla* („Dunkelbäuchige Ringelgans"), *B. b. hrota* („Hellbäuchige Ringelgans") und *B. b. nigricans* („Pazifische Ringelgans") (→ 19)

En: Brent Goose
Fr: Bernache cravant
Es: Barnacla carinegra
It: Oca colombaccio

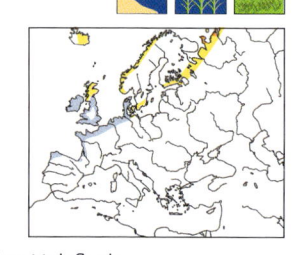

Kleine dunkle Gans mit schwarzem Hals und hellem Hals"ring". *B. b. bernicla* mit dunkelgrauem Bauch und geringfügig helleren Flanken. Unterart *hrota* mit hellem Bauch, *nigricans* mit schwarzem Bauch und hellen Flanken.

Status: Unterart *bernicla* (aus Sibirien) häufiger Wintergast im Wattenmeer, vereinzelt Gefangenschaftsflüchtlinge. Unterart *hrota* (aus Grönland) seltener, aber regelmäßiger Wintergast an der Nordsee, *nigricans* (aus Ostsibirien) seltener Gast.

Kleider: Geschlechter gleich. Im Jugendkleid Oberflügeldecken mit weißlichen Säumen und bis zum Spätherbst noch ohne weißen Halsfleck.

Stimme: Auch aus dem weidenden Trupp hört man immer wieder Distanzrufe, die sich mit „rrott" umschreiben lassen und der Gans auch den Namen Rottgans gegeben haben.

Ähnliche Arten: Kaum zu verwechseln.

Entenverwandte • Anatidae

Rothalsgans *Branta ruficollis* (→ 18)

Aus der Entfernung dunkel wirkende, kleine Gans, aus der Nähe durch charakteristische Färbung unverkennbar, v. a. der breite weiße Flankenstreif ist auffällig.

Status: Seltener Wintergast im Norden und Osten, wohl auch Gefangenschaftsflüchtling.

Kleider: Geschlechter gleich. Im Jugendkleid mit mehreren undeutlichen hellen Flügelbinden, im Adultkleid mit zwei deutlich weißen Binden.

Ähnliche Arten: Kaum zu verwechseln.

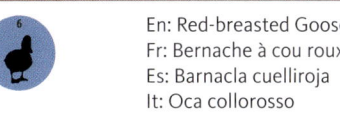

Neozoon
En: Red-breasted Goose
Fr: Bernache à cou roux
Es: Barnacla cuelliroja
It: Oca collorosso

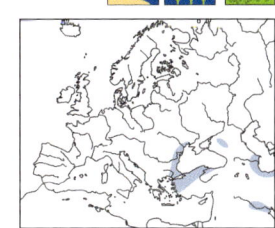

Kopf- und Brustzeichnung unverkennbar

Jugendkleid

mehr als zwei undeutliche Linien

zwei deutliche Linien

adult

Entenverwandte • Anatidae

Kanadagans *Branta canadensis canadensis* und *B. c. parvipes*   (→ 21)

Große graubraune Gans mit langem schwarzem Hals und auffallendem weißem Kinnband.

Status: Eingeführter, regelmäßiger Brutvogel (Neozoon).

Kleider: Geschlechter gleich. Im Jugendkleid ist die helle Bänderung auf den Flügeln und an den Flanken undeutlich verwaschen und die schwarzen und weißen Kopfbereiche haben einen Braunstich.

Stimme: Typisch sind einsilbige, tiefe und rein trompetende Rufe von großer Lautstärke.

Ähnliche Arten: Von anderen großen braunen Gänsen durch Kopf- und Halszeichnung unterschieden. Zwergkanadagans ist viel kleiner. Die Unterart *parvipes* ist kleiner als *B. c. candensis*, aber größer als die Zwergkanadagans.

En: Canada Goose
Fr: Bernache du Canada
Es: Barnacla canadiense grande
It: Oca cana

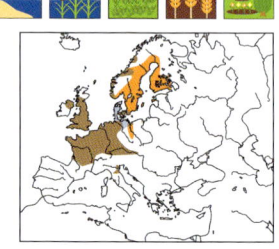

Entenverwandte • Anatidae

Zwergkanadagans *Branta hutchinsii* (→ 22)

Eine Kanadagans nur von der Größe einer Nonnengans.

Status: Gefangenschaftsflüchtling, möglicherweise auch Ausnahmegast aus Nordamerika.

Kleider: Siehe Kanadagans.

Ähnliche Arten: Siehe Kanadagans.

Ausnahmegast, vor allem aber Neozoon

En: Cackling Goose
Fr: Bernache de Hutchins
Es: Barnacla canadiense chica
It: Oca canadese di Hutchins

Färbung wie Kanadagans, aber deutlich kleiner

Schnabel kürzer und Stirn steiler als bei Kanadagans

adult

Weißwangengans *Branta leucopsis* (→ 23)

En: Barnacle Goose
Fr: Bernache nonnette
Es: Barnacla cariblanca
It: Oca facciabianca

Mittelgroße Gans mit weißem Gesicht, kurzem schwarzem Hals und schwarz-weißer Bänderung der Oberseite.

Status: Häufiger Wintergast und Brutvogel in rasch steigender Zahl an Nord- und Ostsee, im Süden seltener Gastvogel, wohl auch Gefangenschaftsflüchtlinge.

Kleider: Geschlechter gleich, Jugendkleid sehr ähnlich dem Adultkleid, Bänderung der Flanken diffuser, Bänder auf der Oberseite hell ocker, aber ohne Schwarz-Weiß-Kontrast.

Stimme: Aus dem lärmend fliegenden Trupp hört man immer wieder die bellenden Rufe der Einzelvögel heraus.

Ähnliche Arten: Kaum zu verwechseln.

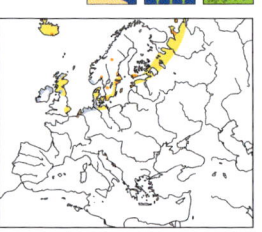

Hals schwarz, Gesicht weiß

adult

Hals noch nicht rein schwarz

Rücken kontrastarm gebändert

Jugendkleid

Flanken ungebändert

Pullus

Entenverwandte • Anatidae

Streifengans *Anser indicus* (→ 15)

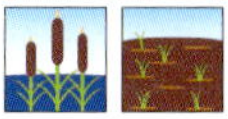

Ziemlich einheitlich graue Gans, die im Flug oft sehr hell wirkt. Durch die zwei schwarzen Querstreifen im Nacken unverwechselbar. Schnabel und Beine kräftig orangegelb.

Status: Lokal verbreiteter Brutvogel (Gefangenschaftsflüchtlinge und deren Nachkommen), der auch weiter umherstreift.

Kleider: Geschlechter gleich. Im Jugendkleid keine Querstreifen vom Hinterkopf zu den Wangen.

Ähnliche Arten: Kaum zu verwechseln.

Neozoon
En: Bar-headed Goose
Fr: Oie à tête barrée
Es: Ánsar indio
It: Oca indiana

markantes Kopfmuster — adult

markante Kopfmusterung fehlt noch — sehr frühes Jugendkleid

Jugendkleid

Beine in allen Kleidern orangegelb

Schnabel in allen Kleidern orangegelb

hellgraue Oberseite

adult

Entenverwandte · Anatidae

Zwergschneegans *Anser rossii* (→ 17)

Wirkt wie eine kleine Schneegans.

Status: Gefangenschaftsflüchtling, möglicherweise auch Ausnahmegast aus Nordamerika.

Kleider: Siehe Schneegans, dunkle Morphe sehr selten.

Ähnliche Arten: Hals kürzer, Kopf rundlicher als Schneegans und an der Schnabelbasis mit blaugrünen Warzen.

Ausnahmegast, vor allem aber Neozoon

En: Ross's Goose
Fr: Oie de Ross
Es: Ánsar de Ross
It: Oca di Ross

sehr ähnlich Schneegans, aber kurzhalsiger

Schnabel kürzer als bei Schneegans

adult

Entenverwandte • Anatidae

Schneegans *Anser caerulescens* (→ 16)

Kleine, in der hellen Morphe fast weiße Gans, dunkle Morphe immerhin noch mit weißem Kopf.

Status: Sehr seltener Gast, kleine etablierte Brutpopulation aus Gefangenschaftsflüchtlingen und deren Nachkommen in Westdeutschland.

Kleider: Helle und dunkle Morphe, letztere mit dunkelgrauem Körper, aber weißem Kopf. Geschlechter gleich. Im Jugendkleid graue Beine, grauer Schnabel sowie Gefieder samt Kopf mit Grautönen.

Ähnliche Arten: Sehr ähnlich Zwergschneegans, aber bedeutend größer.

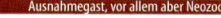

Ausnahmegast, vor allem aber Neozoon
En: Snow Goose
Fr: Oie des neiges
Es: Ánsar nival
It: Oca delle nevi

Entenverwandte · Anatidae

Graugans *Anser anser anser* („Westliche Graugans") und *A. a. rubrirostris* („Östliche Graugans") (→ 14)

Große, massige Gans mit dickem Hals und großem Schnabel. *A. a. anser* mit orangem Schnabel und orangen Füßen (außer Jugendkleid), *rubrirostris* mit rosa Schnabel, aber auch intermediäre Formen werden beobachtet.

Status: Unterart *anser* häufiger Brutvogel vor allem im Norden und Nordosten, andernorts oft ausgesetzte Vögel und deren Nachkommen. Unterart *rubrirostris* regelmäßiger Brutvogel im südöstlichen Mitteleuropa.

Kleider: Geschlechter gleich. Im Jugendkleid ist die Flankenbänderung sehr verwaschen, die schräge Halsfurchung ist undeutlich und der Schnabel ist auch bei Unterart *anser* rosa.

Stimme: Paarpartner rufen einander auf Distanz mit individuell verschiedenen mehrsilbigen Rufen, wie man sie auch von Hausgänsen kennt.

Ähnliche Arten: Andere braune Gänse („Feldgänse"), siehe Fotos.

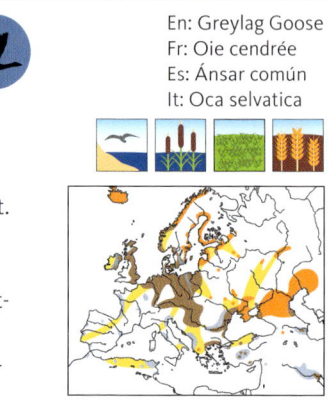

En: Greylag Goose
Fr: Oie cendrée
Es: Ánsar común
It: Oca selvatica

Entenverwandte · Anatidae

Schwanengans *Anser cygnoides* (→ 8)

Große Gans mit hellen Wangen, hellem Hals und typisch braungrauem Körper.

Status: Sehr seltener, lokaler Brutvogel aus Gefangenschaftsflüchtlingen (oft aus der domestizierten Form Höckergans), ansonsten Einzelvögel.

Kleider: Die Kleider beider Geschlechter sind sehr ähnlich, das Männchen hat aber einen angedeuteten Schnabelhöcker und ist größer und schwerer. Jungvögel sind kontrastärmer gezeichnet.

Ähnliche Arten: Andere braune Gänse („Feldgänse"), siehe Fotos.

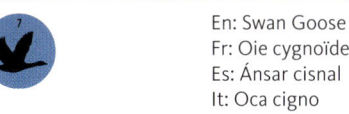

Neozoon
En: Swan Goose
Fr: Oie cygnoïde
Es: Ánsar cisnal
It: Oca cigno

Waldsaatgans *Anser fabalis* (→ 9)

Mittelgroße bis große, größtenteils dunkelbraune Gans mit relativ langen Flügeln. Beine orangefarben und Schnabel dunkel zweifarbig, mehr oder weniger orange.

Status: Regelmäßiger Durchzügler und Wintergast in Mitteleuropa. Brütet in der Taigazone Eurasiens. In Deutschland nachgewiesen ist *A. f. fabalis*.

Kleider: Geschlechter gleich. Im Jugendkleid ist die Flankenbänderung sehr verwaschen. Adulte öfter mit weißer Befiederung am Schnabelansatz.

Stimme: Die Rufe klingen nasal reibend wie bei der Tundrasaatgans, aber etwas tiefer, wie „geng" oder „gek-gek".

Ähnliche Arten: Andere braune Gänse („Feldgänse"), siehe Fotos.

En: Taiga Bean Goose
Fr: Oie des moissons
Es: Ánsar campestre
It: Oca granaiola della taiga

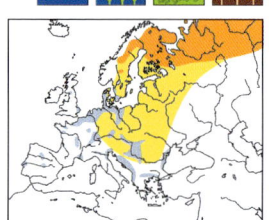

Entenverwandte • Anatidae

Tundrasaatgans *Anser serrirostris* (→ -9)

Mittelgroße, dunkel braungraue Gans mit kurzem Hals und dickem Schnabel.

Status: Regelmäßiger Durchzügler und Wintergast in Mitteleuropa. Brutvogel der Tundren Sibiriens. In Deutschland nachgewiesen ist *A. s. rossicus*.

Kleider: Geschlechter gleich. Im Jugendkleid ist die Flankenbänderung sehr verwaschen und die schräge Halsfurchung undeutlich.

Stimme: Die Rufe sind mehrsilbig und sonorer als die der Kurzschnabelgans. Beim Abflug erzeugen die Flügel rhythmisch ratternden Flugschall.

Ähnliche Arten: Andere braune Gänse („Feldgänse"), siehe Fotos.

En: Tundra Bean Goose
Fr: Oie de la toundra
Es: Ánsar de la Tundra
It: Oca granaiola della tundra

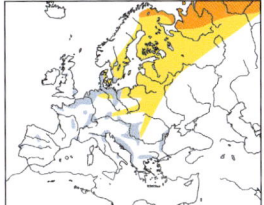

Kurzschnabelgans *Anser brachyrhynchus*

(→ 10)

En: Pink-footed Goose
Fr: Oie à bec court
Es: Ánsar piquicorto
It: Oca zamperosee

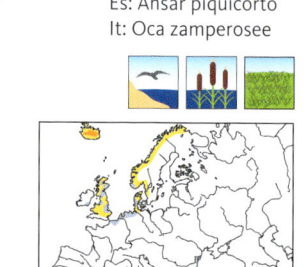

Geschlechter gleich. In der Grundfärbung ähnlich Saatgans, jedoch mit hell blaugrauem Mantel und aus der Nähe gut erkennbar rosa Füßen. Hals auffallend kurz.

Status: Regelmäßiger Wintergast an der Küste, im Binnenland selten.

Kleider: Geschlechter gleich. Im Jugendkleid ist die Flankenbänderung sehr verwaschen und die schräge Halsfurchung undeutlich.

Stimme: Die Distanzrufe sind kurz und scharf zweisilbig, wegen der geringen Größe der Gans in sehr hoher Tonlage.

Ähnliche Arten: Andere braune Gänse („Feldgänse"), siehe Fotos.

Entenverwandte • Anatidae

Blässgans *Anser albifrons albifrons* und *A. a. flavirostris* (→ 12)

Mittelgroße Gans. Adulte mit weißem Federfeld um den Schnabel und starker Querfleckung am Bauch. *A. a. albifrons* mit rosa, *flavirostris* mit orangem Schnabel. Letztere auch etwas größer und dunkler.

Status: Unterart *albifrons* regelmäßiger Durchzügler und Wintergast im Norden, im Süden unregelmäßig und in kleinen Trupps. Auch Gefangenschaftsflüchtlinge und deren Nachkommen. Unterart *flavirostris* (Grönland) sehr seltener Wintergast.

Kleider: Geschlechter gleich. Im Jugendkleid ist die Flankenbänderung sehr verwaschen und die schräge Halsfurchung undeutlich. Adulte mit weißen Federn am Schnabelansatz.

Stimme: Vor allem in gemischten Gänsetrupps fällt die Anwesenheit von Blässgänsen sofort durch die höheren, klareren, fast etwas lachend klingenden Rufe auf.

Ähnliche Arten: Verwechslung der Jungen durch ungefleckten Bauch und fehlende Blässe auf Entfernung mit anderen Gänsen möglich. Siehe Fotos.

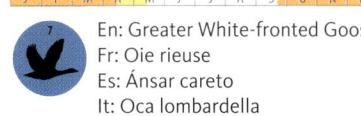

En: Greater White-fronted Goose
Fr: Oie rieuse
Es: Ánsar careto
It: Oca lombardella

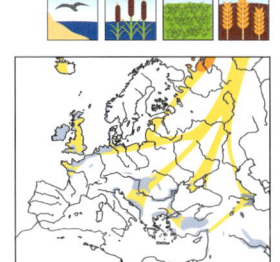

Zwerggans *Anser erythropus* (→ 11)

Wintergast

En: Lesser White-fronted Goose
Fr: Oie naine
Es: Ánsar chico
It: Oca lombardella minore

Sehr ähnlich der etwas größeren Blässgans, jedoch in allen Kleidern mit deutlichem gelbem Lidring. Der Schnabel ist relativ klein und die Flügelspitzen überragen deutlich den Schwanz.

Status: Seltener Durchzügler und Wintergast aus Nordskandinavien und Sibirien, meist einzeln unter anderen Wildgänsen.

Kleider: Geschlechter gleich. Im Jugendkleid ist die Flankenbänderung sehr verwaschen und die schräge Halsfurchung undeutlich. Der gelbe Augenring ist im Jugendkleid schon vorhanden, manchmal aber undeutlicher.

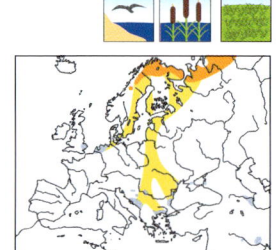

 Stimme: Die mehrsilbigen Distanzrufe der kleinen Zwerggans klingen lachend wie die von Blässgänsen, aber höher im Sopran.

Ähnliche Arten: Andere braune Gänse, siehe Fotos.

— Halsfurchung fast fehlend
— Flankenbänderung verwaschen
— Jugendkleid
— Spitzen überragen den Schwanz
— gelber Augenring
— Jugendkleid
— Weißfärbung sehr variabel
— Schnabel kurz und rosa
— breite, weiße Endbinde
— adult
— schwach gefleckt

Entenverwandte • Anatidae

Schwarzschwan *Cygnus atratus* (→ 4)

Neozoon

En: Black Swan
Fr: Cygne noir
Es: Cisne negro
It: Cigno nero

Fast komplett schwarz gefärbter, grazil wirkender Schwan. Nur Schwungfedern sind weiß.

Status: Brutvogel in Australien. In Mitteleuropa Gefangenschaftsflüchtling, z. T. etabliert, seltener Brutvogel.

Kleider: Geschlechter gleich, die Federkräuselung am Hals ist bei adulten Männchen besonders stark ausgeprägt. Jugendkleid mit graubraunem Gefieder.

Ähnliche Arten: Keine andere Schwanenart ist am Körper komplett schwarz.

Höckerschwan *Cygnus olor* (→ 3)

Größter flugfähiger Vogel in Europa, größter Vertreter der Schwäne und einziger Schwan mit Orange am Schnabel (Adultkleid).

Status: Häufiger Brutvogel, im Winter z. T. Zuzügler.

Kleider: Geschlechter gleich, Schnabelhöcker bei adulten Männchen besonders stark ausgeprägt. Im Jugendkleid Gefieder überwiegend hellbraun.

Verhaltensweisen: Hebt beim Imponieren die gefalteten Flügel an und wirkt dadurch größer. Zeigt sich oft zahm, gelegentlich auch aggressiv, gegenüber dem Menschen.

 Stimme: Im Flug kaum Rufe, jedoch harfender rhythmischer Flugschall.

Ähnliche Arten: Andere Schwanenarten lassen sich an der Schnabelfärbung, der Halshaltung und der Größe unterscheiden.

En: Mute Swan
Fr: Cygne tuberculé
Es: Cisne vulgar
It: Cigno reale

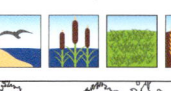

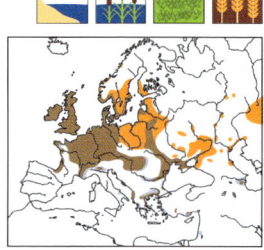

Entenverwandte · Anatidae

Zwergschwan   *Cygnus columbianus bewickii* und *C. c. columbianus* („Pfeifschwan") (→ 7)

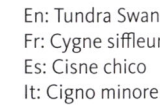

En: Tundra Swan
Fr: Cygne siffleur
Es: Cisne chico
It: Cigno minore

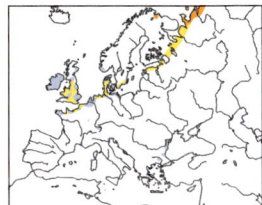

Wirkt wie etwas kleinere Ausgabe des Singschwans.

Status: Unterart *bewickii* regelmäßiger Wintergast in den Niederlanden und Norddeutschland, ansonsten vereinzelter Wintergast. Unterart *columbianus* sehr seltener Wintergast aus Nordamerika.

Kleider: Geschlechter gleich. Im Jugendkleid überwiegend hell graubraun.

Verhaltensweisen: Streckenflug einer Gruppe wie bei anderen Schwänen in Keilformation.

Stimme: Rufe ähnlich wie Singschwan, aber weniger trompetend, eher etwas bellend.

Ähnliche Arten: Siehe Singschwan.

Schnabel vorne schwarz, hinten rosa

Jugendkleid

adult

Hals oft gerade, aber insgesamt zierlicher als Singschwan

mehr Schwarz als beim Singschwan

ganzer Körper graubraun

ganzer Körper weiß

adult

Jugendkleid

Entenverwandte • Anatidae

Singschwan *Cygnus cygnus* (→ 5)

Großer weißer Schwan mit typischem Kopfprofil.

Status: Seltener Brutvogel in Deutschland, regelmäßiger Wintergast.

Kleider: Geschlechter gleich. Im Jugendkleid überwiegend hell graubraun.

Verhaltensweisen: Sehr stimmfreudig, Trompetentöne häufig zu hören. Fliegen größere Strecken in Keilformation.

Stimme: Auch bei schlechten Sichtverhältnissen verrät das weittragende Trompeten oft die Anwesenheit von Singschwänen.

Ähnliche Arten: Schnabel ohne Höcker und ohne Orange (wie bei Höckerschwan), dafür mit Gelb, das im Gegensatz zum Zwergschwan bis an die Nasenlöcher reicht.

| J | F | M | A | M | J | J | A | S | O | N | D |

En: Whooper Swan
Fr: Cygne chanteur
Es: Cisne cantor
It: Cigno selvatico

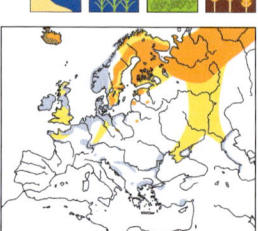

kurzhalsiger und langflügeliger als Höckerschwan

adult

Jugendkleid

Schnabel vorne schwarz, hinten gelb

Hals oft gerade gestreckt

adult

Schnabel vorne schwarz, hinten rosa

ganzer Körper graubraun

adult   Jugendkleid

Entenverwandte · Anatidae

Nilgans *Alopochen aegyptiacus* (→ 25)

Auffallende, im Stehen unverwechselbare, gänseartige Ente, im Flug mit auffallend weißen Vorderflügeln.

Status: In starker Ausbreitung begriffener, in Mitteleuropa eingeführter Brutvogel mit ursprünglichem Vorkommen südlich der Sahara und im Niltal (Neozoon).

Kleider: Geschlechter gleich (an Stimme unterscheidbar). Im Jugendkleid ohne braune Flecken an Brust sowie Augen und Oberkopf bräunlich.

Verhaltensweisen: Steht vor allem zur Brutzeit nicht selten auch auf Dächern und anderen erhöhten Plätzen.

Stimme: Männchen ruft heiser keuchend oder zischend beim Abflug „wräd wräd...", Weibchen ruft durchdringend „honk-hää-hää-hää" (und beim Abflug kurz „honk").

Ähnliche Arten: Bei der Rostgans sind Beine und Schnabel schwarz und der Kopf ist weitgehend einfarbig rahmbraun. Die Flügel sind aber ähnlich schwarz-weiß.

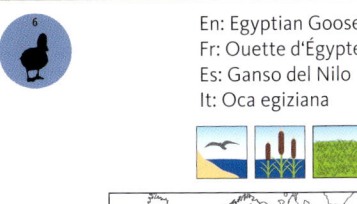

En: Egyptian Goose
Fr: Ouette d'Égypte
Es: Ganso del Nilo
It: Oca egiziana

Entenverwandte • Anatidae

Brandgans *Tadorna tadorna* (→ 26)

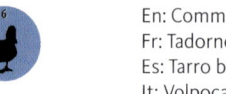

En: Common Shelduck
Fr: Tadorne de Belon
Es: Tarro blanco
It: Volpoca

Gänseartige Ente mit schwarzgrünem Kopf und auffälliger, heller Körperfärbung.

Status: Regelmäßiger Brutvogel an den meisten europäischen Küsten, häufiger Mausergast im Wattenmeer, Einzelvögel (auch Gefangenschaftsflüchtlinge) regelmäßig im Binnenland, auch brütend.

Kleider: Männchen mit deutlichem Schnabelhöcker. Im Jugendkleid mit graurosa Schnabel, ohne schwarzgrüne Kopffärbung und ohne rostfarbenes Brustband.

Stimme: Weibchen ruft ententypisch tief und sonor, Männchen hoch trillernd und pfeifend.

Ähnliche Arten: Kaum zu verwechseln.

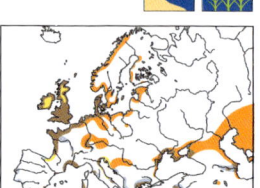

Entenverwandte • Anatidae

Rostgans *Tadorna ferruginea* (→ 27)

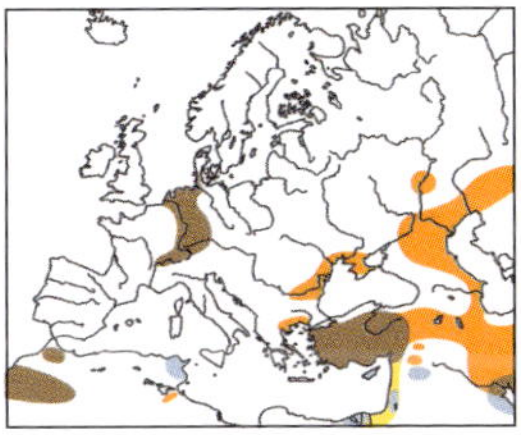

Auffällige, kleine, gänseartige Ente mit rostrot getöntem Gefieder, im Flug kontrastreich.

Status: Ursprünglich Ausnahmegast aus Nordafrika und Kleinasien, heute zunehmend häufiger, eingeführter Brutvogel (wohl überwiegend Gefangenschaftsflüchtlinge und deren Nachfahren).

Kleider: Prachtkleid: Männchen mit kräftigerer Färbung und schwarzem Halsring. Im Schlichtkleid ohne Halsring. Im Jugendkleid graustichige statt weiße Vorderflügel.

Stimme: Weit schallende nasale Trompetenrufe, beim Männchen etwas tiefer als beim Weibchen.

Ähnliche Arten: Ähnlich ist die Graukopfkasarka (Gefangenschaftsflüchtling), bei der das Männchen einen einfarbig grauen Kopf hat, das Weibchen einen dunkelbraunen mit großem weißem Gesichtsfleck. Flügel ähnlich Nilgans.

Ausnahmegast, vor allem aber Neozoon

En: Ruddy Shelduck
Fr: Tadorne casarca
Es: Tarro canelo
It: Casarca

Entenweibchen im Prachtkleid

Bei der Artbestimmung der überwiegend braunen Entenweibchen liefern vor allem Kontraste, Zeichnung und Brauntöne am Kopf, Farbe und Form des Schnabels und der Flügelspiegel (soweit sichtbar) wichtige Hinweise. Zur ersten groben Unterscheidung von Gründel- und Tauchenten lohnt sich ein Blick auf die Lage der Schwanzspitze: Wird diese normalerweise deutlich über der Wasseroberfläche gehalten („Schwimmenten", z. B. Stockente) oder nahe über oder sogar auf der Wasseroberfläche („Tauchenten", z. B. Reiherente)? Auch beim Auffliegen lassen sich Schwimm- und Tauchenten leicht unterscheiden, denn Tauchenten benötigen immer einen Anlauf, während Schwimmenten fast von der Stelle aus hochfliegen.

Knäkente S. 51

Löffelente S. 53

Schnatterente S. 54

Pfeifente S. 56

Spießente S. 59

Stockente S. 58

Krickente S. 60

Entenweibchen im Prachtkleid

Entenverwandte · Anatidae

Brautente *Aix sponsa* (→ 30)

Sehr bunte, kleine Ente.

Status: Brutvogel in Nordamerika, in Mitteleuropa selten auftretende Gefangenschaftsflüchtlinge, selten brütend.

Kleider: Im Prachtkleid Geschlechter sehr deutlich unterschiedlich, siehe Fotos. Ruhekleid: Männchen braungrau, aber mit bunter Schnabelfärbung. Jugendkleid sehr ähnlich Weibchen, aber bereits im Herbst mit Anklängen an spätere geschlechtstypische Zeichnung.

Ähnliche Arten: Weibchen ähnlich Mandarinente aber mit deutlich breiterem Augenring, schmal beige gefleckten Flanken und purpurbläulichem Flügelspiegel. Unterflügeldecken hell-dunkel marmoriert und nicht einfarbig dunkel wie bei Mandarinente.

Neozoon

En: Wood Duck
Fr: Canard branchu
Es: Pato joyuyo
It: Anatra sposa

- weißer Augenring und Hinteraugenstrich
- ♀ Prachtkleid
- deutlicher dunkler Überaugenstreif
- Jugendkleid
- auffällige Kopfzeichnung und Schopf
- ♂ Prachtkleid
- ♂ Prachtkleid
- ♀ Prachtkleid
- Schnabelbasis breit weiß
- Schnabel graubraun (bei Männchen im Schlichtkleid bunt)
- hell gestrichelt

Entenverwandte • Anatidae

Mandarinente *Aix galericulata* (→ 31)

Unverwechselbare, kleine und sehr bunte Ente.

Status: Ursprünglich aus Nordostchina und Japan, in Mitteleuropa selten auftretende Gefangenschaftsflüchtlinge und deren Nachkommen als Brutvögel, einige regionale Konzentrationspunkte.

Kleider: Im Prachtkleid Geschlechter sehr deutlich unterschiedlich, siehe Fotos, im Ruhekleid Männchen mit mattrotem Schnabel. Jugendkleid: Männchen rotbraun geschuppt, Weibchen mit graubraunem Brustgefieder mit senkrechter Strichelung.

Ähnliche Arten: Männchen kaum zu verwechseln. Weibchen siehe auch Brautente.

Neozoon

En: Mandarin Duck
Fr: Canard mandarin
Es: Pato mandarín
It: Anatra mandarina

Gluckente (Baikalente)

Sibirionetta formosa (→ 40)

Kleine Schwimmente. Männchen unverwechselbar.

Status: Ausnahmegast aus Ostasien, Anteil von Wildvögeln unklar.

Kleider: Im Prachtkleid Geschlechter sehr deutlich unterschiedlich, siehe Fotos. Im Ruhekleid Männchen ähnlich Weibchen, aber rötlicher. Jugendkleid ähnlich ad. Weibchen, aber matt graubraun, weißer Fleck am Schnabelansatz bereits vorhanden.

Ähnliche Arten: Weibchen und Jungvögel ähneln der Krickente, besitzen jedoch ein auffällig weißer, dunkel gesäumter Fleck am Schnabelansatz.

En: Baikal Teal
Fr: Sarcelle élégante
Es: Cerceta del Baikal
It: Alzavola asiatica

Entenverwandte • Anatidae

Knäkente *Spatula querquedula* (→ 44)

Kleine, überwiegend blaugraue Ente.

Status: Seltener Brutvogel und regelmäßiger Durchzügler.

Kleider: Im Prachtkleid Geschlechter sehr deutlich unterschiedlich, siehe Fotos, im Ruhekleid Männchen ähnlich Weibchen, behalten aber den blaugrauen Vorderflügel. Jugendkleid wie ad. Weibchen, aber weiße Spitzen der Armschwingen kleiner und Bauch dunkler.

Stimme: Die Erpel balzen mit trocken raspelnden phrasierten Kurzelementen wie „trirr", kaum mit anderen Arten zu verwechseln.

Ähnliche Arten: Männchen im Prachtkleid mit dem breiten, weißen Überaugenstreif unverwechselbar. Weibchen und Jungvögel durch die markante Kopfzeichnung am ehesten mit amerikanischer Blauflügelente zu verwechseln.

En: Garganey
Fr: Sarcelle d'été
Es: Cerceta carretona
It: Marzaiola

Blauflügelente *Spatula discors* (→ 45)

Kleine, überwiegend braune Ente mit markantem, im Flug sichtbarem, hellblauem Armflügel.

Status: Sehr seltener Gast aus Nordamerika, häufig wohl auch Gefangenschaftsflüchtling.

Kleider: Im Prachtkleid Geschlechter sehr deutlich unterschiedlich, siehe Fotos. Männchen im Ruhekleid und Jugendkleid sehr ähnlich Weibchen.

Ähnliche Arten: Durch den hellen Fleck an der Schnabelbasis erinnern Weibchen und Jungvögel an die Knäkente, jedoch hat deren Gesicht die markante Kopfstreifung der Knäkente nicht.

Ausnahmegast
En: Blue-winged Teal
Fr: Sarcelle à ailes bleues
Es: Cerceta aliazul
It: Marzaiola americana

hellblau im Flügel

♀

heller Augenring, sonst Kopf aber kontrastarm

blaugrauer Kopf mit großem weißem Feld vor den Augen

♀ Prachtkleid   ♂ Prachtkleid

Beine gelblich

heller Fleck

Entenverwandte · Anatidae

Löffelente *Spatula clypeata* (→ 47)

Knapp stockentengroße Schwimmente mit markantem Löffelschnabel.

Status: Seltener Brutvogel, regelmäßiger Gastvogel.

Kleider: Im Prachtkleid Geschlechter sehr deutlich unterschiedlich, siehe Fotos. Männchen im Ruhekleid ähnlich Weibchen, aber Kopffärbung deutlich abgesetzt gräulich, Flanken rötlicher und Iris gelb. Jugendkleid ähnlich ad. Weibchen, aber Kopfoberseite und Nacken dunkler, insgesamt mehr Stich ins Dunkelbraun.

Ähnliche Arten: Durch den Löffelschnabel unverwechselbar.

En: Northern Shoveler
Fr: Canard souchet
Es: Cuchara común
It: Mestolone

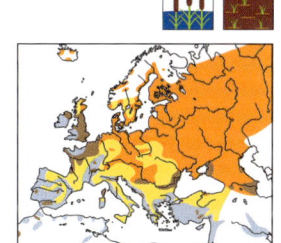

♂ Schlichtkleid

beide Geschlechter mit grau- oder graublauem Flügelfeld und keilförmigem weißem Strich

grüner Flügelspiegel

v. a. Kopf und Nacken dunkler als bei Adulten

Jugendkleid

♂ Übergangskleid

gelbes Auge
Löffelschnabel
Brust weiß

♂ Prachtkleid

♀ Prachtkleid

Entenverwandte · Anatidae

Schnatterente *Mareca strepera* (→ 33)

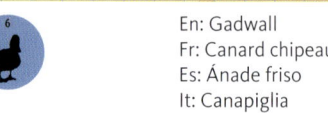

En: Gadwall
Fr: Canard chipeau
Es: Ánade friso
It: Canapiglia

Mittelgroße, überwiegend graubraune Gründelente.

Status: Regelmäßiger Gast, seltener Brutvogel.

Kleider: Im Prachtkleid Geschlechter deutlich unterschiedlich, siehe Fotos. Männchen behält im Schlichtkleid die Flügelfärbung des Prachtkleides, ansonsten ähnlich Weibchen. Jugendkleid ähnlich ad. Weibchen, aber gräulicher Kopf stärker gegen beigebraunen Körper kontrastierend.

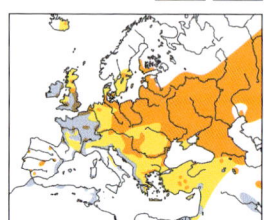

Ähnliche Arten: Weibchen leicht mit etwas größerer Stockente zu verwechseln, aber mit weißem Flügelspiegel und Bauch.

Entenverwandte • Anatidae

Sichelente *Mareca falcata* (→ 34)

Ausnahmegast, vor allem aber Neozoon

En: Falcated Duck
Fr: Canard à faucilles
Es: Cerceta de Alfanjes
It: Anatra falcata

Kleine Ente, Männchen im Prachtkleid durch grauen Körper und vor allem lange, gebogene Ellbogenfedern und dunkel glänzenden Kopf mit Nackenmähne unverwechselbar.

Status: Seltener Gast aus Ostsibirien, mindestens zum Teil Gefangenschaftsflüchtlinge.

Kleider: Im Prachtkleid Geschlechter sehr deutlich unterschiedlich, siehe Fotos. Männchen im Ruhekleid und Jugendkleid sehr ähnlich Weibchen.

Ähnliche Arten: Weibchen bzw. Jungvögel oder Männchen im Schlichtkleid können leicht mit anderen kleinen Enten verwechselt werden, haben jedoch einen langen, dunkelgrauen Schnabel und wirken insgesamt recht düster.

Kopf ähnlich Krickente, aber viel mehr Grünanteil und Nackenmähne

♂ Prachtkleid

sichelförmige Schulterfedern

Flügelspiegel grünlich

Kopf und Oberseite düster

Schnabel lang und dunkelgrau

♀ Prachtkleid

Entenverwandte · Anatidae

Pfeifente *Mareca penelope* (→ 35)

Eine mittelgroße Ente, die durch den runden Kopf und kleinen Schnabel an eine kleine Gans erinnert.

Status: Lokaler Brutvogel an der Küste, selten auch im Binnenland, regelmäßiger Gastvogel.

Kleider: Im Prachtkleid Geschlechter sehr deutlich unterschiedlich, siehe Fotos. Männchen im Schlichtkleid ähnlich Weibchen, aber rötlicher und mit weißem Flügelfeld. Jugendkleid ähnlich ad. Weibchen, aber unterseits weniger gemustert, Männchen im 2. Kalenderjahr haben ein gräuliches, noch nicht reinweißes Flügelfeld.

Stimme: Das wiederholte scharfe „píu" der Männchen unterscheidet sich deutlich von den Rufen anderer Enten und verrät sofort die Anwesenheit von Pfeifenten.

Ähnliche Arten: Auch die Männchen von Tafel- und Kolbenente sind rotköpfig. Zur Unterscheidung der braunen Weibchen siehe Fotos.

J F M A M J J A S O N D

En: Eurasian Wigeon
Fr: Canard siffleur
Es: Silbón europeo
It: Fischione

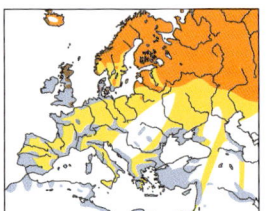

Entenverwandte • Anatidae

Kanadapfeifente *Mareca americana* (→ 36)

Mittelgroße Schwimmente, der Gestalt nach sehr ähnlich unserer Pfeifente.

Status: Ausnahmegast aus Nordamerika.

Kleider: Im Prachtkleid Geschlechter sehr deutlich unterschiedlich, siehe Fotos, Schlicht- und Jugendkleid sehr ähnlich Pfeifente.

Ähnliche Arten: Weibchen und Jungvögel sind der Pfeifente sehr ähnlich, jedoch durch weiße Achselfedern zu unterscheiden.

Ausnahmegast
En: American Wigeon
Fr: Canard d'Amérique
Es: Silbón americano
It: Fischione americano

Stockente *Anas platyrhynchos* (→ 38)

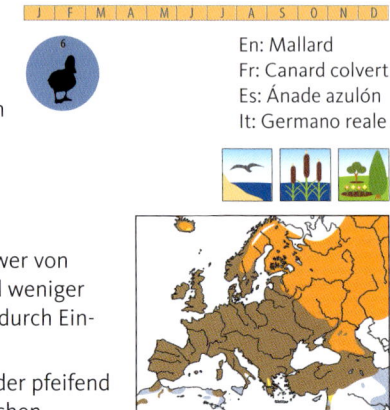

En: Mallard
Fr: Canard colvert
Es: Ánade azulón
It: Germano reale

Größte und bekannteste heimische Gründelente.

Status: Häufiger Brut- und Gastvogel von den Küsten bis über 2200 m Meereshöhe.

Kleider: Im Prachtkleid Geschlechter sehr deutlich unterschiedlich, siehe Fotos. Männchen im Schlichtkleid ähnlich Weibchen, aber mit gelbem Schnabel und kastanienbraun getönter Brust. Jugendkleid schwer von ad. Weibchen zu unterscheiden, oft etwas heller und weniger kontrastreich. Regional häufige Gefiedervariationen durch Einkreuzung von Hausenten.

Stimme: Lautäußerungen nasal-reibend oder pfeifend bei den Männchen, quakend bei den Weibchen.

Ähnliche Arten: Unter den heimischen Entenmännchen ist sonst nur noch die Löffelente (und die Brandgans) schwarzköpfig mit grünem Glanz. Zur Unterscheidung der braunen Weibchen anderer Arten siehe Fotos.

♂ Schlichtkleid
Schnabel gelb
dunkler Augenstreif variabel
blauer Flügelspiegel mit weißer Einrahmung
kastanienbraun getönt
♀ Prachtkleid
metallisch grün
Küken
♂ Prachtkleid
Erpellocke
braun gefleckter Schnabel
♀ Prachtkleid
Bauch braun (bei Schnatterente weiß)

Entenverwandte • Anatidae

Spießente *Anas acuta* (→ 37)

En: Northern Pintail
Fr: Canard pilet
Es: Ánade rabudo norteño
It: Codone

Schlanke Schwimmente, etwas kleiner als Stockente, mit spitz auslaufendem Schwanz.

Status: Sehr seltener Brutvogel, regelmäßiger Gastvogel.

Kleider: Im Prachtkleid Geschlechter sehr deutlich unterschiedlich, siehe Fotos. Männchen im Schlichtkleid ähnlich Weibchen, aber Flügelmuster und Schnabelfärbung wie Prachtkleid. Jugendkleid ähnlich Weibchen, aber eher Fleckung als das typische Schuppenmuster der ad. Weibchen.

Ähnliche Arten: Unter den heimischen Entenmännchen ist sonst nur noch die Knäkente braunköpfig. Zur Unterscheidung der braunen Weibchen anderer Arten siehe Fotos.

braun-dunkelgrün-weißer Flügelspiegel
♂ Prachtkleid
♀ Prachtkleid
langer Schwanzspieß
weißer Nansatz
♂ Prachtkleid
zweifarbiges Schnabelmuster
♂ Übergangskleid
im Schlichtkleid weicht das Grau einem braunen Wellenmuster
♂ Übergangskleid
langer Schnabel
♀ Prachtkleid
dunkles V-Muster (bei ♂ um Schlichtkleid Wellenmuster)

Krickente *Anas crecca* (→ 41)

Kleine Gründelente, Männchen mit auffälligen gelben Unterschwanzdecken und rot-grüner Kopffärbung.

Status: Nicht häufiger Brutvogel, regelmäßiger Wintergast.

Kleider: Im Prachtkleid Geschlechter sehr deutlich unterschiedlich, Männchen im Schlichtkleid sehr ähnlich Weibchen. Im Jugendkleid Flanken eher gestrichelt und weniger dunkel geschuppt als bei ad. Weibchen.

Stimme: Sowohl im Flug als auch vom Wasser her sind die hohen Pfiffe der männlichen Krickente auf Distanz zu hören, bei der Gemeinschaftsbalz viele gleichzeitig.

Ähnliche Arten: Weibchen ähnlich Knäkente, aber am Kopf nicht so kontrastreich gezeichnet. Männchen im Prachtkleid durch gelbe Unterschwanzdecken und grüne Augenmaske nur mit Carolinakrickente zu verwechseln.

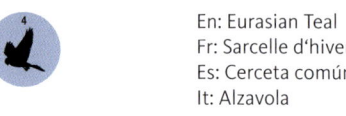

En: Eurasian Teal
Fr: Sarcelle d'hiver
Es: Cerceta común
It: Alzavola

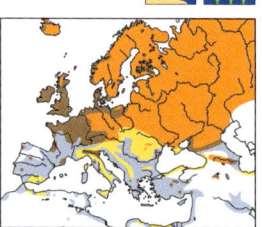

Carolinakrickente *Anas carolinensis* (→ 43)

Ausnahmegast

En: Green-winged Teal
Fr: Sarcelle à ailes vertes
Es: Cerceta americana
It: Alzavola americana

Sehr kleine Ente, die der heimischen Krickente sehr ähnlich ist.

Status: Seltener, aber alljährlicher Gast aus Nordamerika, v. a. im Nordseebereich.

Kleider: Im Prachtkleid Geschlechter sehr deutlich unterschiedlich, siehe Fotos, Verhältnisse bei Schlicht- und
Jugendkleid sehr ähnlich Krickente.

Ähnliche Arten: Männchen von der sehr ähnlichen Krickente durch senkrechte weiße Linie an der vorderen Flanke und kaum vorhandener gelber Einfassung des grünen Augenfeldes zu unterscheiden. Weibchen wie Krickente gefärbt und praktisch nicht unterscheidbar.

Marmelente *Marmaronetta angustirostris* (→ 32)

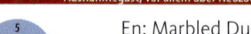

En: Marbled Duck
Fr: Marmaronette marbrée
Es: Cerceta pardilla
It: Anatra marmorizzata

Kleine Ente mit sandbraunem, oberseits etwas dunklerem, diffus geflecktem Gefieder und dunkler Augenpartie.

Status: Ausnahmegast aus dem westlichen Mittelmeerraum, oft wohl Gefangenschaftsflüchtlinge.

Kleider: Im Prachtkleid wie im Schlichtkleid beide Geschlechter sehr ähnlich, Männchen mit deutlicherem Schopf und fast schwarzem Schnabel. Im Jugendkleid Flankenflecken etwas diffuser und mehr ockerfarben.

Ähnliche Arten: Verwechslungsgefahr allenfalls mit Weibchen anderer Entenarten, die aber nie die diffuse Fleckung haben.

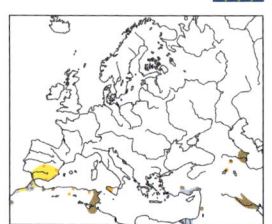

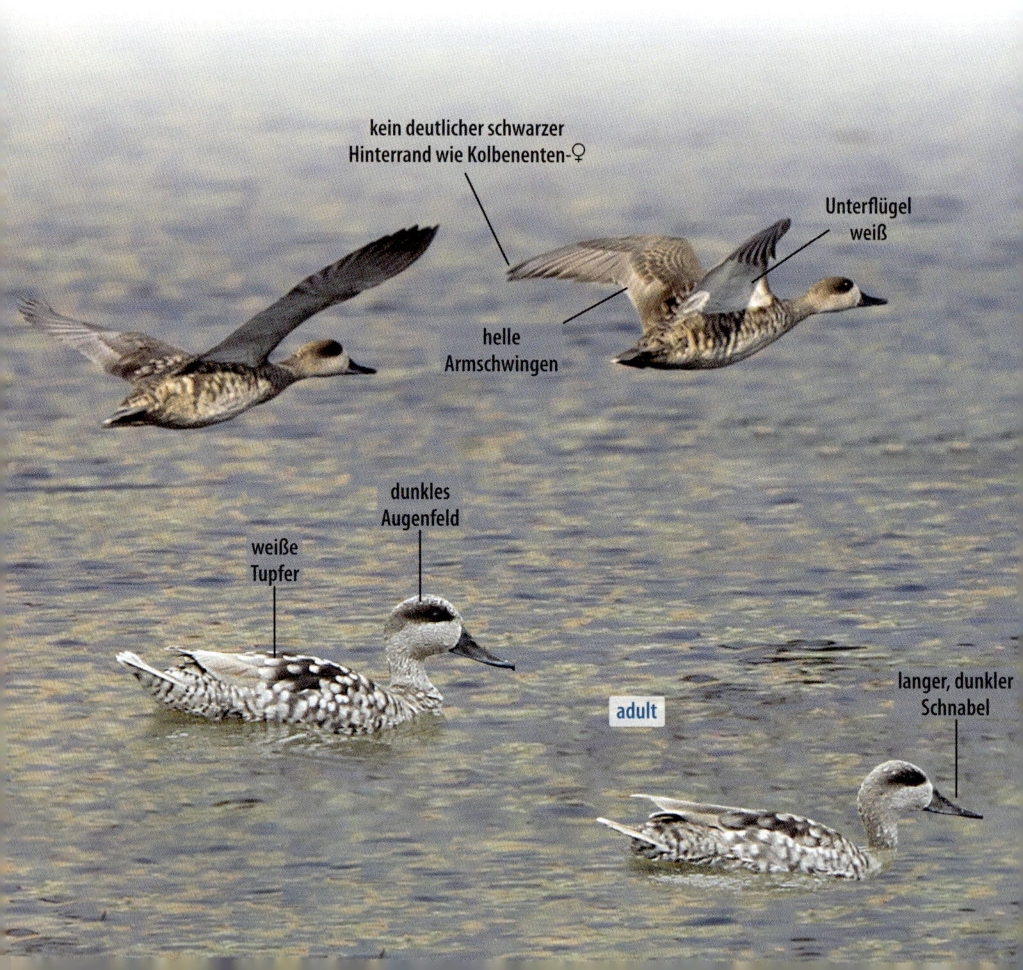

Entenverwandte • Anatidae

Kolbenente *Netta rufina* (→ 48)

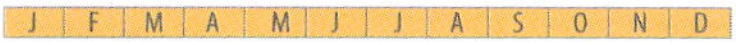

En: Red-crested Pochard
Fr: Nette rousse
Es: Pato colorado
It: Fistione turco

Große Tauchente mit rundlichen Formen. Männchen immer mit rotem Schnabel.

Status: Seltener Brutvogel, seltener Gastvogel (in Süddeutschland häufiger), auch Gefangenschaftsflüchtlinge.

Kleider: Im Prachtkleid Geschlechter sehr deutlich unterschiedlich, siehe Fotos. Im Schlichtkleid Männchen sehr ähnlich Weibchen, aber Iris und Schnabel rot. Im Jugendkleid sehr ähnlich ad. Weibchen, aber schwächerer Kontrast von Flügeln zu Flanken und Schnabel ganz ohne rot oder rosa.

Ähnliche Arten: Bei Weibchen und Jungvögeln ist die große, einförmig helle Wangenregion auffallend. Männchen durch roten Schnabel unverwechselbar.

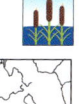
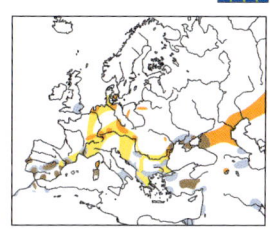

Tafelente *Aythya ferina* (→ 50)

Mittelgroße Tauchente mit relativ langem Hals.

Status: Seltener Brutvogel, regelmäßiger Gastvogel, teils große Mauserkonzentrationen.

Kleider: Im Prachtkleid Geschlechter sehr deutlich unterschiedlich, siehe Fotos. Schlichtkleid der Männchen ähnelt dem Prachtkleid, aber insgesamt matter und im Prachtkleid schwarze Bereiche sind grau. Jugendkleid ähnlich ad. Weibchen, aber Oberseite ist mehr braun als grau.

Ähnliche Arten: Zur Unterscheidung der braunen Entenweibchen eignet sich die typische Gestalt von Kopf und Schnabel gut.

En: Common Pochard
Fr: Fuligule milouin
Es: Porrón europeo
It: Moriglione

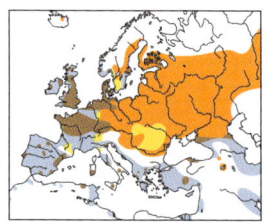

ziemlich einheitlich braun — **Jugendkleid**

Kopf weniger intensiv rostrot

♂ **Schlichtkleid**

Brust graubraun

Stirn flach, Scheitel eher spitz

Rücken und Flanken braun mit Graustich (im vollen Prachtkleid oft noch grauer als hier)

Kopf rostrot, Iris rot

Rücken und Seite hellgrau

♀ **Prachtkleid**

Schnabel zweifarbig schwarz und blaugrau

♂ **Prachtkleid**

Entenverwandte • Anatidae

Moorente *Aythya nyroca* (→ 54)

Kleine Tauchente mit relativ langem Schnabel.

Status: Lokaler Brutvogel, seltener Gastvogel, auch ausgewilderte und entkommene Vögel.

Kleider: Im Prachtkleid Geschlechter sehr deutlich unterschiedlich, siehe Fotos. Männchen im Schlichtkleid ähnlich Weibchen, aber etwas rötlicher und Iris weiß. Im Jugendkleid Unterschwanz noch nicht rein weiß und Gefieder insgesamt weniger kastanienbraun.

Ähnliche Arten: Die Weibchen können weiblichen Reiherenten stark ähneln, siehe Fotos.

lokaler Brutvogel

En: Ferruginous Duck
Fr: Fuligule nyroca
Es: Porrón pardo
It: Moretta tabaccata

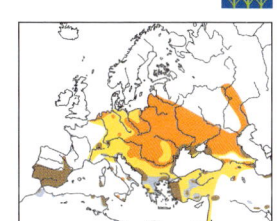

Ringschnabelente *Aythya collaris* (→ 53)

En: Ring-necked Duck
Fr: Fuligule à collier
Es: Porrón acollarado
It: Moretta dal collare

Stark an die Reiherente erinnernde, kleine Tauchente.

Status: Ausnahmegast aus dem nördlichen Nordamerika.

Kleider: Im Prachtkleid Geschlechter sehr deutlich unterschiedlich, siehe Fotos. Männchen im Schlichtkleid ähnlich Weibchen, aber insbesondere Kopfbereich viel dunkler. Jugendkleid ähnlich ad. Weibchen, aber ganz ohne Weiß am Kopf, auch Schnabel ohne weißen Ring.

Ähnliche Arten: Im Gegensatz zur Reiherente ohne Federschopf, dafür mit charakteristischem spitzem Hinterkopf. Adulte mit weißer Binde auf dem Schnabel.

hoher Kopf

heller Augenring

♂ Schlichtkleid

♀ Schlichtkleid

hoher Kopf, aber kein Schopf

weißer Ansatz

weiße Binde

♂ Schlichtkleid

♂ Prachtkleid

Flügelfeld grau (nicht weiß)

Entenverwandte · Anatidae

Reiherente *Aythya fuligula* (→ 55)

En: Tufted Duck
Fr: Fuligule morillon
Es: Porrón moñudo
It: Moretta

Kleine, kurz wirkende Tauchente; die Männchen im Prachtkleid sind charakteristisch schwarz-weiß.

Status: Regional häufiger Brutvogel, häufiger Mausergast und Durchzügler, häufiger Wintergast.

Kleider: Im Prachtkleid Geschlechter sehr deutlich unterschiedlich, siehe Fotos. Männchen erreichen volles Prachtkleid erst im 2. Winter. Männchen im Schlichtkleid gegenüber dem Prachtkleid mit mehr Braun, insbesondere an den Flanken, und mit kürzerem Schopf. Im Jugendkleid mit gelbbrauner statt gelber Iris und hellerer Brust als bei ad. Weibchen.

Ähnliche Arten: Das Weibchen kann mit demjenigen der Bergente verwechselt werden, das jedoch nie einen Ansatz von Schopffedern hat. Zur Verwechslung mit Weibchen und Jungtieren der Kolbenente siehe dort.

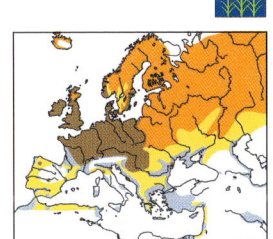

Bergente *Aythya marila* (→ 56)

Mittelgroße Tauchente, im Adultkleid mit mehr oder weniger grauem Rücken mit feiner Musterung.

Status: Sporadischer Brutvogel und sehr häufiger Gastvogel im Norden (vor allem Ostsee), im Binnenland selten.

Kleider: Im Prachtkleid Geschlechter sehr deutlich unterschiedlich, siehe Fotos. Männchen erreichen volles Prachtkleid erst im 2. Winter. Schlichtkleid der Männchen ähnlich Prachtkleid, aber matter und mit braunen Federn an Brust und Flanken. Jugendkleid ähnlich ad. Weibchen, Schnabelansatz aber meist bräunlicher, Schnabel dunkler, Iris braun und Flanken bräunlicher.

Ähnliche Arten: Das braune Weibchen mit weißem Federring an der Schnabelbasis kann mit der Reiherente verwechselt werden, hat jedoch nie einen Ansatz von Schopffedern.

En: Greater Scaup
Fr: Fuligule milouinan
Es: Porrón bastardo
It: Moretta grigia

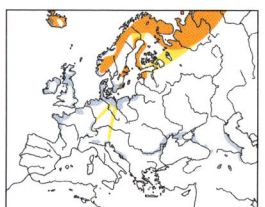

Kanadabergente (Kleine Bergente)
Aythya affinis   (→ 57)

Eine etwas kleinere Ausgabe der Bergente (etwa so groß wie Reiherente).

Status: Ausnahmegast aus Nordamerika, wohl auch Gefangenschaftsflüchtling.

Kleider: Die verschiedenen Kleider ähneln stark denjenigen der Bergente.

Ähnliche Arten: Unterscheidung von Bergente durch den eher kantigen Kopf (wie Reiherente), zweifarbigen Flügelstreif und eine grober gemusterte Oberseite beim Männchen im Prachtkleid.

Ausnahmegast, vor allem aber Neozoon

En: Lesser Scaup
Fr: Petit Fuligule
Es: Porrón bola
It: Moretta grigia minore

♀ Prachtkleid

angedeuteter Schopf, dadurch „eckig"

etwas grober gemustert, dadurch etwas dunkler

♂ Prachtkleid

Scheckente *Polysticta stelleri*   (→ 60)

Kleine Meeresente mit stumpf wirkendem Schnabel.

Status: Ausnahmegast an der Küste; die Brutgebiete liegen in der russischen Arktis und in Alaska.

Kleider: Im Prachtkleid Geschlechter sehr deutlich unterschiedlich, siehe Fotos. Männchen erreichen volles Prachtkleid erst im 2. Winter, als Einjährige sehen sie den Weibchen ähnlich, aber Kopfkontraste erinnern bereits ans männliche Prachtkleid. Im Schlichtkleid Männchen ähnlich wie die Weibchen, aber mit viel mehr Weiß an den Flanken. Jugendkleid ähnlich ad. Weibchen, aber mit weniger Weiß in der Flügelbinde und ohne verlängerte Schirmfedern.

Ähnliche Arten: Vor allem das Männchen im Prachtkleid durch buntes, auffallendes Gefieder unverwechselbar. Im Schlichtkleid vom ähnlichen dunkelbraunen Weibchen durch blauen Flügelspiegel mit breiten weißen Rändern unterscheidbar.

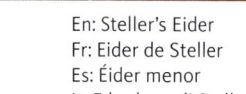

Ausnahmegast
En: Steller's Eider
Fr: Eider de Steller
Es: Éider menor
It: Edredone di Steller

♂ Prachtkleid

eckiges Profil

wirkt stumpf

auffällige Schirmfedern

♀ Prachtkleid

Entenverwandte • Anatidae

Prachteiderente *Somateria spectabilis* (→ 59)

Etwas kleinere und kurzschnäbeligere Ausgabe der Eiderente, Männchen im Prachtkleid bunt.

Status: Ausnahmegast an der Küste. Brutgebiete liegen entlang der arktischen Küsten.

Kleider: Im Prachtkleid Geschlechter sehr deutlich unterschiedlich, siehe Fotos. Männchen erreichen volles Prachtkleid erst im 2. Winter, als Einjährige zeigt ihr überwiegend graues und weißes Gefieder aber bereits ähnliche Kontraste wie das männliche Prachtkleid. Schlichtkleid des Männchens ähnlich dem Prachtkleid, aber ohne buntes Kopf- und Halsgefieder und stumpfer. Jugendkleid ähnlich ad. Weibchen, aber mit weniger Weiß in der Flügelbinde und insgesamt mehr graubraunem Gefieder.

Ähnliche Arten: Männchen durch Schnabelhöcker unverkennbar. Unterscheidung der Weibchen der Eiderentenverwandten siehe Fotos.

Ausnahmegast

En: King Eider
Fr: Eider à tête grise
Es: Éider real
It: Re degli edredoni

♀ Schlichtkleid

♀ mit typischem Eiderentenprofil, aber Schnabel kürzer

„Segel" (auch bei ♂)

keine Bänderung wie Eiderente

♀ Prachtkleid

buntes Gesicht

♂ Prachtkleid

Eiderente *Somateria mollissima* (→ 58)

En: Common Eider
Fr: Eider à duvet
Es: Éider común
It: Edredone

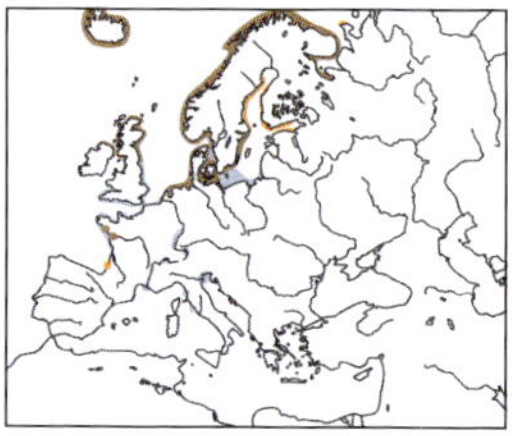

Große Meeresente mit typischem Kopfprofil (langer Schnabel, flache Stirn).

Status: Regelmäßiger Brutvogel, häufiger Gastvogel an Nord- und Ostseeküste, Einzelvögel auch im Binnenland (gelegentlich brütend).

Kleider: Im Prachtkleid Geschlechter sehr deutlich unterschiedlich, siehe Fotos. Männchen erreichen volles Prachtkleid erst im 2. Winter, als Einjährige zeigt ihr überwiegend graues und weißes Gefieder aber bereits ähnliche Kontraste wie das männliche Prachtkleid. Schlichtkleid des Männchens ähnlich dem Prachtkleid, aber ohne buntes Kopf- und Halsgefieder und stumpfer. Jugendkleid ähnlich ad. Weibchen, aber mit heller Schläfenzeichnung und mehr graubraunem Gefieder.

Stimme: Die dumpfen Rufe der Erpel und das „gogogok" der Enten ermöglichen das Erkennen der Art im Frühjahr an der Küste auch bei schlechter Sicht.

Ähnliche Arten: Aufgrund des typischen Kopfprofils allenfalls mit Irrgästen verwechselbar.

Entenverwandte • Anatidae

Kragenente *Histrionicus histrionicus* (→ 61)

Kleine Meeresente mit kleinem Schnabel.

Status: Ausnahmegast aus Ostasien und Nordamerika. Brütet auch auf Island und Gefangenschaftsflüchtling.

Kleider: Im Prachtkleid Geschlechter sehr deutlich unterschiedlich, siehe Fotos. Schlichtkleid der Männchen ähnlich Weibchen, aber Kontraste des Prachtkleides bleiben erkennbar. Jugendkleid ähnlich adultem Weibchen, aber mehr bräunlich und weniger gräulich.

Ähnliche Arten: Männchen im Prachtkleid durch das auffällige Federkleid unverwechselbar. Weibchen dunkelbraun mit auffälligem Kopfmuster.

Ausnahmegast
En: Harlequin Duck
Fr: Arlequin plongeur
Es: Pato arlequín
It: Moretta arlecchino

kurzer Schnabel

eher einfarbige Flügel

diffus helles Feld unter den Augen

Ohrfleck

♀ Prachtkleid

sehr kontrastreiche Kopf-/Brustfärbung

♂ Prachtkleid

langer Schwanz

Brillenente *Melanitta perspicillata* (→ 65)

Ausnahmegast

En: Surf Scoter
Fr: Macreuse à front blanc
Es: Negrón careto
It: Orco marino dagli occhiali

Mittelgroße Ente, vor allem Männchen mit auffallendem Kopfprofil.

Status: Ausnahmegast an der Küste, meist einzeln unter Trauerenten. Brutgebiete liegen im nördlichen Nordamerika.

Kleider: Im Prachtkleid Geschlechter deutlich unterschiedlich, siehe Fotos. Männchen erreichen das volle Prachtkleid erst im 2. Winter. Männchen im Schlichtkleid ähnlich Weibchen. Jugendkleid ähnlich Weibchen, aber dunkler Scheitel stärker abgesetzt und immer ohne Nackenfleck.

Ähnliche Arten: Weibchen schmutzig dunkelbraun, ähnlich Samtente , die aber zwei helle Kopfflecke hat.

♂ Prachtkleid — weiß — massiger bunter Schnabel — Schnabel bei beiden Geschlechtern ganz leicht buckelig — heller Schläfenfleck — Schlichtkleid — Schwanz wird auch gestelzt

♂ und ♀ Prachtkleid

Entenverwandte • Anatidae

Samtente *Melanitta fusca* (→ 66)

Mittelgroße dickhalsige Meeresente mit weißem Flügelspiegel. Männchen im Prachtkleid tiefschwarz mit kleinem schwarzem Schnabelhöcker.

Status: Häufiger Durchzügler und Wintergast an der Küste, im Binnenland regelmäßig in kleiner Zahl.

Kleider: Im Prachtkleid Geschlechter deutlich unterschiedlich, siehe Fotos. Männchen erreichen das volle Prachtkleid erst im 2. Winter. Männchen im Schlichtkleid ähnlich Weibchen. Jugendkleid ähnlich Weibchen, aber Bauch heller und Wangen-/Vorderhalsbereich deutlicher kontrastierend. Männchen bekommen im 1. Winter bereits schwarze Flecken.

Ähnliche Arten: Von der Trauerente durch das weiße Flügelfeld und die andere Kopf- und Schnabelform unterscheidbar.

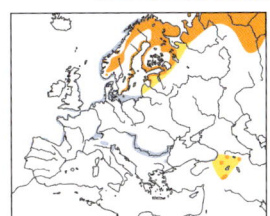

En: Velvet Scoter
Fr: Macreuse brune
Es: Negrón especulado
It: Orco marino

- kleiner schwarzer Höcker
- typisches Profil (vgl. Trauerente und Höckersamtente)
- ♀ Prachtkleid
- ♂ Prachtkleid
- helle Flecken an Schläfe und vor dem Auge
- weißer Spiegel bei beiden Geschlechtern (nicht immer zu sehen)
- Hals dick
- weißes Flügelfeld

Entenverwandte • Anatidae

Höckersamtente *Melanitta deglandi* (→ 67)

Sehr ähnlich Samtente.
Status: Ausnahmegast aus Sibirien.

Ausnahmegast

En: White-winged Scoter
Fr: Macreuse à ailes blanches
Es: Negrón aliblanco
It: Orco marino del Pacifico

♂ **Prachtkleid**

mehr Weiß als bei Samtente

Höcker langgestreckt, Schnabel teilweise rosa

heller Schnabel

helles Gesicht

Schläfenfleck

♂ **Schlichtkleid**

weißer Flügelspiegel

♀ **adult**

Entenverwandte • Anatidae

Trauerente *Melanitta nigra* (→ 63)

Mittelgroße, dünnhalsige Meeresente, Männchen tiefschwarz mit deutlichem Schnabelhöcker.

Status: Häufiger Durchzügler und Mausergast an den Küsten, viel seltener im Binnenland.

Kleider: Im Prachtkleid Geschlechter deutlich unterschiedlich, siehe Fotos. Männchen erreichen das volle Prachtkleid erst im 2. Winter. Männchen im Schlichtkleid ähnlich Weibchen. Jugendkleid ähnlich Weibchen, aber Bauch heller und Gefieder mit mehr Braun- als Grauton. Männchen werden im Laufe des 1. Winters immer umfassender schwarz.

Ähnliche Arten: Weibchen durch die hellen Kopfseiten etwas an Kolbenente erinnernd. Siehe auch Trauerente.

En: Common Scoter
Fr: Macreuse noire
Es: Negrón común
It: Orchetto marino

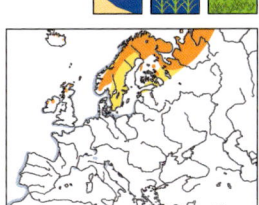

Pazifiktrauerente *Melanitta americana* (→ 64)

Ausnahmegast

En: Black Scoter
Fr: Macreuse à bec jaune
Es: Negrón americano
It: Orchetto marino americano

Sehr ähnlich Trauerente, Männchen jedoch mit größerem und flächig gelb (bis orange) gefärbtem Schnabelhöcker.

Status: Ausnahmegast aus dem Nordpazifik.

ganzer Höcker gelb

Spitze abwärts gebogen

♂ Prachtkleid

Kopffärbung bei ♀ ähnlich Trauerente, aber oft mit mehr Gelb am Schnabel

♂ und ♀ Prachtkleid

Entenverwandte · Anatidae

Eisente   *Clangula hyemalis*   (→ 62)

En: Long-tailed Duck
Fr: Harelde kakawi
Es: Pato havelda
It: Moretta codona

Kleine, braun, schwarz und weiß gefärbte Meeresente mit einem runden Kopf und kurzem Schnabel.

Status: Sehr häufiger Wintergast, in abnehmenden Zahlen, an der Ostseeküste, spärlicher an der Nordseeküste und vereinzelt im Binnenland.

Kleider: Prachtkleid bei Männchen und Weibchen deutlich unterschiedlich, siehe Fotos. Die Männchen färben bereits ab Mai in ein erstes Schlichtkleid mit rostrotem Rücken, dunkler Kopf-Hals-Partie und weißen Kopfseiten. Das eigentliche Schlichtkleid (ab Sommer) ist matter und Schnabel oft ohne Rosa. Im Spätherbst wieder Übergang zum Prachtkleid. Weibchen haben im Schlichtkleid einen viel dunkleren Kopf als im Prachtkleid. Jugendkleid: ähnlich Weibchen im Schlichtkleid, vor allem im Kopfbereich aber kontrastärmer. Die Männchen bekommen bereits im 1. Winter die rosa Schnabelbinde.

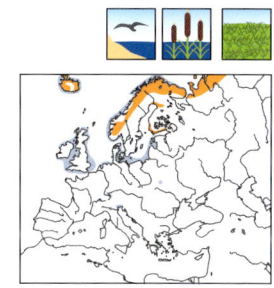

Stimme: Die gedehnten ausdrucksvollen Strophen der Eisenten schallen auch im Winter weit über die Ostsee.

Ähnliche Arten: Vor allem die adulten Männchen im Prachtkleid sind durch die spitzen, bis 15 cm langen Schwanzfedern unverwechselbar. Weibchen im Gegensatz zu anderen Entenarten relativ auffallend gefärbt.

- verwaschener Wangenfleck
- ♀ Prachtkleid
- rosa Binde
- dunkle Federn vom Schlichtkleid
- verlängerte weiße Rückenfedern fehlen noch
- ♂ nahezu Prachtkleid
- dunkler Wangenfleck
- ♂ Prachtkleid
- breites schwarzes Brustband
- ♀ Schlichtkleid
- kein Flügelspiegel
- ♂ Schlichtkleid
- stark verlängerte Schwanzfedern

Büffelkopfente *Bucephala albeola* (→ 70)

Ausnahmegast, vor allem aber Neozoon

En: Bufflehead
Fr: Petit Garrot
Es: Porrón albeola
It: Quattrocchi minore

Sehr kleine Tauchente von der Größe einer Krickente mit unverwechselbarer Kopfzeichnung und -form.

Status: Sehr seltene Ausnahmeerscheinung aus dem nördlichen Nordamerika und regelmäßiger Gefangenschaftsflüchtling.

♂

weißer Balken unter dem Auge

♀

Hinterkopf weiß, Gesicht schwarz

Augen dunkel

großer Kopf

♂ Prachtkleid

Jugendkleid

Entenverwandte · Anatidae

Schellente *Bucephala clangula* (→ 68)

Mittelgroße Tauchente mit rundem, großem Kopf und gelben Augen.

Status: Seltener Brutvogel v. a. im Nordosten, regelmäßiger Gastvogel.

Kleider: Prachtkleid bei Männchen und Weibchen deutlich unterschiedlich, siehe Fotos. Im Schlichtkleid ähneln die Männchen stark den Weibchen, zeigen aber die männchentypische Oberflügelzeichnung mit viel Weiß. Jugendkleid: ähnlich Weibchen, aber etwas dunkler und braunstichiger, Iris braun.

Stimme: Im Flug verursachen vor allem alte Männchen ein weit tragendes Flügelgeräusch „wi-wi-wi-wi", das der Art ihren Namen eingebracht hat.

Ähnliche Arten: Siehe Spatelente.

En: Common Goldeneye
Fr: Garrot à œil d'or
Es: Porrón osculado
It: Quattrocchi

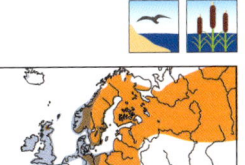

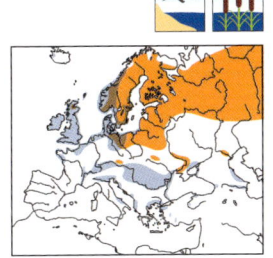

Spatelente *Bucephala islandica* (→ 69)

Sehr ähnlich Schellente.

Status: Ausnahmeerscheinung aus dem Norden Nordamerikas oder von Island, Anteil an Wildvögeln unklar.

Kleider: Kleider sehr ähnlich wie bei Schellente.

Ähnliche Arten: Männchen durch großen sichelförmigen Fleck am Schnabel und dunklere Oberseite von Schellente unterschieden. Weibchen vor allem durch kräftigeres Erscheinungsbild und durch die Gestalt von Kopf und Schnabel von der Schellente zu unterscheiden.

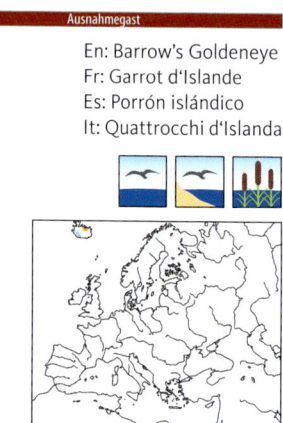

Ausnahmegast

En: Barrow's Goldeneye
Fr: Garrot d'Islande
Es: Porrón islándico
It: Quattrocchi d'Islanda

eher rundes Kopfprofil

Schnabel kurz

♀

Kopf metallisch violett (vgl. Schellente)

♂

Entenverwandte • Anatidae

Zwergsäger *Mergellus albellus* (→ 71)

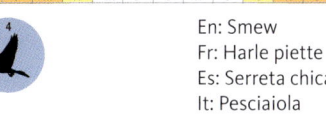

En: Smew
Fr: Harle piette
Es: Serreta chica
It: Pesciaiola

Kleiner Säger von stark entenartiger Gestalt.

Status: Regelmäßiger Durchzügler und Wintergast an der Küste.

Kleider: Prachtkleid bei Männchen und Weibchen sehr unterschiedlich, siehe Fotos. Schlichtkleid bei Männchen ähnlich Weibchen, aber mehr Weiß im Armflügelfeld und dunkle Flügelanteile mit mehr Schwarz. Jugendkleid sehr ähnlich ad. Weibchen, aber Bauch mit mehr Grau.

Ähnliche Arten: Weibchen können mit der Schellente verwechselt werden, haben aber ein weißes Kinn.

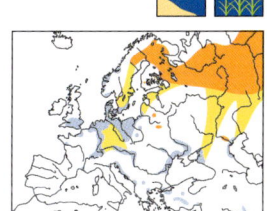

Entenverwandte · Anatidae

Kappensäger *Lophodytes cucullatus* (→ 74)

Kleiner Entenvogel mit dünnem, langem Schnabel und unverwechselbarem Kopfprofil.

Status: Sehr seltene Ausnahmeerscheinung aus Nordamerika, regelmäßiger Gefangenschaftsflüchtling.

Ausnahmegast, vor allem aber Neozoon

En: Hooded Merganser
Fr: Harle couronné
Es: Serreta capuchona
It: Smergo dal cappuccio

Haube kann angelegt werden, Kopf wirkt dann sehr lang

Schnabel gelblich

♀ Prachtkleid

♂ Prachtkleid

Auge gelb

Entenverwandte · Anatidae

Gänsesäger *Mergus merganser* (→ 73)

Langgestreckter Entenvogel mit langem Hals und dünnem, langem Schnabel.

Status: Seltener Brutvogel auch im Binnenland, regelmäßiger Gast.

Kleider: Prachtkleid bei Männchen und Weibchen sehr unterschiedlich, siehe Fotos. Das volle Prachtkleid wird erst im 2. Winter erreicht. Schlichtkleid bei Männchen ähnlich Weibchen, aber mehr Weiß im vorderen Armflügel. Jugendkleid sehr ähnlich ad. Weibchen, aber Iris gelb und mit braun-weißem Strich vom Schnabel zum Auge.

Ähnliche Arten: Weibchen des Mittelsägers haben nur einen kurzen, zottigen Schopf und einen längeren, dünnen Schnabel.

En: Common Merganser
Fr: Grand Harle
Es: Serreta grande
It: Smergo maggiore

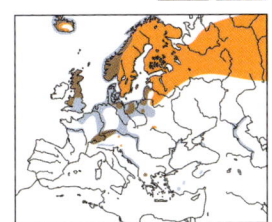

Entenverwandte • Anatidae

Mittelsäger *Mergus serrator* (→ 72)

Langgestreckter Entenvogel mit langem Hals und dünnem, langem Schnabel. Etwas kleiner als Gänsesäger.

En: Red-breasted Merganser
Fr: Harle huppé
Es: Serreta mediana
It: Smergo minore

Status: Seltener Brutvogel an den Küsten, regelmäßiger Gast, seltener auch im Binnenland.

Kleider: Prachtkleid bei Männchen und Weibchen sehr unterschiedlich, siehe Fotos. Das volle Prachtkleid des Männchens wird erst im 2. Winter erreicht, bei Einjährigen weißes Halsband sehr schwach, Kopf weniger grünlich. Schlichtkleid bei Männchen ähnlich Weibchen, aber mehr Weiß im vorderen Armflügel. Jugendkleid sehr ähnlich ad. Weibchen, aber Schnabel nicht so intensiv rot.

Ähnliche Arten: Siehe Gänsesäger.

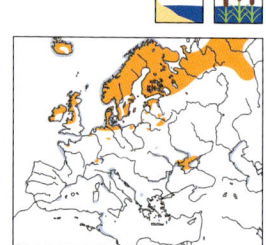

Schwarzkopf-Ruderente

Oxyura jamaicensis   (→ 1)

Kleine Ente mit oft steil aufgerichtetem, spitzem Schwanz.

Status: Kleiner Brutbestand in Belgien und den Niederlanden, sonst seltener Gast und Gefangenschaftsflüchtling.

Kleider: Prachtkleid bei Männchen und Weibchen sehr unterschiedlich, siehe Fotos. Im Schlichtkleid Männchen eher weibchenfarbig, aber schwarze Kappe bleibt. Jugendkleid ähnlich Weibchen, insgesamt etwas bräunlicher und dunkler Wangenbereich schwächer.

Ähnliche Arten: Wichtigste Unterscheidungsmerkmale zur Weißkopf-Ruderente sind der Schnabel mit konkavem First und die weißen Unterschwanzdecken.

Neozoon
En: Ruddy Duck
Fr: Érismature rousse
Es: Malvasía canela
It: Gobbo della Giamaica

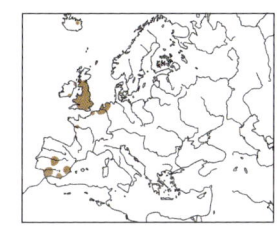

♂ Prachtkleid — Auge im schwarzen Bereich — steifer, abgewinkelter Schwanz

♂ Schlichtkleid

Schnabelansatz nicht verdickt

♀ Prachtkleid — weißliche Unterschwanzdecken

Weißkopf-Ruderente *Oxyura leucocephala*

(→ 2)

En: White-headed Duck
Fr: Érismature à tête blanche
Es: Malvasía cabeciblanca
It: Gobbo rugginoso

Relativ kleine Ente mit oft steil aufgerichtetem, spitzem Schwanz.

Status: Seltener Gast aus dem Mittelmeerraum und Asien.

Kleider: Prachtkleid bei Männchen und Weibchen sehr unterschiedlich, siehe Fotos. Im Schlichtkleid Männchen gegenüber Prachtkleid mit grauem Schnabel, etwas mehr Schwarz auf dem Scheitel und Braun am Hinterkopf. Weiß an den Kopfseiten, aber auch dann ausgedehnter als bei Weibchen. Jugendkleid ähnlich Weibchen, insgesamt etwas matter. Es gibt auch eine Morphe, bei der das Männchen einen fast rein schwarzen Kopf hat.

Ähnliche Arten: Wichtigste Unterscheidungsmerkmale zur Schwarzkopf-Ruderente sind der Oberschnabel, der an der Basis stark geschwollenen ist, und die braungrauen Unterschwanzdecken.

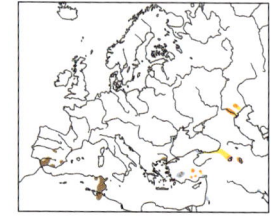

Nachtschwalben · Caprimulgidae

Nachtschwalbe (Ziegenmelker)
Caprimulgus europaeus (→ 378)

En: European Nightjar
Fr: Engoulevent d'Europe
Es: Chotacabras europeo
It: Succiacapre

An einen Falken erinnernder, tarnfarben braun gemusterter, nachtaktiver Vogel mit kleinem Schnabel (allerdings sehr großem Rachen) und großen schwarzen Augen.

Status: Regelmäßiger, aber seltener Brutvogel mit großen Verbreitungslücken, nur im Osten noch etwas häufiger. Seltener Gastvogel und Durchzügler.

Kleider: Adulte Männchen mit weißen Schwanzecken, deutlicher weißer Markierung im Handflügel und hellem Kehlfleck, bei Weibchen all das fehlend oder sehr undeutlich. Jugendkleid sehr ähnlich Weibchen.

Stimme: Der Gesang, in der späten Dämmerung und nachts vorgetragen, besteht aus einem sehr lang anhaltenden Schnurren in zwei verschiedenen Tonlagen „errrrrrr-örrrrr-errrrrrr…". Im Flug im Rahmen der Balz auch deutlich knallendes Flügelpeitschen.

Ähnliche Arten: Vom als Ausnahmegast auftretenden Pharaonenziegenmelker durch längeren Schwanz und mausgraue Grundfarbe unterscheidbar.

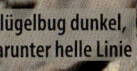

Pharaonennachtschwalbe
Caprimulgus aegyptius (→ 379)

Sehr ähnlich Ziegenmelker, aber deutlich heller sandbraun gemustert.

Status: Ausnahmegast aus Nordafrika und Kleinasien.

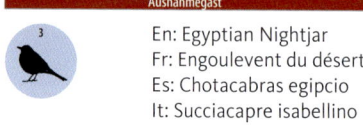

Ausnahmegast
En: Egyptian Nightjar
Fr: Engoulevent du désert
Es: Chotacabras egipcio
It: Succiacapre isabellino

sehr kleine weiße Flecke beim ♂ (fehlen beim ♀)

Schwanz kürzer als bei der Nachtschwalbe

Flügel dicht und gleichmäßig gebändert

adult

♂ adult

Auge sehr groß und dunkel

Schnabel sehr klein, Rachen groß

sandfarben, ocker und mit wenig Schwarz gemustert

adult

Segler · Apoidae

Alpensegler *Apus melba* (→ 381)

Großer brauner Segler mit weißem Bauch.

Status: Seltener Brutvogel in der Schweiz und in SW-Deutschland, lokal in Österreich, seltener Gast auch andernorts.

Kleider: Geschlechter gleich. Jugendkleid sehr ähnlich Adultkleid.

Stimme: Der trillernde Flugruf „trirrr... ti ti tü tü" unterscheidet sich deutlich von den Rufen aller anderen heimischen Segler.

Ähnliche Arten: Kein anderer heimischer Segler hat einen weißen Bauch und erreicht die Größe des Alpenseglers.

Brutvogel an wenigen Orten

En: Alpine Swift
Fr: Martinet à ventre blanc
Es: Vencejo real
It: Rondone maggiore

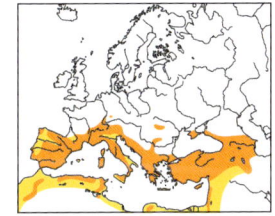

lange, typische Seglerflügel (vgl. Uferschwalbe)

Schwanz lang und gegabelt

Kehle weiß

Bauch weiß hinter dunklem Halsband

Mauersegler *Apus apus* (→ 382)

Mittelgroßer, kräftig gebauter, dunkler Segler.

Status: Regelmäßiger Brutvogel und Durchzügler.

Kleider: Geschlechter gleich. Im Jugendkleid Gefieder dunkler, Federn mit hellen Säumen (daher geschuppt), Stirn hell.

Verhaltensweisen: Manövriert oft gruppenweise in schnellem Flug zwischen Gebäuden.

Stimme: Im Flug, oft in schnell zwischen Häusern manövrierenden Gruppen, wird ein lautes, schneidendes „sriiih sriiih" geäußert.

Ähnliche Arten: Der sehr ähnliche Fahlsegler ist insgesamt heller, der Körper ist weniger schlank und die Flügel weniger spitz. Außerdem ist die helle Kehle oft auffälliger.

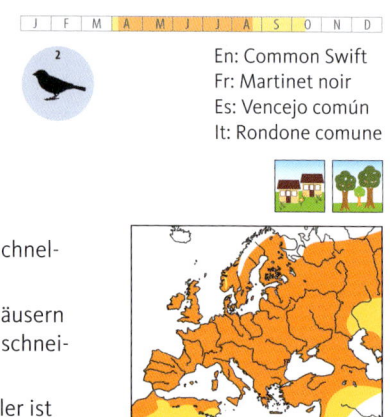

En: Common Swift
Fr: Martinet noir
Es: Vencejo común
It: Rondone comune

Segler · Apoidae

Fahlsegler *Apus pallidus* (→ 383)

Mittelgroßer, kräftig gebauter, dunkler Segler mit heller Kehle.

Status: Sehr seltener Brutvogel in der Südschweiz, sonst Ausnahmegast.

Kleider: Geschlechter gleich. Jugendkleid sehr ähnlich Adultkleid.

Stimme: Der Ruf des Fahlseglers klingt heiserer und tiefer als der des Mauerseglers und kann als weiteres Merkmal zur Artunterscheidung dienen.

Ähnliche Arten: Unterscheidung zum Mauersegler: gedrungenerer Körper, stumpfere Flügel, markanter dunkler Augenfleck, Kehle und Stirn beim Fahlsegler heller, Unterseite aus der Nähe deutlich geschuppt.

Brutvogel an wenigen Orten

En: Pallid Swift
Fr: Martinet pâle
Es: Vencejo pálido
It: Rondone pallido

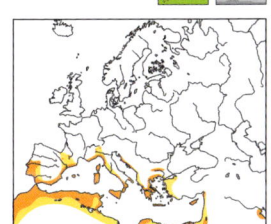

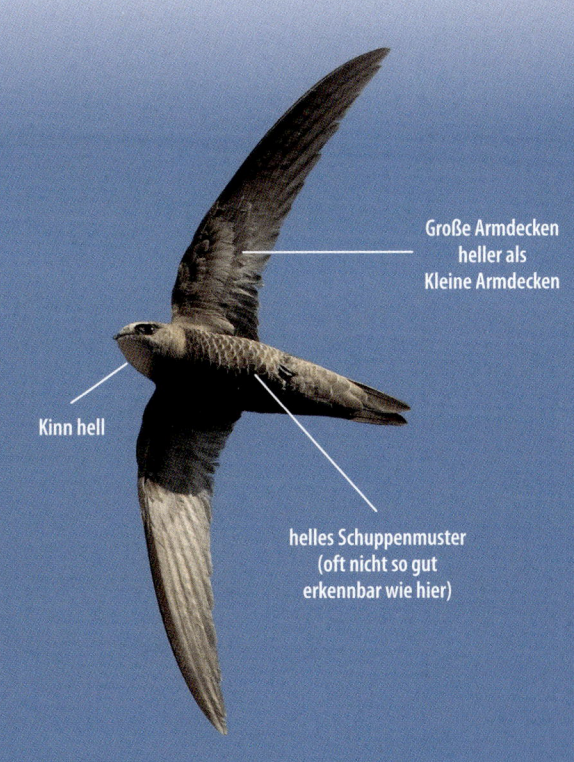

Große Armdecken heller als Kleine Armdecken

Kinn hell

helles Schuppenmuster (oft nicht so gut erkennbar wie hier)

Pazifiksegler *Apus pacificus* (→)

Etwas über mauerseglergroßer, schnittiger Segler mit weißem Bürzel.

Status: Ausnahmegast aus Ostasien.

Ausnahmegast

En: Pacific Swift
Fr: Martinet de Sibérie
Es: Vencejo del Pacífico
It: Rondone codaforcuta

Bürzelbereich weiß, zieht seitlich an den Flanken hinab

Kehlfleck groß, aber unscharf von Unterseite abgesetzt

lange, sichelförmige Seglerflügel

Unterseite hell geschuppt

Schwanz tief gegabelt mit breiten Spießen

Segler · Apoidae

Haussegler *Apus affinis* (→ 384)

An eine Mehlschwalbe erinnernder, kleiner Segler.

Status: Ausnahmegast aus Nordafrika, sehr seltener Brutvogel in Spanien.

Ausnahmegast

En: Little Swift
Fr: Martinet des maisons
Es: Vencejo moro
It: Rondone indiano

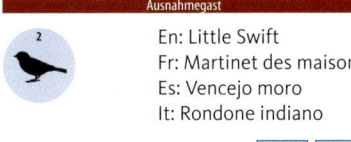

Figur erinnert an Mehlschwalbe

weißer Bürzelbereich zieht bis auf die Flanken hinab

Schwanz kurz und gerade abgeschnitten

Kehle und Stirn weiß

rundliche Flügel

Stachelschwanzsegler
Hirundapus caudacutus (→ 380)

Dunkelbrauner, kräftig gebauter Segler mit heller Kehle.

Status: Ausnahmegast aus Ostasien.

Ausnahmegast

En: White-throated Needletail
Fr: Martinet épineux
Es: Vencejo mongol
It: Rondone codacuta

Schwanz kurz und gerade abgeschnitten (überstehende Federschäfte, „Stacheln", nur aus der Nähe zu sehen)

helles Kinn

weißes Feld von den Flanken bis zu den Unterschwanzdecken

Trappen · Otididae

Großtrappe *Otis tarda*   (→ 198)

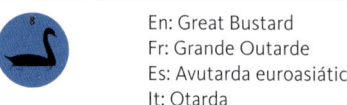

Kräftige, große Trappe, eine der größten flugfähigen Vogelarten Europas.

Status: Sehr seltener Brutvogel in der pannonischen Tiefebene und in Ostdeutschland.

Kleid: Männchen deutlich größer als Weibchen, mit dickerem Hals und kräftigerer Braunfärbung. Jugendkleid sehr ähnlich ad. Weibchen, immature Männchen zeigen eine weniger ausgeprägte rotbraune „Stola" als adulte Männchen.

Ähnliche Arten: Erinnert etwas an ein Truthuhn, ist aber viel heller.

En: Great Bustard
Fr: Grande Outarde
Es: Avutarda euroasiática
It: Otarda

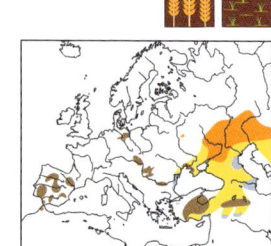

Saharakragentrappe

Chlamydotis undulata (→ 199)

Ausnahmegast

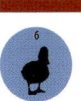

En: Houbara Bustard
Fr: Outarde houbara
Es: Avutarda hubara africana
It: Ubara africana

Schlanke, mittelgroße Trappe mit langem Hals.

Status: Ausnahmegast aus Nordafrika.

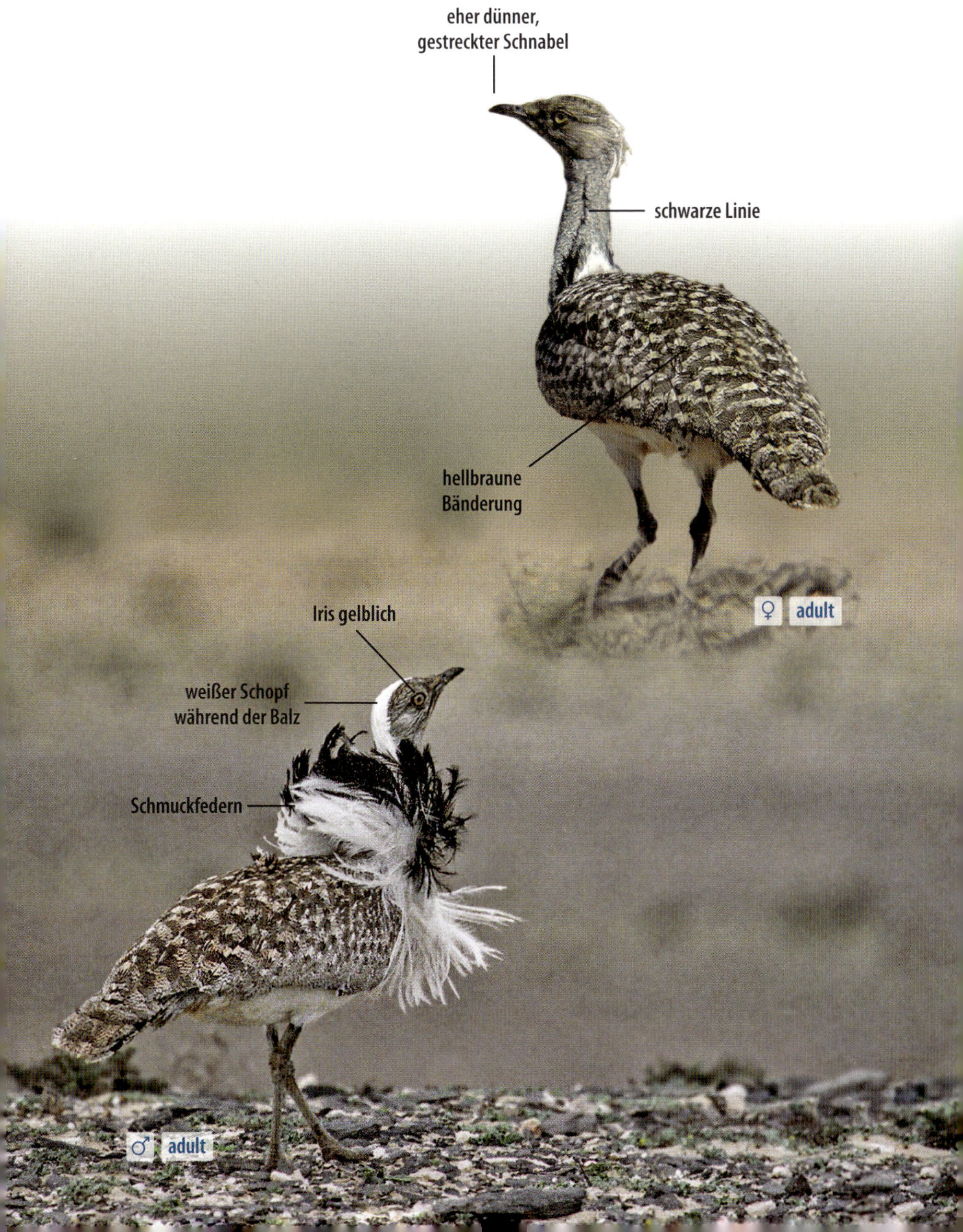

Steppenkragentrappe
Chlamydotis macqueenii (→ 200)

Sehr ähnlich Saharakragentrappe.
Status: Ausnahmegast aus Asien.

Ausnahmegast

En: Macqueen's Bustard
Fr: Outarde de Macqueen
Es: Avutarda hubara asiática
It: Ubara asiatica

♀ mit braunem Oberkopf
(♂ hätte einen weißen Schopf)

♀ adult

schwarz-weiße Flügelzeichnung mit mehr Schwarz als Zwergtrappe

♀ adult

Tarnverhalten

oberseits meistens weniger stark gemustert als Saharakragentrappe

dünner langer Hals

Zwergtrappe *Tetrax tetrax* (→ 197)

Kleine Trappe.

Status: Sehr seltener Gastvogel aus dem Mittelmeerraum oder Zentralsien.

Kleider: Geschlechter anhand des Gefieders im Prachtkleid deutlich unterscheidbar (siehe Fotos). Schlichtkleid der Männchen sehr ähnlich Weibchen. Jugendkleid sehr ähnlich Schlichtkleid.

Stimme: Von fliegenden alten Hähnen hört man einen hoch pfeifenden rhythmischen Flugschall.

Ähnliche Arten: Männchen im Prachtkleid aufgrund der Halsfärbung unverwechselbar. Könnte in anderen Kleidern an einen Hühnervogel erinnern, ist aber viel langbeiniger.

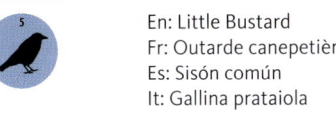

seltener Gast
En: Little Bustard
Fr: Outarde canepetière
Es: Sisón común
It: Gallina prataiola

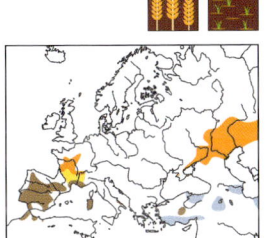

Häherkuckuck *Clamator glandarius* (→ 361)

En: Great Spotted Cuckoo
Fr: Coucou geai
Es: Crialo europeo
It: Cuculo dal ciuffo

Taubengroßer, langschwänziger und weißbäuchiger Kuckuck mit auffallend langem Schwanz und deutlichem Schopf.

Status: Ausnahmegast aus dem Mittelmeerraum.

Kleider: Geschlechter gleich. Im Jugendkleid oberseits viel dunkler und mit schwarzer Kappe. Einjährige ähneln noch Vögeln im Jugendkleid, aber die im Jugendkleid typische rotbraune Färbung an den Handschwingen ist nur noch undeutlich oder fehlt ganz.

Stimme: Lautäußerungen schrill scheppernd, ganz anders als beim Kuckuck.

Ähnliche Arten: Unverwechselbar.

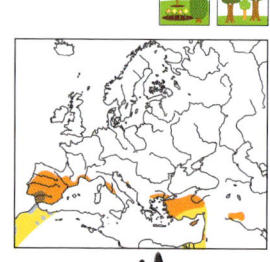

Kuckucke • Cuculidae

Gelbschnabelkuckuck *Coccyzus americanus*
(→ 360)

Ähnlich Schwarzschnabelkuckuck, jedoch mit überwiegend gelbem Schnabel.

Status: Ausnahmegast aus Nordamerika.

Ausnahmegast

En: Yellow-billed Cuckoo
Fr: Coulicou à bec jaune
Es: Cuclillo piquigualdo
It: Cuculo americano

- Schnabel überwiegend gelb
- Kehle, Bauch und Unterschwanzdecken weiß
- Schwanz lang
- Schwanzfedern von unten mit breiten weißen Spitzen

Schwarzschnabelkuckuck
Coccyzus erythrophthalmus   (→ 359)

Langschwänziger, weißbäuchiger und oberseits brauner Kuckuck.

Status: Ausnahmegast aus Nordamerika.

Ausnahmegast

En: Black-billed Cuckoo
Fr: Coulicou à bec noir
Es: Cuclillo piquinegro
It: Cuculo occhirossi

- bei Adulten nackter rosafarbener oder roter Ring um die Augen
- Oberseite ungemustert braungrau
- Schwanz lang
- Schnabel schwarz
- Kehle beige
- Schwanzfedern von unten höchstens mit schmalen hellen Spitzen
- Unterschwanzdecken beige

adult

Kuckucke · Cuculidae

Kuckuck *Cuculus canorus* (→ 362)

J F M **A M J J A S** O N D

En: Common Cuckoo
Fr: Coucou gris
Es: Cuco común
It: Cuculo

An einen etwas dickbäuchigen kleinen Falken erinnernder Vogel mit gewellter Brustzeichnung und im Sitzen oft hängenden Flügeln.

Status: Regelmäßiger Brutvogel und Durchzügler.

Kleider: Adulte Männchen immer mit grauem Kopf und Hals und grauer Oberseite. Bei adulten Weibchen tritt eine braune und eine graue Morphe auf. Letztere ähnlich Männchen, aber mit grau-bräunlicher Querbänderung an Kehle und Brust. Im Jugendkleid ähnlich braunem Weibchen, aber mehr graubraun und mit weißem Nackenfleck.

Verhaltensweisen: Sitzt oft mit hängenden Flügelspitzen.

Stimme: Der namensgebende Gesang zeigt die Anwesenheit des Kuckucks häufiger als sein Anblick.

Ähnliche Arten: Durch die spitzen Flügel im Flug ggf. mit Falke verwechselbar, aber untersetzter und mit längerem Schnabel.

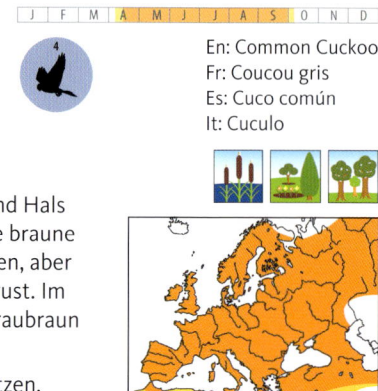

spitze Flügel
Schwanz lang
♂ adult
weißer Nackenfleck
Juv.
Bauch eng gebändert
wirkt viel zu groß für das Wirtsvogelnest
Jugendkleid
bei Männchen Kehle einfarbig grau
Oberseite einfarbig grau
Weibchen beider Morphen haben gebänderte Kehle
typische „hockende" Stellung
♀ adult braune Morphe
♂ adult

Flughühner · Pterocliformes

Steppenflughuhn *Syrrhaptes paradoxus*
(→ 341)

Ausnahmegast

En: Pallas's Sandgrouse
Fr: Syrrhapte paradoxal
Es: Ganga de Pallas
It: Sirratte

Mittelgroßer und etwas an eine Taube erinnernder Hühnervogel mit langen spitzen Flügeln und deutlichen Schwanzspießen.

Status: Früher seltener Gast (Einflüge), heute Ausnahmegast. Die Brutgebiete liegen östlich des Kaspischen Meeres.

Kleider: Geschlechter sind anhand der Gefiederfärbung gut zu unterscheiden. Jugendkleid ähnlich Weibchen.

Ähnliche Arten: Verwechslung mit anderen Flughuhnarten möglich, Unterscheidung jedoch anhand der Gefiederfärbung gut möglich.

Flughühner • Pterocliformes

Braunbauch-Flughuhn *Pterocles exustus*

(→ 343)

En: Chestnut-bellied Sandgrouse
Fr: Ganga à ventre brun
Es: Ganga moruna
It: Grandule ventrecastano

Mittelgroßer und etwas an eine Taube erinnernder Hühnervogel mit langen spitzen Flügeln.

Status: Ausnahmegast aus Nordafrika oder Südasien.

Flughühner • Pterocliformes

Sandflughuhn *Pterocles orientalis* (→ 344)

Mittelgroßer, kräftig gebauter und etwas an eine Taube erinnernder Hühnervogel mit langen spitzen Flügeln.

Status: Ausnahmegast aus dem Mittelmeerraum oder Asien.

Kleider: Geschlechter sind anhand der Gefiederfärbung gut zu unterscheiden. Jugendkleid ähnlich Weibchen.

Ähnliche Arten: Verwechslung mit anderen Flughuhnarten möglich, Unterscheidung jedoch anhand der Gefiederfärbung erleichtert.

Ausnahmegast
En: Black-bellied Sandgrouse
Fr: Ganga unibande
Es: Ganga ortega
It: Ganga

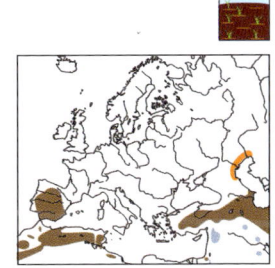

Straßentaube
Columbia livia f. domestica (→ 345)

Die typische, oft in Grautönen gefärbte Taube menschlicher Siedlungen.

Status: Häufiger Brutvogel in allen größeren menschlichen Siedlungen.

Kleider: Geschlechter gleich. Im Jugendkleid ohne metallische Farben an Kopf oder Hals und kontrastärmer.

Verhaltensweisen: Bewegt beim Laufen den Kopf ruckartig vor und zurück.

Stimme: Bei Verbeugebalz ein wiederholtes, dumpf gurrendes „grrr-gruh". Weitere dumpfe Rufe.

Ähnliche Arten: Einige Gefiedervarianten können an kleine Möwen oder Watvögel erinnern.

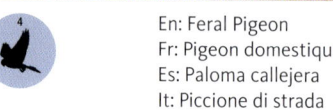

En: Feral Pigeon
Fr: Pigeon domestique
Es: Paloma callejera
It: Piccione di strada

Felsentaube

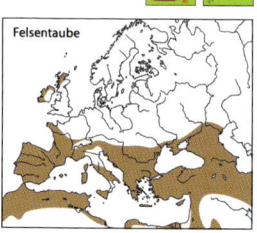

die Felsentaube als wilde Ausgangsform ist sehr ähnlich, aber etwas heller als diese Straßentaube gefärbt

sehr variable Färbung möglich

weißer Nasenwulst

metallische Halsfärbung (ohne Weiß)

doppeltes Band

Brust meist hellgrau

Körper überwiegend hellgrau

adult

Tauben · Columbidae

Hohltaube *Columba oenas* (→ 346)

Eher kleine, überwiegend grau gefärbte Taube mit großen dunklen Augen ohne abgesetzte Iris.

Status: Regelmäßiger Brutvogel und Durchzügler, regional auch Jahresvogel.

Kleider: Geschlechter gleich. Im Jugendkleid mit schwarzem Schnabel und ohne metallische Farben an Kopf oder Hals.

Stimme: Der Gesang des Männchens klingt dumpf und wenig weit tragend „hurúeúp-hurúeúp-…".

Ähnliche Arten: Im Gegensatz zur Ringeltaube nur mit kleinem hellem Flügelband und im Flug ohne Weiß auf Rücken und Unterflügel.

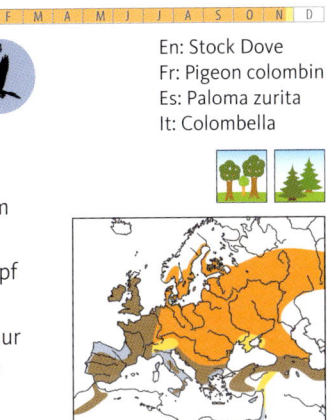

En: Stock Dove
Fr: Pigeon colombin
Es: Paloma zurita
It: Colombella

kein weißes Band (vgl. Ringeltaube)

adult

Auge dunkel

metallisch grün, aber kein weißer Halsfleck

Kopf und Rücken gleichfarbig

zunächst ohne die metallgrüne Marke

adult

Schwanz kurz

Jugendkleid

Ringeltaube *Columba palumbus* (→ 347)

En: Common Wood Pigeon
Fr: Pigeon ramier
Es: Paloma torcaz
It: Colombaccio

Große, plumpe Taube mit weißem Flügelband, im Adultkleid mit auffälligem weißem Halsfleck und gelben (im Jugendkleid schmutzig grünen) Augen.

Status: Regelmäßiger Brutvogel und Durchzügler, regional auch Jahresvogel.

Kleider: Geschlechter gleich. Im Jugendkleid mit schwarzem Schnabel, dunkler Iris und ohne metallische Farben an Kopf oder Hals.

Stimme: Der Gesang des Männchens besteht aus wiederholt vorgetragenen, rauen, hohl klingenden, 5-silbigen Motiven „hu-huuu-hu---hu-hu".

Ähnliche Arten: Durch Größe und weißen Halsfleck im Adultkleid unverwechselbar. Jungvögel durch weißes Flügelband von der Hohltaube zu unterscheiden.

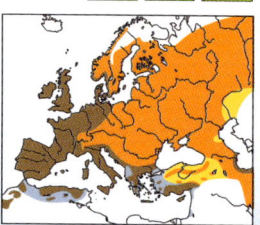

graue Binde vor schwarzer Endbinde, unterseits kontrastreicher

breites weißes Band

adult

Pupille oval

deutlicher weißer Halsfleck

Brust rosa

noch kein Weiß am Hals

weißes Band bereits deutlich

adult

Jugendkleid

Turteltaube *Streptopelia turtur* (→ 348)

En: European Turtle Dove
Fr: Tourterelle des bois
Es: Tórtola europea
It: Tortora selvatica

Zierliche, kleine, überwiegend in Ocker- und Rosatönen gefärbte Taube mit schwarz-weißem Halsfleck und deutlich geflecktem Mantel.

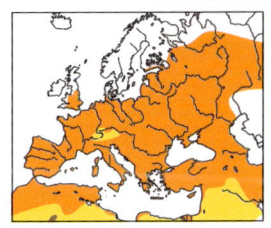

Status: Regelmäßiger, aber stark von Rückgang betroffener Brutvogel in trocken-warmen Regionen.

Kleider: Geschlechter gleich. Im Jugendkleid ohne Schwarz-Weiß-Zeichnung am Hals und Ränder der Rückenfedern braun (bei Adulten rostgelb).

Stimme: Gesang des Männchens ist ein rau schnurrendes, wiederholtes, mehrsilbiges Motiv „grurr-túrr-turr -- grurr- túrr-turr...".

Ähnliche Arten: Durch dunkle Mantelfleckung und schwarz-weiße Halsmarke nur mit der größeren und deutlich weiter östlich verbreiteten sowie matter gefärbten Orientturteltaube zu verwechseln.

Orientturteltaube *Streptopelia orientalis*
(→ 349)

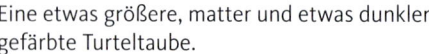

En: Oriental Turtle Dove
Fr: Tourterelle orientale
Es: Tórtola oriental
It: Tortora orientale

Eine etwas größere, matter und etwas dunkler gefärbte Turteltaube.

Status: Ausnahmegast aus Sibirien und Mittelasien.

Kleider: Geschlechter gleich. Im Jugendkleid ohne schwarzgraue Zeichnung am Hals und Ränder der Rückenfedern ocker (bei Adulten rostgelb).

Ähnliche Arten: Siehe Turteltaube.

wirkt insgesamt dunkler als Turteltaube

Hinterkopf bräunlich rosa (vgl. Turteltaube)

Mantelfedern und Flügeldecken mit breiten rostbraunen Rändern

mehr Grau in Kleinen Flügeldecken als bei Turteltaube

adult

Tauben • Columbidae

Türkentaube *Streptopelia decaocto*   (→ 351)

En: Eurasian Collared Dove
Fr: Tourterelle turque
Es: Tórtola turca
It: Tortora dal collare

Mittelgroße, überwiegend hell ocker gefärbte, wenig gemusterte Taube mit schwarzem Halbmond am Nacken.

Status: Regelmäßiger Brutvogel, ganzjährig anwesend.

Kleider: Geschlechter gleich. Im Jugendkleid fehlt das schwarze Halsabzeichen.

Verhaltensweisen: Bewegt beim Laufen wie alle Tauben den Kopf ruckartig vor und zurück.

Stimme: Der Gesang besteht aus dem wiederholten, tief geflöteten Motiv „gu-gúu-gu". Beim Landen ist oft ein charakteristisches nasales „chwäh", auch als Mehrfachruf, zu hören.

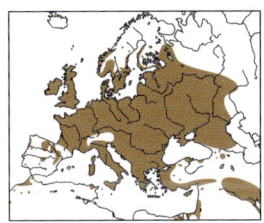

Ähnliche Arten: Mit keiner anderen heimischen Taube zu verwechseln.

- Schwanzseiten hell
- adult
- mittleres Federpaar dunkler
- schwarzer Halbmond
- adult
- ungemustert, recht einheitlich hell ocker
- adult
- typischer dicker Schnabel junger Tauben
- Juv.
- Jugendkleid
- ohne schwarze Halszeichnung

Carolinataube *Zenaida macroura*

Ausnahmegast

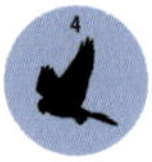

Braune, kleinköpfige Taube mit dunklen Flecken auf den Flügeldecken.

Status: Ausnahmegast aus Nordamerika.

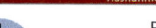

En: Mourning Dove
Fr: Tourterelle triste
Es: Zenaida huilota
It: Tortora americana

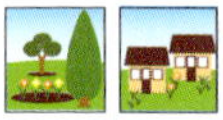

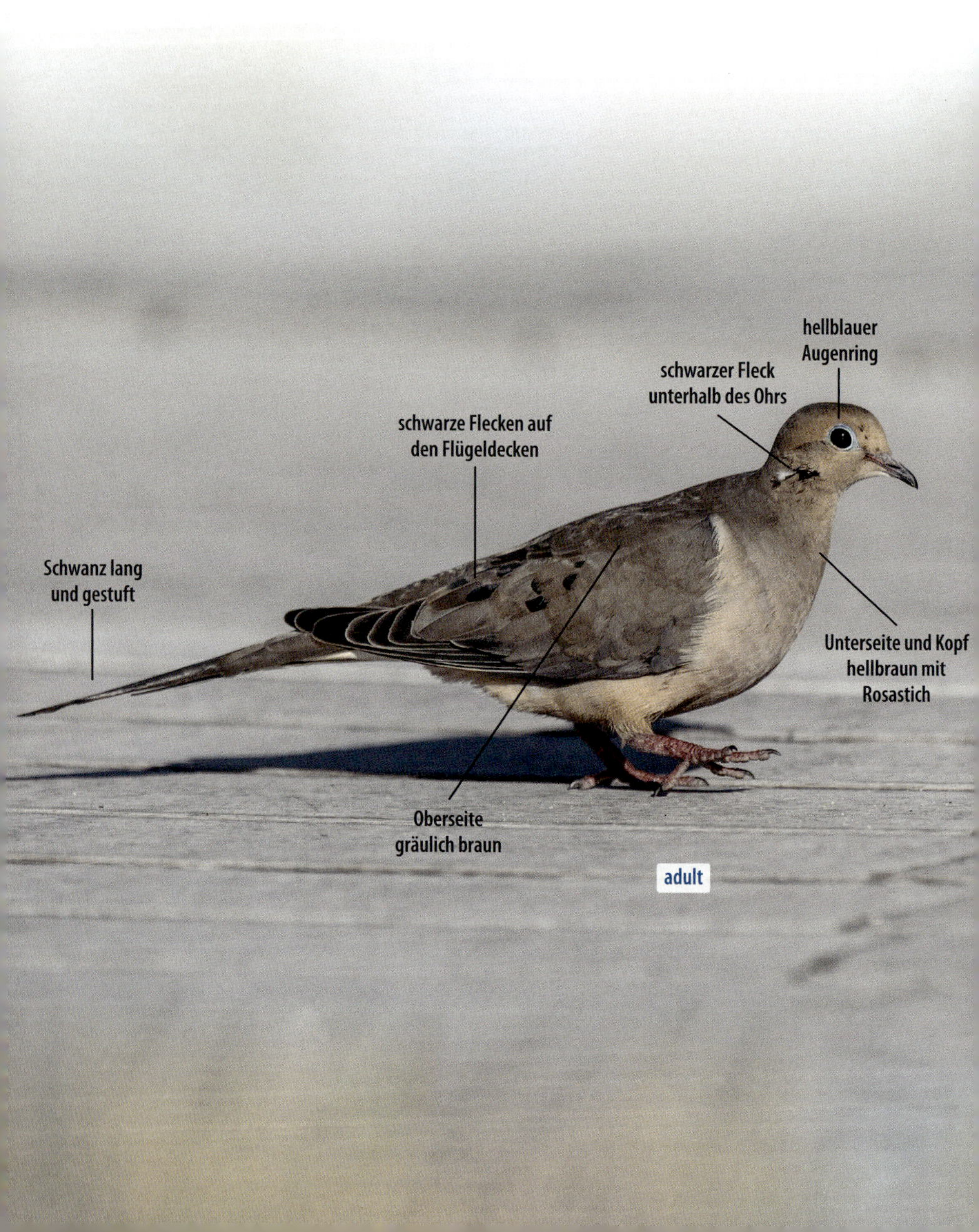
hellblauer Augenring
schwarzer Fleck unterhalb des Ohrs
schwarze Flecken auf den Flügeldecken
Schwanz lang und gestuft
Unterseite und Kopf hellbraun mit Rosastich
Oberseite gräulich braun
adult

Rallen • Rallidae

Wasserralle *Rallus aquaticus* (→ 204)

En: Water Rail
Fr: Râle d'eau
Es: Rascón europeo
It: Porciglione

Mittelgroße Ralle mit langem, im Adultkleid rotem Schnabel.

Status: Regelmäßiger Brut- und Gastvogel.

Kleider: Geschlechter gleich. Im Jugendkleid ist die bei Adulten graublaue Färbung von Gesicht, Brust und Vorderbauch schmutzig weißlich.

Stimme: Quiekende, an ein Schwein erinnernde Rufe aus Schilfzonen stammen in der Regel von Wasserrallen.

Ähnliche Arten: Von ähnlich gefärbten Rallen vor allem durch den langen Schnabel unterscheidbar.

gesamte Oberseite mit schwarzen Längsstricheln

Iris gelblich

Gesichtsseiten braun

Jugendkleid

Iris rötlich

Brust blaugrau

gebogener Schnabel länger als bei jeder anderen Rallenart

Flanken schwarz-weiß gebändert

sehr lange Zehen

adult

Rallen · Rallidae

Wachtelkönig *Crex crex* (→ 205)

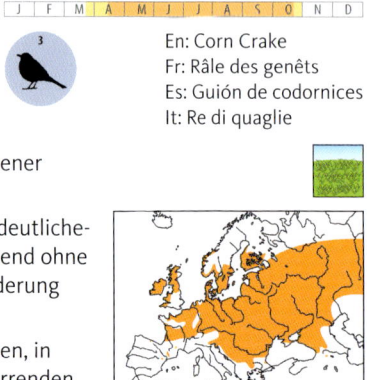

En: Corn Crake
Fr: Râle des genêts
Es: Guión de codornices
It: Re di quaglie

Mittelgroße, sehr versteckt lebende, schlanke Ralle mit braun gefleckter Tarnfärbung. Anwesenheit oft nur durch die Stimme bemerkbar.

Status: Meist seltener Durchzügler und Gastvogel, seltener Brutvogel, im Osten häufiger.

Kleider: Geschlechter nahezu gleich, Weibchen mit undeutlicherer Graufärbung der Kopfseite. Im Jugendkleid weitgehend ohne Graufärbung der Kopfseiten und ohne rostbraune Bänderung der Flanken.

Stimme: Der Gesang besteht aus einem lauten, in langen Reihen vorgetragenen, hölzern schnarrenden und zweisilbigen Motiv „krrk-krrrrk krrk-krrrrk krrk-krrrrk…" und ist viel häufiger zu hören als dass man den Vogel sieht.

Ähnliche Arten: Durch gefleckte, braune Oberseite und blaugrauen Überaugenstreif sowie blaugraue Brustseiten mit keiner anderen Art zu verwechseln. Viel kleiner und schlanker als das Rebhuhn.

Schnabel kurz und kräftig

grauer Überaugenstreif

viel gestrecktere Gestalt als Wachtel

Kehle und Halsvorderseite grau

rotbraune Armflügeldecken

rostrot-beige Querbänderung

Rallen · Rallidae

Tüpfelsumpfhuhn *Porzana porzana* (→ 208)

En: Spotted Crake
Fr: Marouette ponctuée
Es: Polluela pintoja
It: Voltolino

Mittelgroße Ralle mit kurzem, an der Basis rötlichem Schnabel.

Status: Regelmäßiger, aber seltener Brutvogel, am häufigsten in Polen. Regelmäßiger Durchzügler, extrem selten auch Wintergast.

Kleider: Geschlechter gleich. Im Jugendkleid ist der Überaugenstreif hellbraun mit weißen Punkten und nicht graublau und die Brust ist feiner gepunktet.

Stimme: Singende Männchen äußern vor allem in der Dämmerung und nachts 20 bis 50 Mal pro Minute ein bisweilen sehr weit tragendes, kurzes „whit" oder „huitt".

Ähnliche Arten: Zur Unterscheidung von anderen Sumpfhühnern siehe Fotos.

Schnabel kurz, kräftig und gerade

Jugendkleid

Flügeloberseite weiß gesprenkelt

lange Zehen

Flanken deutlich gebändert

Schnabel kräftig gelb und orange

adult

Rallen · Rallidae

Kleinsumpfhuhn (Kleines Sumpfhuhn)
Porzana parva   (→ 206)

En: Little Crake
Fr: Marouette poussin
Es: Polluela bastarda
It: Schiribilla

Kleine, versteckt lebende Ralle mit sehr großen Füßen.

Status: Regelmäßiger Brutvogel vor allem im Osten, andernorts selten.

Kleider: Geschlechter im Adultkleid deutlich unterscheidbar, siehe Fotos. Jugendkleid ähnelt dem des adulten Weibchens, aber die Flanken sind bis vor der Schulter braun gebändert, der Kopf trägt weniger Grau und der rote Basisfleck am Schnabel ist allenfalls schwach ausgeprägt.

Stimme: Singende Männchen äußern vor allem in der Dämmerung etwas quakend in steigendem Tempo und bei etwas sinkender Tonhöhe „gök"- oder „guék"-Serien.

Ähnliche Arten: Zwergsumpfhuhn ist sehr ähnlich, siehe Fotos.

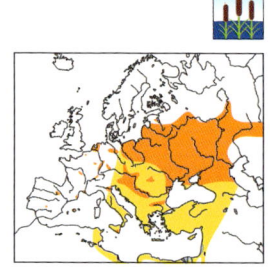

Flügelspitze steht weit über die Schirmfedern hinaus (vgl. Zwergsumpfhuhn)

Jugendkleid

kein Blaugrau im Gesicht

viel weniger Weiß am Rücken als beim Zwergsumpfhuhn

etwas Rot am Schnabelansatz

♀ adult

ausgedehnt blaugrau an Kopf und Bauch

Bauch und Flanken hellbraun, Flanken nur sehr wenig gebändert

♂ adult

sehr lange Zehen

Zwergsumpfhuhn *Porzana pusilla* (→ 207)

Kleine, versteckt lebende Ralle mit sehr großen Füßen.

Status: Sehr seltener lokaler Brutvogel, sehr seltener Gastvogel.

Kleider: Geschlechter gleich, im Jugendkleid ohne die Graufärbung der Körpervorderseite, komplett mit stark quer gebänderte Unterseite und braune Iris.

Stimme: Der Gesang besteht aus einer Reihe unregelmäßig an- und abschwellender, hölzern knarrender Laute wie „krerrerrék".

Ähnliche Arten: Kleinsumpfhuhn ist sehr ähnlich, siehe Fotos.

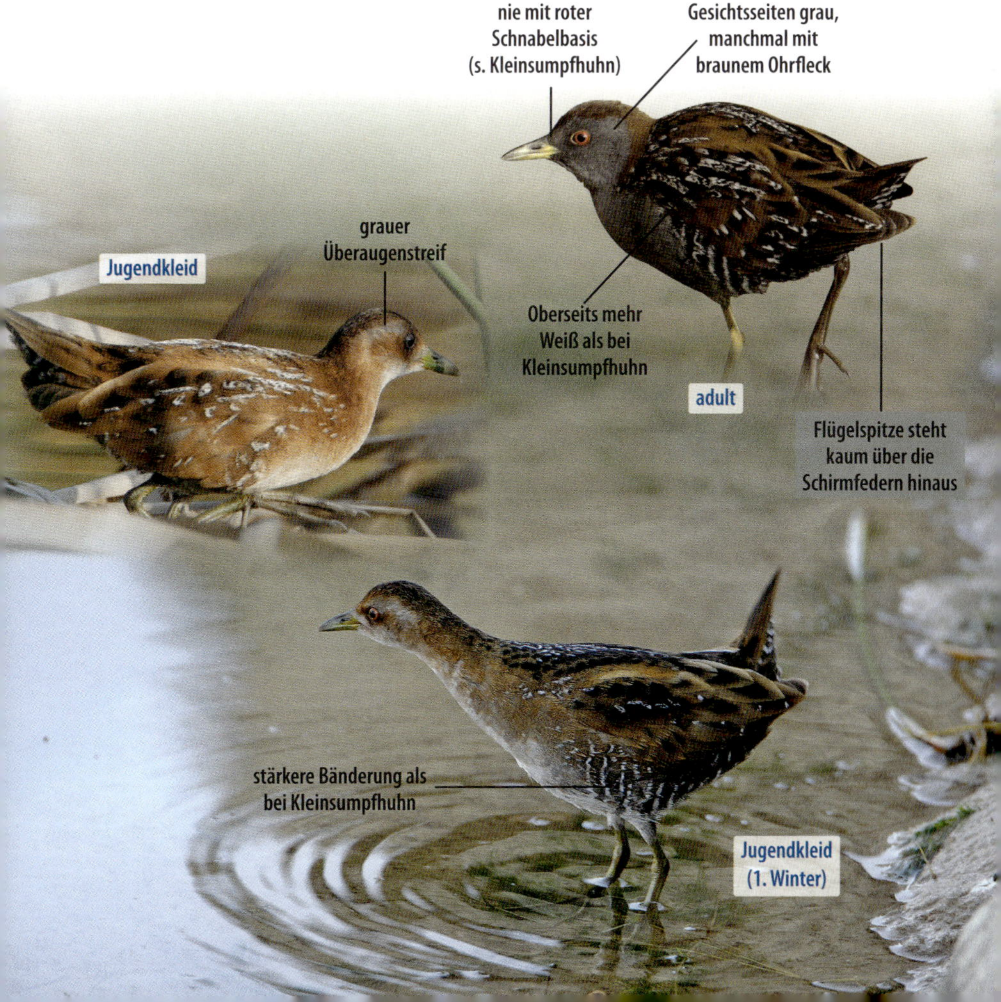

En: Baillon's Crake
Fr: Marouette de Baillon
Es: Polluela chica
It: Schiribilla grigiata

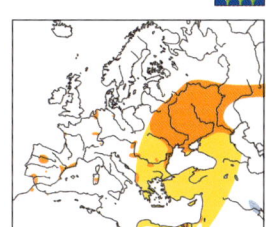

nie mit roter Schnabelbasis (s. Kleinsumpfhuhn)

Gesichtsseiten grau, manchmal mit braunem Ohrfleck

Jugendkleid

grauer Überaugenstreif

Oberseits mehr Weiß als bei Kleinsumpfhuhn

adult

Flügelspitze steht kaum über die Schirmfedern hinaus

stärkere Bänderung als bei Kleinsumpfhuhn

Jugendkleid (1. Winter)

Rallen · Rallidae

Purpurhuhn *Porphyrio porphyrio*   (→ 209)

Sehr große, bläulich schimmernde Ralle mit kräftigem rotem Schnabel.

Status: Ausnahmegast aus dem westlichen Mittelmeerraum, wohl meist Gefangenschaftsflüchtling.

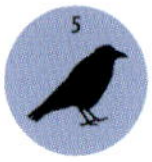

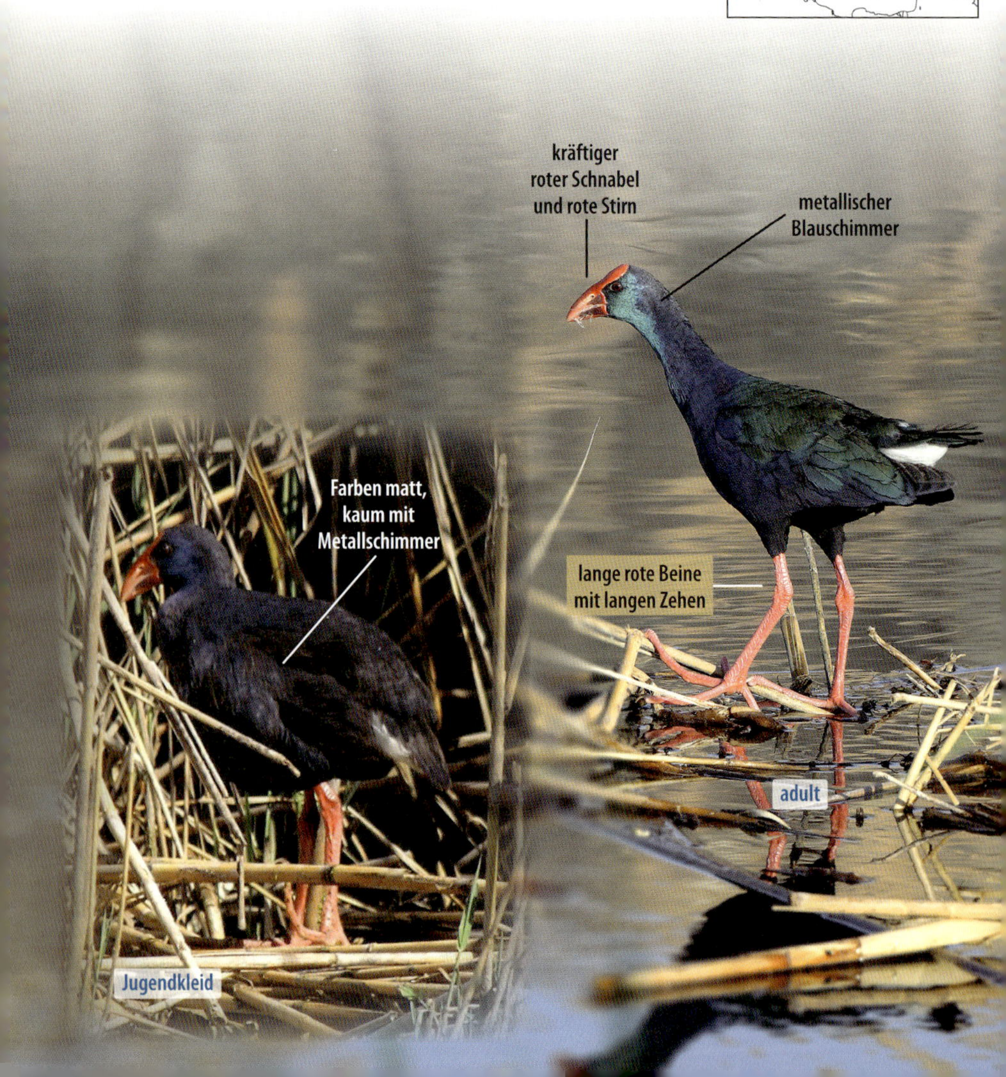

En: Western Swamphen
Fr: Talève sultane
Es: Calamón común
It: Pollo sultano

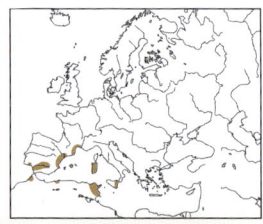

kräftiger roter Schnabel und rote Stirn

metallischer Blauschimmer

Farben matt, kaum mit Metallschimmer

lange rote Beine mit langen Zehen

adult

Jugendkleid

Graukopf-Purpurhuhn
Porphyrio poliocephalus

Sehr ähnlich Purpurhuhn, aber mit gräulich abgesetztem Kopf.

Status: Ausnahmegast aus dem Mittleren Osten und Indien bis China, wohl meist Gefangenschaftsflüchtling.

Ausnahmegast, vor allem aber Neozoon

En: Grey-headed Swamphen
Fr: Talève à tête grise
Es: Calamón Cabecigrís
It: Pollo sultano testagrigia

Rallen · Rallidae

Bronzesultanshuhn *Porphyrio alleni* (→ 210)

Mittelgroße Ralle ähnlich Teichhuhn, jedoch mit grün und dunkelblau schimmerndem Gefieder.
Status: Ausnahmegast aus Afrika.

Ausnahmegast
En: Allen's Gallinule
Fr: Talève d'Allen
Es: Calamoncillo africano
It: Pollo sultano di Allen

- Stirnplatte zur Fortpflanzungszeit bei ♂ bläulich
- grünlicher Rücken mit rötlicher Übertönung
- Beine rötlich
- Brust und Bauch grau mit rötlichem Stich
- ohne weiße Strichel (vgl. Teichhuhn)
- adult

Zwergsultanshuhn *Porphyrio martinicus* (→ 211)

Dem Teichhuhn ähnelnde Ralle mit bunter Kopf-/Schnabelfärbung und blau und grün schimmerndem Gefieder.
Status: Ausnahmegast aus Amerika.

Ausnahmegast
En: Purple Gallinule
Fr: Talève violacée
Es: Calamoncillo americano
It: Pollo sultano della Martinica

- metallisch blaugrün
- Stirn bläulich, Schnabel rot mit gelber Spitze
- Beine blaugrün
- adult
- Juv.
- lange, kräftige Beine

Rallen • Rallidae

Teichhuhn *Gallinula chloropus* (→ 212)

Etwa taubengroße, sehr dunkel gefärbte Ralle mit weißen Unterschwanzdecken und im Adultkleid roter Stirn.

Status: Regelmäßiger Brutvogel.

Kleider: Geschlechter gleich. Im Jugendkleid überwiegend braun.

Verhaltensweisen: Zuckt bei Erregung oft mit dem Schwanz aufwärts, sodass die weißen Seiten aufblinken.

Stimme: Vogel ist oft im Schilf eher zu hören als zu sehen. Lauter Einzelruf „kürrk" oder gereiht „prüt".

Ähnliche Arten: Adulte durch rote Stirn und lange, grünliche Beine kaum verwechselbar.

En: Common Moorhen
Fr: Gallinule poule-d'eau
Es: Gallineta común
It: Gallinella d'acqua

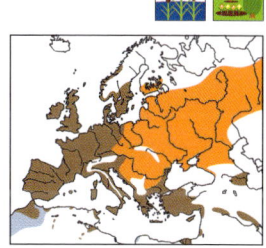

Jugendkleid

Vorderkörper bräunlich

Juv.

weiße Strichel

Schnabel rot mit gelber Spitze

Kopf überwiegend schwarz befiedert

Unterschwanzdecken weiß

Küken

Beine grün

adult

Blässhuhn *Fulica atra* (→ 213)

En: Eurasian Coot
Fr: Foulque macroule
Es: Focha común
It: Folaga

Große Ralle mit rundlichem, breitem Körper, überwiegend schwarzem Gefieder und im Adultkleid weißem Stirnschild.

Status: Regelmäßiger Brutvogel, Durchzügler und Wintergast.

Kleider: Geschlechter gleich. Im Jugendkleid sind Halsseiten und Brust gräulich weiß, der Rest graubraun und der Stirnschild ist noch schwach ausgeprägt.

Verhaltensweisen: Beim Schwimmen wird der Kopf oft ruckartig vor- und zurückbewegt. Kommt nach dem Tauchen wie eine auftauchende Boje an die Oberfläche zurück.

Stimme: An den blechern klingenden Rufen kann man ein aggressives Blässhuhn auch auf Entfernung auf dem Wasser erkennen.

Ähnliche Arten: Kaum zu verwechseln.

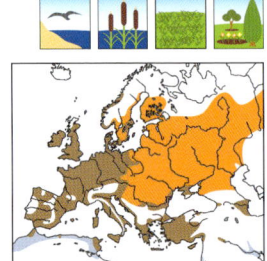

Jugendkleid — kahle Stirn noch nicht weiß

adult

Gefieder komplett schwarz

lange Zehen mit seitlichen Lappen

weiße nackte Stirn

Kopf überwiegend noch kahl und rot, goldfarbene Halskrause, später weißlich

adult

Küken

Kraniche · Gruidae

Kanadakranich *Antigone canadensis*
(→ 202)

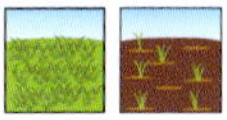

Großer, grauer Kranich mit ausgedehnterer Rotpartie am Kopf als beim europäischen Kranich.

Status: Ausnahmegast aus Nordamerika.

Ausnahmegast

En: Sandhill Crane
Fr: Grue du Canada
Es: Grulla canadiense
It: Gru canadese

Schwungfedern nur an den Spitzen dunkel

Stirn und Scheitel rot

Kehle und Wangen weiß

Hals grau

adult

Jungfernkranich *Grus virgo* (→ 201)

Zierlicher, aber dennoch großer Kranich.

Status: Ausnahmegast aus Südrussland und Asien, meist wohl Gefangenschaftsflüchtling.

Kleider: Geschlechter gleich, im Jugendkleid ohne lange Schmuckfedern und ohne Schwarz am Kopf (wohl aber sehr dunkel an Hals und Brust).

Stimme: Der trompetende Ruf ist höher und hölzerner als beim Kranich, aus der Ferne aber schwer unterscheidbar.

Ähnliche Arten: Wegen Unterscheidung zum Kranich siehe Fotos.

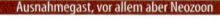
Ausnahmegast, vor allem aber Neozoon

En: Demoiselle Crane
Fr: Grue demoiselle
Es: Grulla damisela
It: Damigella della Numidia

Hals kürzer als beim Kranich

Schwarz reicht bis auf die Brust

adult

Kopf grau

außer Auge kein Rot am Kopf

Halsseiten bis Brust schwarz

weißer Schopf

Kopf und Vorderhals schwarz

verlängerte Schirmfedern nicht buschig

Körper einfarbig grau

sehr langbeinig

Jugendkleid

adult

Kraniche · Gruidae

Kranich *Grus grus* (→ 203)

Großer, kräftiger Kranich mit charakteristischer Kopfzeichnung und buschigem Körperende durch speziell geformte Schirmfedern.

En: Common Crane
Fr: Grue cendrée
Es: Grulla común
It: Gru

Status: Regelmäßiger Brutvogel v. a. im Norden, regelmäßiger Durchzügler entlang der Zugkorridore, andernorts seltener Durchzügler und Wintergast. Neuer Zugweg nördlich und südlich der Alpen.

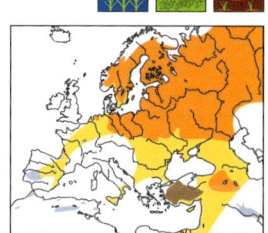

Kleider: Geschlechter gleich. Adulte zur Brutzeit mit bräunlichem Rücken (durch Einreiben der Federn erreicht, daher kein eigentliches Prachtkleid), sonst Rücken grau. Jugendkleid ohne buschige Schirmfedern und mit braungelbem Kopf ohne Schwarz oder Rot.

Verhaltensweisen: Zieht oft in Keilformation. Nutzt auch Thermik, um kreisend Höhe zu gewinnen.

Stimme: Lautes, weit tragendes Trompeten wie „krruu" in verschiedenen Klangfarben, auch im Duett. Im Herbst ist aus den wandernden Trupps oft das hohe, etwas heisere „tschirp" der Jungvögel herauszuhören.

Ähnliche Arten: Wegen Unterscheidung zum Jungfernkranich siehe Fotos. Graureiher ist kleiner und fliegt nicht mit gestrecktem Hals.

Lappentaucher · Podicipedidae

Zwergtaucher *Tachybaptus ruficollis* (→ 91)

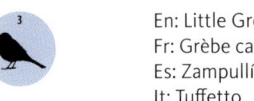

En: Little Grebe
Fr: Grèbe castagneux
Es: Zampullín común
It: Tuffetto

Kleinste heimische Taucherart mit kurzem, hohem Rücken, wirkt meist aufgeplustert.

Status: Regelmäßiger Brut- und Gastvogel bis etwa 1000 m Meereshöhe.

Kleider: Geschlechter gleich, Schlichtkleid hellbraun mit dunkelbraunem Rücken und Oberkopf, Schnabel heller. Küken graubraun mit streifigem Kopf und Hals und rotem Schnabelansatz. Jugendkleid ähnlich Schlichtkleid, aber mit Resten der Kopfstreifen aus dem Kükengefieder und bereits rötlich getöntem Halsfleck.

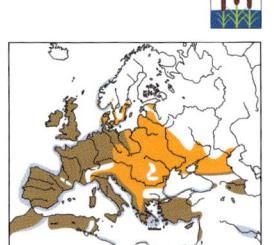

 Stimme: Die ansteigende, schnell trillernde Rufreihe „titititi…" ist auch außerhalb der Brutzeit oft zu hören und wird häufig als Duett vorgetragen, bei dem ein Partner beginnt und der andere einstimmt.

Ähnliche Arten: Im Schlichtkleid durch den runden Kopf leicht von anderen kleinen Lappentauchern zu unterscheiden.

Jugendkleid — Streifung noch vorhanden

Küken — heller Schnabel mit rosa Basis; gestreift

Prachtkleid — rote Halsseiten; gelber Schnabelwinkel; kurzer Schwanz (meist nicht zu sehen)

Schlichtkleid — typische kurze hohe Körperhaltung; hell ockerfarbene Halsseiten

Bindentaucher *Podilymbus podiceps* (→ 92)

Ausnahmegast

En: Pied-billed Grebe
Fr: Grèbe à bec bigarré
Es: Zampullín picogrueso
It: Podilimbo

Ähnlich Zwergtaucher, aber größer und mit kräftigerem Schnabel.
Status: Ausnahmegast aus Nordamerika.

Rothalstaucher *Podiceps grisegena* (→ 93)

Mittelgroße Taucherart, im Prachtkleid mit rostrotem Hals.

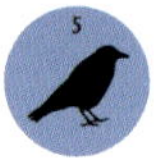

En: Red-necked Grebe
Fr: Grèbe jougris
Es: Somormujo cuellirrojo
It: Svasso collorosso

Status: Seltener Brutvogel, regelmäßiger, aber im Binnenland seltener Durchzügler und Wintergast.

Kleider: Geschlechter gleich. Schlichtkleid ähnlich Prachtkleid, aber Haube weniger schwarz, Wangenbereich schmutzigweiß und Vorderhals braunrötlich. Jugendkleid bereits mit Anklängen ans Prachtkleid, aber Hals weniger ausgeprägt rötlich und Reste der Kükenstreifung im weißen Gesichtsfeld. Gelb am Schnabel nach vorne diffus auslaufend. Küken grau mit deutlichem Streifenmuster am Kopf.

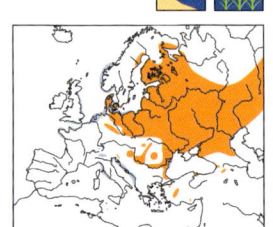

Stimme: In der Balz fallen sie durch wieherndes lautes Keckern und gedehntes Quietschen auf.

Ähnliche Arten: Siehe Fotos zur Unterscheidung von Rothals-, Ohren- und Schwarzhalstauchern im Schlichtkleid.

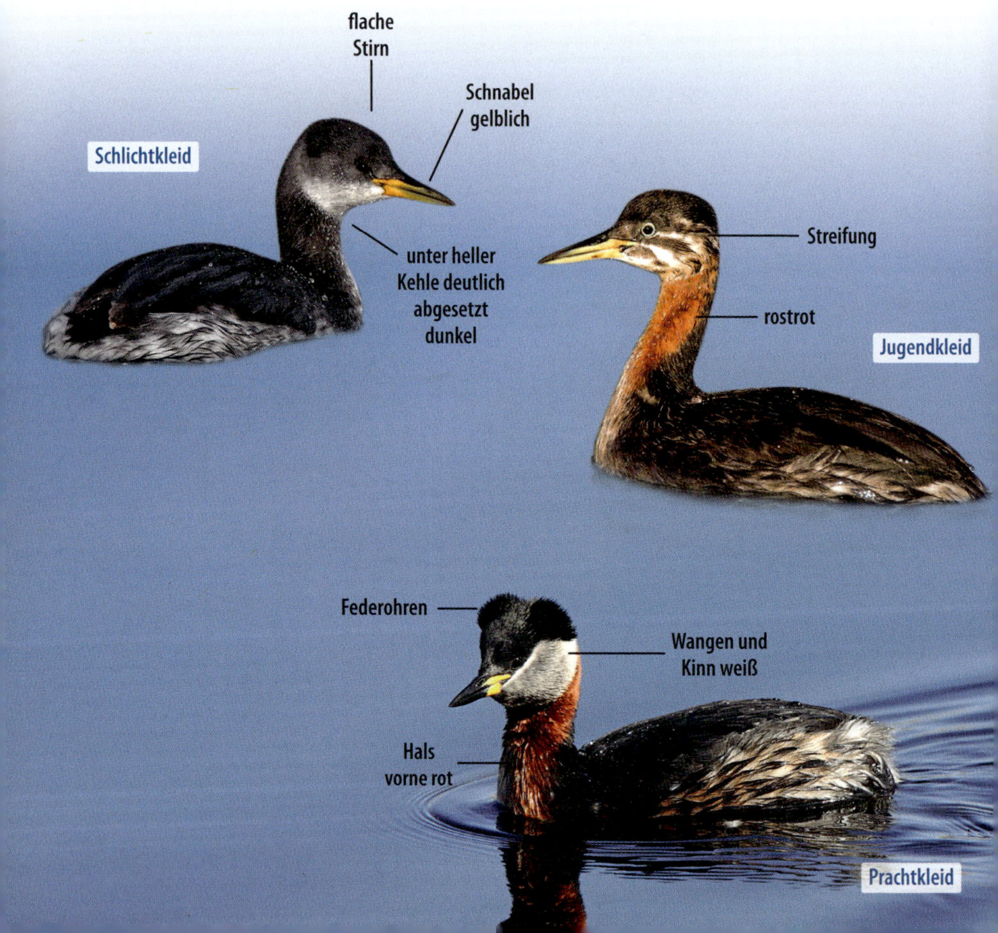

Haubentaucher *Podiceps cristatus* (→ 94)

En: Great Crested Grebe
Fr: Grèbe huppé
Es: Somormujo lavanco
It: Svasso maggiore

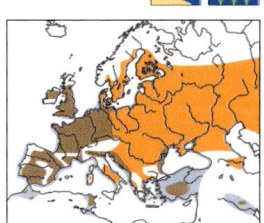

Größter heimischer Lappentaucher mit typischer Federmaske, die im Schlichtkleid stark reduziert ist.

Status: Regelmäßiger Brutvogel, häufiger Durchzügler und Wintergast.

Kleider: Geschlechter gleich. Schlichtkleid ähnlich Prachtkleid, aber ohne den auffälligen Kopfschmuck. Jugendkleid ähnlich Schlichtkleid, zunächst noch mit Resten der Kopfstreifen aus dem Kükengefieder. Küken graubraun mit deutlichem Streifenmuster am Kopf.

 **Stimme**: Zur Brutzeit sind Haubentaucher sehr stimmfreudig, unter anderem mit einem weit tragenden, etwas krähenartigen Ruf „groh" oder „grah" bei Aggression.

Ähnliche Arten: Durch Größe, langen Hals und Kopfmaske kaum verwechselbar.

Ohrentaucher *Podiceps auritus* (→ 95)

Mittelgroße Taucherart, im Prachtkleid mit goldgelben Federohren und rötlichem Hals.

Status: Seltener Brutvogel in Skandinavien und dem östlichen Baltikum, regelmäßiger Durchzügler und Wintergast an der Küste, vereinzelt auch im Binnenland.

Kleider: Geschlechter gleich, Schlichtkleid überwiegend schwarz-weiß mit dunklem Rücken und Oberkopf, Schnabel heller. Küken grau mit streifigem Kopf und Hals und rotem Schnabelansatz und Stirnfleck. Jugendkleid ähnlich Schlichtkleid, aber mit hellgrauem Streifen im weißen Wangenfeld, Auge weniger leuchtend rot, ohne deutliche weiße Spitze.

Stimme: Bei der Balz am Nest erklingt ein Duett von hohen gedehnten Rufen des Männchens und tiefen „gok-gok" des Weibchens.

Ähnliche Arten: Siehe Fotos wegen Unterscheidung von Rothals-, Ohren- und Schwarzhalstauchern im Schlichtkleid.

En: Horned Grebe
Fr: Grèbe esclavon
Es: Zampullín cuellirrojo
It: Svasso cornuto

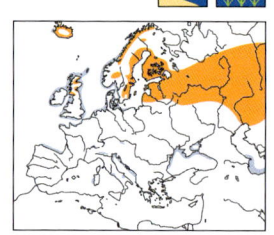

Schwarzhalstaucher *Podiceps nigricollis*
(→ 96)

En: Black-necked Grebe
Fr: Grèbe à cou noir
Es: Zampullín cuellinegro
It: Svasso piccolo

Mittelgroße Taucherart, im Prachtkleid mit gelben Federohren und schwarzem Hals.

Status: Seltener Brutvogel vor allem im Osten und Süden, regelmäßiger, aber nicht häufiger Gastvogel.

Kleider: Geschlechter gleich. Schlichtkleid überwiegend schwarz-weiß mit dunklem Rücken und Oberkopf, weißem Kehl- und hinterem Wangenbereich und weißlichem Brustbereich. Küken grau mit streifigem Kopf und Hals und rotem Schnabelansatz und Stirnfleck.

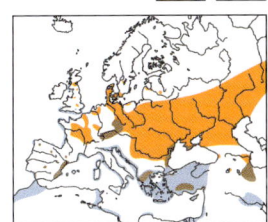

Stimme: Bei der Partnersuche strophenartige Folgen von hochgezogenen „rrui-tk".

Ähnliche Arten: Siehe Fotos wegen Unterscheidung von Rothals-, Ohren- und Schwarzhalstauchern im Schlichtkleid.

Flamingos · Phoenicopteridae

Rosaflamingo *Phoenicopterus roseus* (→ 98)

Großer Stelzvogel von unverwechselbarer Gestalt, größte der in Mitteleuropa auftretenden Flamingoarten.

En: Greater Flamingo
Fr: Flamant rose
Es: Flamenco común
It: Fenicottero

Status: Seltener Gast aus dem Mittelmeerraum. Seltener Brutvogel (teilweise Gefangenschaftsflüchtlinge) an der deutsch-niederländischen Grenze.

Kleider: Geschlechter gleich, kein ausgeprägtes Schlichtkleid. Jugendkleid braun, im zweiten Kalenderjahr schmutzig weißlich, ab 3. Kalenderjahr rosa.

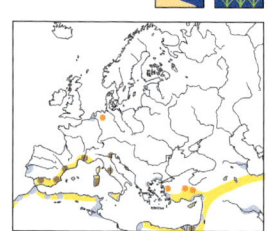

Stimme: Beim Rosaflamingo sind die bei der Balz und im Flug geäußerten Rufe zweisilbig und individuell verschieden.

Ähnliche Arten: Zur Unterscheidung der Flamingoarten ist die Schnabelfärbung nützlich.

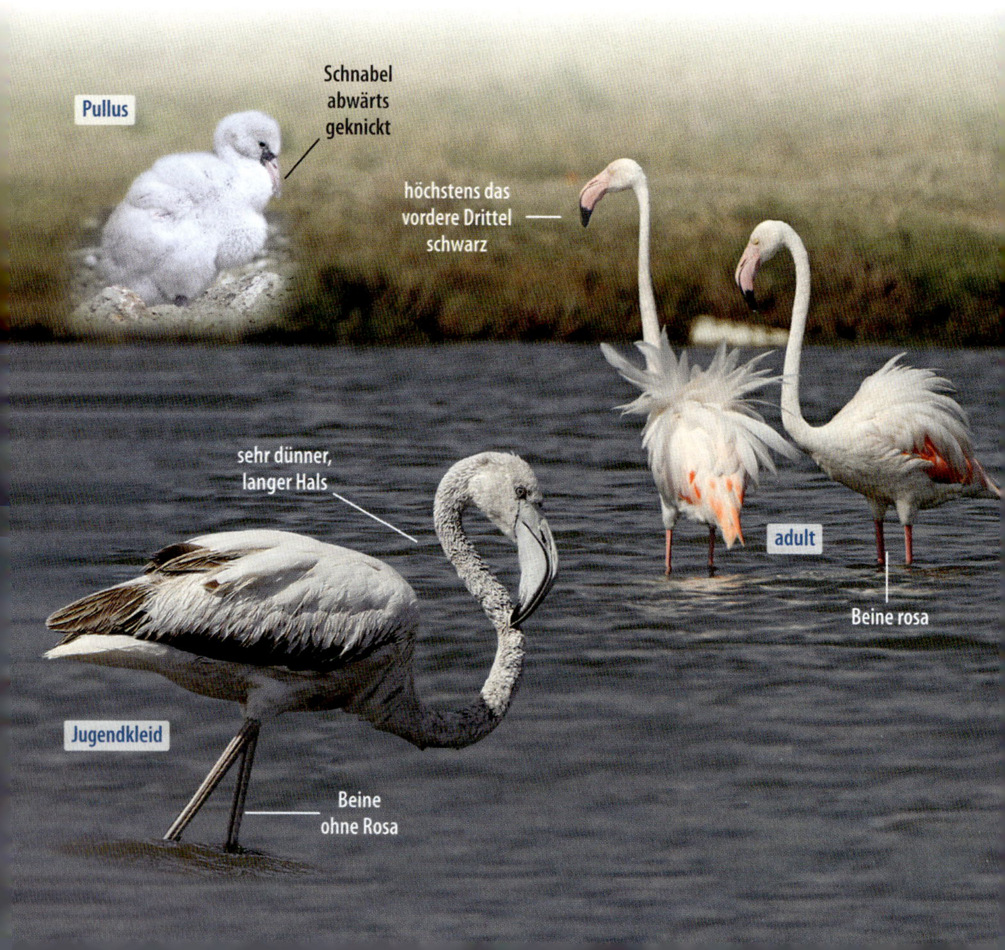

Pullus

Schnabel abwärts geknickt

höchstens das vordere Drittel schwarz

sehr dünner, langer Hals

adult

Beine rosa

Jugendkleid

Beine ohne Rosa

Kubaflamingo *Phoenicopterus ruber*

En: American Flamingo
Fr: Flamant des Caraïbes
Es: Flamenco rojo
It: Fenicottero americano

Am kräftigsten rot gefärbte Flamingoart.

Status: Seltener Gast (Gefangenschaftsflüchtling), ausnahmsweise Bruten (wohl Mischbruten) an der deutsch-niederländischen Grenze.

Kleider: Verhältnisse sehr ähnlich zum Rosaflamingo.

Ähnliche Arten: Zur Unterscheidung der Flamingoarten ist die Schnabelfärbung nützlich. Stärker und einheitlicher rosa als der Rosaflamingo.

- Flügeldecken kräftig rosa
- über die Hälfte schwarz
- stärkere Rotfärbung als bei anderen Flamingoarten, die auch den ganzen Körper umfasst
- Beine rosa
- adult

Flamingos · Phoenicopteridae

Chileflamingo *Phoenicopterus chilensis* (→ 99)

seltener Gast und Brutvogel, Neozoon

Kleinere Ausgabe des Rosaflamingos mit grauen Beinen, Schwimmhäute und Fersengelenke rot abgesetzt.

En: Chilean Flamingo
Fr: Flamant du Chili
Es: Flamenco chileno
It: Fenicottero del Cile

Status: Seltener Brutvogel (Gefangenschaftsflüchtling) an der deutsch-niederländischen Grenze.

Kleider: Verhältnisse sehr ähnlich zum Rosaflamingo.

 Stimme: Die in der Gruppenbalz vorgebrachten Rufe sind meist drei- oder mehrsilbig und klingen heiser raspelnd.

Ähnliche Arten: Zur Unterscheidung der Flamingoarten ist die genaue Schnabelfärbung nützlich. Beine grau mit roten Gelenken.

Flamingos · Phoenicopteridae

Zwergflamingo *Phoeniconaias minor*

Kleinste in Mitteleuropa auftretende Flamingoart.

Status: Ausnahmegast aus Afrika, auch Gefangenschaftsflüchtling.

Kleider: Verhältnisse bei Alterskleidern sehr ähnlich Rosaflamingo.

Ähnliche Arten: Zur Unterscheidung der Flamingoarten ist die Schnabelfärbung nützlich.

Neozoon

En: Lesser Flamingo
Fr: Flamant nain
Es: Flamenco enano
It: Fenicottero minore

Flügeldecken nur im Schulterbereich kräftig rosa

Schnabel dunkelrot, nur ganz an der Spitze schwarz

Beine rot

Triele · Burhinidae

Triel *Burhinus oedicnemus* (→ 214)

Großer, langbeiniger Watvogel mit großem, markantem Auge und kurzem Schnabel.

Status: Seltener Brutvogel in Ungarn und Österreich, sehr seltener Brutvogel in Deutschland, seltener Durchzügler.

Kleider: Geschlechter gleich. Im Jugendkleid ist die schwarz-weiß-schwarze Flügelbinde wesentlich undeutlicher als bei Adulten.

Stimme: Vor allem in der Dämmerung, aber auch besonders in hellen Nächten und gelegentlich tags rufen Triele ein lautes, gedehntes „krühlii" oder „küüüit".

Ähnliche Arten: Kaum zu verwechseln.

seltener Durchzügler und Brutvogel

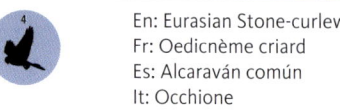

En: Eurasian Stone-curlew
Fr: Oedicnème criard
Es: Alcaraván común
It: Occhione

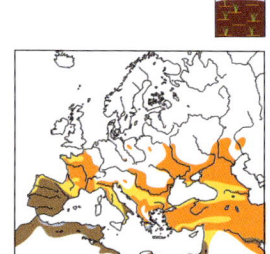

auffälliges Schwarz-Weiß-Muster in den Flügelspitzen

adult

weiße Flügelbinde mit schwarzen Rändern

großes gelbes Auge

eher kurzer, kräftiger Schnabel

adult

kräftige gelbe Beine

adult   Pullus

Austernfischer • Haematopodidae

Austernfischer *Haematopus ostralegus*

(→ 215)

En: Eurasian Oystercatcher
Fr: Huîtrier pie
Es: Ostrero euroasiático
It: Beccaccia di mare

Großer, schwarz-weißer Watvogel mit langem rotem Schnabel.

Status: Regelmäßiger Brut- und Gastvogel an der Nordseeküste, im Binnenland ausnahmsweise.

Kleider: Geschlechter gleich. Im Schlichtkleid mit weißem Halsband. Im Jugendkleid Beine grau bis graurosa, Schnabelspitze dunkel und Rücken mit Braunton. Einjährige sind oberseits immer noch etwas bräunlich schwarz, haben ein Halsband wie beim Schlichtkleid und eine dunkle Schnabelspitze.

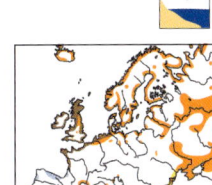

Stimme: Sehr stimmfreudig am Boden wie im Flug mit vielfältigen Rufen, darunter ein durchdringendes „kliip" oder „küliep" und lang anhaltende Triller wie „pi-lí…pilí…pilí…".

Ähnliche Arten: Kaum zu verwechseln.

Stelzenläufer *Himantopus himantopus* (→ 216)

seltener Durchzügler und Brutvogel

Großer, extrem langbeiniger, schwarz-weißer Watvogel mit dünnem, fast geradem Schnabel.

Status: In Ungarn regelmäßiger, sonst seltener Brutvogel, seltener Durchzügler.

Kleider: Im Adultkleid sind die Geschlechter anhand der Kopf- und Rückenfärbung unterscheidbar. Jugendkleid: Rücken dunkelbraun, Flügel mit weißem Hinterrand. Einjährige haben bereits einen einfarbigen Rücken, aber bis zum Ende des Sommers einen weißen Flügelhinterrand.

En: Black-winged Stilt
Fr: Échasse blanche
Es: Cigüeñuela común
It: Cavaliere d'Italia

Stimme: Am Brutplatz äußern sie anhaltend auch im Flug scharf klingende Alarmrufe wie „iit" oder „kijt".

Ähnliche Arten: Säbelschnäbler hat andere Schwarz-Weiß-Verteilung, etwas kürzere, bläuliche Beine und einen aufwärts gebogenen Schnabel.

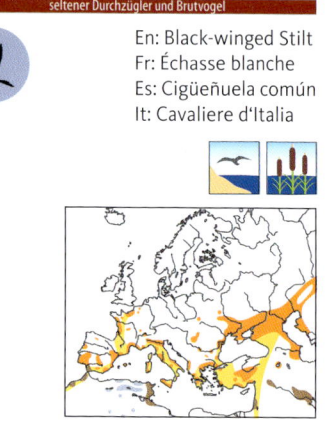

Im 1. Lebensjahr Flügel mit weißem Hinterrand

Schnabel fast gerade, sehr lang und dünn

bei ♂ Flügel und Rücken metallisch schwarz

Kopf bei ♂ oft weiß, kann aber auch dunkle Zeichnung tragen, sehr variabel

Jugendkleid

♂ adult

dunkel am Kopf

Rücken samt Flügeln dunkelbraun

Rücken bei ♀ bräunlich, Flügel metallisch schwarz

Beine sehr lang und rot

♀ adult

Pullus

Beine blass rötlich

bereits als Küken sehr langbeinig

Jugendkleid

Säbelschnäblerverwandte • Recurvirostridae

Säbelschnäbler *Recurvirostra avosetta* (→ 217)

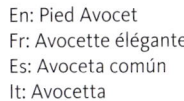

Großer, langbeiniger, schwarz-weißer Watvogel mit dünnem, aufwärts gebogenem Schnabel.

En: Pied Avocet
Fr: Avocette élégante
Es: Avoceta común
It: Avocetta

Status: Brutvogel in schwankenden Beständen an den Küsten und in der pannonischen Tiefebene. Ansonsten seltener Gastvogel, auch im Binnenland. Nur ausnahmsweise im Winter.

Kleider: Die Geschlechter sind gleich gefärbt, der Schnabel des Weibchens ist etwas kürzer und stärker gebogen. Im Jugendkleid mit braunen Federn am Rücken.

 Stimme: Am Brutplatz, häufig im Flug, ein rhythmisch wiederholtes „klüit".

Ähnliche Arten: Siehe Stelzenläufer, kaum verwechselbar.

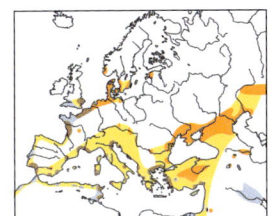

Regenpfeiferverwandte · Charadriidae

Kiebitz *Vanellus vanellus* (→ 222)

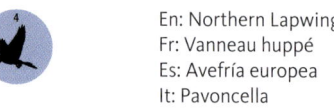

En: Northern Lapwing
Fr: Vanneau huppé
Es: Avefría europea
It: Pavoncella

Großer, breitflügeliger, schwarz-weißer Wat- und Wiesenvogel mit typischer Federholle.

Status: Regelmäßiger Brutvogel, mit zunehmenden Verbreitungslücken, lokal auch ausgestorben. Häufiger Durchzügler und Gastvogel, teils in kleiner Zahl überwinternd.

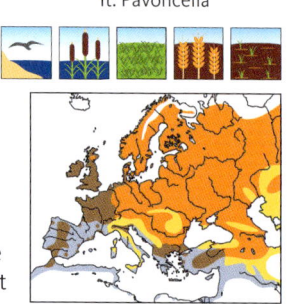

Kleider: Im Prachtkleid haben Männchen einen komplett schwarzen Kehllatz und einen langen Schopf, die Weibchen einen kürzeren Schopf und weißlich durchsetzten Kehllatz. Im Schlichtkleid braun am Hinterkopf und Rückenfedern mit hellbraunen Rändern. Das Jugendkleid ähnelt dem Schlichtkleid, die Rückenfedern sind aber breiter hellbraun und schwarz gerändert und die Haube ist kürzer und mit Braun durchsetzt.

Verhaltensweisen: Im Brutgebiet werden auffällige Singflüge mit steilen Anstiegen und Sturzflügen vorgeführt.

Stimme: Der Gesang ist ein im auffälligen Flug scharf vorgetragenes, charakteristisches „Kiuuwitt...kjuuwiuh...kiuwiit..."

Ähnliche Arten: Kaum zu verwechseln.

Regenpfeiferverwandte • Charadriidae

Spornkiebitz *Vanellus spinosus* (→ 223)

Überwiegend schwarz-weißer Kiebitz mit langen schwarzen Beinen.

Status: Ausnahmegast aus Kleinasien und Ostafrika, wohl Gefangenschaftsflüchtling.

Kleider: Geschlechter gleich. Das Jugendkleid zeigt auf dem Rücken durch farblich abgesetzte Federränder ein Schuppenmuster, der Scheitelbereich ist braun.

Stimme: Bei Erregung am Brutplatz erklingen hohe spitze „kit-kit…", in variablem Tempo gereiht.

Ähnliche Arten: Unterschied zum Steppenkiebitz siehe Fotos.

Ausnahmegast, vor allem aber Neozoon

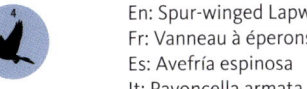
En: Spur-winged Lapwing
Fr: Vanneau à éperons
Es: Avefría espinosa
It: Pavoncella armata

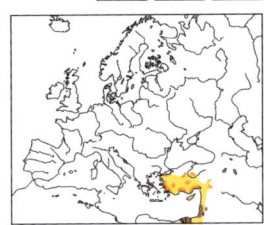

Regenpfeiferverwandte · Charadriidae

Steppenkiebitz *Vanellus gregarius* (→ 224)

En: Sociable Lapwing
Fr: Vanneau sociable
Es: Avefría sociable
It: Pavoncella gregaria

Langbeiniger, überwiegend graubrauner Kiebitz mit schwarzen Handflügeln und deutlichem hellem Überaugenstreif.

Status: Sehr seltener, aber fast alljährlicher Gastvogel aus den eurasischen Steppen.

Kleider: Geschlechter im Prachtkleid nahezu gleich, das Männchen ist etwas kräftiger gefärbt. Im Schlichtkleid ist der schwarze Augenstrich schmäler und erreicht nicht die Schnabelwurzel und der Bauch ist weiß. Jugendkleid: ähnlich Schlichtkleid, aber Scheitel hellbraun und statt dunklem Augenstreif ist ein ockerfarbener Überaugenstreif markant. Brust gestrichelt.

Ähnliche Arten: Unterschied zum Spornkiebitz siehe Fotos. Mornellregenpfeifer ist kurzbeiniger und hat im Prachtkleid eine ausgedehnt braune Brust.

Weißschwanzkiebitz *Vanellus leucurus*
(→ 225)

Ausnahmegast

En: White-tailed Lapwing
Fr: Vanneau à queue blanche
Es: Avefría coliblanca
It: Pavoncella codabianca

Überwiegend graubraun, schwarz und weiß gefärbter, schlanker Kiebitz mit sehr langen gelben Beinen.

Status: Ausnahmegast aus Asien.

Kleider: Geschlechter gleich. Im Jugendkleid Flügeloberseiten durch dunkle Federzentren grob gefleckt.

Ähnliche Arten: Durch die langen gelben Beine in allen Kleidern unverwechselbar. Hinterrand des Armflügels schwarz und nicht weiß wie beim Steppenkiebitz.

Rotlappenkiebitz *Vanellus indicus*

En: Red-wattled Lapwing
Fr: Vanneau indien
Es: Avefría India
It: Pavoncella indiana

Sehr hochbeiniger, schwarz-weiß und braun gezeichneter Kiebitz mit glänzend roten „Lappen" (eher Wülste) zwischen Stirn und Augen.

Status: Ausnahmegast aus der Südosttürkei oder aus weiteren Regionen zwischen Orient und Südostasien.

Kleider: Geschlechter gleich. Im Jugendkleid mit bräunlich verwaschener Kopfzeichnung, hellerer Kehle und schwächer ausgeprägten roten Hautlappen im Gesicht.

Ähnliche Arten: Anderen hochbeinigen, schwarz-weiß und braunen Kiebitzarten fehlen die roten Hautlappen.

Regenpfeiferverwandte • Charadriidae

Goldregenpfeifer *Pluvialis apricaria* (→ 218)

En: European Golden Plover
Fr: Pluvier doré
Es: Chorlito dorado europeo
It: Piviere dorato

Großer, oftmals rundlich wirkender Regenpfeifer.

Status: Früherer Brutvogel in Niedersachsen, häufiger Durchzügler und Wintergast im Norden, im Binnenland deutlich seltener.

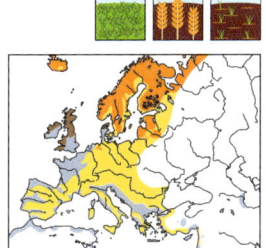

Kleider: Im Prachtkleid ist das Männchen ausgedehnt schwarz im Gesicht und an Vorderhals, Brust und Bauch, während das Weibchen an Brust und Bauch dunkelgrau und im Gesicht hellgrau gezeichnet ist. Allerdings gibt es hier Variationen und vor allem weniger schwarze, südlich verbreitete Männchen können nördlich verbreiteten Weibchen stark ähneln. Im Schlichtkleid und im Jugendkleid ohne Schwarz, Brust fein braun gestrichelt.

Stimme: Gedehnte flötende Alarmrufe wie „düü", sowohl am Brutplatz wie auch als Durchzügler oder Gast.

Ähnliche Arten: Etwas kurzbeiniger als die beiden anderen Goldregenpfeiferarten. Weitere Unterschiede siehe Fotos.

Schnabel eher kurz, gerade und feiner als bei Kiebitzregenpfeifer

helle Achseln

Brust ohne Schwarz

♂ Prachtkleid südlicher Typ

Schlichtkleid

auf der Oberseite Federn mit goldfarbenen Kanten

Feine, braune Strichelung

feine Zackenzeichnung

Jugendkleid

♂ im Norden ausgedehnt schwarz
(♀ und südliche ♂ dunkelgrau mit helleren Flecken)

Pullus

Tundra-Goldregenpfeifer
Pluvialis fulva (→ 220)

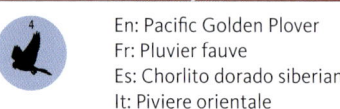
Ausnahmegast

En: Pacific Golden Plover
Fr: Pluvier fauve
Es: Chorlito dorado siberiano
It: Piviere orientale

Sehr ähnlich Goldregenpfeifer.

Status: Ausnahmegast aus Nordsibirien.

Kleider: Geschlechter gleich. Schlichtkleid und Jugendkleid in Brauntönen, dunkler gestrichelt und gesprenkelt, ohne Schwarz an der Brust.

Ähnliche Arten: Etwas kleiner, schlanker und langbeiniger als Goldregenpfeifer und mit grauen (nicht weißen) Achseln.

graubraune Achselfedern

Jugendkleid (1. Winter)

Schirmfedern (gefleckt) lang, Handschwingen (ungefleckt) stehen nur wenig darunter hervor

Schlichtkleid

Prachtkleid

Schirmfedern gröb gezackt als bei Goldregenpfeife

Prachtkleid

grob gefleckt

Prärie-Goldregenpfeifer *Pluvialis dominica*

(→ 219)

Ausnahmegast

En: American Golden Plover
Fr: Pluvier bronzé
Es: Chorlito dorado americano
It: Piviere americano

Sehr ähnlich Goldregenpfeifer.

Status: Ausnahmegast aus Nordkanada und Alaska.

Kleider: Geschlechter ähnlich, aber Männchen im Prachtkleid kräftig schwarz auf der ganzen Unterseite, im Schlichtkleid und im Jugendkleid in Brauntönen gestrichelt und gesprenkelt, ohne Schwarz an der Brust und mit markantem hellem Überaugenstreif.

Ähnliche Arten: Etwas kleiner, langbeiniger und schlanker als Goldregenpfeifer und mit grauen (nicht weißen) Achseln. Tundra-Goldregenpfeifer ist sehr ähnlich, aber etwas langbeiniger und geringfügig kleiner mit etwas kürzeren Flügeln.

Kiebitzregenpfeifer
Pluvialis squatarola (→ 221)

Durchzügler, Wintergast

En: Grey Plover
Fr: Pluvier argenté
Es: Chorlito gris
It: Pivieressa

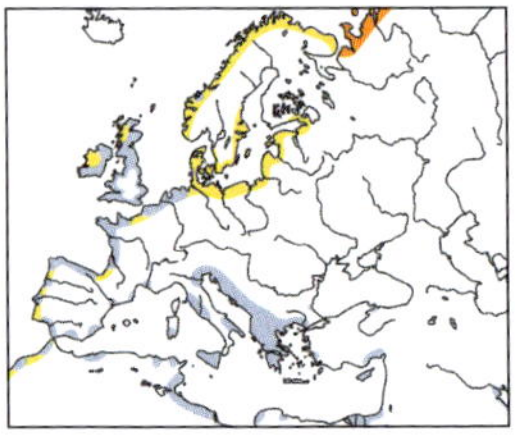

Kräftiger, großer Regenpfeifer mit großem Kopf und kräftigem Schnabel.

Status: Regelmäßiger Durchzügler an der Küste, in viel kleinerer Zahl im Binnenland. Überwinterer im Wattenmeer.

Kleider: Im Adultkleid ist das Männchen kräftiger und rein Schwarz von Gesicht bis Bauch, beim Weibchen ist dieser Bereich etwas bräunlicher und mit hellen Stellen durchsetzt. Im Schlichtkleid und im Jugendkleid ohne Schwarz oder Braunschwarz an der Brust, im Jugendkleid sind die hellen Flecke auf dem Rücken bräunlich, im Schlichtkleid eher grau.

Stimme: Der rastende oder fliegende Vogel äußert einen dreisilbigen flötenden Ruf, dessen zweite Silbe tiefer als die erste und dritte ist: „diüüid". Dieser Ruf ist auch auf Distanz im Watt unverkennbar.

Ähnliche Arten: Von Goldregenpfeiferarten im Flug durch schwarze Achseln zu unterscheiden. Weitere Merkmale siehe Fotos.

Sandregenpfeifer

Charadrius hiaticula hiaticula und
C. h. tundrae („Tundra-Sandregenpfeifer") (→ 226)

En: Common Ringed Plover
Fr: Pluvier grand-gravelot
Es: Chorlitejo grande
It: Corriere grosso

Kleiner, kurzbeiniger und kräftiger Regenpfeifer mit dickem, kurzem Schnabel.

Status: Unterart *hiaticula* regelmäßiger, aber spärlicher Brutvogel an Nord- und Ostseeküste, regelmäßiger Durchzügler, gelegentlich überwinternd. Unterart *tundrae* regelmäßiger Durchzügler (brütet ab Nordskandinavien ostwärts).

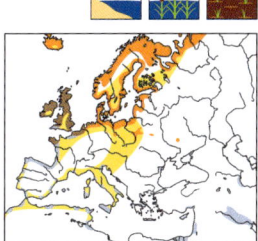

Kleider: Geschlechter ähnlich, im Prachtkleid sind Männchen im Kopfbereich kräftiger und kontrastreicher gefärbt. Im Schlichtkleid ist die Kopfzeichnung nicht mehr schwarz, sondern nur noch dunkelbraun und der Schnabel hat nicht die kräftige Orangezeichnung des Prachtkleides. Im Jugendkleid durch helle Federränder im Rückenbereich fein geschuppt.

Stimme: Bei allgemeiner Erregung und im Flug äußert der Sandregenpfeifer einen weich ansteigenden Ruf wie „tüip", auf die Ferne wie „düi".

Ähnliche Arten: Zur Unterscheidung der kleinen Regenpfeifer mit schwarz-weißem Kopfmuster siehe Fotos.

Flussregenpfeifer *Charadrius dubius*

(→ 228)

En: Little Ringed Plover
Fr: Pluvier petit-gravelot
Es: Chorlitejo chico
It: Corriere piccolo

Kleiner Regenpfeifer mit schlankem, kurzem Schnabel und gelbem Augenring.

Status: Seltener Brutvogel, regelmäßiger Durchzügler.

Kleider: Geschlechter ähnlich, im Prachtkleid sind Männchen im Kopfbereich kräftiger und kontrastreicher gefärbt. Im Schlichtkleid ist die Kopfzeichnung nicht mehr schwarz, sondern nur noch dunkelbraun. Im Jugendkleid durch helle Federränder im Rückenbereich fein geschuppt.

Verhaltensweisen: Der geduckte Lauf mit flinken Trippelschritten wird immer wieder durch aufrechtes Verharren unterbrochen.

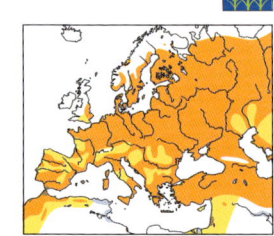

Stimme: Im Gegensatz zum Sandregenpfeifer ist der Ruf des Flussregenpfeifers scharf absinkend wie „píu".

Ähnliche Arten: Die häufigeren kleinen Regenpfeifer lassen sich am besten am Kopfmuster unterscheiden.

Keilschwanz-Regenpfeifer
Charadrius vociferus (→ 229)

Mittelgroßer Regenpfeifer mit relativ langen Beinen und für *Charadrius*-Arten relativ langem Hals.
Status: Ausnahmegast aus Amerika.

Ausnahmegast

En: Killdeer
Fr: Pluvier kildir
Es: Chorlitejo culirrojo
It: Corriere vocifero

- zwei Brustbänder
- Flügelstreif breit weiß
- auffällig langer Schwanz
- Bürzel rostrot (von unten nur schwach durchscheinend)
- gelber Augenring
- langgestrecktes Hinterende

adult

Seeregenpfeifer *Charadrius alexandrinus*
(→ 230)

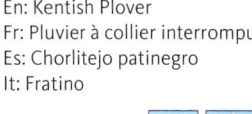

En: Kentish Plover
Fr: Pluvier à collier interrompu
Es: Chorlitejo patinegro
It: Fratino

Kleiner, relativ hochbeiniger Regenpfeifer mit dünnem Schnabel.

Status: Seltener Brutvogel an der Nordseeküste, seltener Durchzügler, im Binnenland oft nur Ausnahmeerscheinung.

Kleider: Im Prachtkleid Männchen mit schwarzer Zeichnung am Kopf und rotbraunem Oberkopf, Weibchen mit braunem Kopf. Schlichtkleid und Jugendkleid sehr ähnlich dem Prachtkleid des Weibchens, im Jugendkleid jedoch Rücken hell geschuppt.

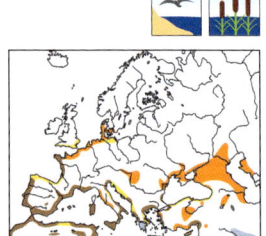

Stimme: Am Brutplatz verschiedene Rufe wie „huit", „pit", „prr".

Ähnliche Arten: Zur Unterscheidung der kleinen Regenpfeifer mit schwarz-weißem Kopfmuster siehe Fotos.

Flügel unterseits fast weiß, oberseits deutliches weißes Band in schwarzen Schwungfedern

♂ adult

weiße Schwanzseiten

weißes Nackenband

Brustband nicht geschlossen

bei ♀ kein Schwarz

Brustband schwach braun angedeutet

Schlichtkleid

Stirn weiß-schwarz-braun

♀ Prachtkleid

mindestens im Nacken rostbraun

keine schwarze Einfassung des Nackenbandes

Rücken graubraun und hell geschuppt

♂ Prachtkleid

Jugendkleid (diesjährig)

Regenpfeiferverwandte • Charadriidae

Mongolenregenpfeifer
Charadrius [mongolus] atrifrons (→ 232)

Sehr ähnlich Wüstenregenpfeifer, aber etwas kleiner.
Status: Ausnahmegast aus dem Himalaya.

Ausnahmegast

En: Lesser Sand Plover
Fr: Pluvier de Mongolie
Es: Chorlitejo mongol chico
It: Corriere mongolo

Wüstenregenpfeifer

Charadrius leschenaultii (→ 233)

Unter den kleinen Regenpfeifern eine relativ große Art mit sehr kräftigem Schnabel und im Prachtkleid rostroter Brust.

Status: Ausnahmegast aus Asien.

Ausnahmegast

En: Greater Sand Plover
Fr: Pluvier de Leschenault
Es: Chorlitejo mongol grande
It: Corriere di Leschenault

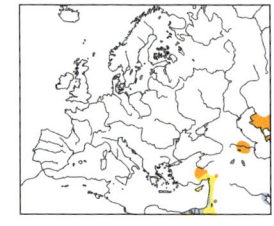

adult

vor allem bei östlichen Vögeln Schnabel groß und kräftig

Jugendkleid

adult Übergangskleid zum Schlichtkleid

für einen Regenpfeifer sehr langbeinig

zwei weiße Stirnflecken

rostrot

adult abgetragenes Prachtkleid

Schlichtkleid

Regenpfeiferverwandte • Charadriidae

Wermut-/Steppenregenpfeifer
Charadrius asiaticus/veredus (→ 234)

Noch hochbeiniger und langhälsiger als Keilschwanzregenpfeifer. Die Artabgrenzung von Steppen- und Wermutregenpfeifer ist noch unklar.

Status: Ausnahmegast aus Asien.

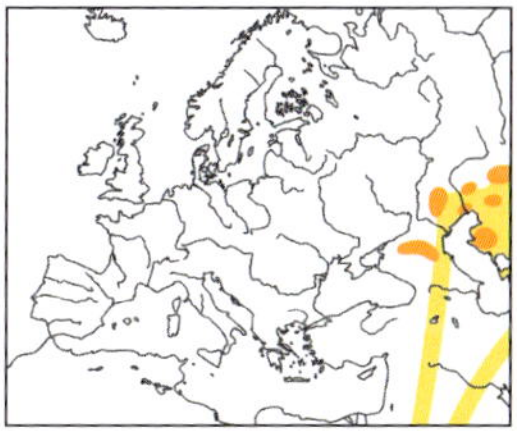

Ausnahmegast

En: Caspian Plover
Fr: Pluvier asiatique
Es: Chorlitejo asiático chico
It: Corriere asiatico

Schnabel lang, dünn und spitz

Prachtkleid Wermutregenpfeifer ♂

Brust rostbraun mit schwarzer Begrenzung

Bauch weiß

sehr langbeinig

durchgehendes graubraunes Brustband

Kehle weiß

Bauch weiß

Prachtkleid Steppenregenpfeifer

Schlichtkleid Steppenregenpfeifer

Mornellregenpfeifer *Charadrius morinellus*

(→ 235)

seltener Durchzügler und Brutvogel

En: Eurasian Dotterel
Fr: Pluvier guignard
Es: Chorlito carambolo
It: Piviere tortolino

Wirkt wie ein kleiner Goldregenpfeifer, allerdings mit markantem hellem Überaugenstreif und hellem Brustband.

Status: Extrem seltener und unregelmäßiger Brutvogel in den Hochlagen der Zentralalpen, sonst seltener, aber regelmäßiger Durchzügler.

Kleider: Geschlechter sehr ähnlich, aber Weibchen im Prachtkleid kräftiger und kontrastreicher gefärbt als Männchen. Im Schlichtkleid bräunlich, mit hellem Bauch und gelblichem Überaugenstreif. Im Jugendkleid Federn am Rücken mit dunklen Schaftstrichen und mit gelblichen (im Schlichtkleid mehr bräunlichen) Rändern.

Stimme: Bei Erregung und im Abflug leicht gedehnte, trillernde Rufe wie „drürr", auf die Ferne nur wie „ürr".

Ähnliche Arten: Kaum zu verwechseln, siehe ggf. Steppenkiebitz.

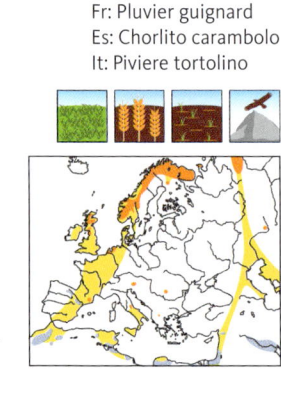

Schnepfenverwandte · Scolopacidae

Präriëläufer *Bartramia longicauda* (→ 236)

Braun gemusterter, mittelgroßer Watvogel, etwas an einen Brachvogel mit viel zu kurzem Schnabel erinnernd.
Status: Ausnahmegast aus Nordamerika.

Ausnahmegast

En: Upland Sandpiper
Fr: Maubèche des champs
Es: Correlimos batitú
It: Piro piro codalunga

feine dunkle Bänderung

Schnabel kürzer als bei den ähnlich gebauten Brachvögeln und den Schnepfen der Gattung *Limosa*

Schwanz lang

Beine gelbbraun

grob gebändert

Regenbrachvogel *Numenius phaeopus*
(→ 237)

Kleiner Brachvogel mit gestreiftem Kopf.

Status: Regelmäßiger Durchzügler, häufig an den Küsten, in kleiner Zahl auch im Binnenland.

Kleider: Geschlechter gleich. Im Jugendkleid Rückenfedern dunkel mit deutlich abgesetzten hellen Rändern. Im Prachtkleid werden diese Federn vom Schaft zum Rand hin allmählich heller.

Stimme: Der Ruf unterscheidet sich stark von demjenigen des Brachvogels und besteht aus einem etwas wimmernden, 5- bis 8-silbigen, klagenden „düdüdididüdüdüdü".

Ähnliche Arten: Siehe Brachvogel.

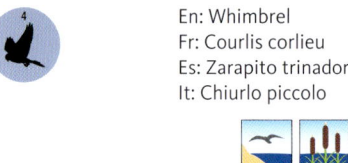

Durchzügler

En: Whimbrel
Fr: Courlis corlieu
Es: Zarapito trinador
It: Chiurlo piccolo

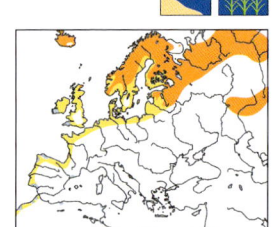

Brachvogel (Großer Brachvogel)
Numenius arquata (→ 239)

En: Eurasian Curlew
Fr: Courlis cendré
Es: Zarapito real
It: Chiurlo maggiore

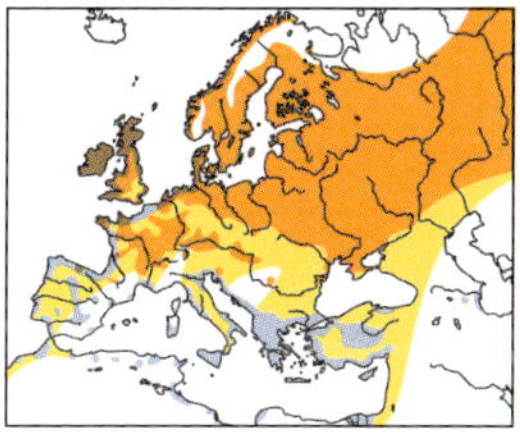

Große Brachvogelart mit langem, abwärts gebogenem Schnabel und langen Beinen.

Status: Lückig verbreiteter, seltener Brutvogel, häufiger Durchzügler und Rastvogel v.a. im Norden.

Kleider: Geschlechter nahezu gleich, Schnabel des Weibchens in der Regel länger und gleichmäßiger gekrümmt. Im Jugendkleid Schnabel kürzer, Rückenfedern deutlich dunkel mit klar abgesetzten hellen Rändern (im Adultkleid diffuser).

Stimme: Ruft flötend laut „tlüih" oder „guili". Der Gesang besteht aus einer aufsteigenden Reihe vibrierender Flötentöne, die am Ende in hohe kräftige Triller wie „klüitt-klüirr..." münden.

Ähnliche Arten: Der Regenbrachvogel ist kleiner, hat Scheitelstreifen und einen kürzeren Schnabel.

Jugendkleid

adult

Zehenspitzen ragen im Flug über Schwanz hinaus

Schnabel noch kürzer als bei Altvögeln

fein gestrichelt

Schnabel noch kurz

älterer Juv.

Kopf mit wenig Kontrast

Schnabel kürzer als bei ♀

♂ adult

♀ adult

sehr langer, abwärts gebogener Schnabel

sehr lange bläulich graue Beine

Schnepfenverwandte • Scolopacidae

Pfuhlschnepfe *Limosa lapponica* (→ 241)

Große Schnepfe mit langen Beinen, langem Hals und leicht aufwärts gebogenem, langem Schnabel.

Status: Regelmäßiger und häufiger Durchzügler und Wintergast an der Küste, im Binnenland selten.

Kleider: Im Prachtkleid Männchen und Weibchen deutlich unterscheidbar, siehe Fotos. Im Schlichtkleid Rücken durch dunkle Federzentren fein gestrichelt, im Jugendkleid sind diese Federn innen flächiger dunkel und haben einen hellen Rand.

Stimme: Aus fliegendem Trupp erklingen nasale Ruffolgen wie „gädädät".

Ähnliche Arten: Siehe Uferschnepfe.

Durchzügler, Wintergast

En: Bar-tailed Godwit
Fr: Barge rousse
Es: Aguja colipinta
It: Pittima minore

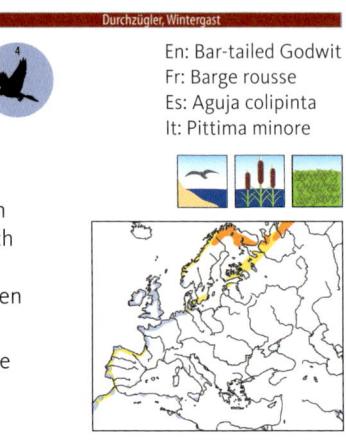

kein weißer Flügelstreif (vgl. Uferschnepfe)

Zehen kaum überstehend

♂ Prachtkleid

ungebändert, rostrot bis zu den Unterschwanzdecken

Weiß bis hinter das Auge

Jugendkleid

Rückenfedern mit dunklem Schaftstrich

Schnabel lang und deutlich aufwärts gebogen

♀ Prachtkleid

Schlichtkleid

Schnepfenverwandte · Scolopacidae

Uferschnepfe *Limosa limosa limosa* und *L. l. islandica* („Isländische Uferschnepfe") (→ 240)

En: Black-tailed Godwit
Fr: Barge à queue noire
Es: Aguja colinegra
It: Pittima reale

Große Schnepfe mit langen Beinen, langem Hals und fast geradem, langem Schnabel.

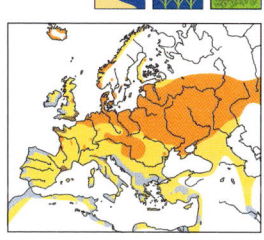

Status: Unterart *limosa* regelmäßiger Brutvogel im Flachland, im Süden sehr seltener Brutvogel. Regelmäßiger, gebietsweise häufiger Durchzügler, selten Überwinterer. Unterart *islandica* seltener Gast (Brutvogel auf Island).

Kleider: Geschlechter sind im Prachtkleid fast gleich, das Männchen ist etwas kräftiger rot als das Weibchen, allerdings ist die Unterart *islandica* im Prachtkleid und im Jugendkleid auch mehr rot als die Unterart *limosa*. Im Schlichtkleid recht einfarbig graubraun. Jugendkleid mit grober Fleckung auf dem Rücken, manchmal rötlich, sonst graubraun.

Stimme: Der Gesang wird im Flug vorgetragen und besteht aus einer langen Reihe von Silben wie „grütto-grütto-grütto…". Gesangsphrasen auch bei Aggression.

Ähnliche Arten: Pfuhlschnepfe hat stärker aufwärts gebogenen Schnabel und zeigt im Flug keinen deutlichen weißen Flügelstreif und keinen weißen Bürzel.

Schnepfenverwandte · Scolopacidae

Steinwälzer *Arenaria interpres* (→ 263)

En: Ruddy Turnstone
Fr: Tournepierre à collier
Es: Vuelvepiedras común
It: Voltapietre

Sehr kurzbeinige, gedrungene Limikole mit markantem schwarz-weißem Flügel- und Schwanzmuster und kurzem, kräftigem Schnabel.

Status: Früherer Brutvogel in Schleswig-Holstein, regelmäßiger Übersommerer, Durchzügler und Überwinterer im Wattenmeer, seltener an der Ostsee und unregelmäßig im Binnenland.

Kleider: Geschlechter im Prachtkleid fast gleich, das Männchen ist kontrastreicher und kräftiger gefärbt. Im Schlichtkleid fast ohne Weiß im Kopf- und Halsbereich und mit relativ einheitlicher Dunkelbraunfärbung auf dem Rücken. Jugendkleid ähnlich Schlichtkleid, aber Kopfzeichnung noch schwächer kontrastierend und Rückenfedern mit hellen Rändern.

Stimme: Rastende Steinwälzer lassen im Watt bei Störung scharfe „kliä" hören, beim gemeinsamen Abflug klirrende „tititi…".

Ähnliche Arten: Zur Verwechslung der anderen Kleider mit weiteren eher kurzbeinigen Limikolen siehe Fotos.

kurzbeinig

Bauch und Unterschwanzdecken weiß

Prachtkleid

im Jugendkleid alle Rückenfedern mit hellbraunen Säumen

weißer Rücken und weiße Linie am Flügelansatz

Jugendkleid

weißer Flügelstreif

markantes Schwarz-Weiß-Muster an Kopf und Brust

im Prachtkleid orangebraun

Prachtkleid

Schlichtkleid

Schnabel kurz, gerade und spitz

Anadyrknutt (Großer Knutt)
Calidris tenuirostris (→ 267)

Etwas größer als Knutt, Schnabel länger und leicht abwärts gebogen.

Status: Ausnahmegast aus der sibirischen Tundra.

Ausnahmegast

En: Great Knot
Fr: Bécasseau de l'Anadyr
Es: Correlimos grande
It: Piovanello gigante

Oberschwanzdecken hell ohne dunklen Mittelstreif

sehr dunkle Handflügeldecken

Flügel spitz

Oberseits ziemlich dunkel

Jugendkleid

Schnabel lang und abwärts gebogen

Schlichtkleid

Strandläufer

Die Bestimmung kleiner Strandläufer in Ruhe- und Jugendkleidern erfordert einige Erfahrung, besonders, wenn auch auf seltene Gäste und Ausnahmeerscheinungen geachtet wird. Wichtige Bestimmungsmerkmale liefern Schnabelproportionen, Beinfarbe und -länge sowie ggf. vorhandene Linien im Rückenbereich und die Verteilung von Weiß auf der Unterseite. Bei einigen Arten ist es wichtig, die Lage der Flügelspitze im Verhältnis zur Schwanzspitze (lange Flügel, kurzer Schwanz usw.) zu beachten. Auch die Schwanzzeichnung kann wichtige Hinweise liefern.

Schnepfenverwandte • Scolopacidae

Knutt *Calidris canutus*   (→ 268)

Plump wirkende, kurzbeinige Limikole.

Status: Regelmäßiger, ganzjährig auftretender Gastvogel im Wattenmeer, weniger an der Ostsee und selten im Binnenland.

Kleid: Geschlechter im Prachtkleid gleich. Im Schlichtkleid grau, Rückenfedern mit dunklen Schaftstrichen. Jugendkleid: ähnlich Schlichtkleid, aber Rückenfedern weiß und schwarz gesäumt, wodurch ein markantes Schuppenmuster entsteht.

Stimme: Aus einem im Watt rastenden Trupp ertönen variable Kurzrufe wie „nut" oder „tjuk".

Ähnliche Arten: Im Prachtkleid durch rostrote Unterseite nicht zu verwechseln und auch sonst anhand Größe und Gestalt erkennbar.

Durchzügler, Wintergast

En: Red Knot
Fr: Bécasseau maubèche
Es: Correlimos gordo
It: Piovanello maggiore

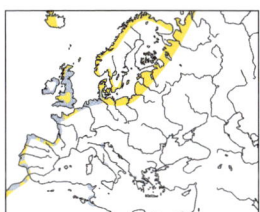

weiße Linie

Oberschwanzdecken gebändert

deutlicher heller Überaugenstreif

deutliches Schuppenmuster durch dunkel und hell gesäumte Federn

Rostrot kann Unterschwanzdecken erreichen

Kopf, Hals und Brust im Prachtkleid rostrot, im Schlichtkleid in Grautönen

Schnabel mittellang, kräftig und ganz leicht abwärts gebogen

Prachtkleid

Jugendkleid

Kampfläufer *Calidris pugnax* (→ 262)

| J | F | M | A | M | J | J | A | S | O | N | D |

En: Ruff (♂), Reeve (♀)
Fr: Combattant varié
Es: Combatiente
It: Combattente

Mittelgroße, langbeinige Limikole mit mittelmäßig langem Schnabel. Männchen im Prachtkleid mit auffälligem Kopfschmuck und Halskrause.

Status: Sehr seltener Brutvogel im Norden, regelmäßiger Durchzügler.

Kleider: Männchen sind deutlich größer als Weibchen und im Prachtkleid leicht voneinander zu unterscheiden, siehe Fotos. Die Färbung der Halskrausen und Hauben der Männchen können sehr unterschiedlich von rein weiß über gesperbert, braun bis schwarz sein. Im Schlichtkleid beide Geschlechter einfarbig graubraun, Männchen größer und mit rötlichem Schnabelansatz. Im Jugendkleid mehr ockerfarben, Brust ungestrichelt und deutliche ockerfarbene Ränder der Rückenfedern.

Stimme: Keine auffälligen Lautäußerungen.

Ähnliche Arten: Männchen im Prachtkleid unverwechselbar. Zur Verwechslung der anderen Kleider mit anderen hochbeinigen Limikolen siehe Fotos.

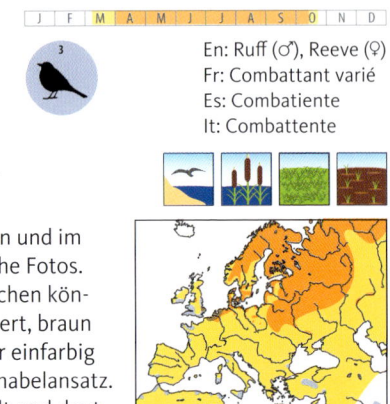

♂ Prachtkleid (balzend)

im Jugendkleid alle Konturfedern am Rücken hell gerandet

weiße Linie

Beine orange

weißes „V" auf der Oberschwanzdecke

ungestrichelt

Jugendkleid

♀ Prachtkleid

Federn mit breit schwarzem Zentrum

Schnabel leicht abwärts gebogen

♂ Prachtkleid

Schnabelansatz hell

♂ Prachtkleid

Halskrause angelegt, aber dennoch auffällig

♂ Prachtkleid

Schlichtkleid

Schwungfedern stehen nur ganz wenig über Schirmfedern hinaus

Schnepfenverwandte · Scolopacidae

Sumpfläufer *Calidris falcinellus* (→ 264)

Kleine kurzbeinige und langschnäbelige Limikole mit charakteristischem Kopfmuster und an der Spitze leicht abwärts geknicktem Schnabel.

Status: Seltener Durchzügler, insbesondere östlich einer Linie Ostsee – Bodensee.

Kleider: Geschlechter gleich. Schlichtkleid grau und weiß, Rückenfedern mit markanten dunklen Schaftstrichen. Jugendkleid ähnlich Prachtkleid, aber Rückenpartie heller mit deutlichem weißem „V" und an den Brustseiten dünn gestrichelt (bei ad. kräftige, dunkle, dreieckige Flecke).

Ähnliche Arten: Zur Verwechslung der sonstigen Kleider mit anderen eher kurzbeinigen Limikolen siehe Fotos.

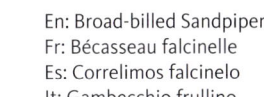

Gastvogel

En: Broad-billed Sandpiper
Fr: Bécasseau falcinelle
Es: Correlimos falcinelo
It: Gambecchio frullino

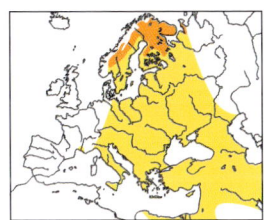

Spitzschwanz-Strandläufer
Calidris acuminata (→ 278)

Dem Graubrust-Strandläufer ähnliche Limikole.
Status: Ausnahmegast aus dem Osten Russlands.

Ausnahmegast

En: Sharp-tailed Sandpiper
Fr: Bécasseau à queue pointue
Es: Correlimos acuminado
It: Piovanello siberiano

Prachtkleid

keine scharfe Grenze des dunklen Brustbereichs (vgl. Graubrust-Strandläufer)

Jugendkleid

rostbraun gemusterte Kappe

Überaugenstreif wird nach hinten deutlicher

Brust wirkt oft orange getönt

Flanken bis Unterschwanzdecken mit pfeilförmigen Flecken und spitzen Stricheln

Prachtkleid (abgetragen)

Schnepfenverwandte · Scolopacidae

Bindenstrandläufer *Calidris himantopus* (→ 266)

Ausnahmegast

En: Stilt Sandpiper
Fr: Bécasseau à échasses
Es: Correlimos zancolín
It: Piro piro zampelunghe

Erinnert durch den deutlichen Überaugenstreif und den gebogenen, langen Schnabel etwas an Sichelstrandläufer, jedoch sind die grünlichen Beine auffallend lang und überragen im Flug weit den Schwanz.

Status: Ausnahmegast aus Nordamerika.

Langzehen-Strandläufer
Calidris subminuta

Ausnahmegast

En: Long-toed Stint
Fr: Bécasseau à longs doigts
Es: Correlimos dedilargo
It: Gambecchio minore

Status: Ausnahmegast aus Sibirien.

Schnepfenverwandte · Scolopacidae

Sichelstrandläufer *Calidris ferruginea*
(→ 281)

En: Curlew Sandpiper
Fr: Bécasseau cocorli
Es: Correlimos zarapitín
It: Piovanello comune

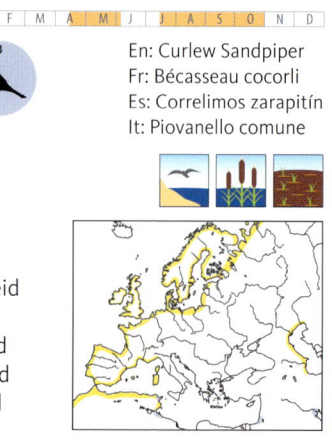

Etwas über starengroße, langbeinige Limikole mit deutlich abwärts gebogenem, relativ langem Schnabel.

Status: Regelmäßiger Durchzügler, im Wattenmeer v.a. im Herbst in großer Zahl, im Binnenland seltener, ausnahmsweise Übersommerer.

Kleider: Geschlechter sehr ähnlich, Männchen im Prachtkleid kräftiger ziegelrot gefärbt. Im Schlichtkleid weiß und grau, Rückenfedern mit feinem dunklem Schaftstrich. Jugendkleid brauner als Schlichtkleid und Rückenfedern mit dunklen und hellen Rändern, dadurch deutlich geschuppt, und Kehle hell ocker.

Ähnliche Arten: Wegen Verwechslungsgefahr mit anderen langbeinigen Limikolen siehe Fotos.

Schnepfenverwandte • Scolopacidae

Temminckstrandläufer
Calidris temminckii   (→ 273)

J F M A M J J A S O N D

En: Temminck's Stint
Fr: Bécasseau de Temminck
Es: Correlimos de Temminck
It: Gambecchio nano

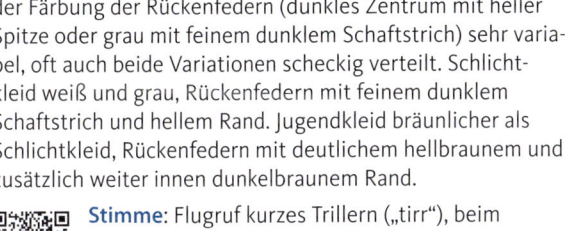

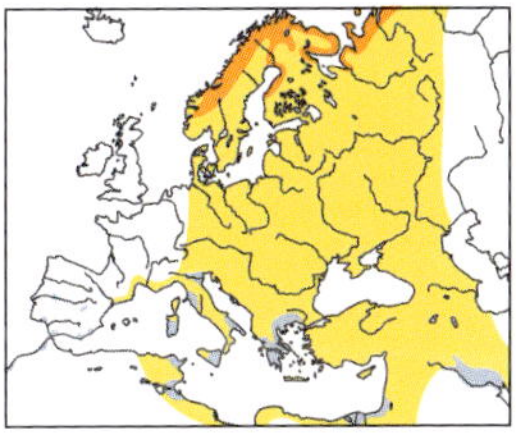

Kleiner, dem Zwergstrandläufer im Schlichtkleid sehr ähnlicher Strandläufer, jedoch mit gelblichen Beinen.

Status: Regelmäßiger Durchzügler an den Küsten und im Binnenland, seltener Wintergast.

Kleider: Geschlechter gleich. Im Prachtkleid hinsichtlich der Färbung der Rückenfedern (dunkles Zentrum mit heller Spitze oder grau mit feinem dunklem Schaftstrich) sehr variabel, oft auch beide Variationen scheckig verteilt. Schlichtkleid weiß und grau, Rückenfedern mit feinem dunklem Schaftstrich und hellem Rand. Jugendkleid bräunlicher als Schlichtkleid, Rückenfedern mit deutlichem hellbraunem und zusätzlich weiter innen dunkelbraunem Rand.

Stimme: Flugruf kurzes Trillern („tirr"), beim Zwergstrandläufer meist einsilbig „pit" oder „kip".

Ähnliche Arten: Zur Unterscheidung von anderen kleinen und kurzbeinigen Strandläufern siehe Fotos. Durch längere Flügel länger wirkend als Zwergstrandläufer und ohne Mantel und Schulter-V.

Oberseite nur wenig gemustert

Schlichtkleid

fast kein Weiß im Gesicht

Prachtkleid

Schwanzseiten bis hinten weiß

kein weißes „V"

Schwanz überragt Flügelspitzen

Schlichtkleid

Beine gelblich

Schuppung durch helle Federsäume

Jugendkleid

braun gefleckte Brustfärbung von der einen Seite zur anderen durchgehend

Prachtkleid

Rotkehl-Strandläufer *Calidris ruficollis*
(→ 272)

Ausnahmegast

En: Red-necked Stint
Fr: Bécasseau à col roux
Es: Correlimos cuellirrojo
It: Gambecchio collorosso

Kleiner Strandläufer. Im Prachtkleid durch überwiegend rotbraunen Kopf unverwechselbar. Im Schlichtkleid schwer vom Zwergstrandläufer zu unterscheiden.
Status: Ausnahmegast aus dem Nordsibirien.

- weiße Linie
- Schnabel kurz

Prachtkleid

- schwarz und braun
- diffus gefleckt mit Hellbraun
- grau mit hellem Rand

Jugendkleid

- Kopfseiten und Kehle rostrot
- Brust hell, schwarz gestrichelt (bei Sanderling im Prachtkleid Grundfarbe der Brust auch rostrot)

Prachtkleid

Schnepfenverwandte • Scolopacidae

Sanderling *Calidris alba* (→ 269)

Kleine Limikole mit schwarzen kurzen Beinen.

Status: Regelmäßiger Gast an der Nordsee, zumindest in kleiner Zahl auch ganzjährig. Im Binnenland wesentlich seltener.

Kleider: Geschlechter gleich. Im Prachtkleid Kopf und Brustbereich weiß, rostbraun und dunkelbraun gesprenkelt, gegen Sommer überwiegt durch Abnutzung der Federspitzen das Rostbraun. Schlichtkleid hellgrau und weiß. Im 1. Winter größtenteils schwarz, weiß und im Kopf-Hals-Bereich etwas gelblich braun. Rückenfedern mit kräftigen schwarzen Zentren, Flügelbug fast schwarz.

 Stimme: In der Gruppe bei Nahrungssuche am Strand ständige kurze „pit"-Rufe, auch gedehnt „wäd".

Ähnliche Arten: Zur Unterscheidung von anderen kleinen und kurzbeinigen Strandläufern siehe Fotos.

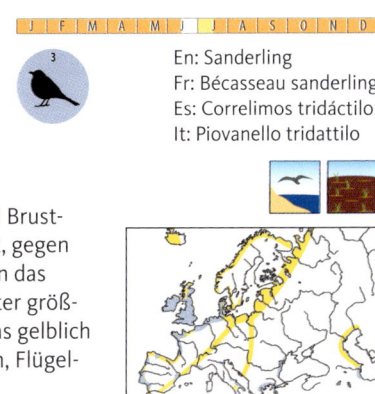

En: Sanderling
Fr: Bécasseau sanderling
Es: Correlimos tridáctilo
It: Piovanello tridattilo

— breiter weißer Streifen
— sehr dunkle Armdecken

Prachtkleid

Hinterzehe fehlt beim Sanderling

oberseits recht einfarbig grau im Schlichtkleid

breite dunkle Federzentren im Jugendkleid

Jugendkleid

Unterseite weiß

Schlichtkleid

Schnabel relativ kurz und allenfalls ganz schwach abwärts gebogen

Beine schwarz

Schnepfenverwandte · Scolopacidae

Alpenstrandläufer *Calidris alpina alpina* und *C. a. schinzii* („Kleiner Alpenstrandläufer") (→ 280)

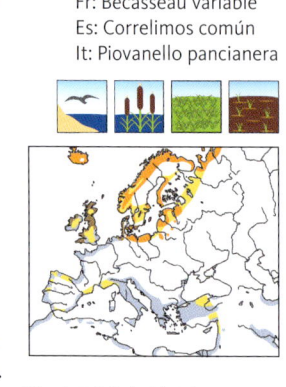

En: Dunlin
Fr: Bécasseau variable
Es: Correlimos común
It: Piovanello pancianera

Starengroße Limikole, mit sehr variabel langem, meist leicht gebogenem Schnabel. Neben Knutt häufigste Limikole im Watt.

Status: Nominatform *alpina* regelmäßiger Sommer- und Mausergast sowie Durchzügler an der Küste, regelmäßig auch im Binnenland, vereinzelt Überwinterungen. Unterart *schinzii* sehr seltener Brutvogel im Norden.

Kleider: Geschlechter gleich. Die Unterart *schinzii* ist etwas kurzschnäbeliger und im Prachtkleid oberseits rötlich braun (statt rostbraun) und unterseits nicht rein schwarz gefärbt. Im Schlichtkleid ziemlich einfarbig hellgrau und weiß. Jugendkleid: Kopf- und Halsbereich braun, Brust und Bauch schwarz gefleckt. Im 1. Winter können einige Partien bereits Federn wie im (grau-weißen) Schlichtkleid tragen.

Stimme: Im Flug ein „körniger" nasaler Ruf wie „drrüd" oder „trirr".

Ähnliche Arten: Zur Unterscheidung von anderen kurzbeinigen Limikolen siehe Fotos. Die Variabilität von Schnabellänge und -form kann bisweilen zu Verwechslungen mit anderen Limikolenarten führen.

Schnepfenverwandte • Scolopacidae

Meerstrandläufer *Calidris maritima* (→ 279)

En: Purple Sandpiper
Fr: Bécasseau violet
Es: Correlimos oscuro
It: Piovanello violetto

Eher kleine, rundlich wirkende, kurzbeinige Limikole, die im Herbst und Winter überwiegend graubraun ist.

Status: Regelmäßiger Durchzügler und Wintergast an den Küsten in kleiner Zahl, im Binnenland Ausnahmegast.

Kleider: Geschlechter gleich. Im Prachtkleid Kopf und Nacken fein hell- und dunkelbraun gefleckt, im Schlichtkleid hier recht einfarbig grau und Rückenfedern grau gerändert. Jugendkleid ähnlich Brutkleid, aber große Flügeldecken deutlich weiß gerändert (im Prachtkleid grau gerändert) und mit heller Schnabelbasis.

Stimme: Überwinternde Vögel am Felsstrand lassen meist kurze „wit"-Rufe hören, die an Kleiberrufe erinnern.

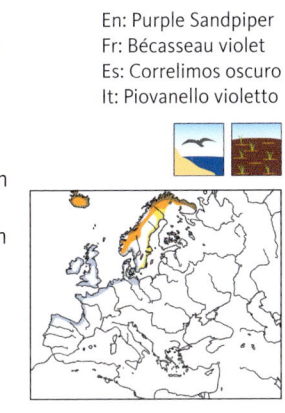

Ähnliche Arten: Graubraune Färbung und braungelbliche Beine und Schnabelbasis im Schlicht- und Jugendkleid sind recht eindeutig. Ansonsten siehe Fotos zur Unterscheidung von anderen kurzbeinigen Limikolen.

- Schwanz eher dunkelgrau
- dunkelbraun, rostrot und weiß gemustert
- Schnabel lang und leicht abwärts gebogen
- Prachtkleid
- Prachtkleid
- Flügel insgesamt recht dunkel
- Unterseite fast durchgehend pfeilförmig gestrichelt
- Schwanz steht deutlich über Flügelspitzen hinaus
- Schnabelbasis gelblich
- weißer Fleck oft deutlicher als hier
- Jugendkleid
- graue Grundfärbung
- kurzbeinig
- Beine gelblich orange, gelegentlich wie hier mehr rötlich
- Schlichtkleid

Bairdstrandläufer *Calidris bairdii* (→ 276)

Sehr ähnlich Weißbürzelstrandläufer, aber Augenstreif viel schwächer.

Status: Ausnahmegast aus Gebieten von Ostrussland bis Westgrönland.

Ausnahmegast

En: Baird's Sandpiper
Fr: Bécasseau de Baird
Es: Correlimos de Baird
It: Gambecchio di Baird

ocker und braun gefärbtes, durchgehendes Brustband

heller Fleck über Zügel

Flügelspitzen überragen Schwanz deutlich

Zügel bildet dunklen Fleck

kurzbeinig

Schlichtkleid

Zwergstrandläufer *Calidris minuta* (→ 271)

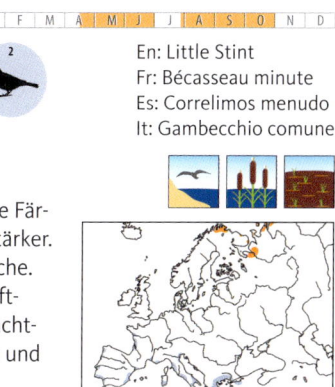

En: Little Stint
Fr: Bécasseau minute
Es: Correlimos menudo
It: Gambecchio comune

Sehr kleine Limikole mit dunklen Beinen.

Status: Regelmäßiger Durchzügler, besonders an der Nordseeküste, im Binnenland regelmäßig, aber in deutlich geringerer Zahl.

Kleider: Geschlechter fast gleich. Im Prachtkleid roströtliche Färbung von Oberseite, Brust und Kopf bei Männchen etwas stärker. Das abgetragene Prachtkleid ist deutlich blasser als das frische. Schlichtkleid grau und weiß, Rückenfedern mit feinem Schaftstrich und dünnen weißen Rändern. Jugendkleid ähnlich Prachtkleid, aber deutliche weiße „V"-Markierung auf dem Rücken und Rückenfedern mit breiten weißen Rändern.

 Stimme: Ruf im Gegensatz zum Temminckstrandläufer meist nicht trillernd, sondern kurz und einsilbig „pit" oder „kip".

Ähnliche Arten: Zur Unterscheidung von anderen kleinen und kurzbeinigen Strandläufern siehe Fotos.

- Schwanz kurz, grau mit dunkler Mitte
- Schlichtkleid
- im Schlichtkleid oben braungrau bis grau
- Stirn und Kehle hell
- Schnabel dünn und eher kurz
- Schlichtkleid
- Prachtkleid
- im Prachtkleid rostbraune Färbung auf der Oberseite
- deutliches weißes „V"
- Überaugenstreif gegabelt, oberer Ast aber oft schwach sichtbar
- Jugendkleid
- Beine in allen Kleidern schwarz
- Prachtkleid

Schnepfenverwandte · Scolopacidae

Wiesenstrandläufer *Calidris minutilla* (→ 274)

Kleiner Strandläufer mit kurzen Beinen und kurzem Hals.

Status: Ausnahmegast aus Nordamerika.

Kleider: Geschlechter gleich. Im Schlichtkleid graubraun, Rückenfedern mit undeutlichen dunklen Zentren. Jugendkleid ähnlich Prachtkleid, aber bräunlicher und mit deutlich mehr Weiß an den Rückenfedern.

Ähnliche Arten: Zur Unterscheidung von anderen kleinen und kurzbeinigen Strandläufern siehe Fotos.

Ausnahmegast

En: Least Sandpiper
Fr: Bécasseau minuscule
Es: Correlimos menudillo
It: Gambecchio americano

Schnepfenverwandte • Scolopacidae

Weißbürzel-Strandläufer
Calidris fuscicollis (→ 275)

Strandläufer mit eher langgestreckter Silhouette und auffälligem hellem Überaugenstreif im Schlichtkleid.

Status: Seltener Gastvogel aus Nordamerika an den Küsten, noch seltener im Binnenland.

Kleider: Geschlechter gleich. Im Schlichtkleid ziemlich einfarbig hellgrau und weiß. Jugendkleid mit kräftigen weißen Säumen an den Rückenfedern.

Ähnliche Arten: Zur Unterscheidung von anderen Strandläufern siehe Fotos.

seltener Gast

En: White-rumped Sandpiper
Fr: Bécasseau à croupion blanc
Es: Correlimos culiblanco
It: Gambecchio di Bonaparte

deutlicher Überaugenstreif

Prachtkleid (abgetragen)

Strichel an den Flanken

Schwungfederspitzen stehen weit über die Schirmfedern und den Schwanz hinaus

Schnabel an der Basis etwas heller

Beine dunkelgrau

Übergangskleid (Pracht-/Schlichtkleid)

Bürzel weiß

Prachtkleid

Schnepfenverwandte • Scolopacidae

Grasläufer *Calidris subruficollis* (→ 265)

Eher langbeinige Limikole, die an einen zu kleinen Kampfläufer erinnert, mit einem auffälligen hellen Augenring und geradem schwarzem Schnabel.

Status: Sehr seltener, aber fast alljährlicher Gast aus Nordamerika.

Kleider: Geschlechter gleich. Im adulten Pracht- und Schlichtkleid Rückenfedern schmal braun gesäumt, im Jugendkleid breit hell ockerfarben gesäumt.

Ähnliche Arten: Zur Verwechslung der anderen Kleider mit anderen langbeinigen Limikolen siehe Fotos.

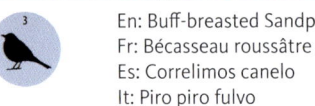

seltener Gast
En: Buff-breasted Sandpiper
Fr: Bécasseau roussâtre
Es: Correlimos canelo
It: Piro piro fulvo

heller Augenring
steile Stirn
Schnabel kürzer als bei Kampfläufer
gleichmäßiges Schuppenmuster, dunkle Federzentren
Brustseiten gepunktet
Beine gelb
Jugendkleid

Schnepfenverwandte · Scolopacidae

Graubrust-Strandläufer *Calidris melanotos*
(→ 277)

 En: Pectoral Sandpiper
Fr: Bécasseau à poitrine cendrée
Es: Correlimos pectoral
It: Piovanello pettorale

Limikole mit Gestalt eines kleinen Kampfläufers, mit gestrichelter Brust und davon scharf abgegrenztem weißem Bauch.

Status: Seltener, aber neuerdings regelmäßiger Durchzügler.

Kleider: Geschlechter gleich. Im Prachtkleid mehr rötlich braun, im Schlichtkleid mehr graubraun. Jugendkleid ähnlich Prachtkleid, aber Rückenfedern mit deutlichen rotbraunen Säumen und dunklen Federzentren.

Ähnliche Arten: Unterscheidung von anderen Limikolenarten siehe Fotos.

Schnepfenverwandte • Scolopacidae

Sandstrandläufer *Calidris pusilla* (→ 270)

Kleine amerikanische Limikole, dem europäischen Zwergstrandläufer sehr ähnlich und am besten durch die Stimme und die Spannhäute zwischen den Zehen erkennbar.

Status: Ausnahmegast vor allem aus Nordkanada und Alaska.

Stimme: Im Flug schwirrend „tschrrüp" oder „tüpp".

Ausnahmegast

En: Semipalmated Sandpiper
Fr: Bécasseau semipalmé
Es: Correlimos semipalmeado
It: Gambecchio semipalmato

weiße Linie

Schulterfedern vorne schwarz mit hellem Rand

deutlicher schwarzer Mittelstreif

Schnabel kräftig und relativ lang

Prachtkleid

Jugendkleid

Brust und vordere Flanken mit pfeilförmigen Flecken

Reste des Prachtkleids: Rückenfedern vorne schwarz mit hellem Rand (Schlichtkleid: graue Rückenfedern)

höchstens schwaches weißes „V"

diffus gefleckt

Übergangskleid (Pracht-/Schlichtkleid)

Jugendkleid

einige können noch stärker rostfarben sein

Tundraschlammläufer (Großer Schlammläufer)

Limnodromus scolopaceus (→ 243)

Ausnahmegast

En: Long-billed Dowitcher
Fr: Bécassin à long bec
Es: Agujeta escolopácea
It: Limnodromo pettorossiccio

Sehr ähnlich dem Moorschlammläufer.

Status: Ausnahmegast aus der Tundra Nordamerikas und Ostsibiriens.

Schnepfenverwandte • Scolopacidae

Moorschlammläufer (Kleiner Schlammläufer)
Limnodromus griseus   (→ 242)

Ausnahmegast

En: Short-billed Dowitcher
Fr: Bécassin roux
Es: Agujeta gris
It: Limnodromo grigio

Erinnert an einen Brachvogel mit zu kurzen Beinen, zu großem Kopf und zu geradem Schnabel.
Status: Ausnahmegast aus Nordamerika.

- in allen Kleidern Rücken ab der Mitte weiß
- in allen Kleidern weißer Flügelhinterrand

Jugendkleid

- Schirmfedern mit dunkler Zeichnung (vgl. Tundraschlammläufer)
- Schnabel ähnelt dem einer Schnepfe, aber Vogel ist viel langbeiniger

adult Übergangskleid zum Schlichtkleid

Schnepfenverwandte · Scolopacidae

Waldschnepfe *Scolopax rusticola* (→ 244)

Große, plumpe, kurzbeinige Schnepfe mit sehr langem Schnabel. Im Unterschied zu den meisten anderen Limikolen ein echter Waldvogel.

Status: Regelmäßiger Brutvogel und Durchzügler.

Kleider: Geschlechter gleich, Alterskleider sehr ähnlich.

  Stimme: Der Gesang besteht aus einer sehr charakteristischen Kombination aus tiefem „Quorren" und hohem „Pitzen" („quorr-quor-woworr pitz")

Ähnliche Arten: Kaum zu verwechseln.

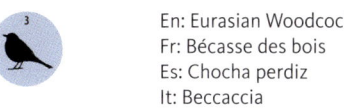

En: Eurasian Woodcock
Fr: Bécasse des bois
Es: Chocha perdiz
It: Beccaccia

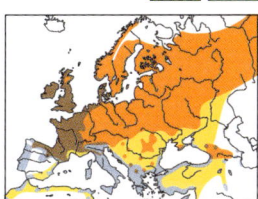

breite, kurze Flügel fast ohne Weiß

breite Querbänder — Zügelstreif

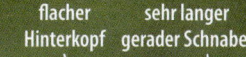

flacher Hinterkopf — sehr langer gerader Schnabel

adult

Zwergschnefe *Lymnocryptes minimus*

(→ 245)

Kleine Schnepfe mit relativ kurzem Schnabel.

Status: Unregelmäßiger Brutvogel in Polen. Regelmäßiger Durchzügler und Überwinterer im Tiefland und Mittelgebirge, im Süden seltener Durchzügler und Überwinterer.

Kleider: Geschlechter gleich, Alterskleider sehr ähnlich.

Verhaltensweisen: Duckt sich bei Annäherung sehr lange und fliegt meist erst im allerletzten Moment auf.

Ähnliche Arten: Anhand der Größe und der sehr markanten hellen Längsstreifen auf der Oberseite von anderen Schnepfen zu unterscheiden.

En: Jack Snipe
Fr: Bécassine sourde
Es: Agachadiza chica
It: Frullino

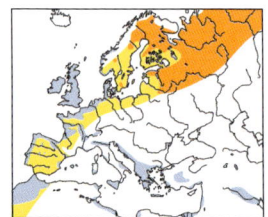

Flügel setzen weit hinten an

Schnabel für eine Schnepfe relativ kurz

Bauch und Unterschwanzdecken weiß

vier auffällige helle Längsstreifen

grün metallisch glänzend

adult

Schnepfenverwandte · Scolopacidae

Doppelschnepfe *Gallinago media* (→ 246)

Mittelgroße Schnepfe mit langem Schnabel.

Status: Seltener Brutvogel in Ostpolen, sehr seltener, aber wohl regelmäßiger Durchzügler im Osten, sonst Ausnahmegast.

Kleider: Geschlechter gleich, Alterskleider sehr ähnlich.

Ähnliche Arten: Bekassine hat ungebänderten, weißen Bauch, viel weniger Weiß am Schwanz und eine andere Weißverteilung im Flügel, siehe Fotos.

seltener Durchzügler und Brutvogel

En: Great Snipe
Fr: Bécassine double
Es: Agachadiza real
It: Croccolone

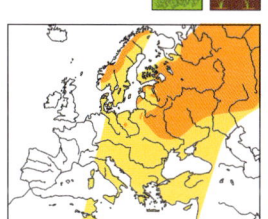

zwei deutlich helle Flügelbänder

nur dünner weißer Flügelhinterrand

breit weiße Schwanzaußenkanten

Unterseits gebändert, kein rein weißer Bauch

Prachtkleid (balzend)

Bekassine *Gallinago gallinago* (→ 247)

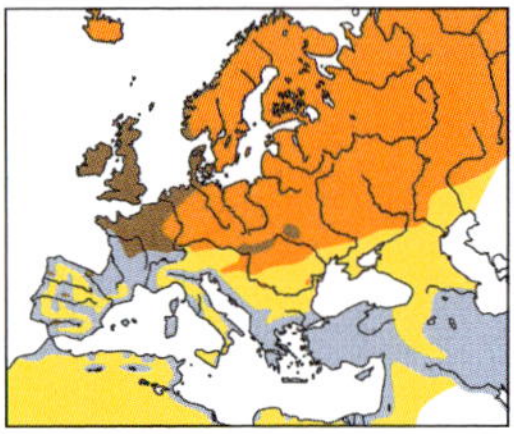

Mittelgroße Schnepfe mit sehr langem Schnabel.

Status: Regelmäßiger Brutvogel vor allem im Norden, im Süden und Westen sehr lückig verbreitet. Durchzügler, selten auch Wintergast.

Kleider: Geschlechter gleich, Alterskleider sehr ähnlich.

Stimme: Männchen führen bei der Balz Sturzflüge durch, bei denen die abgespreizten, spezialisierten, äußeren Schwanzfedern ein schnelles, dumpfes „bububububu" erzeugen. Ruft beim Abfliegen nach Aufscheuchen „etsch", auch mehrfach.

Ähnliche Arten: Siehe Doppelschnepfe.

En: Common Snipe
Fr: Bécassine des marais
Es: Agachadiza común
It: Beccaccino

Wasserläufer und andere schlanke, hochbeinige Limikolen

In den unauffällig gefärbten Kleidern lassen sich Wasserläufer und andere schlanke, langbeinige Limikolen vor allem an der Schnabelform und -länge, der Beinfarbe und der Verteilung von Weiß und gefleckten Partien an Brust, Bauch und Flanken erkennen. Auch die Schwanzzeichnung kann wichtige Hinweise liefern.

Bruchwasserläufer *Tringa glareola* (→ 258)

Typischer Wasserläufer mit auffallend langem hellem Überaugenstreif und grünlichen Beinen.

Status: Sehr seltener Brutvogel, regelmäßiger Durchzügler.

Kleider: Geschlechter gleich. Im Schlichtkleid ist die dunkle Zeichnung wesentlich undeutlicher und das Gefieder mehr grau. Jugendkleid ähnlich Prachtkleid, aber mehr bräunlich, mit feinerer, undeutlicher Streifung an Brust und Flanken und hellbraunen Flecken auf dem Rücken.

Stimme: Flugrufe mehrsilbige hohe „gib-gib-gib", auch von nächtlichen Durchzüglern zu hören.

Ähnliche Arten: Verwechslung mit anderen langbeinigen Limikolen möglich, siehe Fotos.

En: Wood Sandpiper
Fr: Chevalier sylvain
Es: Andarríos bastardo
It: Piro piro boschereccio

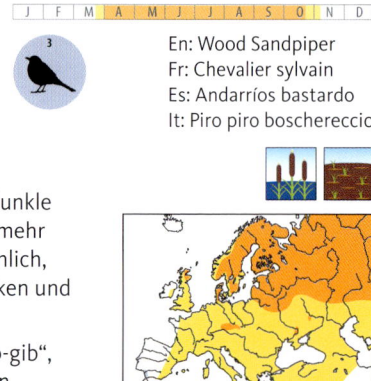

Schnepfenverwandte • Scolopacidae

Terekwasserläufer *Xenus cinereus* (→ 259)

Kurzbeinige, mittelgroße, an einen Flussuferläufer erinnernde Limikole mit langem, aufwärts gebogenem Schnabel.

Status: Seltener Durchzügler aus Gebieten von Finnland ostwärts.

Kleider: Geschlechter gleich, Pracht- und Schlichtkleid grau und weiß, im Prachtkleid aber dunkler Flügelbug und Schulterstreif. Jugendkleid mehr bräunlich, das dunkle „V" auf dem Rücken schwächer ausgeprägt.

En: Terek Sandpiper
Fr: Chevalier bargette
Es: Andarríos del Terek
It: Piro piro del Terek

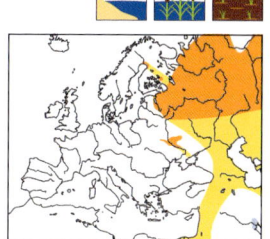

 Stimme: Im Abflug schnelle Phrasen von 2-3-(5) hohen „wiwiwi", weicher als beim Grünschenkel.

Ähnliche Arten: Zur Unterscheidung von anderen mittelgroßen eher kurzbeinigen Limikolen siehe Fotos.

Wilsonwassertreter *Phalaropus tricolor* (→ 248)

Ausnahmegast
En: Wilson's Phalarope
Fr: Phalarope de Wilson
Es: Falaropo tricolor
It: Falaropo di Wilson

Zierliche, häufig schwimmende Limikole mit sehr dünnem, fast nadelartigem Schnabel.

Status: Ausnahmegast aus Nordamerika.

Kleider: Im Prachtkleid sind die kräftiger und kontrastreicher gefärbten Weibchen leicht von den Männchen zu unterscheiden (siehe Fotos). Schlichtkleid weiß und hellgrau. Jugendkleid sehr ähnlich Schlichtkleid, aber ab 1. Winter Schirmfedern, Flügeldecken und manchmal weitere Federn des Rückens braun mit hellen Rändern.

Ähnliche Arten: Im Prachtkleid nicht zu verwechseln, zur Unterscheidung der Wassertreter im Schlichtkleid siehe Fotos.

Odinshühnchen *Phalaropus lobatus* (→ 249)

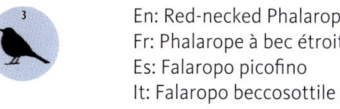

En: Red-necked Phalarope
Fr: Phalarope à bec étroit
Es: Falaropo picofino
It: Falaropo beccosottile

Zierliche, häufig schwimmende Limikole mit dünnem Schnabel.

Status: Regelmäßiger, aber seltener Durchzügler, im Binnenland noch seltener.

Kleider: Im Prachtkleid sind die kräftiger und kontrastreicher gefärbten Weibchen von den Männchen zu unterscheiden, siehe Fotos. Schlichtkleid weiß und hellgrau, Kopfzeichnung schwarz-weiß. Jugendkleid ähnlich Schlichtkleid, aber oberseits dunkler und Rückenfedern braun (nicht hellgrau) gerändert.

Ähnliche Arten: Im Prachtkleid nicht zu verwechseln, zur Unterscheidung der Wassertreter im Schlichtkleid siehe Fotos

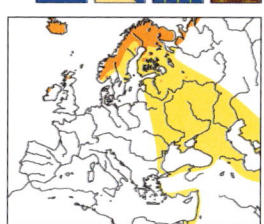

Thorshühnchen *Phalaropus fulicarius* (→ 250)

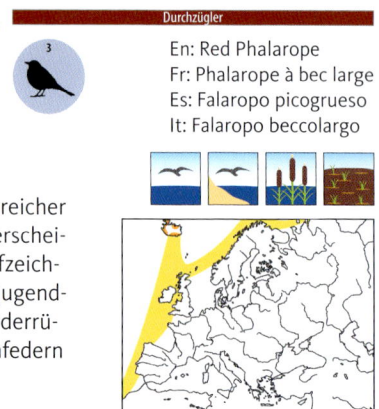

En: Red Phalarope
Fr: Phalarope à bec large
Es: Falaropo picogrueso
It: Falaropo beccolargo

Zierliche, häufig schwimmende Limikole mit relativ kräftigem Schnabel. Wenig scheu.

Status: Regelmäßiger Durchzügler in geringer Zahl an den Küsten, im Binnenland ausnahmsweise.

Kleider: Im Prachtkleid sind die kräftiger und kontrastreicher gefärbten Weibchen leicht von den Männchen zu unterscheiden, siehe Fotos. Schlichtkleid weiß und hellgrau, Kopfzeichnung schwarz-weiß, Vorderrücken einfarbig hellgrau. Jugendkleid ähnlich Schlichtkleid, aber oberseits dunkler, Vorderrücken gestreift, Brustbereich hell bräunlich und Rückenfedern braun (nicht hellgrau) gerändert.

Ähnliche Arten: Im Prachtkleid nicht zu verwechseln, zur Unterscheidung der Wassertreter im Schlichtkleid siehe Fotos.

Schnepfenverwandte · Scolopacidae

Flussuferläufer *Actitis hypoleucos* (→ 260)

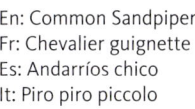

En: Common Sandpiper
Fr: Chevalier guignette
Es: Andarríos chico
It: Piro piro piccolo

Mittelgroße, eher kurzschnäbelige Limikole mit mittelmäßig langen Beinen. Gleitet im Flug mit charakteristisch abwärts gebogenen Flügeln.

Status: Seltener Brutvogel, regelmäßiger Durchzügler, selten auch im Winter.

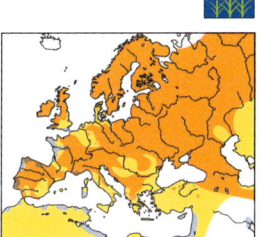

Kleider: Geschlechter gleich. Im Prachtkleid markantes dunkles Muster auf den Rückenfedern, siehe Foto, Brust deutlich fein gestreift. Im Schlichtkleid Zeichnung viel einheitlicher und verwaschener. Im Jugendkleid Rückenfedern mit dunklem Schaftstrich und hellbraunem Rand, dunkle Musterung der Mittleren und Großen Decken ergibt feine Streifung.

Verhaltensweisen: Wippt häufig mit dem Hinterkörper.

Stimme: Beim Abflug erklingt ein sehr charakteristisches, schneidendes „hídididi", oft gefolgt von weiteren zwei- oder dreisilbigen gleichartigen Rufen.

Ähnliche Arten: Zur Unterscheidung von anderen mittelgroßen eher kurzbeinigen Limikolen siehe Fotos. Siehe speziell auch Drosseluferläufer.

Schnepfenverwandte • Scolopacidae

Drosseluferläufer *Actitis macularius* (→ 261)

Ausnahmegast

En: Spotted Sandpiper
Fr: Chevalier grivelé
Es: Andarríos maculado
It: Piro piro macchiato

Ähnlich Flussuferläufer.

Status: Ausnahmegast aus Nordamerika.

Kleider: Geschlechter gleich, im Prachtkleid mit dicken Punkten auf Brust und Bauch, im Schlichtkleid Brust und Bauch weiß. Im Schlichtkleid ergeben die Zeichnungen der Mittleren und Großen Decken ein deutliches Streifenmuster.

Ähnliche Arten: Im Brutkleid vom Flussuferläufer durch Fleckung der Unterseite leicht zu unterscheiden. Beine gelblich. Im Schlichtkleid vor allem im Flug durch bis zum Körper reichenden weißen Flügelstreifen vom Flussuferläufer zu unterscheiden.

weiße Linie in Armschwingen erreicht den Körper nicht (vgl. Flussuferläufer)

Jugendkleid

Brustfärbung sehr ähnlich der Misteldrossel

Prachtkleid

Ränder der Schirmfedern einfarbig (bei Flussuferläufer Ränder schwarz gepunktet)

Jugendkleid

oberseits mehr grau als Flussuferläufer

Beine hellgelb

Schlichtkleid

Schnepfenverwandte • Scolopacidae

Waldwasserläufer *Tringa ochropus* (→ 257)

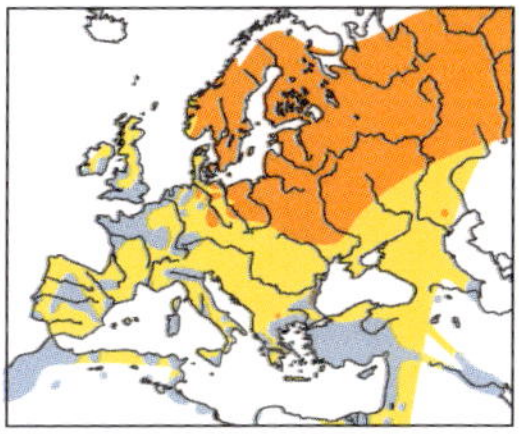

Typischer Wasserläufer mit langen Beinen, weißer Unterseite und dunkler Oberseite.

Status: Regelmäßiger Brutvogel im Nordosten, Durchzügler, z.T. Überwinterer im Binnenland.

Kleid: Geschlechter gleich. Im Schlichtkleid oberseits und an der Brust ziemlich einfarbig und dunkel. Jugendkleid ähnlich Prachtkleid, aber bräunlicher und Sprenkelung der Oberseite mehr beige (im Prachtkleid mehr grau).

Stimme: Beim Abfliegen ruft der Waldwasserläufer charakteristisch „tlüit-it-it" oder „tjuit-it-it-it".

Ähnliche Arten: Verwechslung mit anderen langbeinigen Limikolen möglich, siehe Fotos.

En: Green Sandpiper
Fr: Chevalier cul-blanc
Es: Andarríos grande
It: Piro piro culbianco

Einsiedelwasserläufer (Einsamer Wasserläufer) *Tringa solitaria* (→ 258 A)

Ausnahmegast
En: Solitary Sandpiper
Fr: Chevalier solitaire
Es: Andarríos solitario
It: Piro piro solitario

Ähnlich Waldwasserläufer, aber geringfügig kleiner und deutlich weiter überstehende Flügelspitzen.

Status: Ausnahmegast aus Alaska und Kanada.

Grauschwanz-Wasserläufer
Heteroscelus brevipes (→ 258 B)

Ausnahmegast
En: Grey-tailed Tattler
Fr: Chevalier de Sibérie
Es: Playero siberiano
It: Piro piro siberiano

Limikole mit kurzen gelblichen Beinen und ungemusterter, hellgrauer Oberseite.

Status: Ausnahmegast von asiatischen Binnengewässern.

Gelbschenkel (Kleiner Gelbschenkel)
Tringa flavipes (→ 256)

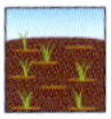

Gestalt ähnlich Rotschenkel, jedoch Schnabel zierlicher und ähnlich Teichwasserläufer.

Status: Ausnahmegast aus Nordamerika.

Ausnahmegast

En: Lesser Yellowlegs
Fr: Petit Chevalier
Es: Archibebe patigualdo chico
It: Totano zampegialle minore

Schnabel dünn, mittellang und gerade

kein weißer Keil wie bei Rotschenkel

Prachtkleid

langgestrecktes Hinterende

Jugendkleid

Beine lang und gelb in allen Kleidern

diffus gestrichelt

Jugendkleid

Tüpfelgelbschenkel (Großer Gelbschenkel)

Tringa melanoleuca (→ 255)

Sehr ähnlich Kleinem Gelbschenkel, jedoch Schnabel länger, aufgeworfen und wesentlich kräftiger.

Status: Ausnahmegast aus Nordamerika.

Ausnahmegast

En: Greater Yellowlegs
Fr: Grand Chevalier
Es: Archibebe patigualdo grande
It: Totano zampegialle maggiore

- gebänderte Flanken im Prachtkleid

Prachtkleid

- Schnabel eher kräftig und ganz leicht aufwärts gebogen
- kräftig gestrichelt
- Beine gelb in allen Kleidern

Jugendkleid

Schnepfenverwandte · Scolopacidae

Rotschenkel *Tringa totanus totanus* und *T. t. robusta* („Isländischer Rotschenkel") (→ 252)

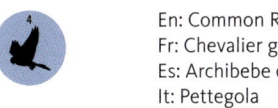

En: Common Redshank
Fr: Chevalier gambette
Es: Archibebe común
It: Pettegola

Mittelgroße, schlanke, langbeinige und langschnäbelige Limikole mit auffallend roten Beinen.

Status: Unterart *totanus* regelmäßiger Brutvogel im Nordwesten und an der Küste, im Binnenland erheblich seltener. Überwintert im Nordseeraum, regelmäßiger Durchzügler. Unterart *robusta* regelmäßiger Gast (Brutvogel auf Island).

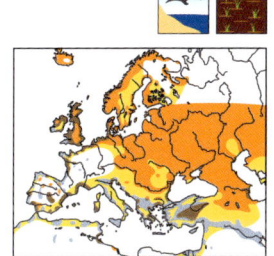

Kleider: Geschlechter gleich. Im Schlichtkleid nur schwach gemustert grau. Jugendkleid ähnlich Prachtkleid, aber Beine gelblich orange, insgesamt feinere dunkle Zeichnung an Kopf und Brust und Rückenfedern mit braunen Rändern.

Stimme: Der Gesang besteht aus einer langen Folge klangvoller Motive wie „tlütlü-tlütlü-tlütlü...", der Flugruf klingt wie „tjüjü" oder „tjü-dü-dü".

Ähnliche Arten: Verwechslung mit anderen langbeinigen Limikolen möglich, siehe Fotos. Im Flug durch weißen Keil auf dem Rücken und breiten, weißen Flügelhinterrand allerdings kaum verwechselbar.

Teichwasserläufer *Tringa stagnatilis* (→ 253)

Knapp mittelgroße Limikole mit langem, nadelfeinem Schnabel, sehr langen Beinen und schlanker Gestalt.

Status: Sehr seltener Brutvogel in Nordostpolen. Seltener Durchzügler und Gastvogel.

Kleider: Geschlechter gleich. Im Schlichtkleid oberseits ohne kräftige Fleckung, Brust und Flanken weiß. Jugendkleid erinnert durch die feine Kopf-Hals-Streifung an Prachtkleid, ist aber insgesamt brauner und statt der dunklen Rückenfleckung sind die Federn hier hellbraun gerändert.

Stimme: Der beunruhigt auffliegende Vogel ruft ein- oder mehrsilbig „kjükjü", höher und schneller als der Grünschenkel.

Ähnliche Arten: Verwechslung mit anderen langbeinigen Limikolen möglich, siehe Fotos.

seltener Gastvogel

En: Marsh Sandpiper
Fr: Chevalier stagnatile
Es: Archibebe fino
It: Albastrello

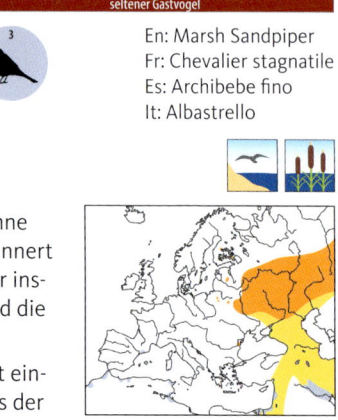

langer, schmaler Keil (vgl. Grünschenkel)

es steht vom Fuß deutlich mehr als nur die Zehen über das Schwanzende hinaus

Schnabel dünn und ganz gerade

Oberseite schwarz gefleckt

keine Flügelmusterung

einfarbige dunkle Kappe

Prachtkleid

Jugendkleid

sehr lange, grün-gelbliche Beine

Schlichtkleid

Kehle bis Unterschwanzdecken weiß

Schnepfenverwandte • Scolopacidae

Dunkelwasserläufer *Tringa erythropus* (→ 251)

En: Spotted Redshank
Fr: Chevalier arlequin
Es: Archibebe oscuro
It: Totano moro

Mittelgroße, schlanke, langbeinige und langschnäbelige Limikole.

Status: Regelmäßiger Durchzügler an der Küste und im Binnenland, gelegentlich Überwinterungsversuche.

Kleider: Geschlechter gleich. Prachtkleid einschließlich der Beine überwiegend schwarz, Schlichtkleid wenig gemustert weißlich und hellgrau, Beine rot. Im Jugendkleid Hals fein längs gestreift, von Brust bis Schwanz fein quer gebändert, Rückenfedern mit schmutzig weißen Rändern, Beine hell rötlich.

Stimme: Der charakteristische zweisilbige Flugruf „tjuwitt" unterscheidet sich deutlich von demjenigen des Rotschenkels.

Ähnliche Arten: Verwechslung mit anderen langbeinigen Limikolen möglich, siehe Fotos.

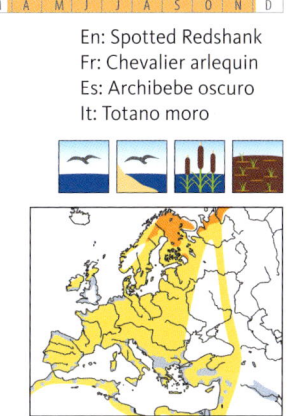

im Prachtkleid fast ganz schwarz

Schnabel lang und dünn, Spitze leicht abwärts geknickt

Flügelhinterrand hell, aber ohne weiße Armschwingen (vgl. Rotschenkel)

oval weiß

wirkt schlank

Zehen stehen weit über Schwanzende hinaus

Beine im Frühsommer fast schwarz

Übergangskleid

feine Querbänderung am Bauch

Jugendkleid

Übergangskleid ins Schlichtkleid

Bauch ohne Musterung

Schlichtkleid

Schnepfenverwandte · Scolopacidae

Grünschenkel *Tringa nebularia* (→ 254)

En: Common Greenshank
Fr: Chevalier aboyeur
Es: Archibebe claro
It: Pantana

Große, robuste, langbeinige Limikole mit langem, kräftigem und leicht aufwärts gebogenem Schnabel.

Status: An der Küste und im Binnenland regelmäßiger, im Binnenland spärlicher Durchzügler.

Kleider: Geschlechter gleich. Prachtkleid mit kräftig gefleckter Brust und mindestens einigen Rückenfedern mit schwarzen Zentren, Schlichtkleid mit dünner gestrichelter Brust und schwarz und weiß gerandeten Rückenfedern. Im Jugendkleid Kopf, Hals, Vorderrücken und Brust dünn gestreift, Oberseite ziemlich dunkel.

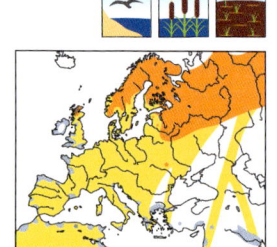

Stimme: Der Flugruf klingt härter als derjenige des Rotschenkels und gleichbleibend betont „kjü-kjü-kjü".

Ähnliche Arten: Verwechslung mit anderen langbeinigen Limikolen möglich, siehe Fotos.

- schmaler Keil kürzer als bei Teichwasserläufer
- Schwanz mit viel Weiß
- äußerer Flügelbereich dunkel
- langer, leicht aufwärts gebogener Schnabel
- Jugendkleid
- Oberseite kräftig gemustert
- einzelne Federn mit großen schwarzen Zentren (Anzahl variabel)
- Oberseite nur mit feiner Schuppung
- Beine grünlich grau
- Prachtkleid
- Schlichtkleid

Brachschwalbenverwandte • Glareolidae

Rennvogel *Cursorius cursor* (→ 284)

Langbeinige Limikole mit sandfarbenem Gefieder und blaugrauem Scheitel im Prachtkleid.

Status: Ausnahmegast aus Nordafrika oder Kleinasien.

Kleider: Geschlechter gleich. Im Jugendkleid ohne blaugrauen Hinterkopf und mit dreieckigen dunklen Flecken auf dem Rücken sowie Fleckung auf Hals und Kopf.

Ähnliche Arten: Kaum verwechselbar.

Ausnahmegast

En: Cream-coloured Courser
Fr: Courvite isabelle
Es: Corredor sahariano
It: Corrione biondo

schwarze Flügelspitze

Unterflügel schwarz

Prachtkleid

Hinterkopf kann noch stärker graublau sein

kurzer, deutlich gekrümmter Schnabel

Kopfstreifen treffen sich

Oberseite mit V-förmigen Sprenkeln

Jugendkleid

adult ohne Sprenkel und Flecken

Prachtkleid

langbeinig

Rotflügel-Brachschwalbe

Glareola pratincola (→ 286)

Brutvogel an wenigen Orten

En: Collared Pratincole
Fr: Glaréole à collier
Es: Canastera común
It: Pernice di mare

Im Sitzen etwas an eine Seeschwalbe, im ausdauernden Flug an eine Limikole erinnernder, etwa turmfalkengroßer Vogel.

Status: Seltener Brutvogel in Ungarn, andernorts seltener Gast im Sommerhalbjahr.

Kleider: Geschlechter gleich. Im Schlichtkleid mit deutlich weniger kontrastreicher Kopffärbung, weniger Rot am Schnabel und weniger gelblicher Brustfärbung. Im Jugendkleid Hals und Kopf gefleckt und Rückenfedern mit schwarzen und weißen Säumen.

Ähnliche Arten: Zur Unterscheidung von anderen Brachschwalbenarten siehe Fotos. Ansonsten kaum zu verwechseln.

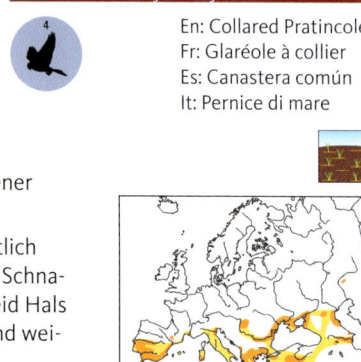

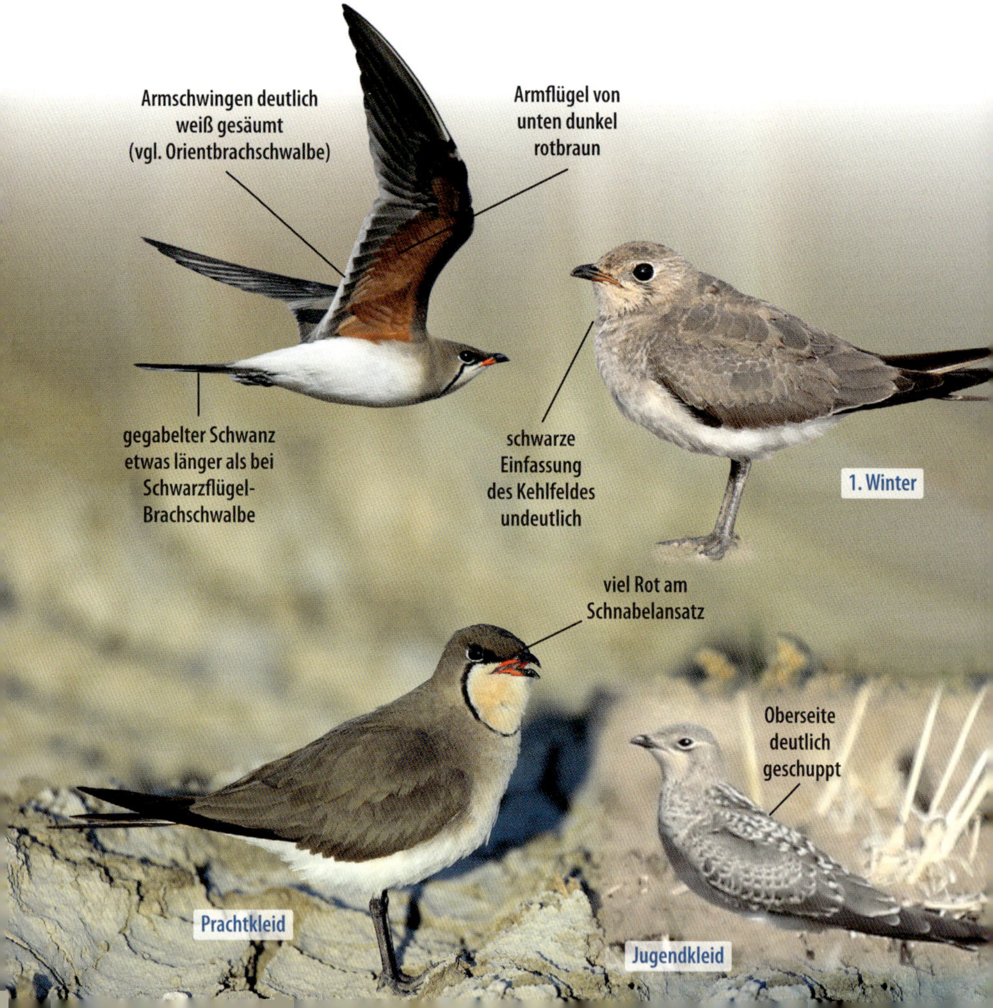

Armschwingen deutlich weiß gesäumt (vgl. Orientbrachschwalbe)
Armflügel von unten dunkel rotbraun
gegabelter Schwanz etwas länger als bei Schwarzflügel-Brachschwalbe
schwarze Einfassung des Kehlfeldes undeutlich
1. Winter
viel Rot am Schnabelansatz
Oberseite deutlich geschuppt
Prachtkleid
Jugendkleid

Brachschwalbenverwandte · Glareolidae

Orientbrachschwalbe *Glareola maldivarum* (→ 286A)

En: Oriental Pratincole
Fr: Glaréole orientale
Es: Canastera oriental
It: Pernice di mare dal collare

Im Sitzen etwas an eine Seeschwalbe, im ausdauernden Flug an eine Limikole erinnernder, etwa turmfalkengroßer Vogel.

Status: Ausnahmegast aus Asien.

Kleider: Geschlechter gleich. Kleider ähnlich Rotflügel-Brachschwalbe, jedoch nur im Jugendkleid mit (schmalem) weißem Flügelhinterrand.

Ähnliche Arten: Zur Unterscheidung von anderen Brachschwalbenarten siehe Fotos. Ansonsten kaum zu verwechseln.

Prachtkleid

unterseits mehr ocker

Armschwingen ohne weißen Hinterrand (vgl. Rotflügel-Brachschwalbe)

Schwanz kurz

Schlichtkleid

Jugendkleid

Schwarzflügel-Brachschwalbe

Glareola nordmanni (→ 285)

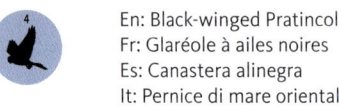

En: Black-winged Pratincole
Fr: Glaréole à ailes noires
Es: Canastera alinegra
It: Pernice di mare orientale

Im Sitzen etwas an eine Seeschwalbe, im ausdauernden Flug an eine Limikole erinnernder, etwa turmfalkengroßer Vogel.

Status: Ausnahmegast aus Gebieten zwischen Schwarzem Meer und Kasachstan.

Kleider: Geschlechter gleich. Im Schlichtkleid mit deutlich weniger kontrastreicher Kopffärbung und weniger gelblicher Brustfärbung. Jugendkleid sehr ähnlich Schlichtkleid.

Ähnliche Arten: Zur Unterscheidung von anderen Brachschwalbenarten siehe Fotos. Ansonsten kaum zu verwechseln.

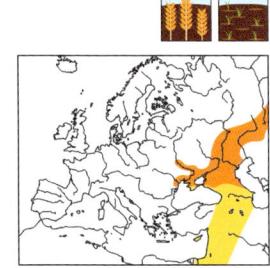

schwarz eingefasstes, hell ockerfarbenes Kehlfeld

Flügel recht einheitlich dunkel, Armflügel von unten schwarz

Schwanz deutlich gegabelt

Prachtkleid

wenig Rot am Schnabelansatz

Prachtkleid

recht einfarbig (im früheren Jugendkleid stark geschuppt)

Jugendkleid (1. Winter)

Noddiseeschwalbe *Anous stolidus* (→ 325)

Braune Seeschwalbe mit weißen „Augenklammern".
Status: Ausnahmegast aus den Subtropen und Tropen, die nächsten Brutgebiete liegen im Roten Meer.

Ausnahmegast

En: Brown Noddy
Fr: Noddi brun
Es: Tiñosa boba
It: Sterna stolida

Schwanz und Flügel sehr lang gestreckt

Unterflügel hell

adult

adult

hellgraue Stirn

fast am ganzen Körper ungemustert dunkelgrau

adult

Dreizehenmöwe *Rissa tridactyla* (→ 302)

Mittelgroße Möwe maritimer Lebensräume mit kurzen, dunklen Beinen.

Status: Regelmäßiger Brutvogel auf Helgoland, regelmäßiger Wintergast an der Nord- und Ostseeküste, im Binnenland nach Süden deutlich seltener.

Kleider: Geschlechter gleich. Im Schlichtkleid mit grauem Schläfenfleck und grauem Nacken. Im Jugendkleid markante Färbung der Flügeloberseite, mit fast schwarzem Nackenband und dunklem Schnabel. Reste der dunklen Flügeldecken sind im 2. Winter und darauffolgenden Sommer noch erkennbar.

Stimme: Im Umfeld der Brutkolonien sind die charakteristischen, etwas miauenden Rufe „kiti-wääik" zu hören.

Ähnliche Arten: Die auffällig schwarze Flügelzeichnung der Jugendkleider kann mit den entsprechenden Kleidern von Zwerg-, Schwalben- und Rosenmöwe verwechselt werden. Im Adultkleid einzige Möwenart mit rein gelbem Schnabel.

En: Black-legged Kittiwake
Fr: Mouette tridactyle
Es: Gaviota tridáctila
It: Gabbiano tridattilo

Möwenverwandte · Laridae

Elfenbeinmöwe *Pagophila eburnea* (→ 301)

Mittelgroße Möwe, die stehend an eine weiße Taube erinnert.

Status: An der Nordseeküste seltener Gast aus der Arktis.

Kleider: Geschlechter gleich. Im Jugendkleid und 1. Winter mit schwarzen Punkten auf den Oberflügeln.

Ähnliche Arten: Die im Grundton weißen Jugendkleider und erst recht das rein weiße Alterskleid sind kaum zu verwechseln.

Ausnahmegast

En: Ivory Gull
Fr: Mouette blanche
Es: Gaviota marfileña
It: Gabbiano eburneo

Schwalbenmöwe *Xema sabini* (→ 303)

Mittelgroße Möwe mit gegabeltem Schwanz und sehr auffälliger Flügelzeichnung.

Status: Im Herbst seltener Gast aus der Tundra und den Küstengewässern der Arktis an der Nordseeküste, ausnahmsweise Ostsee und Binnenland.

Kleider: Geschlechter gleich. Im Schlichtkleid Kopf hell, aber Hinterkopf und Nacken dunkel braungrau. Jugendkleid weiß und bräunlich, Rücken mit sehr deutlichem Schuppenmuster.

Ähnliche Arten: Verwechslung mit anderen mittelgroßen Möwen mit auffälliger Flügelzeichnung möglich: Dreizehen-, Zwerg- und Rosenmöwe.

Ausnahmegast

En: Sabine's Gull
Fr: Mouette de Sabine
Es: Gaviota de Sabine
It: Gabbiano di Sabine

Handflügel-Vorderkante breit schwarz
Schnabel schwarz mit gelber Spitze
Prachtkleid

dreieckige, rein weiße Flügelfläche zwischen Grau und Schwarz
Prachtkleid
Schwanz gegabelt
Kopf dunkelgrau mit schwarzer Begrenzung

Flügeldecken bräunlich grau mit hellen Säumen

Schlichtkleid
Jugendkleid
dunkelgrau, aber das markante Nackenband der Dreizehenmöwe

Möwenverwandte • Laridae

Dünnschnabelmöwe *Chroicocephalus genei* (→ 308)

Ausnahmegast

En: Slender-billed Gull
Fr: Goéland railleur
Es: Gaviota picofina
It: Gabbiano roseo

Mittelgroße, an Lachmöwe (im Schlichtkleid) erinnernde Möwe mit längerem Schnabel und flacherer Stirn.

Status: Sehr seltener Gast aus dem Mittelmeerraum, v. a. im Süden.

Kleider: Geschlechter gleich. Im Schlichtkleid Schnabel rötlich und Brust-Bauch-Bereich mit schwächerer Rosatönung. Im Jugendkleid Beine und Schnabel rosa-orange, Rückenfedern mit braunen Zentren. Flügeldecken auch im 1. Winter und gelegentlich einige noch im 2. Winter mit diesen braunen Zentren.

Ähnliche Arten: Typisches langschnäbliges Kopfprofil, aber dennoch ist eine Verwechslung mit anderen mittelgroßen Möwen möglich, siehe Fotos.

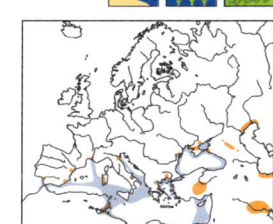

Bonapartemöwe

Chroicocephalus philadelphia (→ 306)

Ausnahmegast

En: Bonaparte's Gull
Fr: Mouette de Bonaparte
Es: Gaviota de Bonaparte
It: Gabbiano di Bonaparte

Ähnlich einer kleinen, kurzbeinigen Lachmöwe.

Status: Ausnahmegast aus dem nördlichen Nordamerika.

Kleider: Sehr ähnlich wie bei der Lachmöwe. Schnabel in allen Kleidern schwarz.

Ähnliche Arten: Von der Lachmöwe im Prachtkleid durch schwarze (nicht dunkelbraune) Kapuze und hellrote oder orange (nicht dunkelrote) Beine und einen schwarzen Schnabel unterschieden.

- weißer Keil
- Handschwingen mit schwarzem Hinterrand
- Schlichtkleid
- Füße rosa
- weißer Halbring
- „Gesicht" und Schnabel schwarz
- relativ dunkel grau
- Prachtkleid
- Hinterkopf grau
- Ohrfleck groß
- Schnabel komplett schwarz
- Jugendkleid

Kleine Möwen im Schlicht- und Jugendkleid

Für die Bestimmung kleinerer Möwenarten im Schlicht- und Jugendkleid sind Form und Farbe des Schnabels, Flügelfärbung (vor allem Muster auf der Oberseite und Färbung der Hinterkante und der Flügelspitze) und das Vorhandensein eines dunklen Ohrflecks wichtige Hinweise.

Dreizehenmöwe S. 210 — Jugendkleid, Foto: August

Dreizehenmöwe S. 210 — Schlichtkleid, Foto: Februar

Zwergmöwe S. 217 — Schlichtkleid, Foto: Oktober

Zwergmöwe S. 217 — Jugendkleid (1. Winter), Foto: August

Lachmöwe S. 216 — Schlichtkleid, Foto: März

Lachmöwe S. 216 — Jugendkleid, Foto: April

Sturmmöwe S. 224 — Schlichtkleid, Foto: Februar

Sturmmöwe S. 224 — Jugendkleid (1. Winter), Foto: Februar

Sturmmöwe S. 224 — Jugendkleid (2. Winter), Foto: Januar

Schwarzkopfmöwe S. 222 — Jugendkleid (1. Winter), Foto: März

Schwarzkopfmöwe S. 222 — Schlichtkleid, Foto: August

Lachmöwe *Chroicocephalus ridibundus* (→ 307)

En: Black-headed Gull
Fr: Mouette rieuse
Es: Gaviota reidora
It: Gabbiano comune

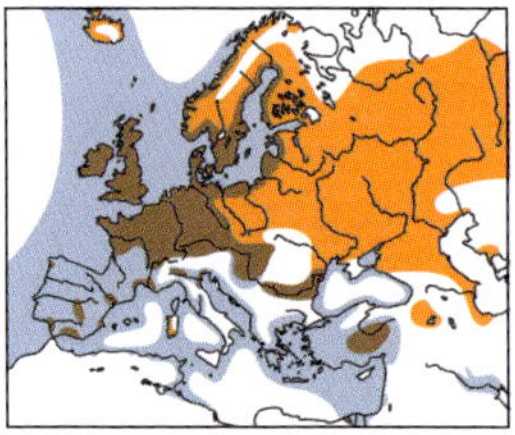

Am weitesten verbreitete kleinere Möwenart, im Prachtkleid mit typischer dunkelbrauner Gesichtsmaske.

Status: Regelmäßiger Brutvogel, Durchzügler und Wintergast.

Kleider: Geschlechter gleich. Im Schlichtkleid ohne schwarzbraunen Kopf, dafür mit deutlichem Ohrfleck, rotem Schnabel mit schwarzer Spitze und rosa-gelblichen Beinen. Jugendkleid bräunlich, oberseits stark gemustert. Im 1. Winter viele Oberflügeldecken mit dunklen Zentren.

Stimme: Vor allem zur Brutzeit rund um die Uhr mit quärrenden Rufen stimmaktiv.

Ähnliche Arten: Unter den kleineren und im Prachtkleid dunkelköpfigen Möwen hat nur die Lachmöwe eine sehr dunkel braune, aber nicht schwarze Maske.

Zwergmöwe *Hydrocoloeus minutus* (→ 305)

Kleine Möwe mit schwarzer Kapuze im Prachtkleid und auffälliger Flügelzeichnung in den Jugendkleidern.

Status: Regelmäßiger Gast an den Küsten, auf dem offenen Meer und im Binnenland. Sehr seltener Brutvogel in Polen und den Niederlanden.

Kleider: Geschlechter gleich. Im Schlichtkleid ohne schwarzen Kopf, aber mit dunklem Scheitel, dunklem Ohrfleck und rosa Beinen. Jugendkleid mit auffälliger Färbung der Oberseite. Einige der dunklen Federn auf den Oberflügeln sind noch im 1. Winter sichtbar. Im 2. Winter Oberflügel noch mit dunkler Färbung an den Flügelspitzen und Unterflügel heller.

Ähnliche Arten: In den Jugendkleidern Verwechslung mit anderen Möwen mit auffälliger Flügelzeichnung möglich: Dreizehen-, Rosen- und Schwalbenmöwe. Im Prachtkleid ähnlich der etwas größeren Lachmöwe, siehe Fotos.

Brutvogel an wenigen Orten

En: Little Gull
Fr: Mouette pygmée
Es: Gaviota enana
It: Gabbianello

Jugendkleid (1. Winter)
- Handschwingen schwarz-weiß
- dunkle Diagonallinie
- Armschwingen mit dunklen Strichen, die ein schraffiertes Band ergeben

Schlichtkleid
- fast schwarze Unterflügel mit weißer Hinterkante
- Ohrfleck und Scheitel dunkel
- Kopf, Hals und Schulter mit Grau

Prachtkleid
- Schnabel und Kopf schwarz; Hals, Brust, Bauch rein weiß
- rote Beine

Schlichtkleid

Möwenverwandte · Laridae

Rosenmöwe *Rhodostethia roseus* (→ 304)

Eher kleine Möwe mit keilförmigem Schwanz und rosafarbenem Gefieder im Prachtkleid und auffälliger Flügelzeichnung im Schlichtkleid.

Status: Sehr seltener Gast an der Nordsee, sonst Ausnahmegast aus der Arktis Sibiriens oder Nordamerikas.

Kleider: Geschlechter gleich. Im Schlichtkleid ohne schwarzen Kopfhinterrand, mit weniger Rosatönung und auffällig dunklem Bereich um die Augen. Jugendkleid bräunlich, im 1. Winter auffällige Flügelzeichnung.

Ähnliche Arten: Verwechslung mit anderen Möwen mit auffälliger Flügelzeichnung möglich: Dreizehen-, Zwerg- und Schwalbenmöwe.

Ausnahmegast

En: Ross's Gull
Fr: Mouette rosée
Es: Gaviota rosada
It: Gabbiano di Ross

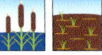

alle Handschwingen bis zur längsten mit weißem Fleck

Jugendkleid (1. Winter)

dunkles „W" am Hinterrücken verbunden

Schwanz keilförmig, im Jugendkleid zentrale Federn mit schwarzen Spitzen

Jugendkleid (1. Winter)

Prachtkleid

schwarzer Halsring und rosa getöntes Gefieder im Prachtkleid

Flügel grau breitem wei Hinterran

Schlichtkle

Jugendkleid (1. Winter)

im Schlichtkl v. a. weiß und hellgra

Möwenverwandte · Laridae

Aztekenmöwe *Leucophaeus atricilla* (→ 309)

Ausnahmegast

En: Laughing Gull
Fr: Mouette atricille
Es: Gaviota guanaguanare
It: Gabbiano sghignazzante

An die (etwas größere) Schwarzkopfmöwe erinnernde, eher kleine Möwe, mit allerdings viel dunkleren Oberflügeln und dunklerem Rücken.

Status: Ausnahmegast von der Ostküste der USA.

Kleider: Geschlechter gleich. Im Schlichtkleid nur mit Grauspuren am hellen Kopf. Jugendkleid bräunlich, im 1. Winter Flanken und Brust grau meliert und einige Oberflügeldecken mit graubraunen Zentren. Außerdem dunkle Schwanzbinde, die noch im 2. Winter sichtbar sein kann.

Ähnliche Arten: Verwechslung mit anderen, im Prachtkleid dunkelköpfigen und eher kleinen Möwen möglich, siehe Fotos.

Präriemöwe *Leucophaeus pipixcan* (→ 310)

Ähnlich Aztekenmöwe, aber etwas kleiner.

Status: Ausnahmegast aus Nordamerika.

Kleider: Geschlechter gleich. Auffälliger weißer Augenring in allen Kleidern sichtbar. Im Schlichtkleid mindestens Stirnbereich weiß, Rest grau-weiß durchsetzt. Jugendkleid bräunlich, im ersten Winter Oberflügeldecken graubraun und mit dunklen Zentren. Schwanz mit deutlicher Endbinde, die aber schon bei Einjährigen kaum mehr auffällt (mittlere Schwanzfedern dann hellgrau).

Ähnliche Arten: Verwechslung vor allem mit der (etwas größeren) Aztekenmöwe und der auf dem Rücken helleren und größeren Schwarzkopfmöwe denkbar. Siehe auch Fotos.

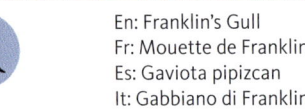

Ausnahmegast
En: Franklin's Gull
Fr: Mouette de Franklin
Es: Gaviota pipizcan
It: Gabbiano di Franklin

Nacken ausgedehnt dunkel

Unterflügel überwiegend einfarbig hell

sehr viel Weiß an der Flügelspitze

weißes Band trennt schwarze Flügelspitze ab

Jugendkleid (1. Winter)

Kopf schwarz, viel Weiß ums Auge

große weiße Flecken

Schnabel kürzer als bei Aztekenmöwe

Prachtkleid

Schlichtkleid

Korallenmöve *Ichthyaetus audouinii* (→ 313)

Langflügelige Großmöwe mit relativ stumpfem und kurzem Schnabel, der im Prachtkleid überwiegend dunkelrot ist.

Status: Ausnahmegast aus dem Mittelmeerraum.

Kleider: Geschlechter gleich. Schlichtkleid sehr ähnlich Prachtkleid, Jugendkleid graubraun mit hellen Rändern der Rückenfedern, Schwanz dunkel. Im 1. Winter erste einfarbig graue Federn auf dem Rücken, bei Zweijährigen gesamter Handflügel und Teile des Armflügels noch dunkel und kleine dunkle Schwanzbinde, Schnabel aber bereits rötlich. Das volle Prachtkleid wird erst im 4. Lebensjahr erreicht.

Ähnliche Arten: Verwechslung mit anderen Großmöwen vor allem in den Jugendkleidern möglich, siehe Fotos.

Ausnahmegast
En: Audouin's Gull
Fr: Goéland d'Audouin
Es: Gaviota de Audouin
It: Gabbiano corso

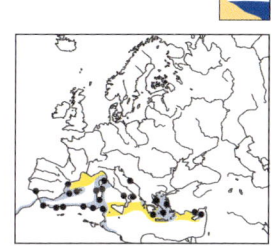

Schwarzkopfmöwe

Ichthyaetus melanocephalus (→ 311)

En: Mediterranean Gull
Fr: Mouette mélanocéphale
Es: Gaviota cabecinegra
It: Gabbiano corallino

Bis auf den schwarzen Kopf im Prachtkleid eine sehr helle, mittelgroße Möwe.

Status: Regelmäßiger Brutvogel in Ungarn, Belgien und den Niederlanden, in Deutschland seltener Brutvogel und regelmäßiger Gast.

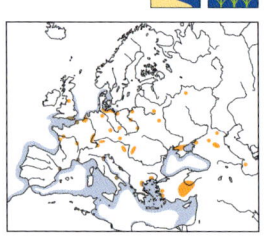

Kleider: Geschlechter gleich. Im Schlichtkleid Kopf hell mit feiner Strichelung an Hinterkopf und Schläfen. Jugendkleid braun mit sehr markantem Schuppenmuster auf dem Rücken und dunklem Schwanz. Ab 1. Winter bereits hellgraue Federn auf dem Oberflügel, allmählich zunehmend. Im 2. Winter Schwanz ganz weiß und nur noch etwas Schwarz an den Flügelspitzen. Das volle Prachtkleid wird im 3. Lebensjahr erreicht.

Stimme: Vor allem in gemischten Möwenkolonien heben sich die quäkenden „aua"- und „gwää"-Rufe der Schwarzkopfmöwe deutlich von denjenigen der Lachmöwen ab.

Ähnliche Arten: Im Adultkleid mit weißen Schwanzfedern und schwarzer Kappe unverwechselbar, im Jugendkleid vor allem ähnlich Sturmmöwe, aber auch Verwechslung mit anderen Arten möglich, siehe Fotos.

Möwenverwandte · Laridae

Fischmöwe *Ichthyaetus ichthyaetus* (→ 312)

Größte Möwe mit schwarzem Kopf im Prachtkleid, mit langem, mächtigem Schnabel und flacher Stirn.

Status: Sehr seltener Gast, inzwischen aber fast alljährlich.

Kleider: Geschlechter gleich. Im Schlichtkleid Kopf hell, Hinterkopf und Schläfen dunkelgrau durchsetzt, Beine gelb. Im Jugendkleid Rücken braun, Federn deutlich hell gerändert, Beine rosa. Bereits ab dem 1. Winter ausgedehnte graue Bereiche wie im Adultgefieder auf den Oberflügeln, Schwanz mit dunkler Binde. Das endgültige Prachtkleid mit schwarzem Kopf wird erst im 4. Lebensjahr erreicht.

Ähnliche Arten: Im Prachtkleid aufgrund der Größe und der schwarzen Kopfkappe unverwechselbar. Flaches Kopfprofil auch in den Jugendkleidern deutlich, dennoch ist eine Verwechslung mit anderen Großmöwen möglich.

Durchzügler, Wintergast

En: Pallas's Gull
Fr: Goéland ichthyaète
Es: Gavión cabecinegro
It: Gabbiano di Pallas

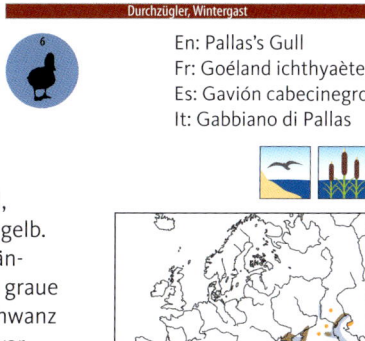

Prachtkleid
Flügelspitze mit wenig Schwarz

Jugendkleid (1. Winter)
viel Dunkelbraun hinter den Augen

Armflügel schmal

Schnabel fleischfarben mit schwarzer Spitze

Jugendkleid (diesjährig)

Jugendkleid (1. Sommer/2. Sommer)

flache Stirn
Kopf schwarz

Prachtkleid

Schnabel charakteristisch orange-rot-schwarz-gelb

Beine gelblich

Jugendkleid (1. Winter) Schlichtkleid

Sturmmöwe *Larus canus canus*
und *L. c. heinei* (→ 314)

Ähnlich einer zierlichen Silbermöwe mit rundlichem Kopf und dunklen Augen.

Status: Unterart *canus* regelmäßiger Brutvogel an den Küsten und im küstennahen Binnenland, ansonsten regelmäßiger Wintergast. Unterart *heinei* regelmäßiger Wintergast (brütet in W-Russland und Sibirien).

Kleider: Geschlechter gleich. Im Schlichtkleid mit gesprenkeltem Kopf und grünlichem Schnabel mit dünner schwarzer Binde und gelber Spitze. Jugendkleid bräunlich, im ersten Winter bereits graue Federn auf dem Rücken, Schnabel an der Basis und Beine rosa, Schwanz mit Endbinde. Im 2. Winter Schwanz weiß, Beine grünlich, Kopf und Brustbereich gesprenkelt, breite schwarze Schnabelbinde. Volles Prachtkleid ab dem 3. Lebensjahr.

Ähnliche Arten: Im Prachtkleid ggf. mit der viel größeren Silbermöwe oder der Dreizehenmöwe (diese mit schwarzen statt gelb-grünen Beinen) zu verwechseln. Unterscheidungsmerkmale zu anderen größeren Arten im Jugendkleid siehe Fotos.

En: Mew Gull
Fr: Goéland cendré
Es: Gaviota cana
It: Gavina

Möwenverwandte · Laridae

Ringschnabelmöwe *Larus delawarensis* (→ 315)

Sehr ähnlich Sturmmöwe mit dickerem Schnabel, der im Adultkleid den namensgebenden schwarzen Ring trägt.

Ausnahmegast

En: Ring-billed Gull
Fr: Goéland à bec cerclé
Es: Gaviota de Delaware
It: Gavina americana

Status: Ausnahmegast aus Nordamerika.

Kleider: Geschlechter gleich. Im Schlichtkleid mit gesprenkeltem Kopf und grünlichem Schnabel mit schwarzer Binde und gelber Spitze. Iris bei Adulten immer hell gelblich. Jugendkleid bräunlich, im ersten Winter bereits graue Federn auf dem Rücken, Schnabel an der Basis und Beine rosa, Schwanz mit Endbinde. Im 2. Winter Schwanz mit Resten der Binde, Beine grünlich, Kopf und Brustbereich gesprenkelt, breite schwarze Schnabelbinde. Volles Prachtkleid ab dem 3. Lebensjahr.

Ähnliche Arten: Vor allem mit der Sturmmöwe zu verwechseln, aber auch Verwechslung mit anderen großen Möwenarten möglich, siehe Fotos.

Möwenverwandte · Laridae

Mantelmöwe *Larus marinus* (→ 316)

Sehr große, im Adultkleid schwarz-weiße Möwe mit kräftigem, hohem Schnabel.

Status: Sehr seltener Brutvogel an der Nordseeküste, dort aber regelmäßig ganzjährig anwesender Gast. Im Binnenland sehr selten.

Kleider: Geschlechter gleich. Schlichtkleid sehr ähnlich Prachtkleid, Jugendkleid braun gesprenkelt, im 2. Winter Kopf und Brust bereits heller, Schnabelbasis rosa, im 3. Winter Rücken bereits einheitlich dunkelgrau, Schnabel hell, Schwanz noch dunkel. Das endgültige Prachtkleid wird erst im 4., manchmal erst im 5. Lebensjahr erreicht.

Ähnliche Arten: Im Adultkleid Verwechslungsmöglichkeit mit der kleineren, ebenfalls dunkelflügeligen Heringsmöwe. Jugendkleider können mit denen anderer Großmöwen verwechselt werden, siehe Fotos.

En: Great Black-backed Gull
Fr: Goéland marin
Es: Gavión atlántico
It: Mugnaiaccio

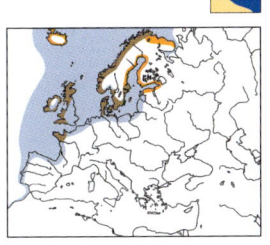

Möwenverwandte · Laridae

Silbermöwe *Larus argentatus argentatus* und *L. a. argenteus* (→ 318)

En: European Herring Gull
Fr: Goéland argenté
Es: Gaviota argéntea europea
It: Gabbiano reale nordico

Große Möwe, die im vierten Jahr ihr erstes Prachtkleid mit silbergrauem Mantel bekommt.

Status: Unterart *argentatus* häufiger Brutvogel an der Küste, im Norden auch im Binnenland lokaler Brutvogel und regelmäßiger Gast, im Süden wesentlich seltener. Unterart *argenteus* regelmäßiger Gast (brütet in Nordwest-Europa).

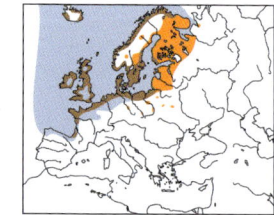

Möwenverwandte • Laridae

Kleider: Geschlechter gleich. Im Schlichtkleid Kopf graubraun gesprenkelt. Jugendkleid braun, Rückenfedern dunkelbraun mit hellen Rändern, im 1. Winter bereits deutlich heller und Rückenfedern nicht mehr flächig dunkel, sondern mit dunklen Zentren. Im 2. Winter Mantel bereits großteils hellgrau, im 3. Winter noch Spuren des braunen Jugendkleides. Das volle Prachtkleid mit gelbem Schnabel wird im 4. Lebensjahr erreicht.

Stimme: Im Vergleich zur Steppenmöwe sind die Alarmrufe der Silbermöwe etwas tiefer, vor allem aber langsamer.

Ähnliche Arten: Mittelmeer- und Steppenmöwe sind sehr ähnlich, haben jedoch im Adultkleid gelbe und nicht wie die Silbermöwe fleischfarbene Beine. Silbermöwe im Winterkleid mit stärker gestricheltem Kopf als die beiden anderen Arten.

Möwenverwandte • Laridae

Eismöwe *Larus hyperboreus* (→ 317)

Sehr große, sehr helle Möwe ohne Schwarz im Großgefieder.

Wintergast 
En: Glaucous Gull
Fr: Goéland bourgmestre
Es: Gavión hiperbóreo
It: Gabbiano glauco

Status: Seltener, fast regelmäßiger Wintergast an der Nordseeküste.

Kleider: Geschlechter gleich. Im Schlichtkleid Kopf und Hals grob braun gefleckt, Rest ähnlich Prachtkleid. Jugendkleid bräunlich, Unterseite und Hals sehr fein meliert, Oberseite mit deutlichem Wellenmuster. Gefieder bleicht im 1. Winter stark aus und wirkt dann sehr hell. Ab 2. Winter Iris gelb, ganzer Körper grob braun gefleckt, im 3. Winter Flügeloberseiten überwiegend grau. Das volle Prachtkleid wird erst im 4. Lebensjahr erreicht.

Ähnliche Arten: Ähnlich hell und fast ohne Weiß im Großgefieder sind die deutlich kleineren Polar- und Elfenbeinmöwen, siehe Fotos.

dunkel, aber fast ungemustert

Flügel ohne Schwarz

Jugendkleid (2. Winter)

Gefieder ausgeblichen

Jugendkleid (1. Winter)

Prachtkleid

Jugendkleid (1. Winter)

Handschwingen fast weiß, restlicher Oberflügel einheitlich hellbraun

Schnabel kräftig, gelb mit rotem Punkt

schmutzig weiße Färbung

Flügelspitze überragen Schwanz ka

Kopf rein weiß

Mantel sehr hell

Prachtkleid

Beine graurosa

Schlichtkleid

Möwenverwandte · Laridae

Polarmöwe *Larus glaucoides glaucoides* und *L. g. kumlieni* („Kumlienmöwe") (→ 324)

Wintergast

En: Iceland Gull
Fr: Goéland arctique
Es: Gaviota groenlandesa
It: Gabbiano d'Islanda

Der Eismöwe in allen Kleidern sehr ähnliche, jedoch deutlich kleinere Möwe mit auffallend rundlichem Kopf und relativ kurzem Schnabel.

Status: Unterart *glaucoides* seltener Wintergast an der Küste, im Binnenland Ausnahmegast, ebenso *kumlieni* Ausnahmegast.

Kleider: Geschlechter gleich. Verhältnisse bei den Kleidern sehr ähnlich Eismöwe.

Ähnliche Arten: Kleiner, kurzschnäbeliger und langflügeliger als Eismöwe.

Thayermöwe *Larus thayeri* (→ 317 B)

Im Brutkleid der Silbermöwe sehr ähnlich mit kräftig fleischfarbenen Füßen und leuchtend rotem Augenring.

Status: Ausnahmegast aus dem nördlichen Nordamerika.

Ausnahmegast
En: Iceland Gull (Thayer's)
Fr: Goéland arctique (thayeri)
Es: Gaviota esquimel
It: Gabbiano eschimese

Möwenverwandte · Laridae

Kanadamöwe *Larus smithsonianus* (→ 317 A)

Sehr ähnlich der Silbermöwe.

Status: Ausnahmegast aus Nordamerika.

Kleider: Verhältnisse bei den Kleidern sehr ähnlich wie bei der Silbermöwe.

Ähnliche Arten: Die Art ist nicht immer von der Silbermöwe unterscheidbar. Siehe Fotos wegen tendenzieller Merkmale.

Ausnahmegast

En: American Herring Gull
Fr: Goéland hudsonien
Es: Gaviota argéntea americana
It: Gabbiano reale americano

Steppenmöwe *Larus cachinnans* (→ 321)

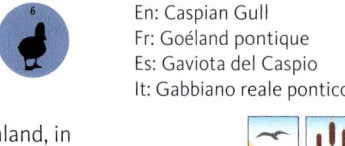

En: Caspian Gull
Fr: Goéland pontique
Es: Gaviota del Caspio
It: Gabbiano reale pontico

Große, der im Adultkleid ebenfalls gelbfüßigen Mittelmeermöwe sehr ähnliche Möwe.

Status: Regelmäßiger Brutvogel im Süden Polens, sonst regelmäßiger Gast. Einzelne Brutpaare in Deutschland, in Ausbreitung begriffen.

Kleider: Verhältnisse bei den Kleidern sehr ähnlich wie bei der Silbermöwe. Gelbliche Beine ab 3. Winter.

Stimme: Die Rufe der Steppenmöwe sind nasalgackernd und werden in schnellerem Tempo vorgetragen als die Rufe anderer heller Großmöwen.

Ähnliche Arten: Schnabel etwas dünner als bei der Silbermöwe und Auge klein und dunkel. Vögel vor Erreichen des Adultkleides lassen sich nur mit Erfahrung von Mittelmeer- und Silbermöwe unterscheiden.

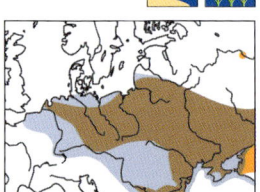

Möwenverwandte · Laridae

Mittelmeermöwe *Larus michahellis* (→ 320)

J F M A M J J A S O N D

En: Yellow-legged Gull
Fr: Goéland leucophée
Es: Gaviota patiamarilla
It: Gabbiano reale

Große, der Silber- und Steppenmöwe sehr ähnliche Möwe und von diesen oft nur schwer zu unterscheiden.

Status: Regelmäßiger Brutvogel in geringer Zahl und ganzjährig anwesender Gast v. a. im Süden.

Kleid: Verhältnisse bei den Kleidern sehr ähnlich wie bei der Silbermöwe. Gelbliche Beine ab 3. Winter.

Stimme: Die Alarmrufe der Mittelmeermöwe klingen tiefer und sind langsamer als die der Steppenmöwe.

Ähnliche Arten: Adulte im Prachtkleid von der Silbermöwe an den gelben Beinen und dem etwas dunkleren Mantel zu unterscheiden. Die Steppenmöwe hat einen etwas dünneren Schnabel und eine dunkle Iris. Adulte im Schlichtkleid mit schneeweißem Kopf.

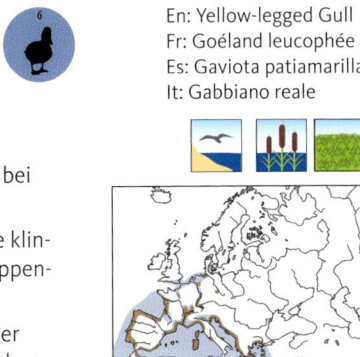

2. Sommer

fleckig dunkle Rückenfedern mit hellem Rand

dunkle Schwanzbinde relativ scharf abgegrenzt

Schnabel schwarz

dunkler Ring

Jugendkleid

3. Sommer

oßer eißer leck

Beine noch rosa

1. Winter

Juv.

Beine blass gelblich

roter Lidring

Altvögel mit komplett silbergrauer Oberseite

Beine gelb

weiße Punkte kleiner als bei Silbermöwe

Prachtkleid

Schlichtkleid

Heringsmöwe
Larus fuscus fuscus („Baltische Heringsmöwe"), *L. f. graellsii* („Westliche Heringsmöwe") und *L. f. intermedius* (→ 323)

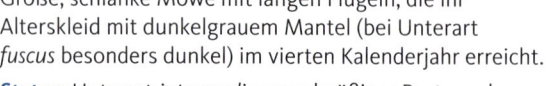

En: Lesser Black-backed Gull
Fr: Goéland brun
Es: Gaviota sombría
It: Zafferano

Große, schlanke Möwe mit langen Flügeln, die ihr Alterskleid mit dunkelgrauem Mantel (bei Unterart *fuscus* besonders dunkel) im vierten Kalenderjahr erreicht.

Status: Unterart *intermedius* regelmäßiger Brutvogel v. a. an der Nordsee, regelmäßiger Gast auch im Binnenland. Unterarten *fuscus* und (seltener) *graellsii* kommen als Durchzügler vor.

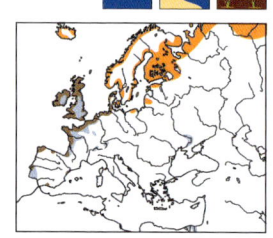

Kleider: Geschlechter gleich. Im Schlichtkleid Kopf graubraun gesprenkelt. Jugendkleid braun, Rückenfedern dunkelbraun mit hellen Rändern, im 1. Winter bereits deutlich heller und Rückenfedern nicht mehr flächig dunkel, sondern mit dunklen Zentren. Im 2. Winter Mantel bereits großteils hellgrau, im 3. Winter noch Spuren des braunen Jugendkleides. Das volle Prachtkleid mit gelbem Schnabel wird im 4. Lebensjahr erreicht.

Ähnliche Arten: Die Mantelmöwe hat im Adultkleid ebenfalls einen dunklen Mantel, ist aber wesentlich größer.

Möwenverwandte · Laridae

Tundramöwe Larus [fuscus] heuglini (→ 323 A)

Ausnahmegast

En: Siberian Gull
Fr: Goéland de Sibérie
Es: Gaviota Encapuchada
It: Zafferano (heuglini)

Status: Ausnahmegast aus Nordrussland und Westsibirien.

Kleider: Verhältnisse bei den Kleidern sehr ähnlich wie bei der Heringsmöwe. Gelbe Beine erst im Adultstadium.

Seeschwalben im Jugendkleid

Bei der Bestimmung von Seeschwalben im Jugendkleid kommt es neben Größe und Proportionen vor allem auf die Färbung des Kopfes und der Bürzelregion sowie auf die Helligkeit von Flügelspitze und Flügelkanten an.

Lachseeschwalbe
S. 239
Jugendkleid (diesjährig)
Foto: Juli

Raubseeschwalbe
S. 240
Übergang
Jugendkleid zu 1. Winter
Foto: Oktober

Jugendkleid (diesjährig)
Foto: September

Zwergseeschwalbe
S. 244

Flussseeschwalbe
S. 248
Jugendkleid
Foto: Juli

Jugendkleid
(diesjährig)
Foto: Juli

Weißflügel-Seeschwalbe
S. 252

Küstenseeschwalbe
S. 249
Jugendkleid
Foto: August

Jugendkleid
Foto: August

Weißbart-Seeschwalbe
S. 251

Trauerseeschwalbe
S. 253
Jugendkleid
Foto: August

Lachseeschwalbe *Gelochelidon nilotica* (→ 326)

En: Gull-billed Tern
Fr: Sterne hansel
Es: Pagaza piconegra
It: Sterna zampenere

Weißgraue Seeschwalbe mit (außer im Jugendkleid) komplett schwarzem, kräftigem Schnabel. Im Brutkleid mit schwarzer, deutlich bis in den Nacken reichender Kappe.

Status: Sehr seltener Brutvogel an der deutschen Nordseeküste, sonst seltener und unregelmäßiger Gast.

Kleider: Geschlechter gleich. Im Schlichtkleid ohne schwarze Kappe. Im Jugendkleid Oberkopf hell bräunlich. Rücken- und Oberflügelfedern mit hellem Rand.

 Stimme: Lachseeschwalben haben einen charakteristischen nasal durchdringenden Ruf wie „gluwick" oder „gogäg".

Ähnliche Arten: Die Brandseeschwalbe hat einen dünneren, längeren Schnabel mit heller Spitze und im Brutkleid einen struppigen Schopf.

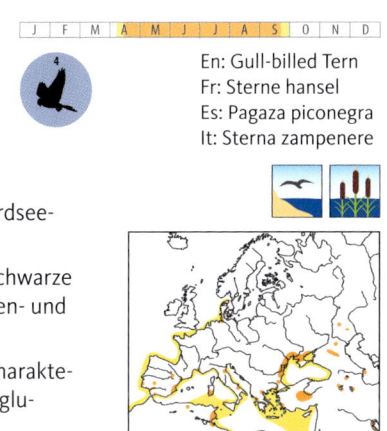

Prachtkleid

diffuser Schläfenfleck, Gesicht sonst hell

dunkler Hinterrand des Handflügels

Jugendkleid (diesjährig)

Schnabel kurz, kräftig und ganz schwarz

Übergang Jugendkleid zu 1. Winter

Prachtkleid

Prachtkleid

Schläfenfleck und Zügelfleck dunkel

für eine Seeschwalbe langbeinig

Beine schwarz

Schlichtkleid

Raubseeschwalbe *Hydroprogne caspia* (→ 327)

Sehr große Seeschwalbe mit leuchtend rotem, klobigem Schnabel und schwarzer Kappe.

Status: Regelmäßiger Gast in sehr kleiner Zahl, seltener Gast im Binnenland.

Kleider: Geschlechter gleich. Im Schlichtkleid schwarze Kappe vor allem vorne weiß durchsetzt. Im Jugendkleid Rücken mit schwarzem Schuppenmuster.

 Stimme: Der Ruf ist rau, nasal und keckernd „arrät" oder „kräor".

Ähnliche Arten: Einzige heimische Seeschwalbe mit derart mächtigem, rotem Schnabel (bereits im Jugendkleid).

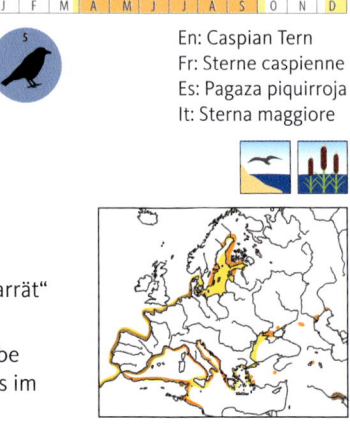

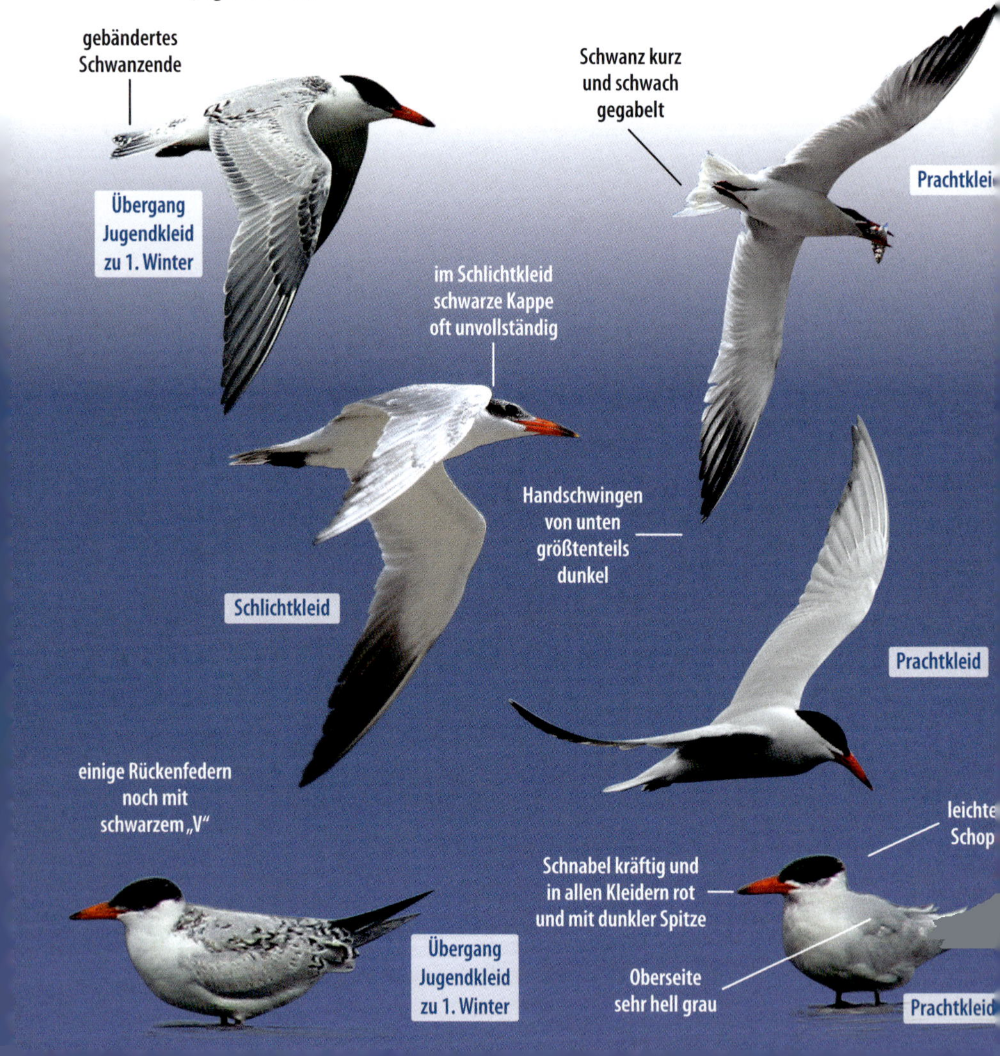

gebändertes Schwanzende

Übergang Jugendkleid zu 1. Winter

Schwanz kurz und schwach gegabelt

Prachtkleid

im Schlichtkleid schwarze Kappe oft unvollständig

Handschwingen von unten größtenteils dunkel

Schlichtkleid

Prachtkleid

einige Rückenfedern noch mit schwarzem „V"

leichte Schopf

Schnabel kräftig und in allen Kleidern rot und mit dunkler Spitze

Übergang Jugendkleid zu 1. Winter

Oberseite sehr hell grau

Prachtkleid

Rüppellseeschwalbe

Thalasseus bengalensis (→ 329)

Große Seeschwalbe mit relativ schlankem, orangefarbenem Schnabel.

Status: Ausnahmegast aus Nordafrika.

Kleider: Geschlechter gleich. Im Schlichtkleid Stirn weiß. Im Jugendkleid Rücken- und Schwungfedern mit dunklen Zentren oder dunkel mit hellem Rand.

Ähnliche Arten: Schmuckseeschwalbe hat etwas längeren und stärker gebogenen Schnabel.

Ausnahmegast

En: Lesser Crested Tern
Fr: Sterne voyageuse
Es: Charrán bengalí
It: Sterna di Rüppell

Brandseeschwalbe

Thalasseus sandvicensis (→ 330)

En: Sandwich Tern
Fr: Sterne caugek
Es: Charrán patinegro
It: Beccapesci

Mittelgroße Seeschwalbe mit schwarzen Beinen, schwarzem Schnabel mit heller Spitze und struppigem, im Flug nicht immer deutlichem Schopf.

Status: Seltener Brutvogel an Nord- und Ostseeküste, dort auch Übersommerer und Durchzügler, im Binnenland seltener Gast.

Kleider: Geschlechter gleich. Im Schlichtkleid Stirn weiß. Im Jugendkleid Rücken- und Schwungfedern mit dunklem Rand. Im 1. Winter Rücken dann bereits einfarbig hellgrau, nicht jedoch Flügeloberseite.

Stimme: Sehr charakteristischer, schneidend harter „kirra"- oder „kii-reck"-Ruf.

Ähnliche Arten: Unter den ähnlich großen Seeschwalben hat nur die Lachseeschwalbe im Adultkleid einen schwarzen Schnabel, der allerdings dicker und kürzer ist.

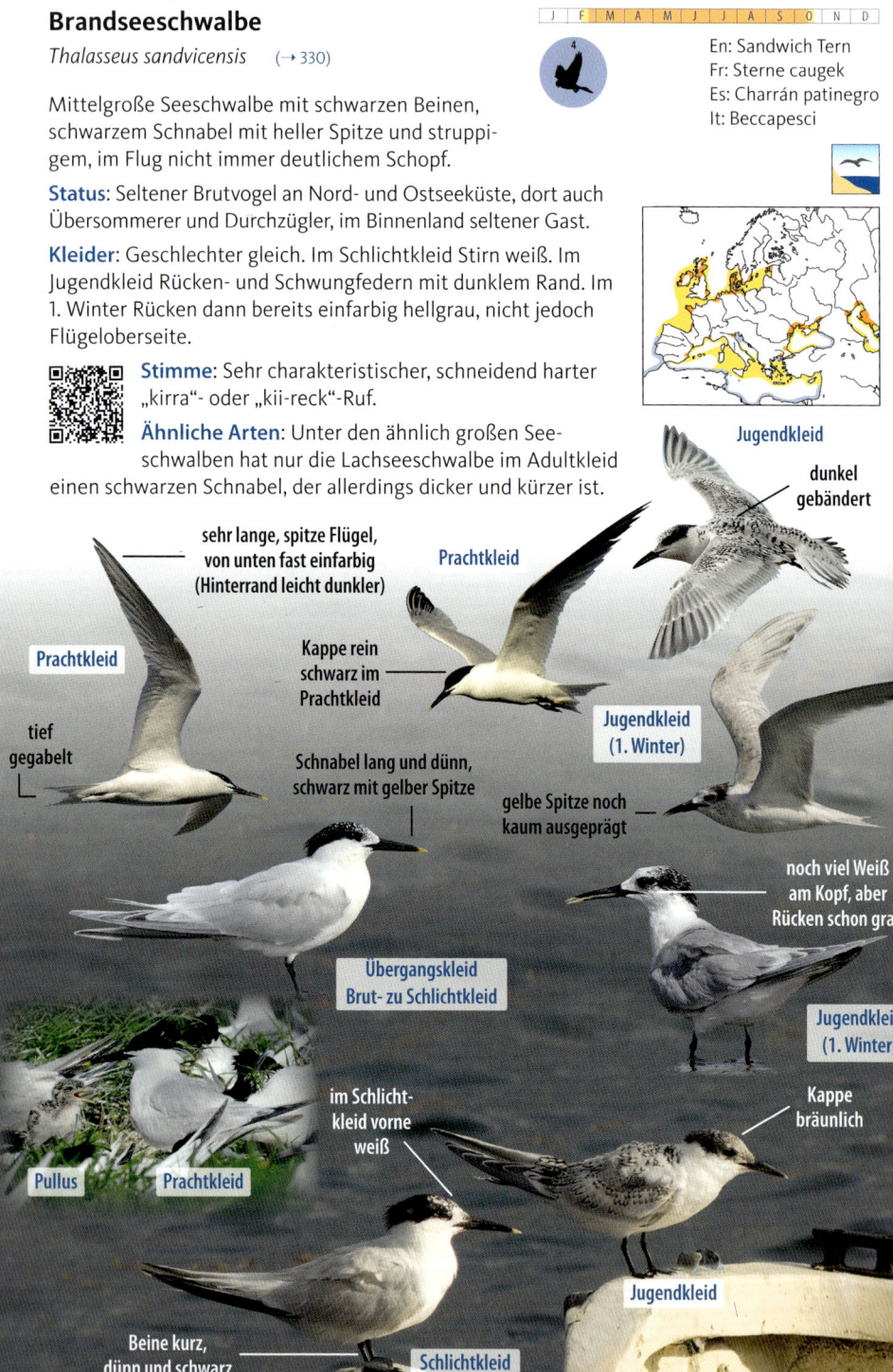

Möwenverwandte • Laridae

Schmuckseeschwalbe
Thalasseus elegans (→ 328)

Der Rüppellseeschwalbe ähnliche, große Seeschwalbe mit allerdings etwas längerem und stärker gebogenem, leuchtend orangem Schnabel.

Status: Ausnahmegast von der Westküste der USA.

Ausnahmegast

En: Elegant Tern
Fr: Sterne élégante
Es: Charrán elegante
It: Sterna elegante

helle Stirn — deutlicher Schopf

Schnabel schlank und lang, im Schlichtkleid gelblich

Schlichtkleid

Schnabel orange

Prachtkleid

Handflügel viel heller als bei Raubseeschwalbe

Prachtkleid

Zwergseeschwalbe *Sternula albifrons* (→ 335)

En: Little Tern
Fr: Sterne naine
Es: Charrancito común
It: Fraticello

Sehr kleine weißgraue Seeschwalbe mit schwarzer Kappe und auch zur Brutzeit weißer Stirn sowie im Brutkleid mit einem gelben Schnabel mit dunkler Spitze.

Status: Seltener Brut- und Sommervogel an den Küsten von Nord- und Ostsee, nur selten im Binnenland.

Kleider: Geschlechter gleich. Im Schlichtkleid kein schwarzer Zügelstrich und Schnabel schwarz. Im Jugendkleid Rückenfedern mit dunklen Rändern.

Stimme: Gegenüber den anderen heimischen Seeschwalben sind die Rufe schnell, hoch und kurz.

Ähnliche Arten: Durch die Größe mit keiner anderen Seeschwalbe Europas zu verwechseln.

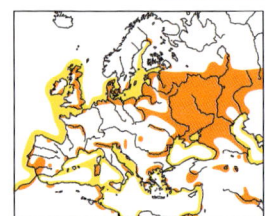

Zügelseeschwalbe

Onychoprion anaethetus (→ 336)

Ausnahmegast

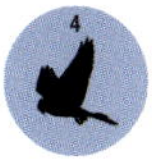

En: Bridled Tern
Fr: Sterne bridée
Es: Charrán embridado
It: Sterna dalle redini

Oberseits sehr dunkle, mittelgroße Seeschwalbe mit schwarzem Schnabel und schwarzen Beinen.

Status: Ausnahmegast aus tropischen und subtropischen Meeren.

Kleider: Geschlechter gleich. Im Ruhekleid Stirn viel heller und Kappe nicht scharf begrenzt. Im Jugendkleid Rückenfedern mit schwarzer und davor weißer Spitze (helle Morphe) oder insgesamt sehr dunkel (dunkle Morphe).

Ähnliche Arten: Von der größeren Rußseeschwalbe durch dunkelgraue statt schwarze Oberseite und eine deutlichere schwarzen Zügelfärbung im Gesicht zu unterscheiden.

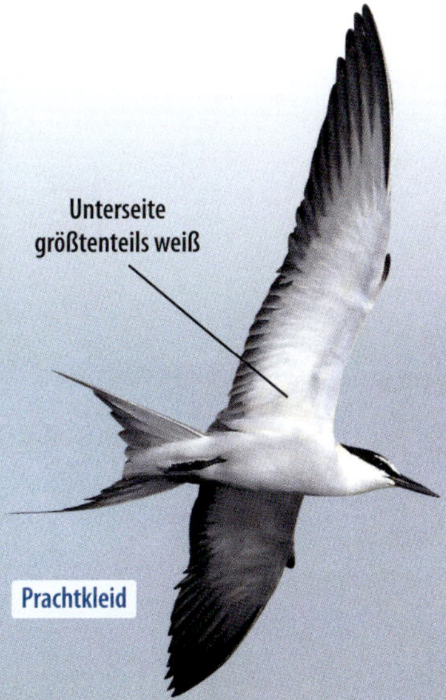

Prachtkleid

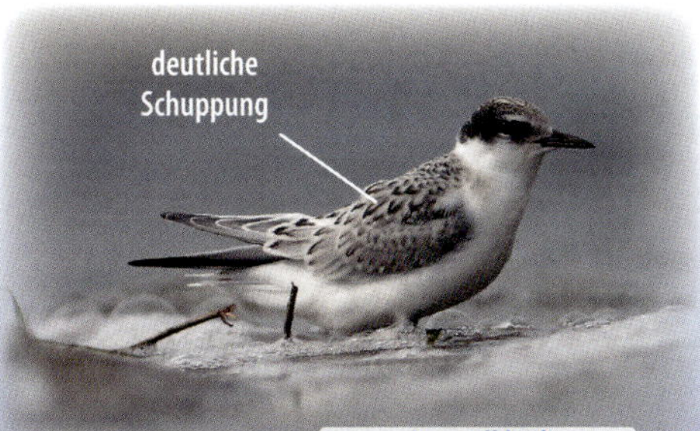

Jugendkleid (diesjährig, helle Morphe)

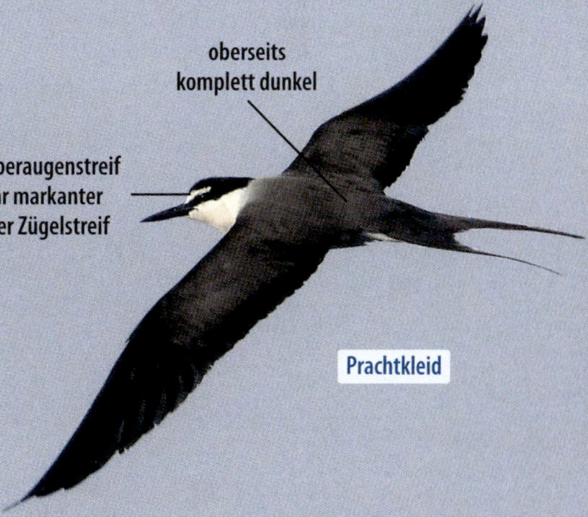

Prachtkleid

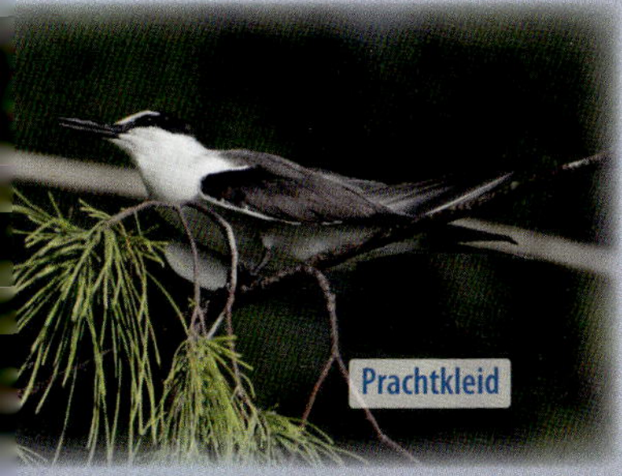

Prachtkleid

Rußseeschwalbe

Onychoprion fuscatus (→ 337)

Ausnahmegast

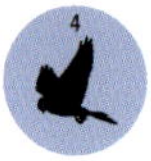
4

En: Sooty Tern
Fr: Sterne fuligineuse
Es: Charrán sombrío
It: Sterna scura

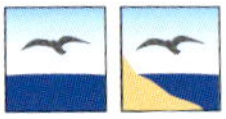

Oberseits sehr dunkle, mittelgroße Seeschwalbe mit schwarzem Schnabel und schwarzen Beinen.

Status: Ausnahmegast aus äquatorialen Breiten.

Kleider: Geschlechter gleich. Im Ruhekleid Stirn viel heller und Kappe nicht scharf begrenzt. Im Jugendkleid dunkle Rückenfedern mit weißen Spitzen.

Ähnliche Arten: Siehe Zügelseeschwalbe.

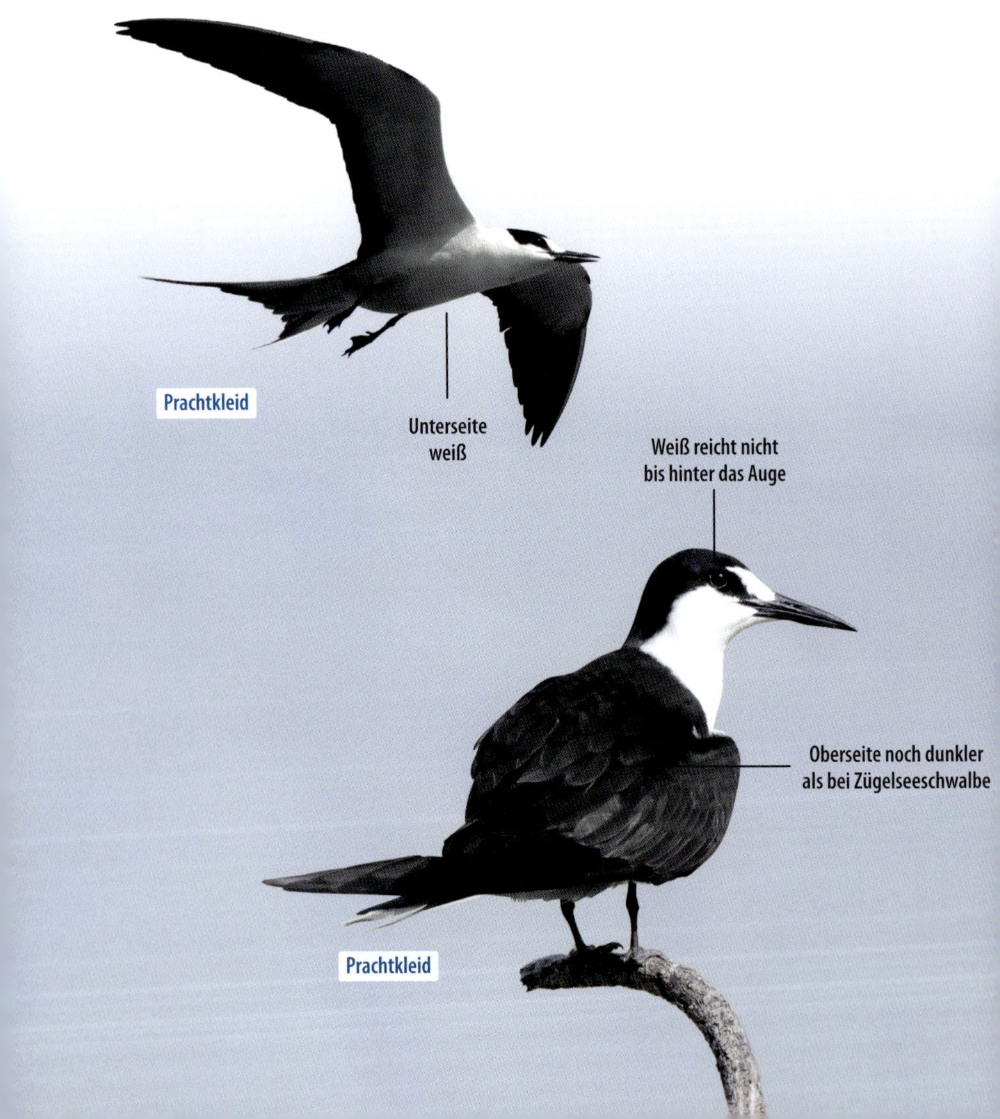
Prachtkleid
Unterseite weiß
Weiß reicht nicht bis hinter das Auge
Oberseite noch dunkler als bei Zügelseeschwalbe
Prachtkleid

Rosenseeschwalbe *Sterna dougallii* (→ 331)

Ausnahmegast

Der Flussseeschwalbe sehr ähnliche, kleinere, grauweiße Seeschwalbe mit schwarzer Kappe.

En: Roseate Tern
Fr: Sterne de Dougall
Es: Charrán rosado
It: Sterna di Dougall

Status: Ausnahmegast mit Brutvorkommen von den Britischen Inseln westwärts.

Kleider: Geschlechter gleich. Im Schlichtkleid Stirn weiß. Im Prachtkleid schwarze Kappe vorn bis zum Schnabel, aber erst zur Brutzeit tritt die leichte Rosatönung und die rote Schnabelbasis auf. Im Jugendkleid Rückenfedern dunkel geschuppt, siehe Foto.

Ähnliche Arten: Von Fluss- und Küstenseeschwalbe schwer zu unterscheiden, Schnabel mit mehr Schwarz und mit leichtem Rosaton an Brust und Bauch und Mantel sehr hell grau. Im Jugendkleid ähnlich einer kleinen immaturen Brandseeschwalbe.

Möwenverwandte • Laridae

Flussseeschwalbe *Sterna hirundo* (→ 332)

En: Common Tern
Fr: Sterne pierregarin
Es: Charrán común
It: Sterna comune

Mittelgroße weißgraue Seeschwalbe mit roten Beinen, rotem Schnabel mit schwarzer Spitze, und schwarzer Kappe.

Status: Regelmäßiger Brutvogel vor allem im Norden und an der Küste, im Binnenland nur an wenigen Stellen. Regelmäßiger Durchzügler.

Kleider: Geschlechter gleich. Im Schlichtkleid Stirn weiß. Im Prachtkleid schwarze Kappe vorn bis zum schwarzen Schnabel. Im Jugendkleid Rückenfedern hellbraun mit außen heller, dahinter dunkler Spitze, wobei das Braun bis Winter durch Abnutzung weitgehend verschwindet.

Stimme: Häufigster Ruf ist ein schneidendes „kiirrräh" oder „kiärrih", meistens zwei- bis dreisilbig und etwas tiefer als bei der Küstenseeschwalbe.

Ähnliche Arten: Sehr ähnlich Küstenseeschwalbe, jedoch Beine etwas länger und schlanker Schnabel im Prachtkleid orangerot (nicht dunkelrot) und meist mit schwarzer Spitze. Unterseite heller als Oberseite, Flügel überragen die relativ kurzen Schwanzspieße. Im Jugendkleid oberseits sandbraun (nicht überwiegend grau).

Möwenverwandte • Laridae

Küstenseeschwalbe *Sterna paradisaea* (→ 333)

Der Flussseeschwalbe sehr ähnliche, mittelgroße, grauweiße Seeschwalbe mit schwarzer Kappe, im Brutkleid dunkelrotem Schnabel und sehr kurzen Beinen.

Status: Regelmäßiger Brut- und Sommervogel an der Küste, häufiger Durchzügler an der Nordsee, im Binnenland selten.

Kleider: Geschlechter gleich. Im Schlichtkleid Stirn weiß. Im Prachtkleid schwarze Kappe vorn bis zum schwarzen Schnabel. Im Jugendkleid Rückenfedern mit hellbraunem vor schwarzem Rand, später einige nur noch hell gerändert.

Stimme: Ruft sehr ähnlich wie Flussseeschwalbe, aber etwas höher und eher ein- bis knapp zweisilbig („kirrr", „kirrrä").

Ähnliche Arten: Siehe Flussseeschwalbe.

En: Arctic Tern
Fr: Sterne arctique
Es: Charrán ártico
It: Sterna codalunga

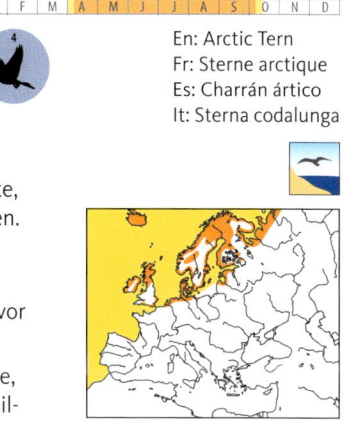

Forsterseeschwalbe *Sterna forsteri* (→ 334)

Ausnahmegast

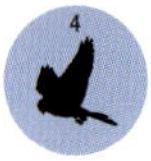

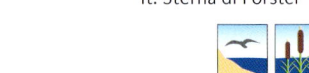

En: Forster's Tern
Fr: Sterne de Forster
Es: Charrán de Forster
It: Sterna di Forster

Der Flussseeschwalbe ähnliche, aber kurzflügeligere und größere Seeschwalbe.

Status: Ausnahmegast aus Nordamerika.

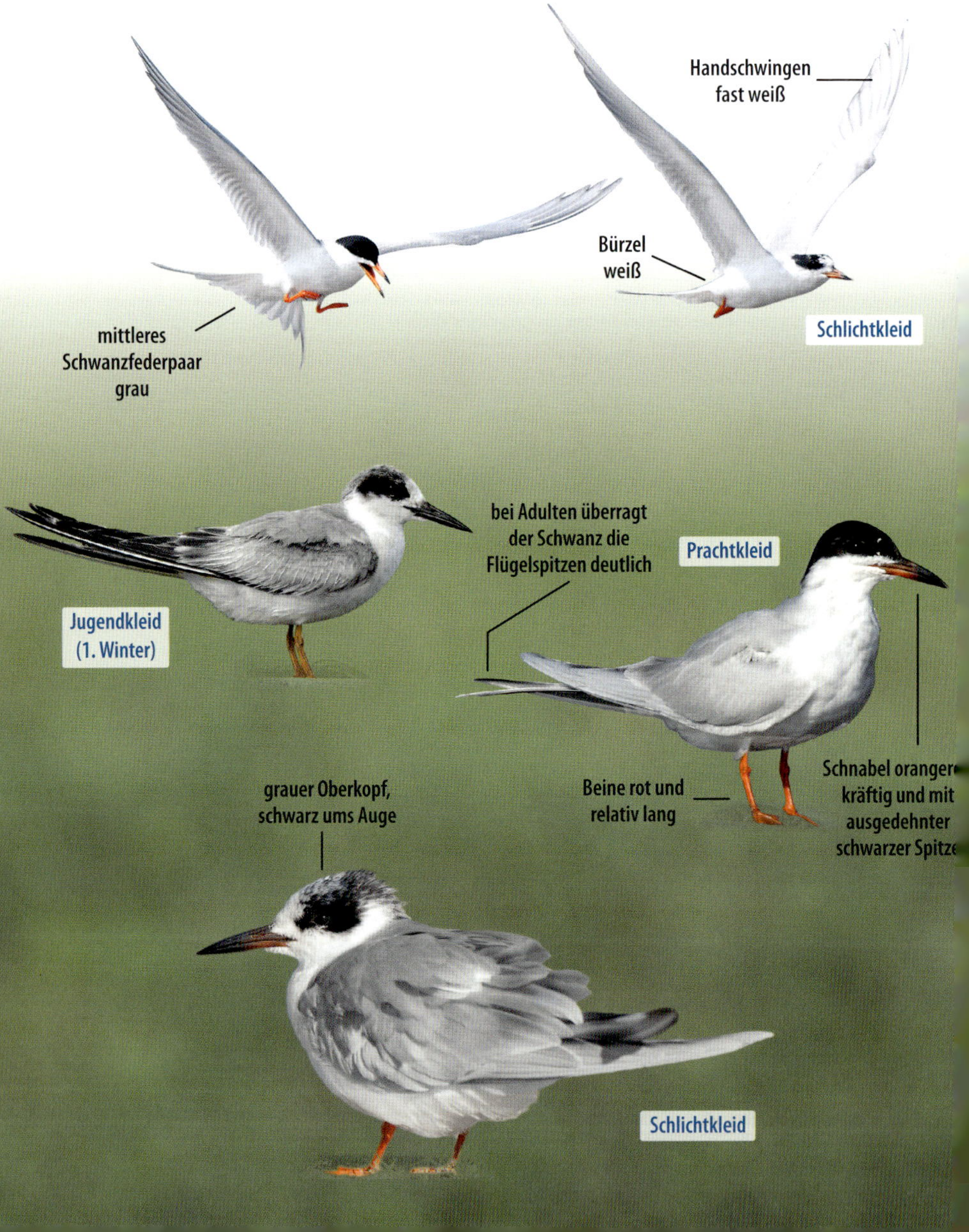
Handschwingen fast weiß
Bürzel weiß
mittleres Schwanzfederpaar grau
Schlichtkleid
bei Adulten überragt der Schwanz die Flügelspitzen deutlich
Prachtkleid
Jugendkleid (1. Winter)
Schnabel orangerot, kräftig und mit ausgedehnter schwarzer Spitze
Beine rot und relativ lang
grauer Oberkopf, schwarz ums Auge
Schlichtkleid

Möwenverwandte · Laridae

Weißbart-Seeschwalbe
Chlidonias hybrida (→ 338)

Fn: Whiskered Tern
Fr: Guifette moustac
Es: Fumarel cariblanco
It: Mignattino piombato

Mittelgroße, im Brutkleid größtenteils kräftig grau gefärbte Seeschwalbe mit schwarzer Kappe und dunkelrotem Schnabel.

Status: Brutvogel in Ostpolen, Ungarn und Slowakei, in den letzten Jahren zunehmend Bruten in Ostdeutschland. Ansonsten regelmäßiger, aber seltener Gast.

Kleider: Geschlechter gleich. Im Schlichtkleid Rumpf fast weiß, Stirn weiß, restliche schwarze Kappe weiß durchsetzt. Im Jugendkleid Rückenfedern mit breitem dunkelgrauem Zentrum und hellbraunem Rand sowie mit undeutlicher Schwanzbinde.

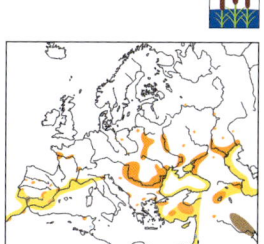

Stimme: Die trocken-kratzenden Kurzrufe „krr" sind für die Art bezeichnend.

Ähnliche Arten: Im Brutkleid kaum zu verwechseln. Im Schlichtkleid durch den kräftigen Schnabel und die einheitlich hellgrauen Oberflügel von Trauer- und Weißflügel-Seeschwalbe unterscheidbar.

Unterkante der Kappe fast gerade (vgl. Weißflügel-Seeschwalbe)

leuchtend weiße Wangen

Prachtkleid

Schnabel nicht allzu lang und kräftig

Jugendkleid (1. Winter)

Prachtkleid

dunkler Schläfenbereich

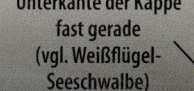

Jugendkleid (diesjährig)

Schwungfedern heller als Rumpf

grob hellbraun geschuppt

Schnabel im Prachtkleid dunkelrot

Rumpf einfarbig grau

Schwanz heller als Rumpf

Schläfenlinie ausgeprägt dunkel

Schlichtkleid

Pulli

Weißflügel-Seeschwalbe

Chlidonias leucopterus (→ 339)

| J | F | M | A | M | J | J | A | S | O | N | D |

En: White-winged Tern
Fr: Guifette leucoptère
Es: Fumarel aliblanco
It: Mignattino alibianche

Mittelgroße, im Brutkleid an Kopf, Rücken, Brust und Bauch schwarze Seeschwalbe mit hellgrau-weißen Flügeln und schwarzem Schnabel.

Status: Brutvogel in Ungarn und Ostpolen, sporadische Brutvorkommen in Ostdeutschland. Ansonsten seltener Durchzügler und Gastvogel.

Kleider: Geschlechter gleich. Im Schlichtkleid Rumpf fast weiß, Kopf weißlich mit schwacher dunkler Strichelung. Im Jugendkleid Rückenfedern dunkel bräunlich gemustert.

Stimme: Kurze ratternde Rufe von etwas blechernem Klang, „trä" oder „tri".

Ähnliche Arten: Siehe auch Weißbart-Seeschwalbe. Etwas langbeiniger als Trauerseeschwalbe und ohne dunklen Fleck an den Brustseiten. Im Prachtkleid durch schwarze Unterflügeldecken von der Trauerseeschwalbe gut unterscheidbar.

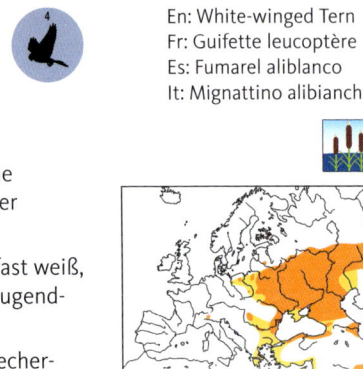

Prachtkleid

Unterseite schwarz, nur Schwungfedern und Schwanz weiß

Schlichtkleid

Jugendkleid (diesjährig)

dunkler Schläfenfleck, aber dahinter weiß (vgl. Weißbart-Seeschwalbe)

weiß

wenig gemustert, dunkel

Schnabel feiner als bei Weißbart-Seeschwalbe

Jugendkleid (diesjährig)

Schwanz in allen Kleidern kaum gegabelt

Flügel hellgrau, Körper schwarz

Prachtkleid

Beine dunkelrot

Möwenverwandte · Laridae

Trauerseeschwalbe *Chlidonias niger* (→ 340)

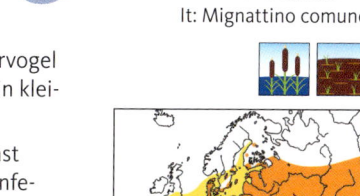

En: Black Tern
Fr: Guifette noire
Es: Fumarel común
It: Mignattino comune

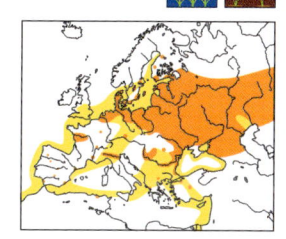

Mittelgroße, im Brutkleid an Kopf, Brust und Bauch schwarze Seeschwalbe mit einheitlich hellgrauen Flügeln und schwarzem Schnabel.

Status: Nicht häufiger, regelmäßiger Brut- und Sommervogel im Norden. Regelmäßiger Durchzügler und Rastvogel, in kleinerer Zahl auch im Binnenland.

Kleider: Geschlechter gleich. Im Schlichtkleid Rumpf fast weiß, Kopf mit schwarzer Kappe. Im Jugendkleid Rückenfedern hellgrau mit dunkelgrauer und davor hellbrauner Spitze.

Verhaltensweisen: Pickt wie die anderen dunklen Seeschwalben im Flug Nahrung von der Wasseroberfläche.

Stimme: Bei Erregung in der Brutkolonie schrille, etwas absinkende Rufe wie „kriä".

Ähnliche Arten: Siehe Trauer- und Weißbart-Seeschwalbe.

Raubmöwen im Jugendkleid

Raubmöwen im braunen Jugendkleid lassen sich vor allem anhand von Körpergröße und -proportionen sowie an der Färbung der Flanken und der Flügelunterseite bestimmen.

Skua
S. 255
Jugendkleid

zum Vergleich:
Skua adult

Spatelraubmöwe
S. 256
Jugendkleid

Falkenraubmöwe
S. 258
Jugendkleid
(dunkle Morphe)

Schmarotzerraubmöwe
S. 257
Jugendkleid

Skua *Stercorarius skua* (→ 290)

Möwenartiger, deutlich über krähengroßer, braun gefleckter Vogel mit weißem Handflügelfeld.

Status: Regelmäßig, aber selten an den Küsten, nur ausnahmsweise im Binnenland.

Kleider: Geschlechter gleich. Adulte an Hals, Brust und Bauch hell gemustert, im Jugendkleid hier wenig gemustert einfarbig rötlich braun. Es gibt hellere und dunklere Typen, jedoch keine „helle Morphe", die derjenigen anderer Raubmöwen entsprechen würde.

Ähnliche Arten: Andere Raubmöwenarten sind kleiner. Wegen Unterscheidung von immaturen Großmöwen siehe Fotos.

seltener Gastvogel

En: Great Skua
Fr: Grand Labbe
Es: Págalo grande
It: Stercorario maggiore

Spatelraubmöwe *Stercorarius pomarinus* (→ 289)

En: Pomarine Skua
Fr: Labbe pomarin
Es: Págalo pomarino
It: Stercorario mezzano

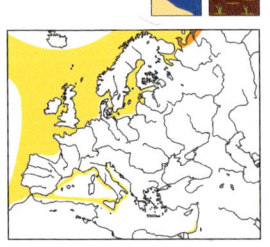

Möwenartiger, über krähengroßer Vogel mit deutlich spatelförmigen, verlängerten, mittleren Schwanzfedern im Prachtkleid.

Status: Regelmäßiger Durchzügler an der Nordseeküste, seltener an der Ostseeküste, im Binnenland Ausnahmeerscheinung.

Kleider: Geschlechter gleich. Adulte entweder mit weißem Bauch und Hals („helle Morphe") oder ungemustert grau („dunkle Morphe"). Im Jugendkleid bräunlich gemustert, in beiden Morphen Schwanzdecken dunkel gebändert. Helle Morphe im 2. Kalenderjahr bereits mit schwach gemustertem hellem Bauch, im 3. Kalenderjahr noch ausgeprägter. Volles Prachtkleid erst ab dem 4. Kalenderjahr. In den braunen Jugendkleidern wird oft außer einer hellen und dunklen Morphe auch ein intermediärer Typ beschrieben.

Ähnliche Arten: Adulte Vögel sind anhand der Färbung und der spatelförmig verlängerten mittleren Steuerfedern gut erkennbar. Wegen Unterscheidung von anderen Raubmöwenarten und (in der dunklen Morphe) von immaturen Großmöwen siehe Fotos.

Schmarotzerraubmöwe

Stercorarius parasiticus (→ 288)

Möwenartiger, etwa krähengroßer Vogel mit langen Schwanzspießen im Prachtkleid.

Status: Regelmäßiger Durchzügler und seltener Wintergast an den Küsten, im Binnenland sehr selten.

Kleider: Geschlechter gleich. Verhältnisse bei den Kleidern ähnlich Spatelraubmöwe, allerdings sind in den braunen Jugendkleidern die Schwanzdecken in der dunklen Morphe weniger deutlich gebändert.

Ähnliche Arten: Adulte Vögel sind anhand der Färbung und der mittellangen Schwanzspieße gut erkennbar. Wegen Unterscheidung zu anderen Raubmöwenarten und (in der dunklen Morphe) zu immaturen Großmöwen siehe Fotos.

En: Parasitic Skua
Fr: Labbe parasite
Es: Págalo parásito
It: Labbo

mittleres
Schwanzfedernpaar
steht spitz über

ziemlich deutliche
Hell-Dunkel-Abgrenzung
der Brustseiten

adult

Armschwingen unten
gemustert, aber nicht
weiß gepunktet
wie Falkenraubmöwe

deutlich
kontrastierendes
helles Feld

Kappe unscharf
abgegrenzt

Bänderung schwächer
als bei Falkenraubmöwe

Beine grau, Zehen rosa
und schwarz (typisch für
Raubmöwen-Jugendkleider)

Jugendkleid

Prachtkleid
(helle Morphe)

Schnabel
fast dunkel

Bauch mit mehr
Weiß als bei
Falkenraubmöwe

Prachtkleid
(dunkle Morphe)

Jugendkleid
(2. Winter)

Raubmöwen · Stercorariidae

Falkenraubmöwe *Stercorarius longicaudus* (→ 287)

Möwenartiger, etwa krähengroßer Vogel mit sehr langen Schwanzspießen im Prachtkleid.

Status: Seltener Gast im Herbst und ausnahmsweise im Winter, meist an der Küste, gelegentlich im Binnenland.

Kleider: Geschlechter gleich. Adulte mit weißem Bauch und Hals. Eine dunkle Morphe analog zu Schmarotzer- und Spatelraubmöwe ist nicht bekannt. Im Jugendkleid bräunlich gemustert, Schwanzdecken dunkel gebändert. Es treten dunkle, helle und intermediäre Typen auf.

Ähnliche Arten: Adulte Vögel sind anhand der Färbung und der langen Schwanzspieße gut erkennbar. Im Jugendkleid im Gegensatz zur Schmarotzerraubmöwe mit weniger Weiß an der Handschwingenbasis und mit abgerundeten mittleren Steuerfedern.

seltener Gastvogel

En: Long-tailed Skua
Fr: Labbe à longue queue
Es: Págalo rabero
It: Labbo codalunga

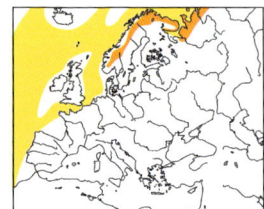

- Gelbtönung am Kopf
- Prachtkleid
- Brustseiten hell (vgl. Schmarotzerraubmöwe)
- mittlere Schwanzfedern stark verlängert
- Jugendkleid (dunkle Morphe)
- Armflügel dunkel, weiß gepunktet
- eher schlanke Gestalt, kleinste Raubmöwe
- Kappe scharf abgegrenzt
- Schnabel lang und dunkel
- Gelbtönung kann weitgehend fehlen
- grob gebändert
- Jugendkleid (helle Morphe)
- Prachtkleid
- diffuser Übergang von weiß nach grau

Alke · Alcidae

Krabbentaucher *Alle alle* (→ 294)

Nur starengroßer schwarz-weißer Meeresvogel mit sehr kurzem Schnabel.

Status: Seltener Durchzügler in der Nordsee, Ausnahmegast im Binnenland.

Kleider: Geschlechter gleich. Im Schlichtkleid auch Kehle und Brust weiß.

Ähnliche Arten: Andere schwarz-weiße Meeresvögel sind größer und haben größere Schnäbel.

seltener Durchzügler

En: Little Auk
Fr: Mergule nain
Es: Mérgulo atlántico
It: Gazza marina minore

Kopf ganz schwarz im Prachtkleid, oft weiße „Augenbrauen" sichtbar

kurzer, dicker Schnabel

Prachtkleid

Füße schwarz

Armflügel mit weißem Saum

weißer Halbmond im Schlichtkleid

weiße Hakenmuster und weißer Saum in allen Kleidern

Schlichtkleid

Prachtkleid

Dickschnabellumme *Uria lomvia* (→ 296)

Ausnahmegast
En: Thick-billed Murre
Fr: Guillemot de Brünnich
Es: Arao de Brünnich
It: Uria di Brunnich

Etwa krähengroßer schwarz-weißer Meeresvogel mit schlankem, geradem, langem Schnabel.

Status: Ausnahmegast an der Küste. Die Brutgebiete liegen an arktischen Felsküsten.

Kleider: Verhältnisse bei den Kleidern wie bei Trottellumme.

Ähnliche Arten: Wegen Unterscheidung zu Trottellumme und Tordalk siehe Fotos.

weiße „Achseln" (vgl. Trottellumme)

Schnabel kürzer und kräftiger als bei Trottellumme

Flanken ohne Strichelung

Prachtkleid

weißer Strich oberhalb des Schnabelspalts

Weiß zieht am Vorderhals spitz hoch

Prachtkleid

Alke · Alcidae

Trottellumme   *Uria aalge aalge*, *U. a. hyperborea* und *U. a. albionis*   (→ 295)

En: Common Murre
Fr: Guillemot marmette
Es: Arao común
It: Uria

Etwa krähengroßer schwarz-weißer Meeresvogel mit schlankem, geradem, langem Schnabel.

Status: Unterart *albionis* regelmäßiger Brutvogel auf Helgoland, regelmäßiger, ganzjähriger Gast an den Küsten. Unterart *aalge* regelmäßiger Wintergast (Brutvogel Nordatlantik), Unterart *hyperborea* seltener Gast (Brutvogel Nordnorwegen, Spitzbergen usw.).

Kleider: Geschlechter gleich. Im Jugend- wie im Schlichtkleid mit weißer Kehle, allerdings wird das Schlichtkleid bis spätestens Februar wieder abgelegt. Vögel, die dann noch eine weiße Kehle haben, sind im 1. Winter.

Ähnliche Arten: Wegen Unterscheidung zu Dickschnabellumme und Tordalk siehe Fotos.

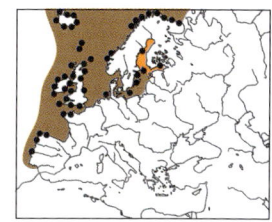

Tordalk *Alca torda torda*
und *A. t. islandica* (→ 297)

En: Razorbill
Fr: Petit Pingouin
Es: Alca común
It: Gazza marina

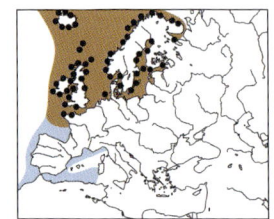

Etwa krähengroßer schwarz-weißer Meeresvogel mit kräftigem, geradem Schnabel.

Status: Unterart *islandica* seltener Brutvogel auf Helgoland, Wintergast an Ost- und seltener Nordseeküste. Unterart *torda* regelmäßiger Durchzügler und Wintergast (Brutvogel im Nordatlantik).

Kleider: Geschlechter gleich. Im Schlichtkleid mit weißer Kehle, aber charakteristischem Schnabel der Adulten. Im 1. Winter mit weißer Kehle und noch nicht so hohem und nicht weiß gezeichnetem Schnabel.

Ähnliche Arten: Wegen Unterscheidung zu Lummen siehe Fotos.

Prachtkleid

Weiß an Körperseiten zieht weit hinauf, keine Strichelung

weißer Zügelstrich

weiße Querbinde

im Schlichtkleid weißes Ohrfeld, weiße Kehle

Schlichtkleid

weißer Flügelhinterrand bildet Querstrich über den Rücken

Prachtkleid

Alke · Alcidae

Grylliteiste *Cepphus grylle grylle* und *C. g. arcticus* (→ 298)

Turmfalkengroßer, schlanker, im Prachtkleid überwiegend schwarzer Meeresvogel mit geradem, langem und spitzem Schnabel und weißem Flügelfeld.

Status: Regelmäßiger Gastvogel an der Ostseeküste (Unterarten *grylle*, *arcticus*), unregelmäßig an der Nordseeküste (*arcticus*).

Kleider: Geschlechter gleich. Im Schlichtkleid mit hellem Kopf, Hals und Rücken mit feiner schwarzer Musterung und rein weißem Flügelfeld. Im Jugendkleid ähnlich Schlichtkleid, aber etwas bräunlich (verschwindet im 1. Winter) und mit dunklen Punkten im weißen Flügelfeld. Einjährige tragen bereits ein dem Prachtkleid ähnliches dunkles Gefieder, haben aber immer noch schwarze Musterung im weißen Flügelfeld.

Ähnliche Arten: Anhand der Form und Gefiederfärbung in allen Kleidern relativ leicht identifizierbar.

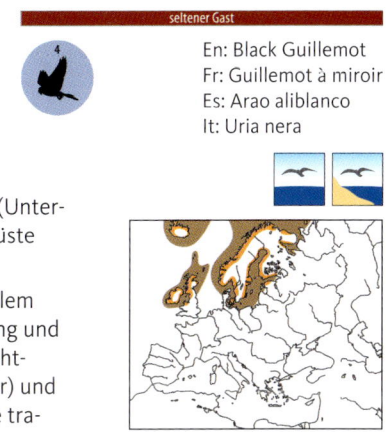

seltener Gast

En: Black Guillemot
Fr: Guillemot à miroir
Es: Arao aliblanco
It: Uria nera

Jugendkleid — im Jugendkleid weißes Flügelfeld mit schwarzem Muster (im Schlichtkleid Flügelfeld ungemustert weiß); Schnabel leicht aufwärts gebogen

Prachtkleid — fast ganz schwarz bis auf weißen Flügelfleck und rote Beine

Prachtkleid — oben weißes Flügelfeld; unten weiß mit dunklen Kanten

Alke · Alcidae

Papageitaucher *Fratercula arctica* (→ 293)

Kleiner schwarz-weißer Meeresvogel mit sehr markantem Schnabel.

En: Atlantic Puffin
Fr: Macareux moine
Es: Frailecillo atlántico
It: Pulcinella di mare

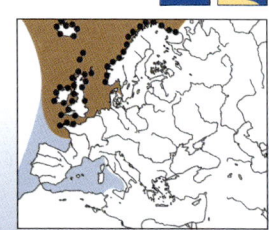

Status: Unregelmäßiger Gast auf Helgoland, in der Nordsee seltener Durchzügler, sonst Ausnahmegast.

Kleider: Geschlechter gleich. Im Schlichtkleid Schnabelfarben und Kopfseiten grau überdeckt. Jugendkleid ähnlich Schlichtkleid, aber der Schnabel ist noch deutlich weniger hoch.

Ähnliche Arten: Im Prachtkleid anhand des Schnabels unverwechselbar. Auch im Jugendkleid ist der - allerdings viel weniger hohe - Schnabel bereits markant unterschiedlich zu Lummenschnäbeln.

Seetaucher

Meist tragen Seetaucher während ihres Aufenthaltes in Mitteleuropa ihr Schlichtkleid oder das Jugendkleid des ersten Winters. Zu ihrer Bestimmung sind neben der Halsfärbung vor allem Kopfform sowie Haltung und Form des Schnabels bedeutsam.

Seetaucher · Gaviidae

Sterntaucher *Gavia stellata* (→ 101)

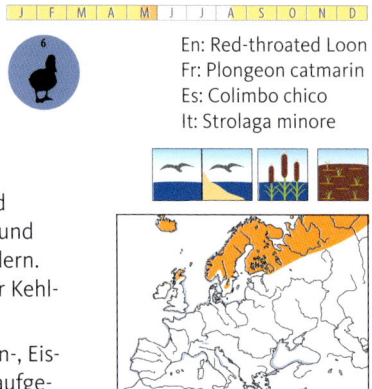

En: Red-throated Loon
Fr: Plongeon catmarin
Es: Colimbo chico
It: Strolaga minore

Kleinster Seetaucher, im Prachtkleid mit unverwechselbarer Färbung.

Status: Regelmäßiger Durchzügler und Wintergast an den Küsten, seltener im Binnenland.

Kleider: Geschlechter gleich, das volle Prachtkleid wird erst im 2. Winter erreicht. Im Schlichtkleid Vorderhals und Wangen weiß, Rückenfedern mit deutlich weißen Rändern. Jugendkleid (bis Spätwinter) ähnlich Schlichtkleid, aber Kehlbereich und Wangen gräulich.

Ähnliche Arten: Zur Unterscheidung von Pracht-, Stern-, Eis- und Gelbschnabeltaucher siehe Fotos. Typisch ist der aufgeworfene und meist schräg aufwärts gerichtete Schnabel.

Jugendkleid — Kehle grau

Schlichtkleid — fein gesprenkelt, eher hell — viel Weiß an den Nackenseiten

1. Winterkleid — Stirn flach — leicht aufgeworfener Schnabel

einfarbig grau

Hinterkopf dünn gestreift

langgestreckter Körper

rostrot, kann aber dunkel wirken

kein Schwarz-Weiß-Muster auf dem Rücken

Prachtkleid

Seetaucher · Gaviidae

Prachttaucher *Gavia arctica* (→ 102)

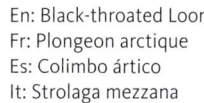

En: Black-throated Loon
Fr: Plongeon arctique
Es: Colimbo ártico
It: Strolaga mezzana

Mittelgroßer Seetaucher, im Prachtkleid mit unverwechselbarer Färbung.

Status: Regelmäßiger Übersommerer, Durchzügler und Wintergast v. a. auf dem Meer, im Binnenland in kleiner Zahl.

Kleider: Geschlechter gleich, das volle Prachtkleid wird erst im 2. Winter erreicht. Im Schlichtkleid Vorderhals und Kehlbereich weiß, Rücken viel dunkler und Schnabel heller als im Prachtkleid. Jugendkleid (bis Mittwinter) ähnlich Schlichtkleid, aber heller und bräunlicher.

Ähnliche Arten: Zur Unterscheidung von Pracht-, Stern-, Eis- und Gelbschnabeltaucher siehe Fotos. Im Schlichtkleid immer mit weißem Fleck an den hinteren Flanken, deutlich schwächerem Schnabel und rundem Kopfprofil.

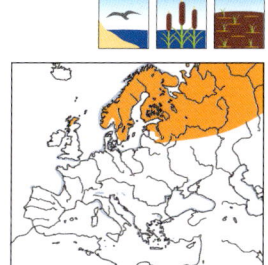

Pazifiktaucher *Gavia pacifica*   (→ 102 A)

Ausnahmegast

En: Pacific Loon
Fr: Plongeon du Pacifique
Es: Colimbo del Pacífico
It: Strolaga del Pacifico

Sehr ähnlich Prachttaucher, aber etwas kleiner und mit runderem Kopf.

Status: Ausnahmegast aus dem nördlichen Nordamerika.

adult
Übergangskleid

Hals kurz und relativ dick

1. Winterkleid

rundlicher als Prachttaucher

Schlichtkleid

Seetaucher · Gaviidae

Eistaucher *Gavia immer* (→ 103)

Sehr großer Seetaucher mit unverwechselbarem Prachtkleid mit schwarzem Schnabel.

Status: Seltener bis spärlicher Durchzügler und Wintergast an der Küste, im Binnenland einzeln und meist unregelmäßig.

Kleider: Geschlechter gleich. Im Schlichtkleid Kehle und Vorderhals weiß, Rücken einfarbig dunkel, Schnabel heller als im Prachtkleid. Jugendkleid ähnlich Schlichtkleid, aber heller und bräunlicher, Rückenfedern mit hellen Rändern. Einjährige tragen noch das Jugendkleid.

Ähnliche Arten: Zur Unterscheidung von Pracht-, Stern-, Eis- und Gelbschnabeltaucher siehe Fotos. Im Schlichtkleid sind der schwärzliche Halbring am Unterhals, der waagrecht gehaltene Schnabel und der flache, beulige Kopf typisch.

Durchzügler, Wintergast

En: Common Loon
Fr: Plongeon huard
Es: Colimbo grande
It: Strologa maggiore

Gelbschnabeltaucher *Gavia adamsii* (→ 104)

Durchzügler, Wintergast

En: Yellow-billed Loon
Fr: Plongeon à bec blanc
Es: Colimbo de Adams
It: Strolaga beccogiallo

Sehr großer Seetaucher mit unverwechselbarem Prachtkleid mit gelbem Schnabel.

Status: Sehr seltener Durchzügler und Wintergast.

Kleider: Geschlechter gleich. Im Schlichtkleid Kehle und Vorderhals weiß, Rücken grau gebändert, ohne Weiß, Schnabel schmutzig gelb. Jugendkleid ähnlich Schlichtkleid, aber heller und bräunlicher, Rückenfedern mit hellen Rändern. Einjährige tragen noch das Jugendkleid.

Ähnliche Arten: Zur Unterscheidung von Pracht-, Stern-, Eis- und Gelbschnabeltaucher siehe Fotos. Im Schlichtkleid sind die im Gegensatz zum Eistaucher brauneren Oberseite, der hellere Schnabel und der hellere Hals typisch.

Schlichtkleid

gelblich

gelblich

1. Winterkleid

Kopf nicht so eckig und beulig wie beim Eistaucher

Halsseiten hell, diffus begrenzt

typische Haltung aufwärts

dunkler Kragen

Schlichtkleid

hell gelb

dickhalsig

Prachtkleid

weiße Streifen breit

Sturmschwalben • Oceanitidae

Buntfuß-Sturmschwalbe

Oceanites oceanicus (→ 105)

Ähnlich Sturmschwalbe, aber ohne Weiß auf Unterflügeln und mit hellem Band auf den Armdecken.

Status: Ausnahmegast von der Südhalbkugel.

Ausnahmegast 
En: Wilson's Storm Petrel
Fr: Océanite de Wilson
Es: Paíño de Wilson
It: Uccello delle tempeste di Wilson

helle Halbmonde, nicht bis zur Flügelvorderkante

nicht gegabelt

Zehen deutlich herausstehend

Unterflügel dunkel

Weiß am Rand breit, reicht bis auf den Bauch

Weißgesicht-Sturmschwalbe

Pelagodroma marina (→ 106)

Ausnahmegast

En: White-faced Storm Petrel
Fr: Océanite frégate
Es: Paíño pechialbo
It: Uccello delle tempeste facciabianca

Ähnlich Sturmschwalbe, aber mit deutlich anderer Gefiederzeichnung.

Status: Ausnahmegast, der auf Madeira und den Selvagem-Inseln brütet.

Schwanzkanten wie bei Sturmschwalben und Wellenläufern häufig angehoben, aber Schwanz nicht gegabelt

sehr langbeinig

fast oval wirkende Flügel

Unterseite hell

helle Schwimmhäute

Albatrosse • Diomedeidae

Schwarzbrauenalbatros

Thalassarche melanophris (→ 111)

Ausnahmegast

En: Black-browed Albatross
Fr: Albatros à sourcils noirs
Es: Albatros ojeroso
It: Albatros sopracciglineri

Stattlicher schmalflügeliger Hochseevogel mit mehr als 2 m Spannweite.

Status: Ausnahmegast von der Südhalbkugel, der ab und zu im Nordatlantik auftaucht.

Kleider: Geschlechter gleich. Jugendkleid und (dem Adultkleid immer ähnlicher werdende) Immaturkleider bis zum 3. Kalenderjahr kontrastärmer, mit noch wenig Reinweiß, Schnabel graurosa mit dunkler Spitze.

Ähnliche Arten: Durch die schmalen Flügel evtl. mit Sturmtauchern oder Sturmvögeln zu verwechseln, aber viel größer. Möwen sind ebenfalls kleiner und haben breitere Flügel.

sehr lange, gestreckte Flügel

dicker Kopf, kurzer, kräftiger Nacken

Schwarz über dem Auge

schwarze Spitze

adult

Röhrennasen

Die Sturmschwalben, Sturmtaucher und Verwandte sind fast nur auf hoher See anzutreffen. Neben der (nicht immer einfachen) Abschätzung der Größe sollte man besonders auf Muster in der Flügelzeichnung, die Färbung des Bürzelbereiches und die Schwanzform achten.

Wellenläufer
S 278

Sturmwellenläufer
S 275

Atlantiksturmtaucher
S 284

Dunkelsturmtaucher
S 282

Eissturmvogel
S 279

Sturmwellenläufer (Sturmschwalbe)

Hydrobates pelagicus (→ 107)

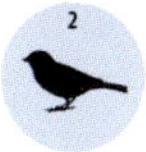

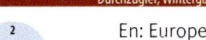

En: European Storm Petrel
Fr: Océanite tempête
Es: Paíño europeo
It: Uccello delle tempeste

Kleiner, fast wie eine Mehlschwalbe wirkender Meeresvogel.

Status: Fast regelmäßiger Gast an der Nordseeküste, seltener an der Ostsee.

Kleider: Geschlechter gleich. Im Jugendkleid mit dünner weißer Linie auf dem Oberflügel und dunklen Schwungfederspitzen auf der Flügelunterseite.

Ähnliche Arten: Andere Sturmschwalbenarten treten nur sehr ausnahmsweise in mitteleuropäischen Gewässern auf, siehe Fotos.

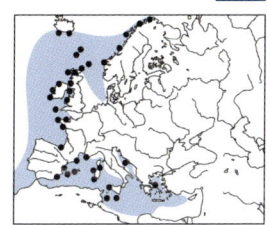

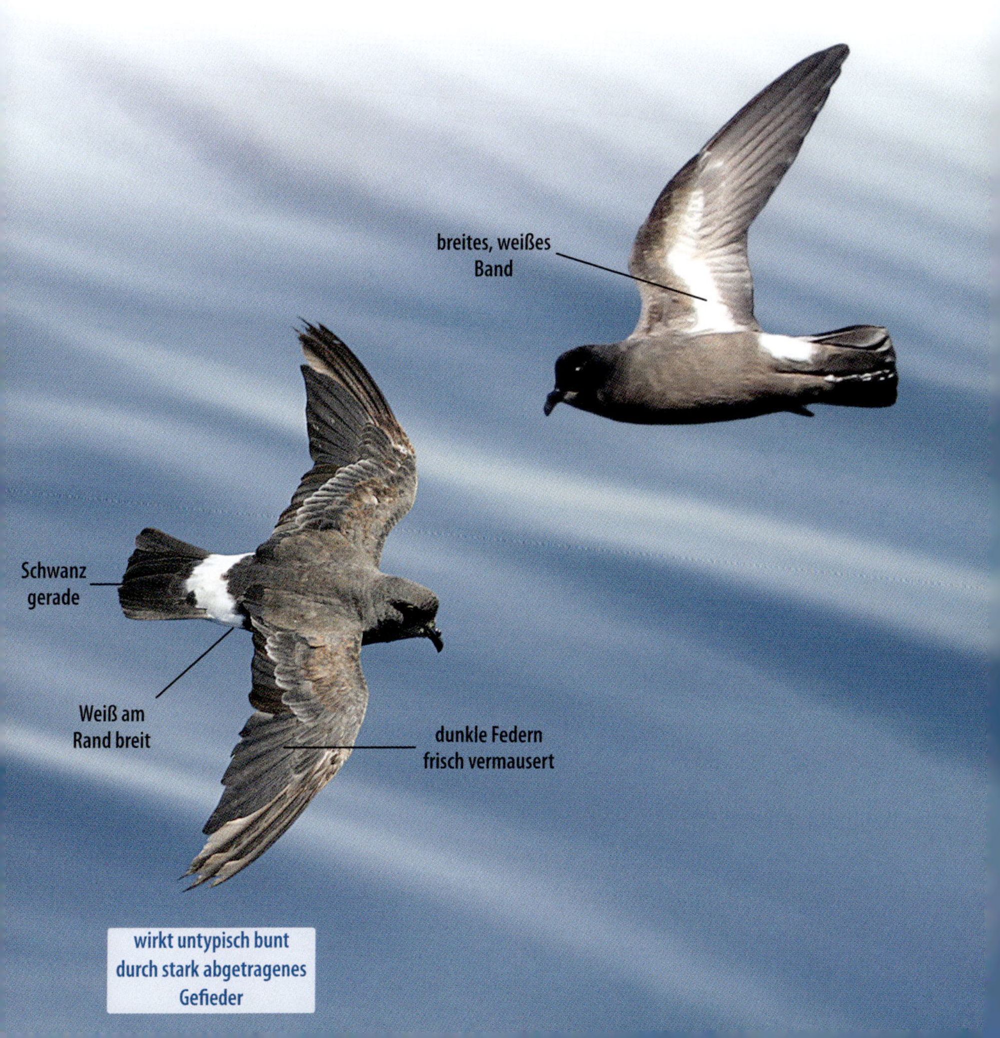

Madeirawellenläufer
Oceanodroma castro (→ 108)

Sehr ähnlich Wellenläufer.

Status: Ausnahmegast aus dem nördlichen Atlantik mit Brutvorkommen in Portugal.

Ausnahmegast
En: Band-rumped Storm Petrel
Fr: Océanite de Castro
Es: Paíño de Madeira
It: Uccello delle tempeste di Castro

Weiß breit, erreicht Bauch knapp

Schwanz leicht gekerbt

helles Feld weniger auffällig (hier Federn braun ausgeblichen)

Wellenläufer · Hydrobatidae

Swinhoewellenläufer
Oceanodroma monorhis

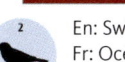

En: Swinhoe's Storm-Petrel
Fr: Océanite de Swinhoe
Es: Océanite de Swinhoe
It: Uccello delle tempeste di Swinhoe

Status: Ausnahmegast aus Ostasien und dem Stillen Ozean.

Ähnliche Arten: Andere Wellenläufer- und Sturmschwalbenarten haben einen weißen Bürzel (der allerdings manchmal sehr undeutlich ausfallen kann).

Bürzel dunkel

Basen der Handschwingen hell

Wellenläufer • Hydrobatidae

Wellenläufer *Oceanodroma leucorhoa*
(→ 109)

Sehr kleiner, dunkler Meeresvogel.

Status: Seltener Gastvogel an der Nordseeküste, Ausnahmegast an der Ostsee und im Binnenland.

Kleider: Geschlechter gleich.

Ähnliche Arten: Größer als Sturmschwalbe und mit gegabeltem Schwanz.

Gastvogel

En: Leach's Storm Petrel
Fr: Océanite cul-blanc
Es: Paíño boreal
It: Uccello delle tempeste codaforcuta

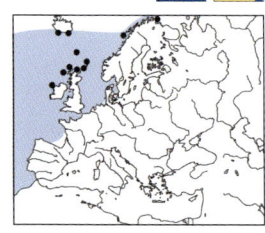

Schwanz gegabelt

heller Streifen bis zur Flügelvorderkante

Weiß am Rand schmal, erreicht Bauch kaum

Sturmvögel · Procellariidae

Eissturmvogel *Fulmarus glacialis glacialis*
und *F. g. auduboni* (→ 112)

Gastvogel

En: Northern Fulmar
Fr: Fulmar boréal
Es: Fulmar boreal
It: Fulmaro

Etwas an eine kleine Silbermöwe erinnernder Meeresvogel.

Status: Unterart *auduboni* Brutvogel auf Helgoland, ganzjähriger Gastvogel in der Nordsee, seltener in der Ostsee. Unterart *glacialis* seltener Gast, Brutvogel im arktischen Nordatlantik.

Kleider: Geschlechter gleich, kein ausgeprägtes Jugendkleid. Es gibt eine überwiegend hellgrau gefärbte „dunkle Morphe" und eine weiß-hellgrau gefärbte „helle Morphe" sowie Zwischenformen zwischen beiden.

Stimme: Am Brutplatz im Unterschied zu den Möwen schnatternd-gackernde Rufe oder Rufreihen.

Ähnliche Arten: Im Flug durch lange Gleitphasen, das Fehlen von schwarzen Handschwingen, den dicken Hals und den kurzen, kräftigen Schnabel von Möwen unterscheidbar.

Flügel lang gestreckt • heller Bereich • dunkle Morphe von weit nördlich • typischer Röhrennasenschnabel • dunkle Morphe • gelbe Spitze • Pullus • adult • Hals kurz und dick • helle Morphe

Sepiasturmtaucher *Calonectris diomedea* (→ 122)

En: Scopoli's Shearwater
Fr: Puffin cendré
Es: Pardela cenicienta mediterránea
It: Berta maggiore mediterranea

Großer Sturmtaucher ohne dunkle Achselzeichnung mit weißem Bauch, bräunlicher Oberseite und hellem Schnabel.

Status: Ausnahmegast (in Deutschland nur ein historischer Nachweis) aus dem Mittelmeerraum.

Kleider: Geschlechter gleich, kein ausgeprägtes Jugendkleid.

Ähnliche Arten: Sepia- und Corysturmtaucher lassen sich nur mit großer Erfahrung unterscheiden. Letzterer hat etwas mehr Weiß auf der Unterseite des Handflügels und einen etwas kräftigeren Schnabel. Der Große Sturmtaucher ist ähnlich groß, hat aber u. a. einen dunklen Schnabel, siehe auch Fotos.

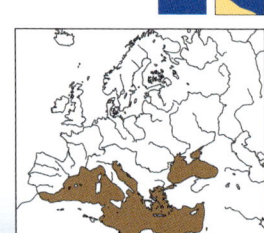

Oberseite bräunlich

Schnabel gelblich mit dunkler Spitze

Schwanz lang

schwarzer Rand schmäler als bei Corysturmtaucher

Corysturmtaucher *Calonectris borealis*

Großer Sturmtaucher mit heller Unterseite und hellem Schnabel, sehr ähnlich dem Sepiasturmtaucher.

Ausnahmegast

En: Cory's Shearwater
Fr: Puffin cendré
Es: Pardela cenicienta canaria
It: Berta maggiore atlantica

Status: seltener Gast in der Nordsee (85 % der Weltpopulation brüten auf Madeira und den Azoren).

Kleider: Geschlechter gleich, kein ausgeprägtes Jugendkleid.

Ähnliche Arten: Schwer vom geringfügig kleineren Sepiasturmtaucher zu unterscheiden, bei dem die dunkle Spitze und der Hinterrand des Handflügels von unten etwas schmäler und der Schnabel etwas weniger kräftig und meist auch blasser ist.

ohne dunkle Achselzeichnung

Handflügel von unten mit breiter, schwarzer Spitze

Oberseite bräunlich, mehr oder weniger stark geschuppt

Schnabel gelblich mit dunkler Spitze

Schwanz lang

Dunkelsturmtaucher
(Dunkler Sturmtaucher)

Ardenna grisea (→ 118)

Durchzügler, Wintergast

En: Sooty Shearwater
Fr: Puffin fuligineux
Es: Pardela sombría
It: Berta grigia

Mittelgroße Sturmtaucher-Art mit spitzen und langen Flügeln und braunem Gefieder, das nur bei gutem Licht auf der Flügelunterseite ein helles Längsband erkennen lässt.

Status: Seltener, aber regelmäßiger Gast an der Nordseeküste.

Kleider: Geschlechter gleich, kein ausgeprägtes Jugendkleid.

Ähnliche Arten: Verwechslung mit dunklen Raubmöwen ist möglich, siehe dort.

lange, schmale Flügel

helle Bereiche (je nach Lichtverhältnissen undeutlich)

Oberseite einfarbig dunkel

Schnabel dünn

kurzschwänzig, Zehen überragen Schwanzende

Sturmvögel · Procellariidae

Feasturmvogel (Kapverdensturmvogel)
Pterodroma feae (→ 114)

Ausnahmegast

En: Fea's Petrel
Fr: Pétrel gongon
Es: Petrel gongón
It: Petrello di Fea

Dunkle, kräftige Sturmvogelart.

Status: Extrem seltene Ausnahmeerscheinung aus dem südlicheren Nordatlantik.

- Weiß vor dem Auge
- spitzer Schwanz
- weißer Bauch, dunkle Flügel

Kappensturmtaucher (Großer Sturmtaucher)
Ardenna gravis (→ 117)

Ausnahmegast

En: Great Shearwater
Fr: Puffin majeur
Es: Pardela capirotada
It: Berta dell'Atlantico

Ähnlich den Sturmvogelarten, aber mit markanter Weißzeichnung.

Status: Ausnahmegast aus dem Südatlantik an der Nordseeküste.

- dunkle diagonale Linie
- hinter Kappe erst weiß, dann graubraun
- scharf abgesetzte dunkle Kappe
- weißer Bauch mit schmutzig braunem Fleck

Atlantiksturmtaucher *Puffinus puffinus* (→ 119)

Mittelgroße Sturmtaucherart.

Status: Unregelmäßiger, seltener Gast an der Nordseeküste.

Kleider: Geschlechter gleich, kein ausgeprägtes Jugendkleid.

Ähnliche Arten: Am besten durch die reinweiße Unterseite, schwarze Oberseite und im Flug durch nicht überstehende Zehen vom Mittelmeer-Sturmtaucher zu unterscheiden.

Durchzügler, Wintergast

En: Manx Shearwater
Fr: Puffin des Anglais
Es: Pardela pichoneta
It: Berta minore atlantica

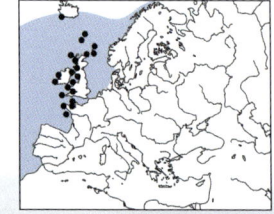

Unterseite reinweiß

Schwanzunterseite weiß

Zehen überragen Schwanz nicht

gedrungene Form

hinter den Flügeln deutliche weiße Ausbuchtung

Mittelmeer-Sturmtaucher

Puffinus yelkouan (→ 121)

Mittelgroße Sturmtaucherart. Typischerweise in Gruppen und mit raschen Flügelschlägen unterwegs.

Status: Extrem seltene Ausnahmeerscheinung aus dem Mittelmeer.

Kleider: Geschlechter gleich, kein ausgeprägtes Jugendkleid.

Ähnliche Arten: Sehr ähnlich Atlantiksturmtaucher, siehe dort.

Ausnahmegast

En: Yelkouan Shearwater
Fr: Puffin yelkouan
Es: Pardela mediterránea
It: Berta minore

Balearensturmtaucher

Puffinus mauretanicus (→ 120)

Mittelgroße Sturmtaucherart mit brauner Ober- und schmutzig brauner Unterseite.

Status: Seltener Gast in der Nordsee.

Kleider: Geschlechter gleich, kein ausgeprägtes Jugendkleid.

Ähnliche Arten: Gefiederhelligkeit kann stark variieren, einige Individuen können anderen Sturmtauchern sehr stark ähneln. Verwechslung mit dunklen Raubmöwen ist möglich, siehe dort.

seltener Gast

En: Balearic Shearwater
Fr: Puffin des Baléares
Es: Pardela balear
It: Berta balearica

heller Bauch

Unterseite düster

Zehen überragen den kurzen Schwanz

Barolosturmtaucher
(Kleiner Sturmtaucher)
Puffinus baroli (→ 124)

Ausnahmegast

En: Barolo Shearwater
Fr: Puffin de Macaronésie
Es: Pardela de Barolo
It: Berta della Macaronesia

Ähnlich Atlantiksturmtaucher.

Status: Ausnahmegast von Madeira, Azoren und Kanaren.

Weiß ums Auge

schmale weiße Linie

eher kurze, etwas rundliche Flügel

helle Kopfseiten

Unterseite ausgedehnt weiß

Sturmvögel · Procellariidae

Bulwersturmvogel *Bulweria bulwerii* (→ 116)

Kleine Sturmvogelart mit dunkel graubraunem Gefieder. Flügeloberseite mit hellem Feld.
Status: Ausnahmegast von Madeira, Azoren und Kanaren.

Ausnahmegast

En: Bulwer's Petrel
Fr: Pétrel de Bulwer
Es: Petrel de Bulwer
It: Berta di Bulwer

- deutlich abgesetztes helles Flügelfeld
- lange spitze Flügel
- Unterflügel einheitlich dunkel
- Schnabel relativ kräftig
- langer Schwanz

Störche · Ciconiidae

Schwarzstorch *Ciconia nigra* (→ 153)

Storch mit schwarzem Kopf und Hals.

Status: Seltener Brutvogel, regelmäßiger Durchzügler.

Kleider: Geschlechter gleich. Jugendkleid bräunlich bis grünlich schwarz, Schnabel und Beine graugrün.

Stimme: Balz mit anhaltendem, gesangsartigem, alternierendem Ächzen, klappert selten.

Ähnliche Arten: Weißstorch hat weißen Rücken, weißen Hals und weißen Kopf.

En: Black Stork
Fr: Cigogne noire
Es: Cigüeña negra
It: Cicogna nera

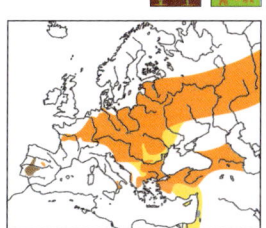

Störche · Ciconiidae

Weißstorch *Ciconia ciconia* (→ 154)

En: White Stork
Fr: Cigogne blanche
Es: Cigüeña blanca
It: Cicogna bianca

Storch mit weißem Kopf und Hals.

Status: Regelmäßiger Brutvogel und Durchzügler, seltener Wintergast.

Kleider: Geschlechter gleich, Jugendkleid sehr ähnlich Adultkleid, aber Beine heller und Schnabel etwas kürzer und mit dunkler Spitze.

 Stimme: Charakteristisches Schnabelklappern am Horst, häufig von beiden Partnern im Duett.

Ähnliche Arten: Kaum zu verwechseln, beim Schwarzstorch sind Rücken, Hals und Kopf schwarz.

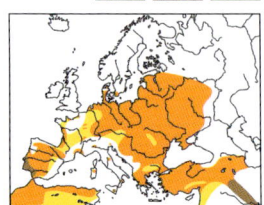

alle Schwungfedern schwarz

adult

langer roter Schnabel

Schnabel kürzer als bei Altvögeln

Kopf, Hals und Vorderkörper weiß

adult

diesjährig

noch junge Vögel haben wenig oder kein Rot am Schnabel

Beine rot

zur Kühlung bekot… Beine sind großteils weiß

Tölpel · Sulidae

Basstölpel *Morus bassanus* (→ 129)

Großer Meeresvogel mit lang gestreckten Flügeln und zugespitztem Schwanz. Im Adultkleid hell mit schwarzen Flügelspitzen.

Status: Regelmäßiger Brutvogel auf Helgoland, regelmäßiger Gast in der Nordsee, in der Ostsee selten.

Kleider: Geschlechter gleich, Schlichtkleid etwas blasser als Prachtkleid, das ab dem 5. Kalenderjahr erreicht wird. Jugendkleid graubraun mit engen dunklen Stricheln an Kopf, Hals und Brust und weißen Punkten auf den Oberflügeln. Einjährige haben bereits weißen Bauch und weiße Kopfbereiche, Zweijährige (3. Kalenderjahr) oberseits noch deutlich dunkel gefleckt und mit Orange am Kopf, im 4. Kalenderjahr alle oder einzelne Armschwingen noch dunkel.

Ähnliche Arten: Kaum zu verwechseln.

En: Northern Gannet
Fr: Fou de Bassan
Es: Alcatraz atlántico
It: Sula

Tölpel · Sulidae

Weißbauchtölpel *Sula leucogaster*

Oberseits sehr dunkler Tölpel mit weißem Bauch und weißem Gesicht.

Status: Ausnahmegast aus tropischen Küstengewässern.

Ausnahmegast

En: Brown Booby
Fr: Fou brun
Es: Piquero pardo
It: Sula fosca

Flügelhinterrand schwarz

Kopf und Hals schwarz

adult

Schnabel hellrosa

Oberseite schwarz

adult

Zwergscharbe *Microcarbo pygmaeus* (→ 130)

Wirkt wie ein sehr kleiner, kurzschnäbeliger Kormoran.

Status: Seltener Brutvogel mit zunehmendem Bestand im Südosten. Sonst seltener Gastvogel.

Kleider: Geschlechter gleich. Im Schlichtkleid ist das Gefieder weniger glänzend und der Kehlbereich hell. Im Jugendkleid matter braun, Unterseite oft sehr hell.

Ähnliche Arten: Aufgrund der Größe kaum mit anderen Kormoranarten zu verwechseln.

Gastvogel
En: Pygmy Cormorant
Fr: Cormoran pygmée
Es: Cormorán pigmeo
It: Marangone minore

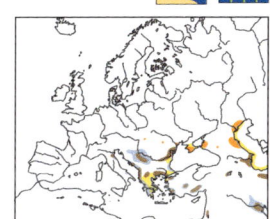

Hals kurz, dick und im Flug leicht gekrümmt

Jugendkleid

kurzer Schnabel

dunkel bronze, mit metallisch schimmernden Federchen

im Prachtkleid dunkel

Schlichtkleid

Prachtkleid

langer Schwanz

Krähenscharbe

Phalacrocorax aristotelis aristotelis
und *P. a. desmarestii* (→ 133)

Durchzügler, Wintergast

En: European Shag
Fr: Cormoran huppé
Es: Cormorán moñudo
It: Marangone dal ciuffo

Eine zierliche, etwas kleinere Ausgabe des Kormorans mit deutlichem Hängebauch im Flug.

Status: *P. a. aristotelis* ist regelmäßiger, aber seltener Gast an der Nordseeküste, *P. a. desmaresti* lebt am Mittelmeer und Schwarzen Meer.

Kleider: Geschlechter gleich. Im Schlichtkleid ohne deutlichen Schopf, mit gelbem Unterschnabel, Gefieder weniger glänzend und im Kehlbereich hell. Jugendkleid einfarbig braun mit hellem Kehlbereich und hellen Füßen. In den beiden Folgejahren immer dunkler, bis im 4. Kalenderjahr das glänzend schwarze Prachtkleid erreicht wird.

Ähnliche Arten: Zur Unterscheidung zum Kormoran siehe Fotos.

Scharben · Phalacrocoracidae

Kormoran *Phalacrocorax carbo carbo*
(„Atlantischer Kormoran") und *P. c. sinensis* (→ 132)

| J | F | M | A | M | J | J | A | S | O | N | D |

En: Great Cormorant
Fr: Grand Cormoran
Es: Cormorán grande
It: Cormorano

Überwiegend schwarz gefärbter, schlanker und langhalsiger Wasservogel mit langgestrecktem Hakenschnabel.

Status: Regelmäßiger Brutvogel, Durchzügler und Wintergast. Unterart *carbo* überwiegend an der Nordsee-/Atlantikküste (ausnahmsweise Binnenland), *sinensis* in Ostsee und Binnenland.

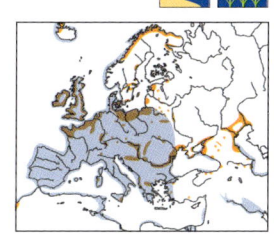

Kleider: Geschlechter gleich. Im Schlichtkleid ohne deutliche „Borsten" am Hinterkopf, weniger kontrastreiche Kopffärbung ohne weiße Federchen in der Kappe, weniger glänzendes Gefieder und ohne den weißen Fleck am Oberschenkel. Im Jugendkleid sehr variabel bräunlich, Oberseite immer dunkel, Unterseite manchmal weiß. In den beiden Folgejahren immer dunkler, bis im 4. Kalenderjahr das glänzend schwarze Prachtkleid erreicht wird.

Verhaltensweisen: Sitzt nach dem Jagen mit abgespreizten Flügeln aufrecht in charakteristischer Pose zum Trocknen da.

Ähnliche Arten: Beim Schwimmen wird der Schnabel schräg nach oben gehalten, sodass das Profil auch an einen großen Seetaucher erinnern könnte.

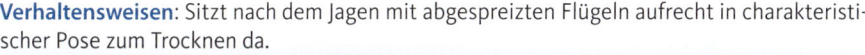

Jugendkleid — im Jugendkleid oft auch weißbäuchig

Schlichtkleid — im Schlichtkleid manchmal wenig oder kein Weiß

bräunlich

1. Winter

Iris grün

rschieden stark weiß rchsetzter Hinterkopf und Nacken

schwarz

Schlichtkleid

weißer Fleck

Prachtkleid

Sichler *Plegadis falcinellus* (→ 135)

Mittelgroßer, bräunlicher Ibis.

Status: Sehr seltener Gast aus dem Mittelmeerraum und Kleinasien.

Kleider: Geschlechter gleich. Im Schlichtkleid weniger rötlich braun, Kopf und Hals graubraun mit heller Sprenkelung. Jugendkleid ähnlich Schlichtkleid, aber stumpfer gefärbt und vor allem Flügel ohne Glanz.

Ähnliche Arten: Aufgrund der Schnabelform und Grundfarbe ggf. mit dem Großen Brachvogel zu verwechseln, dessen Schnabel allerdings viel dünner und dessen Gefiedermusterung anders ist.

seltener Gast
En: Glossy Ibis
Fr: Ibis falcinelle
Es: Morito común
It: Mignattaio

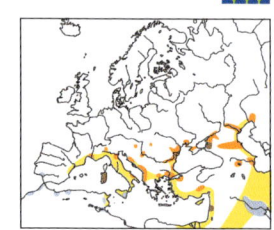

Flügel gerundet

Beine lang

helle Sprenkelung

Gesichtsfeld weiß eingefasst

Bronzeglanz

Schlichtkleid

langer abwärts gebogener Schnabel

braun ohne Metallglanz

Prachtkleid

Jugendkleid

Ibisse · Threskiornithidae

Waldrapp *Geronticus eremita* (→ 136)

Mittelgroßer, dunkler, ibisartiger Vogel, im Adultkleid mit nacktem Kopf und Federschopf.

Status: Ehemaliger Brutvogel. Neue Nachweise durch Wiederansiedlungsprojekte.

Kleider: Geschlechter gleich. Im bräunlicheren Jugendkleid ist der Kopf dunkel befiedert und ohne Schopf.

Ähnliche Arten: Kaum zu verwechseln.

Neozoon

En: Northern Bald Ibis
Fr: Ibis chauve
Es: Ibis eremita
It: Ibis eremita

Ibisse • Threskiornithidae

Heiliger Ibis *Threskiornis aethiopicus* (→ 137)

Mittelgroßer, schwarz-weißer Ibis.

Status: Seltener Brutvogel, Gefangenschaftsflüchtlinge und deren Nachkommen.

Kleider: Geschlechter gleich. Im Jugendkleid schmutzig weiß mit dünner, heller Befiederung am Nacken und etwas kürzerem Schnabel.

Ähnliche Arten: Kaum zu verwechseln.

Brutvogel an wenigen Orten

En: African Sacred Ibis
Fr: Ibis sacré
Es: Ibis sagrado
It: Ibis sacro

Flügel weitgehend dunkel, bei Adulten dann außer Hinterkante rein weiß

Jugendkleid

Zehen ragen über Schwanz hinaus

gebogener Schnabel kräftig und schwarz

Kopf und Hals schwarz und nackt

Kopf noch befiedert

Prachtkleid

Jugendkleid

schwarze metallisch glänzende Schirmfedern und untere Schulterfedern

Löffler *Platalea leucorodia* (→ 138)

En: Eurasian Spoonbill
Fr: Spatule blanche
Es: Espátula común
It: Spatola

An einen weißen Reiher erinnernder Vogel mit auffälligem Löffelschnabel.

Status: Lokaler, meist seltener Brut- und Sommervogel an der Nordseeküste (zunehmend) und im pannonischen Tiefland.

Kleider: Geschlechter gleich. Im Jugendkleid Schnabel hell rosa getönt, Spitzen der Handschwingen und der Großen Handdecken schwarz.

Verhaltensweisen: Nahrungssuche im flachen Wasser mit pendelndem Schnabelschwenken.

Ähnliche Arten: Weiße Reiherarten haben einen anderen Schnabel und fliegen mit S-förmig zurückgekrümmtem Hals.

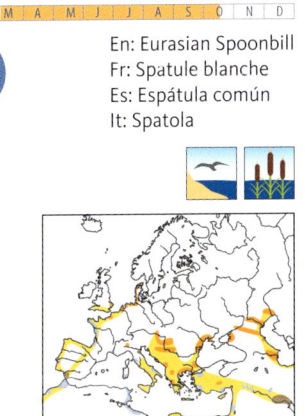

Rohrdommel *Botaurus stellaris* (→ 140)

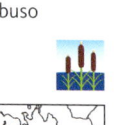

En: Eurasian Bittern
Fr: Butor étoilé
Es: Avetoro común
It: Tarabuso

Eine große braun gemusterte Reiherart mit kompakter und etwas untersetzter Statur.

Status: Seltener lokaler Brut- und Sommervogel im Nordosten, gebietsweise seltener Wintergast.

Kleider: Geschlechter nahezu gleich gefärbt. Jugendkleid mit kürzerem und noch braunem Bartstrich.

Verhaltensweisen: Versucht sich im Röhricht oft so zu strecken, dass die senkrechten Strichelungen des Gefieders mit dem Muster der senkrechten Schilfhalme verschwimmen („Pfahlstellung").

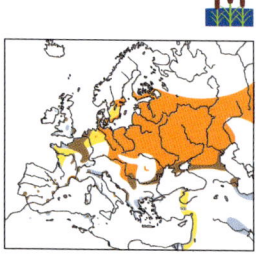

 Stimme: Der Revierruf des Männchens ist ein weit tragendes, tiefes, hohles wiederholtes „humb" (aus der Nähe mit Vorsilben).

Ähnliche Arten: Am Boden unverkennbar, im Flug manchmal an eine große Eule erinnernd, aber mit nach hinten gestreckten, oft auch leicht hängenden, langen Beinen.

- Schnabelansatz bräunlich
- schwarze Kappe
- kurzer, dicker Hals
- lange Zehen
- Schnabelansatz bläulich
- ♀ Prachtkleid
- ♂ Prachtkleid

Zwergdommel *Ixobrychus minutus* (→ 141)

Sehr kleiner, zierlicher, an einen Nachtreiher erinnernder Vogel.

Status: Seltener Brut- und Sommervogel in Niederungsgebieten, v. a. im Osten.

Kleider: Adulte Männchen und Weibchen ähnlich, aber unterscheidbar, siehe Fotos. Jugendkleid ähnlich ad. Weibchen, aber dessen fast schwarze Gefiederpartien sind nur dunkelbraun und das helle Flügelfeld ist ebenfalls dunkel gesprenkelt.

Stimme: Singt im Schilf ein alle 2-3 Sekunden wiederholtes „wru", auch in der Nacht.

Ähnliche Arten: Kaum zu verwechseln.

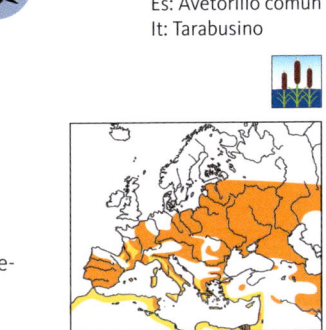

En: Little Bittern
Fr: Blongios nain
Es: Avetorillo común
It: Tarabusino

Nachtreiher *Nycticorax nycticorax* (→ 143)

En: Black-crowned Night Heron
Fr: Bihoreau gris
Es: Martinete común
It: Nitticora

Kompakter, mittelgroßer Reiher.

Status: Im Südosten verbreiteter, im Süden seltener lokaler Brutvogel, regelmäßiger Durchzügler.

Kleider: Geschlechter gleich. Jugendkleid braun mit deutlicher heller Fleckung auf dem Rücken und dunkler Fleckung an Kopf und Unterseite. Einjährige haben einen graubraunen Rücken und eine diffuse Strichelung an den Brustseiten.

Stimme: Tagsüber sehr schweigsam, in der Abenddämmerung jedoch öfter zu hören als zu sehen: ein rau quakendes „wark", oft im Flug geäußert.

Ähnliche Arten: Jungvögel könnten mit der Rohrdommel verwechselt werden, sind jedoch oberseits kräftig weiß gefleckt.

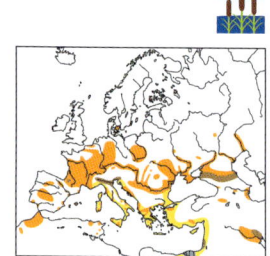

Rallenreiher *Ardeola ralloides* (→ 144)

Eher gedrungener, heller, kleiner Reiher mit schneeweißen Flügeln und sonst eher unauffälliger Färbung.

Status: Regelmäßiger Brutvogel nur in Ungarn, sonst im Süden unregelmäßiger Gast.

Kleider: Geschlechter gleich, im Schlichtkleid sind Kopf und Halsseiten braun gestreift und die Beine sind gelbgrün. Jugendkleid ähnlich Schlichtkleid, aber mit noch deutlicherer Streifung.

Ähnliche Arten: Könnte an jungen Nachtreiher erinnern, der aber deutlich größer ist und keine schneeweißen Flügel hat.

seltener Durchzügler und Brutvogel

En: Squacco Heron
Fr: Crabier chevelu
Es: Garcilla cangrejera
It: Sgarza ciuffetto

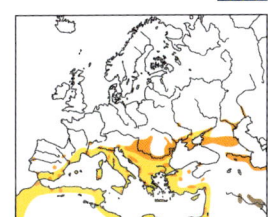

Flügel weiß

Schwanz weiß

adult

Schmuckfedern

graublau mit schwarzer Spitze

Oberseite hell ocker

hellbraun, nicht ocker

Schmuckfedern

Kopf und Hals braun gestreift

Jugend-/Schlichtkleid

Prachtkleid

Kuhreiher *Bubulcus ibis* (→ 145)

Kleiner, weißer Reiher mit kurzem Hals und Schnabel.

Status: Einzelne Bruten in Benelux, ansonsten seltener Gast, z. T. Gefangenschaftsflüchtling oder Freiflieger aus Zoos.

Kleider: Geschlechter gleich, zur Paarungszeit wird der sonst im Adultkleid gelbe Schnabel an der Basis sowie der Hautstreif vor den Augen (Zügel) rötlich. Im Jugendkleid reinweißes Gefieder und der Schnabel ist vorne dunkel, die Füße grau.

Ähnliche Arten: Alle anderen weißen Reiherarten haben deutlich längere und schlankere Schnäbel.

Brutvogel an wenigen Orten

En: Western Cattle Egret
Fr: Héron garde-bœufs
Es: Garcilla bueyera
It: Airone guardabuoi

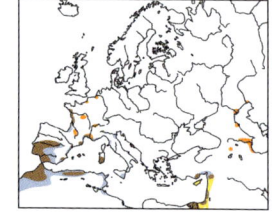

Graureiher *Ardea cinerea* (→ 146)

Großer Reiher mit überwiegend grauen Gefiedertönen.

Status: Häufiger Brutvogel.

Kleider: Geschlechter gleich. Im Jugendkleid Scheitel einfarbig grau, im 2. Winter bereits mit schwarzem Kopfseitenstreif, im Adultkleid dann mit weißer Stirn.

Verhaltensweisen: Steht bei der Jagd oft längere Zeit wie eingefroren bereit zum Zustoßen da.

Stimme: Ruft im Flug, auch bei Nacht, ein hartes, einsilbiges und schrilles „kraik"

Ähnliche Arten: Kaum zu verwechseln, der ebenfalls graue Kranich hat eine andere Gestalt und ist deutlich größer.

En: Grey Heron
Fr: Héron cendré
Es: Garza real
It: Airone cenerino

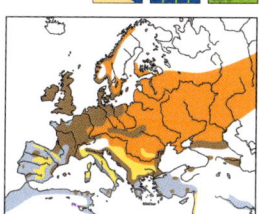

adult

fliegt mit S-förmig gekrümmten Hals

deutlich schwarzer Streifen und Schmuckfedern im Prachtkleid

Scheitel grau

adult
Prachtkleid

Schlichtkleid

Jugendkleid

Beine graubraun

Reiher · Ardeidae

Purpurreiher *Ardea purpurea* (→ 148)

Großer, überwiegend in Brauntönen gefärbter Reiher von sehr ähnlicher Statur wie der Graureiher.

Status: Lokaler Brutvogel v. a. im Südosten und in den Niederlanden, sonst seltener Gast.

Kleider: Geschlechter gleich. Im Jugendkleid überwiegend hellbraun und oberseits dunkel gefleckt. Einjährige ähneln Adulten, aber ihre Flügeloberseite ist noch braun gefleckt.

Stimme: Flugrufe einsilbig, nicht so schrill wie beim Graureiher.

Ähnliche Arten: Im Flug bei ungünstigem Licht nicht leicht vom Graureiher zu unterscheiden: Halskurvatur ist kantiger, Zehen werden häufig gespreizt, Gesamteindruck etwas graziler als Graureiher.

En: Purple Heron
Fr: Héron pourpré
Es: Garza imperial
It: Airone rosso

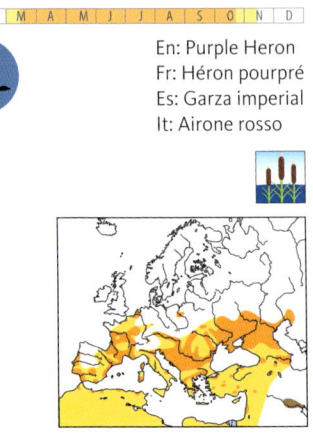

- Zehen auffallend lang
- Unterflügeldecken kastanienbraun
- **adult**
- wenig Schwarzzeichnung
- schwarze Gesichtsstreifen
- Hals sehr lang und dünn
- durchgehende schwarze Linie
- Rücken grau
- Rücken braungrau
- Rücken braun
- **Jugendkleid (diesjährig)**
- **Jugendkleid (einjährig)**
- **adult Prachtkleid**

Reiher · Ardeidae

Silberreiher *Ardea alba* (→149)

Ein großer, reinweißer Reiher.

Status: Regelmäßiger Gast, einzelne Bruten in Mitteleuropa, häufigerer Brutvogel vor allem östlich davon. Viele Wintergäste aus Belarus, Ukraine.

Kleider: Geschlechter gleich. Im Prachtkleid mit dunklem Schnabel und langen Schmuckfedern an Brust und Rücken. Im Schlichtkleid ist der Schnabel gelb. Das Jugendkleid ähnelt sehr dem Schlichtkleid.

Stimme: Fast immer stumm. Nur selten hart ratternde Rufe.

Ähnliche Arten: Andere weiße Reiherarten sind kleiner.

En: Great Egret
Fr: Grande Aigrette
Es: Garceta grande
It: Airone bianco maggiore

Schmuckreiher *Egretta thula* (→ 150)

Dem Seidenreiher sehr ähnlich.
Status: Ausnahmegast aus Nordamerika.

Ausnahmegast

En: Snowy Egret
Fr: Aigrette neigeuse
Es: Garceta nívea
It: Garzetta nivea

Beine schwarz
Zehen gelb

gelbe Zügelhaut

Schmuckfederschopf im Prachtkleid

ganzer Körper einfarbig weiß

Prachtkleid

Reiher · Ardeidae

Seidenreiher *Egretta garzetta* (→ 151)

seltener Durchzügler und Brutvogel

En: Little Egret
Fr: Aigrette garzette
Es: Garceta común
It: Garzetta

Mittelgroßer, zierlicher, reinweißer Reiher.

Status: Brutvogel in Ungarn, andernorts regional kleine Ansiedlungen, regelmäßiger Gast.

Kleider: Geschlechter gleich. Im Prachtkleid mit zwei sehr langen Schmuckfedern am Hinterkopf, zur Paarungszeit außerdem mit rosa-rötlicher Zügelhaut. Im Schlichtkleid fehlen die Schmuckfedern. Jugendkleid ebenfalls rein weiß, Beine grünlich, Unterschnabel hell.

Ähnliche Arten: Von anderen heimischen kleineren weißen Reiherarten durch die dunklen Beine mit gelben Zehen unterscheidbar.

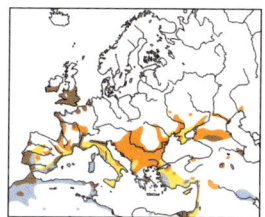

eher kurze, runde Flügel

adult

die beiden sehr langen Schmuckfedern am Hinterkopf fehlen hier

Schmuckfedern

blaugrau, nur zur Paarungszeit rötlich

Schnabel schwarz und dünn

ganzer Körper weiß

Beine schwarz, Zehen gelb

adult
Prachtkleid

adult
Schlichtkleid

Beine samt Zehen grünlich

Rosapelikan *Pelecanus onocrotalus* (→ 125)

Pelikan mit gelbem Kehlsack, rosa Augenpartie und rötlichen Füßen (Prachtkleid).

Status: Ausnahmegast aus Südosteuropa und Kleinasien, wohl oft auch Gefangenschaftsflüchtling.

Kleider: Geschlechter gleich. Im Schlichtkleid Kehlsack weniger lebhaft gelb und ohne die orange-gelbliche Tönung des Prachtkleides. Jugendkleid mit viel Braun, Beine fleischfarben. Immaturkleider heller, Beine bereits mit Gelbstich, das Braun hält sich am längsten im Bereich der Flügel.

Ähnliche Arten: Der Krauskopfpelikan hat im Flug keinen schwarzen Flügelhinterrand.

Ausnahmegast, vor allem aber Neozoon

En: Great White Pelican
Fr: Pélican blanc
Es: Pelícano común
It: Pellicano comune

Krauskopfpelikan *Pelecanus crispus* (→ 127)

Ausnahmegast, vor allem aber Neozoon

En: Dalmatian Pelican
Fr: Pélican frisé
Es: Pelícano ceñudo
It: Pellicano riccio

Pelikan mit orangerotem Kehlsack, gekräuselten Kopffedern und grauen Füßen (Prachtkleid). Im Flugbild Flügel ohne Schwarz-Weiß-Kontrast.

Status: Ausnahmegast aus Südosteuropa und Kleinasien, wohl oft auch Gefangenschaftsflüchtling.

Kleider: Geschlechter gleich. Im Prachtkleid Kehlsack kräftig orange, im Schlichtkleid gelblich rosa. Jugendkleid deutlich hellbraun, Beine rosa. Immaturkleider heller, Beine bereits mit Graustich, das Braun hält sich am längsten im Bereich der Flügel.

Ähnliche Arten: Siehe Rosapelikan.

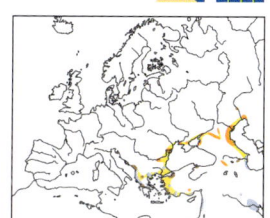

Schwungfedern von unten großteils hell

orange

Füße grau

Prachtkleid

Jugendkleid (1. Sommer)

Schopf

Iris bei Adulten gelb

Übergang zum Prachtkleid

typische Orangefärbung des Kehlsacks noch nicht erreicht

Schlichtkleid

Geier und große Adler

Bei den großen Adlern und den Geiern lassen sich oft wenige Färbungsmerkmale erkennen. Neben diesen liefern Flügel-, Körper- und Schwanzproportionen besonders wichtige Bestimmungshinweise.

Fischadler S. 313
adult

Bartgeier S. 315
immatur
3. Kalenderjahr

Gänsegeier S. 319
Jugendkleid

Schelladler S. 323
Jugendkleid

Schreiadler S. 322
Jugendkleid (ca. 3. Kalenderjahr)

Steinadler S. 328
Jugendkleid (ca. dreijährig)

Seeadler S. 340
Jugendk(leid) (vorjäh(rig))

Fischadler · Pandionidae

Fischadler *Pandion haliaetus* (→ 155)

Mittelgroßer Greifvogel mit heller Unterseite und auffällig langen Flügeln.

Status: Seltener Brutvogel hauptsächlich im Osten, regelmäßiger Durchzügler.

Kleider: Geschlechter ähnlich, das braune Brustband ist bei den Weibchen markanter ausgeprägt. Im Jugendkleid Rückenfedern mit hellen Säumen, die ein Schuppenmuster bilden.

Stimme: Rufe sind duchweg pfeifend und hochtonig, bei Balz in langen Reihen.

Ähnliche Arten: Kaum zu verwechseln.

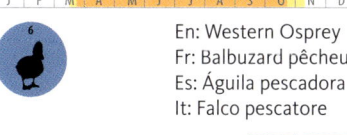

En: Western Osprey
Fr: Balbuzard pêcheur
Es: Águila pescadora
It: Falco pescatore

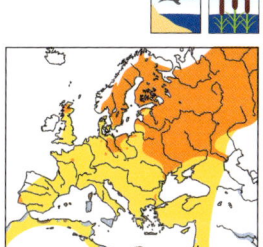

Habichtverwandte • Accipitridae

Gleitaar *Elanus caeruleus* (→ 156)

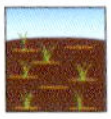

Kleiner schwarz-weißer Greifvogel mit kurzem Schwanz.

Status: Ausnahmegast aus dem westlichen Mittelmeerraum, vor allem von der Iberischen Halbinsel.

Kleider: Geschlechter gleich. Im Jugendkleid mit Braun an Kopf und Brust, Rückengefieder mit weißen Säumen (Schuppenmuster).

Ähnliche Arten: Kaum zu verwechseln.

seltener Durchzügler

En: Black-winged Kite
Fr: Élanion blac
Es: Elanio común
It: Nibbio bianco

Schwanz eher kurz

Unterflügel überwiegend hellgrau

adult

Auge rot

Rücken grau

Schultern schwarz

Brust und Bauch rein weiß

adult

Schuppenmuster im Jugendkleid

Brust oft ocker

Jugendkleid

Habichtverwandte · Accipitridae

Bartgeier *Gypaetus barbatus* (→ 158)

Großer langflügeliger und langschwänziger Geier.

Status: Wiedereingebürgerter Brutvogel in den Alpen.

Kleider: Geschlechter gleich. Im Jugendkleid dunkelbraun und hellgrau, oberer Rücken hell. In den Folgejahren schrittweise dem Adultkleid immer ähnlicher, am längsten bleibt der Kopfbereich dunkel. Das vollständige Adultkleid wird erst etwa im 5. Kalenderjahr erreicht.

Ähnliche Arten: Kaum zu verwechseln. Adler haben eine andere Silhouette.

Brutvogel an wenigen Orten

En: Bearded Vulture
Fr: Gypaète barbu
Es: Quebrantahuesos
It: Gipeto

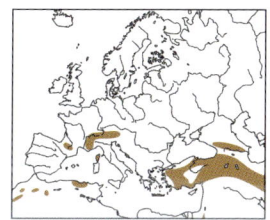

Schmutzgeier *Neophron percnopterus* (→ 159)

En: Egyptian Vulture
Fr: Vautour percnoptère
Es: Alimoche común
It: Capovaccaio

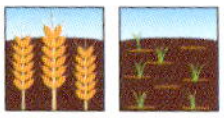

Kleiner, im Adultkleid bis auf die Schwungfedern fast weißer Geier mit charakteristisch keilförmigem Schwanz.

Status: Ausnahmegast aus dem Mittelmeerraum, aus Kleinasien und Nordafrika.

Kleider: Geschlechter gleich. Jugendkleid braun mit graublauem unbefiedertem Gesichtsfeld. In den folgenden Jahren heller braun und mit immer mehr weißlichen Federn, bis im 5. Kalenderjahr das volle Prachtkleid erreicht ist.

Ähnliche Arten: Kaum zu verwechseln.

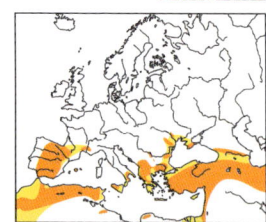

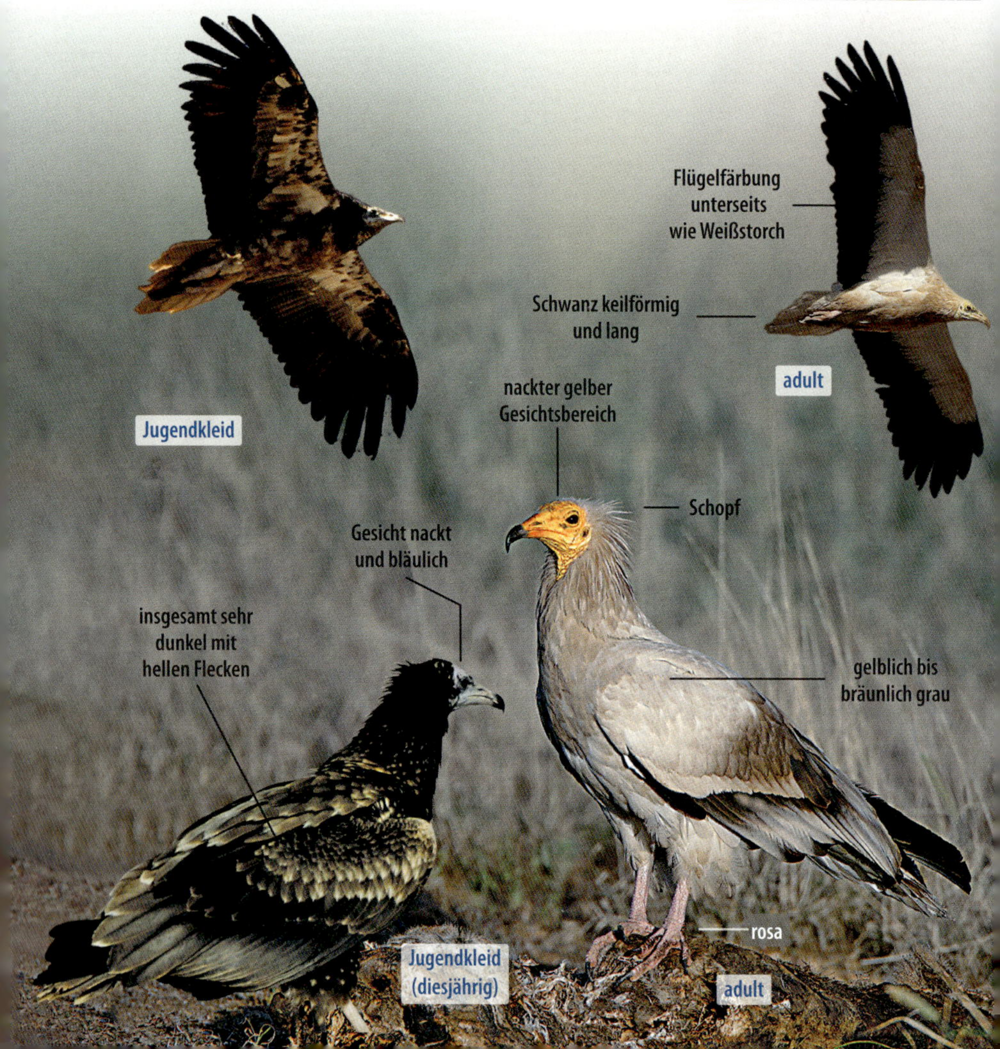

Bussarde, Milane und kleine Adler

Bei fliegenden Bussarden, Milanen und kleinen Adlern liefern Flügelform und Flügelproportionen zusammen mit besonderen Färbungsmerkmalen auf den Unterflügeln und die Bänderung des Schwanzes besonders wichtige Bestimmungshinweise.

Wespenbussard *Pernis apivorus* (→ 160)

En: European Honey Buzzard
Fr: Bondrée apivore
Es: Abejero europeo
It: Falco pecchiaiolo

Mittelgroßer bussardartiger Greifvogel mit auffällig kleinem Kopf, langen Flügeln und langem Schwanz.

Status: Regelmäßiger, aber nirgends häufiger Brutvogel und Durchzügler.

Kleider: Gefiedertönung sehr variabel. Geschlechter oft unterscheidbar, Männchen typischerweise an Oberseite un Kopf grauer gefärbt, aber alte Weibchen können Männchen sehr ähnlich sein. Bei einem Großteil der bräunlicheren Weibchen fallen auch aus der Distanz aufgehellte Handschwingenbasen auf. Im Jugendkleid mindestens an der Brust deutlich längs (nicht quer) gestrichelt, Iris dunkel und Wachshaut am Schnabel gelb.

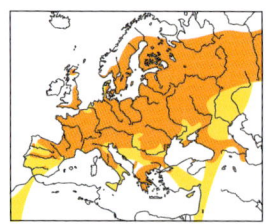

Stimme: Rufe sind hoch und melodisch pfeifend, oft auch mehrsilbig mit Tonsprüngen.

Ähnliche Arten: Unterflügel und Schwanz auffälliger gebändert als beim Mäusebussard, Flügel schlanker, Kopf wirkt kleiner, Schwanz etwas länger. Jungvögel teils schwer von Mäusebussard zu unterscheiden.

Gänsegeier *Gyps fulvus* (→ 163)

Typischer, großer Geier.

Status: Seltener Gast, neuerdings häufigere Einflüge, in den Ostalpen übersommernd.

Kleider: Geschlechter gleich. Im Jugendkleid Halskrause braun und Schnabel grau. Das vollständige Adultkleid wird im 5. oder 6. Kalenderjahr erreicht.

Ähnliche Arten: Nur mit asiatischen oder afrikanischen Arten zu verwechseln. Siehe auch Mönchsgeier.

seltener Gastvogel

En: Griffon Vulture
Fr: Vautour fauve
Es: Buitre leonado
It: Grifone

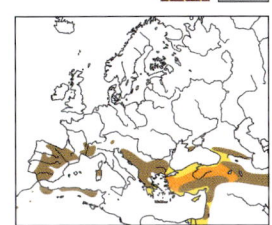

Habichtverwandte • Accipitridae

Mönchsgeier *Aegypius monachus* (→ 162)

Großer, sehr dunkler Geier.

Status: Ausnahmegast, z. T. aus Wiedereinbürgerungsprojekten.

Kleider: Geschlechter gleich. Im Jugendkleid Kopf und Halskrause schwarz, Gefieder braunschwarz. Das vollständige Adultkleid wird meist ab dem 6. Kalenderjahr erreicht.

Ähnliche Arten: Gänsegeier ist etwas kleiner und heller.

seltener Durchzügler

En: Cinereous Vulture
Fr: Vautour moine
Es: Buitre negro
It: Avvoltoio monaco

Habichtverwandte · Accipitridae

Schlangenadler *Circaetus gallicus* (→ 161)

Heller, sehr bussardähnlicher, kleiner Adler.

Status: In Ungarn, Polen und der Slowakei sehr seltener Brutvogel, sonst lokal einzelne Übersommerer, Durchzügler.

Kleider: Geschlechter gleich. Das Jugendkleid ist kaum vom Alterskleid zu unterscheiden, die Variabilität in der Gefiederhelligkeit zwischen Individuen ist dagegen hoch.

Ähnliche Arten: Im Gegensatz zum etwa ein Drittel kleineren Mäusebussard hat der Schlangenadler nie dunkle Flecken am Flügelbug, 3-4 Binden am Schwanz, einen großen, meist dunklen Kopf, gelbe Augen und blaugraue Beine.

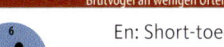
Brutvogel an wenigen Orten

En: Short-toed Snake Eagle
Fr: Circaète Jean-le-Blanc
Es: Culebrera europea
It: Biancone

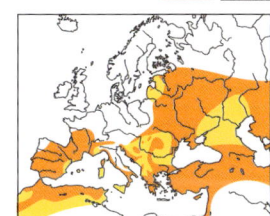

Schreiadler *Aquila pomarina* (→ 168)

Mittelgroßer bis großer, sehr dunkler Adler.

Status: Seltener Brutvogel im Nordosten und Osten, ansonsten seltener Durchzügler.

Kleider: Geschlechter gleich. Im Jugendkleid sind die Flügeldecken dunkler und haben, wie auch Hand- und Armschwingen, eine weiße Spitze. Diese Federn werden bis zum 5. oder 6. Kalenderjahr allmählich durch einfarbig braune Federn ersetzt. Gefiederhelligkeit kann zwischen Individuen deutlich variieren.

Stimme: Im Brutgebiet wird ein melodisches „tjück" (aus der Nähe zweisilbig und schärfer klingend) geäußert, nicht selten auch gereiht.

Ähnliche Arten: Siehe Schelladler.

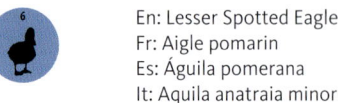

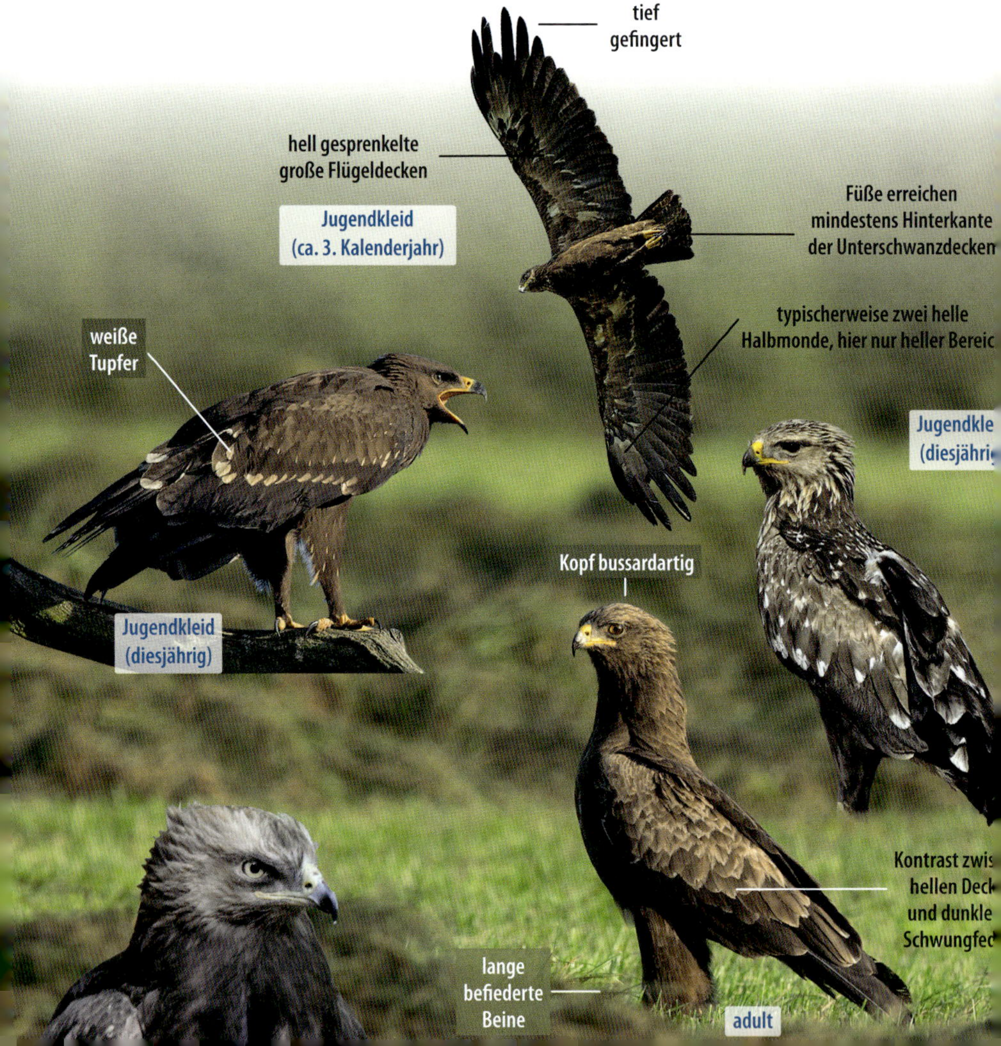

En: Lesser Spotted Eagle
Fr: Aigle pomarin
Es: Águila pomerana
It: Aquila anatraia minore

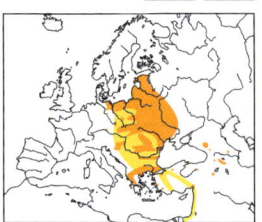

tief gefingert

hell gesprenkelte große Flügeldecken

Jugendkleid (ca. 3. Kalenderjahr)

Füße erreichen mindestens Hinterkante der Unterschwanzdecken

typischerweise zwei helle Halbmonde, hier nur heller Bereic

weiße Tupfer

Jugendkle (diesjähri

Jugendkleid (diesjährig)

Kopf bussardartig

Kontrast zwis hellen Deck und dunkle Schwungfed

lange befiederte Beine

adult

Habichtverwandte • Accipitridae

Schelladler *Clanga clanga* (→ 167)

Mittelgroßer bis großer, sehr dunkler Adler.

Status: Sehr seltener Brutvogel in Ostpolen, seltener Durchzügler, sehr vereinzelt Wintergast.

Kleider: Geschlechter gleich. Im Jugendkleid wirkt der ganze Vogel viel dunkler und ist durch weiße Federspitzen an Rücken, Körperseiten und Hosen deutlich hell gefleckt. Diese Federn werden bis zum 5. oder 6. Kalenderjahr allmählich durch einfarbig braune Federn ersetzt. Gefiederhelligkeit kann zwischen Individuen deutlich variieren.

Ähnliche Arten: Der etwas kleinere Schreiadler hat in der Regel Unterflügeldecken, die heller als die Schwungfedern sind (bei Schelladler meist dunkler), der gleichgroße Steppenadler wirkt langköpfiger und hat einen bis unters Auge weit nach hinten reichenden Schnabelwinkel.

Durchzügler, Wintergast

En: Greater Spotted Eagle
Fr: Aigle criard
Es: Águila moteada
It: Aquila anatraia maggiore

adult

Schwanz gefächert rundlich oder zusammengelegt gerade endend

helles Oval
dunkles Flügelband

Jugendkleid

deutlicher Schopf

typischer flacher Adlerkopf

dunkle Iris

kräftiger Schnabel

Gefieder schwarzbraun

weiße große Flecke

Füße erreichen Hinterrand der Unterschwanzdecken

breitflügelig

Jugendkleid (mehrjährig)

kaum Kontrast zwischen Decken und Schwungfedern

Jugendkleid (diesjährig)

lang gefingert

Zwergadler *Hieraaetus pennatus* (→ 165)

Kleiner Adler, der nur etwa so groß wie ein Mäusebussard ist.

Status: Extrem seltener Brutvogel, v. a. im Osten, seltener Gastvogel.

Kleider: Geschlechter gleich. Es wird eine hellbäuchige („helle") und eine dunkelbäuchige („dunkle") Morphe unterschieden. Aufgrund der ohnehin großen Variabilität der Gefiederhelligkeit ist das Jugendkleid kaum vom Adultkleid zu unterscheiden.

Stimme: Ruft in der Brutzeit häufig. Schrille Rufreihen wie „kli-kli-kli…" oder „ksik-ksik-ksik…".

Ähnliche Arten: Verwechslungsgefahr mit Mäusebussard und bei dunkler Morphe mit Schwarzmilan. Von diesen durch stark gefingerte Flügel, eckigen Schwanz und bei der dunklen Morphe durch weiße Flecke an der Basis der Flügelvorderkante („Positionslichter") unterscheidbar.

Brutvogel an wenigen Orten

En: Booted Eagle
Fr: Aigle botté
Es: Águila calzada
It: Aquila minore

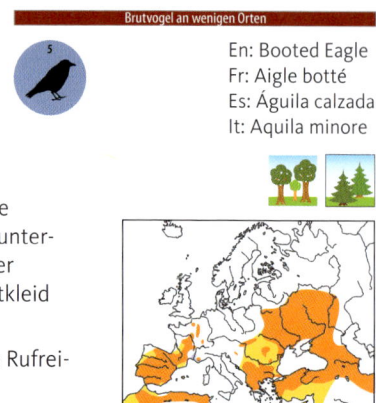

Steppenadler *Aquila nipalensis* (→ 170)

Großer Adler mit langen und breiten Flügeln.

Status: Sehr seltener Ausnahmegast vom Kaspischen Meer, wohl auch Gefangenschaftsflüchtling.

Kleider: Geschlechter gleich. Jugendkleid heller braun, durch weiße Spitzen der Flügeldecken und Schwungfedern auf der Flügelober- und -unterseite und an der Flügelhinterkante ein deutliches weißes Band, das in den folgenden ca. 5 Jahren durch vermauserte und dann einfarbig braune Federn immer mehr verschwindet.

Ähnliche Arten: Siehe Schelladler.

seltener Durchzügler

En: Steppe Eagle
Fr: Aigle des steppes
Es: Águila esteparia
It: Aquila delle steppe

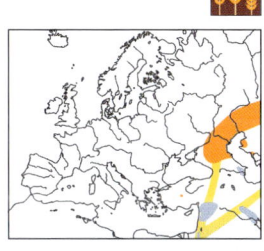

Füße erreichen Hinterrand der Unterschwanzdecken nicht (vgl. Schelladler)

tief siebenfach gefingerte, breite Flügel

Flügelhinterkante deutlich gezahnt und dunkel

adult

Jugendkleid (diesjährig)

Hinterkante von Schwanz, Flügeln und Großen Decken weiß

Kopf schlank, Schnabel kräftig, kein Schopf

langer Schnabelwinkel bis weit unter die Augenhinterkante

adult

Jugendkleid (diesjährig)

Habichtverwandte · Accipitridae

Kaiseradler *Aquila heliaca* (→ 171)

Dem Steinadler ähnlicher, großer Adler, der im Adultkleid auffällige weiße Schulterfedern trägt.

Status: Sehr seltener Brutvogel in Ungarn und der Slowakei, ansonsten Ausnahmegast.

Kleider: Geschlechter gleich. Im Jugendkleid ist der ganze Vogel heller braun und durch helle Federspitzen an Rücken, Hals und Körperseiten deutlich hell gefleckt. Diese Federn werden bis zum 6. Kalenderjahr allmählich durch einfarbig braune Federn ersetzt.

Ähnliche Arten: Steinadler hat längeren Schwanz und nicht so geraden Flügelhinterrand.

Brutvogel an wenigen Orten

En: Eastern Imperial Eagle
Fr: Aigle impérial
Es: Águila imperial oriental
It: Aquila imperiale

Jugendkleid (diesjährig)

Flügel oberseits mit drei weißen Bändern

bei jüngeren Individuen innere Handschwingen hell

adult

Jugendkleid (ca. 3. Kalenderja[hr])

Schwanz eh[er] kurz (nur dopp[elte] Kopflänge, b[ei] Steinadler drei[...])

Sprenkelung bis zum Bauch

Schwungfedern deutlich gebändert, bei Adulten nicht mehr

Rechteckige Flügelform ohne Verengung zum Körper hin (vgl. Steinadler)

langer, kräftiger Kopf mit großem Schnabel

meist mit weißen Schultern

einheitlich schwarzbraunes Gefieder

kontrastreiche mehrfarbige Decken mit hellen Spitzen

markante weiße Strichelung

Jugendkleid (diesjährig)

Iberienadler (Spanischer Kaiseradler)
Aquila adalberti (→ 172)

Sehr ähnlich dem Kaiseradler, im Adultkleid aber mit weißem Flügelvorderrand.

Status: Extreme Ausnahmeerscheinung von der Iberischen Halbinsel.

seltener Durchzügler

En: Spanish Imperial Eagle
Fr: Aigle ibérique
Es: Águila imperial ibérica
It: Aquila imperiale iberica

- Schwanz dunkel mit noch dunklerer breiter Endbinde
- sehr oft weiße Flügelvorderkante
- adult
- helle innere Handschwingen
- nur Brustbereich gesprenkelt
- Jugendkleid (diesjährig)
- meistens mit Weiß im Schulterbereich
- hellbraun gesprenkelt, Schwung- und Schwanzfedern dunkel
- adult
- Kopf größer, Schnabel kräftiger als Steinadler
- golden-weißlicher Nackenbereich
- adult
- Jugendkleid (einjährig)

Steinadler *Aquila chrysaetos* (→ 166)

Sehr großer langflügeliger Adler.

Status: Brutvogel in den Alpen und Karpaten. Sonst seltener Gast.

Kleider: Geschlechter gleich. Im Jugendkleid Rücken einfarbig dunkelbraun, Schwanz weiß mit schwarzer Endbinde und deutliches weißes Feld im Handflügel. Diese Merkmale verschwinden graduell, bis im 6. Kalenderjahr das volle Adultkleid erreicht wird.

Ähnliche Arten: Von anderen Adlerarten im Flug durch den s-förmigen Flügelhinterrand unterscheidbar.

Brutvogel an wenigen Orten

En: Golden Eagle
Fr: Aigle royal
Es: Águila real
It: Aquila reale

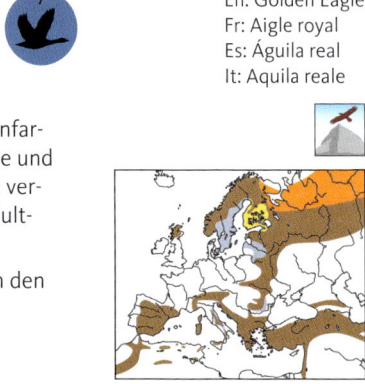

Habichtsadler *Aquila fasciata* (→ 164)

Mittelgroßer Adler mit breitem Schwanz und langen Flügeln.

Status: Ausnahmegast aus dem Mittelmeerraum.

Kleider: Geschlechter gleich. Im Jugendkleid ohne Endbinde am Schwanz und mit rostgelbem, ungesprenkeltem Bauch, der allerdings auch sehr hell ausbleichen kann. Das Adultkleid mit hellem Bauch, deutlichen Sprenkeln und Endbinde am Schwanz wird ab dem Ende des 5. Kalenderjahres erreicht.

Stimme: Im Flug gedehnte pfeifende Einzelrufe mit Tonsprüngen: „klüije".

Ähnliche Arten: Je nach Kleid mit anderen mittelgroßen Greifvögeln verwechselbar, siehe Fotos.

seltener Durchzügler

En: Bonelli's Eagle
Fr: Aigle de Bonelli
Es: Águila perdicera
It: Aquila di Bonelli

Kurzfangsperber *Accipiter brevipes* (→ 178)

Sehr ähnlich Sperber.

Status: Ausnahmegast aus Südosteuropa und Kleinasien.

Kleider: Geschlechter gleich groß, beide im Adultkleid gut unterscheidbar, siehe Fotos. Jugendkleid: braun, heller Bauch mit deutlicher vertikaler Sprenkelung (nicht horizontaler Wellung wie beim ad. Weibchen).

Verhaltensweisen: Wandert gemeinschaftlich im Trupp.

Stimme: Die mehrsilbigen Rufreihen „kii-wík" (auch gereiht) des Weibchens klingen völlig anders als die Rufe des Sperbers.

Ähnliche Arten: Im Gegensatz zum Sperber Silhouette mehr falkenartig mit schmaleren und spitzeren Flügeln und ohne gelbe Augen.

seltener Durchzügler
En: Levant Sparrowhawk
Fr: Épervier à pieds courts
Es: Gavilán griego
It: Sparviere levantino

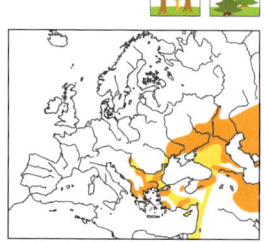

Habichtverwandte · Accipitridae

Sperber *Accipiter nisus* (→ 179)

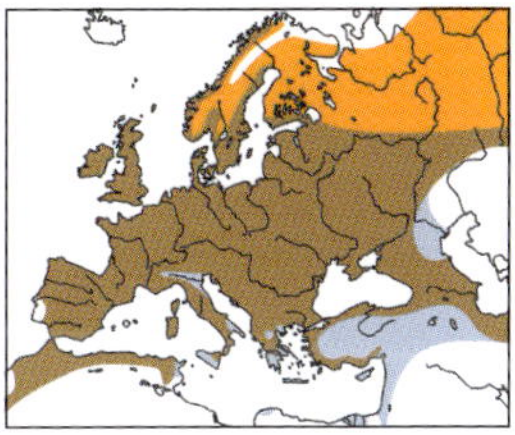

Kleiner Greifvogel mit runden Flügeln und relativ langem Schwanz.

Status: Verbreiteter Brutvogel, Durchzügler und Wintergast.

Kleider: Weibchen deutlich größer als Männchen, beide Geschlechter im Adultkleid gut unterscheidbar, siehe Fotos. Jugendkleid: braun, am Bauch grobe dunkelbraune Querbänderung.

Verhaltensweisen: Beim Flug über offenes Gelände wechseln meist Schlag- und Gleitflugphasen ab, während der Turmfalke kaum gleitet.

Stimme: Einsilbiger Ruf „tjik - tjik...", in langer Reihung, anders als Kurzfangsperber, aber ähnlich dem Beunruhigungsruf des Habichts in Nestnähe.

Ähnliche Arten: Im Gegensatz zum Habicht zeigen Sperber im Flug einen ziemlich gerade endenden, eckigen Schwanz, einen schlanken Hüftbereich und wirken „halslos"

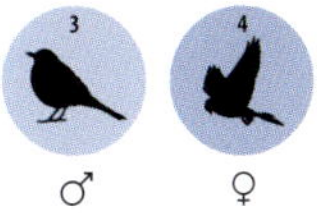

En: Eurasian Sparrowhawk
Fr: Épervier d'Europe
Es: Gavilán común
It: Sparviere

Habichtverwandte · Accipitridae

Habicht *Accipiter gentilis gentilis* und *A. g. buteoides* (→ 177)

En: Northern Goshawk
Fr: Autour des palombes
Es: Azor común
It: Astore

Kleiner (Männchen) bis mittelgroßer (Weibchen) Greifvogel mit langem Schwanz und kurzen runden Flügeln.

Status: Unterart *gentilis* regelmäßiger Brutvogel und Wintergast, Unterart *buteoides* seltener Gast, brütet von Nordschweden an östlich.

Kleider: Weibchen deutlich größer als Männchen, Geschlechter nur anhand der Größe zu unterscheiden. Jugendkleid: braun, heller Bauch mit deutlicher vertikaler Sprenkelung (nicht horizontaler Wellung wie bei adulten Vögeln).

Stimme: Bei Beunruhigung in Nestnähe rufen beide Partner in langen Reihen „kikikiki…".

Ähnliche Arten: Mäusebussard hat schmälere und längere Flügel. Siehe auch unter Sperber und Fotos.

Jugendkleid

Flügel breit und gerundet

langer gerundeter Schwanz

braun gestrichelt

♂ graubraun mit dunklem Bereich hinter den Augen und auf dem Kopf

♂ adult

feine, dunkle Querwellen auf silberfarbenem Grund

wirkt langhalsiger als Sperber (auch im Flug)

der unbefiederte Teil der Beine ist etwa so dick wie das Auge breit ist (vgl. Sperber)

kräftig Längsstri[che]

Jugendkleid

Habichtverwandte • Accipitridae

Rohrweihe *Circus aeruginosus* (→ 173)

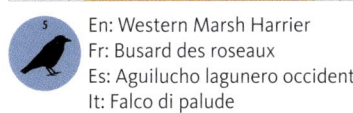

En: Western Marsh Harrier
Fr: Busard des roseaux
Es: Aguilucho lagunero occidental
It: Falco di palude

Schlanker, überwiegend brauner, mittelgroßer Greifvogel.

Status: Regelmäßiger, aber spärlicher Brutvogel, regelmäßiger Gast.

Kleider: Geschlechter im Adultkleid deutlich unterscheidbar, siehe Fotos. Im Jugendkleid sehr dunkel braun (Unterflügeldecken und Schwanz dunkler als beim ad. Weibchen) mit hellem Kopf mit dunklem Augen-Wangen-Feld. Gefiederhelligkeit variabel, es wurde auch eine seltene, (sehr) dunkle Morphe beschrieben.

Ähnliche Arten: Zur Unterscheidung von anderen Weihen siehe Fotos.

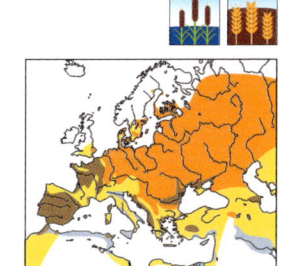

Kornweihe *Circus cyaneus* (→ 174)

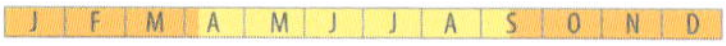

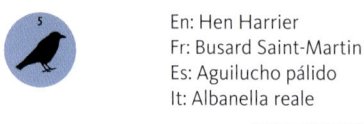

En: Hen Harrier
Fr: Busard Saint-Martin
Es: Aguilucho pálido
It: Albanella reale

Schlanker, mittelgroßer Greifvogel, Männchen überwiegend grau, Weibchen braun.

Status: Sehr seltener Brutvogel im Norden, als Durchzügler und Wintergast lokal häufiger.

Kleider: Geschlechter im Adultkleid deutlich unterscheidbar, siehe Fotos. Im Jugendkleid ähnlich ad. Weibchen, aber Grundfarbe der Brust mehr gelblich als weiß und Brust schwächer gestrichelt, Strichelung nach hinten verschwindend. Das vollständige Adultkleid wird erst im 3. Kalenderjahr erreicht.

Ähnliche Arten: Zur Unterscheidung von anderen Weihen siehe Fotos.

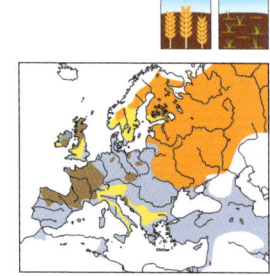

Habichtverwandte • Accipitridae

Steppenweihe *Circus macrourus* (→ 175)

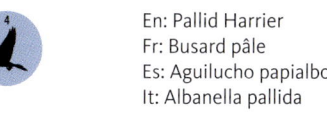

En: Pallid Harrier
Fr: Busard pâle
Es: Aguilucho papialbo
It: Albanella pallida

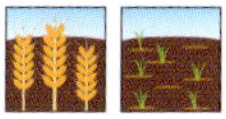

Schlanker, mittelgroßer Greifvogel, Männchen überwiegend grau, Weibchen braun.

Status: Seltener Durchzügler, ausnahmsweise Brutversuche.

Kleider: Geschlechter im Adultkleid deutlich unterscheidbar, siehe Fotos. Im Jugendkleid ähnlich ad. Weibchen, aber rostfarbener und Brust und Vorderflügel ungestrichelt. Das Adultkleid wird erst im 3. Kalenderjahr erreicht.

Ähnliche Arten: Zur Unterscheidung von anderen Weihen siehe Fotos.

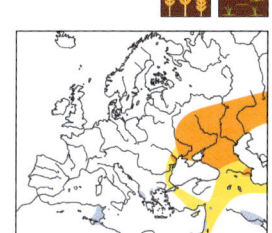

Wiesenweihe *Circus pygargus* (→ 176)

En: Montagu's Harrier
Fr: Busard cendré
Es: Aguilucho cenizo
It: Albanella minore

Schlanker, mittelgroßer Greifvogel, Männchen überwiegend grau, Weibchen braun.

Status: Seltener, lückenhaft verbreiteter Brutvogel, regelmäßiger Durchzügler.

Kleider: Geschlechter im Adultkleid deutlich unterscheidbar, siehe Fotos. Im Jugendkleid ähnlich ad. Weibchen, aber rostfarbener und Brust und Vorderflügel ungestrichelt. Das Adultkleid wird erst im 3. Kalenderjahr erreicht.

Ähnliche Arten: Zur Unterscheidung von anderen Weihen siehe Fotos.

Rotmilan *Milvus milvus* (→ 180)

En: Red Kite
Fr: Milan royal
Es: Milano real
It: Nibbio reale

Mittelgroßer, kontrastreich gefärbter Greifvogel mit langen Flügeln und deutlich gegabeltem Schwanz.

Status: Regelmäßiger Brutvogel, Überwinterer und Durchzügler.

Kleider: Geschlechter gleich. Im Jugendkleid rötliche Flügelvorderkante deutlicher gesprenkelt, Spitzen der Großen Armdecken hell (dadurch helles Band), Unterschwanzdecken heller als bei ad. und Iris dunkel.

 Stimme: Relativ oft zu hörende Rufe „hijüüüüüü-hie-hie", ähnlich Schwarzmilan, aber im Endteil deutlicheres „Wiehern".

Ähnliche Arten: Schwarzmilan ist dunkler, etwas kleiner und hat viel weniger gegabelten Schwanz.

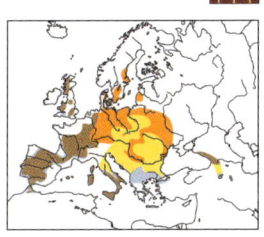

adult

Jugendkleid

helles Flügelfeld

langer, deutlich gegabelter Schwanz

Iris blass gelb

Kopf grau

äußere Schwanzfedern haben noch nicht die entgültige Länge (daher keine Gabelung)

überwiegend dunkel gesprenkelt und rotbraun

Jugendkleid

Iris dunkel

stark ausgeprägte Hosen

adult

Gabelung des oberseits rotbraunen Schwanzes auch im Sitzen deutlich

Habichtverwandte · Accipitridae

Schwarzmilan *Milvus migrans* (→ 181)

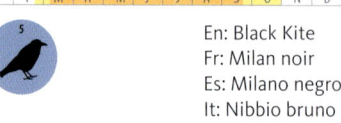

En: Black Kite
Fr: Milan noir
Es: Milano negro
It: Nibbio bruno

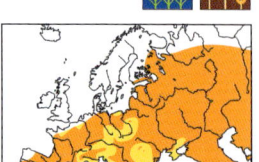

Mittelgroßer, dunkel gefärbter Greifvogel mit schwach gegabeltem („gebuchtetem") Schwanz.

Status: Regelmäßiger Brutvogel und Durchzügler, im Winter nur ausnahmsweise.

Kleider: Geschlechter gleich. Jugendkleid wirkt sprenkeliger durch dunkle Schaftstriche der Federn auf der Oberseite und helle Spitzenflecke auf der Unterseite. Im Jugendkleid außerdem Iris und Augenpartie dunkel.

Stimme: Der häufigste Ruf (neben bussardartigen Rufen) ähnelt stark dem des Rotmilans, ist aber etwas höher und spitzer und das „Wiehern" etwas schneller („piee-gügügügü").

Ähnliche Arten: Siehe Rotmilan.

Kopf weniger deutlich grau abgesetzt als beim Rotmilan

adult

lange Flügel

unterseits einheitlicher gefärbt als Mäusebussard

blass grünlich gelbe Iris

Iris dunkelbraun

oberseits recht einheitlich dunkel graubraun

dunkelbraun mit hellen Flecken

Schwanz ganz leicht gekerbt, fast gerade, aber nie rund

adult

adult

Jugendkleid

Habichtverwandte • Accipitridae

Bindenseeadler *Haliaeetus leucoryphus* (→ 182)

Ähnlich Seeadler. Altvogel mit schwarz-weißem Schwanz.
Status: Ausnahmegast aus Zentral- und Südasien.

seltener Durchzügler

En: Pallas's Fish Eagle
Fr: Pygargue de Pallas
Es: Pigargo de Pallas
It: Aquila di mare di Pallas

Seeadler *Haliaeetus albicilla* (→ 183)

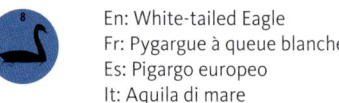

En: White-tailed Eagle
Fr: Pygargue à queue blanche
Es: Pigargo europeo
It: Aquila di mare

Großer Adler mit langen und breiten Flügeln und sehr kurzem, leicht keilförmigem Schwanz.

Status: Lückig verbreiteter, regelmäßiger Brutvogel im Osten, regelmäßiger Wintergast.

Kleider: Geschlechter gleich. Im Jugendkleid dunkler, stark gesprenkelt, mit dunklem Schwanz und dunklem Schnabel. Diese Merkmale gehen graduell ins Adultkleid über, das im 6. oder 7. Kalenderjahr erreicht wird. Altvogel mit weißem Schwanz.

Stimme: Die klirrenden Rufreihen von adulten Seeadlern am Horst sind weit zu hören.

Ähnliche Arten: Aufgrund der Größe und Flugsilhouette kaum verwechselbar.

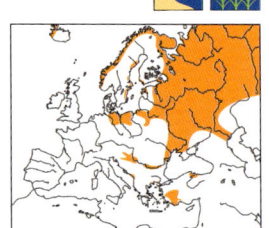

sehr breite, tief gefingerte Flügel

adult

wirkt langhalsig

schwarz-weiß und keilförmig

mächtiger gelber Schnabel

adult

Jugendkleid (vorjährig)

Schwanz zunächst dunkel, wird allmählich heller (vorübergehend kann dabei eine Endbinde auftreten)

Habichtverwandte · Accipitridae

Raufußbussard *Buteo lagopus*   (→ 186)

Sehr ähnlich Mäusebussard, aber geringfügig langflügeliger.

Status: Im Norden und Osten regelmäßiger Durchzügler und Wintergast, im Süden selten und unregelmäßig.

Kleider: Geschlechter sehr ähnlich, adulte Weibchen zeigen einen ausgedehnten dunklen Bauchfleck (Männchen sind dort gebändert), die Unterflügel sind heller und der Schwanz hat nur 1-2 Binden (Männchen 3-4). Jugendkleid ähnlich ad. Weibchen, aber Schwanzbinde und Kontraste insgesamt diffuser, Oberseite des Handflügels großteils sehr hell.

Stimme: Die Rufe sind ähnlich wie beim Mäusebussard.

Ähnliche Arten: Siehe Mäusebussard.

Durchzügler, Wintergast

En: Rough-legged Buzzard
Fr: Buse pattue
Es: Busardo calzado
It: Poiana calzata

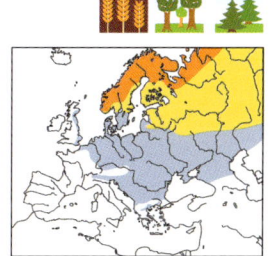

Adlerbussard *Buteo rufinus rufinus*
und *B. r. cirtensis*   (→ 185)

Brutvogel an wenigen Orten

En: Long-legged Buzzard
Fr: Buse féroce
Es: Busardo moro
It: Poiana codabianca

Großer, langflügeliger Bussard.

Status: *B. r. rufinus* sehr seltener Brutvogel in Ungarn, zunehmende Nachweise auch in Österreich. Sonst Ausnahmeerscheinung. *B. r. cirtensis* kommt in Nordafrika und im Nahen Osten vor.

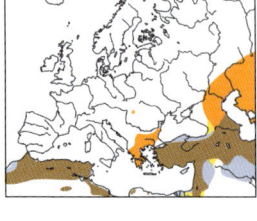

Kleider: Geschlechter gleich. Helligkeit des Gefieders insgesamt sehr variabel, es werden eine helle, eine rotbraune und eine dunkle Morphe benannt. Jugendkleid: Schwanz graugelblich, insgesamt heller als ad., daher dunkle Hosen auffällig. Bei *B. r. cirtensis* sind Bauch und Hosen rostbraun.

Ähnliche Arten: Langflügeliger als Mäusebussard und mit ruhigeren Flügelschlägen unterwegs. Verwechslungsgefahr mit Raufußbussard aufgrund unterschiedlicher Jahreszeiten des Auftretens eher gering.

Mäusebussard *Buteo buteo buteo*
und *B. b. vulpinus* („Falkenbussard") (→ 184)

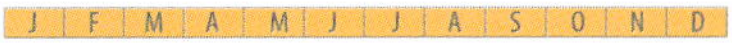

En: Common Buzzard
Fr: Buse variable
Es: Busardo ratonero
It: Poiana

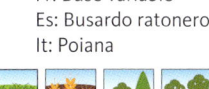

Mittelgroßer Greifvogel mit breiten Flügeln, mäßig langem gerundetem Schwanz und sehr variablem Gefieder von fast weiß bis dunkelbraun.

Status: Unterart *buteo* regelmäßiger Brutvogel, Durchzügler und Wintergast. Unterart *vulpinus* seltener Gast, Brutvogel vom nordöstlichen Europa an ostwärts.

Kleider: Beide Unterarten sehr variabel im Gefieder, deutliche Überlappung im Färbungsmuster. Im Jugendkleid trägt der Schwanz zwar dünne Linien, aber keine deutliche dicke Schwanzbinde und die Bruststrichelung ist vertikal angeordnet (später quer gebändert). Der „Falkenbussard" ist insgesamt wärmer rostfarben getönt und das helle Brustband kann fehlen (aber auch hier gibt es große Färbungsvarianz).

Stimme: Häufigster Ruf ist das typische miauende „hijää", bei Beunruhigung bzw. als Warnruf auch schärfer „pijääh".

Ähnliche Arten: Vom Raufußbussard gut unterscheidbar durch den immer eng gebänderten Schwanz und die unbefiederten Beine, die deshalb stets gelb wirken.

Eulen (adulte Vögel)

Vor allem durch die nach vorne gerichteten Augen erinnern uns Gesichter von Eulen an menschliche Gesichtsausdrücke. Das kann man sich bei der Unterscheidung der Arten zunutze machen.

Schleiereule S. 345

Uhu S. 348

Habichtskauz S. 350

Waldkauz S. 349

Sumpfohreule S. 357

Steinkauz S. 354

Raufußkauz S. 355

Sperlingskauz S. 353

Waldohreule S. 356

Schleiereulen · Tytonidae

Schleiereule *Tyto alba alba*
und *T. a. guttata* (→ 363)

| J | F | M | A | M | J | J | A | S | O | N | D |

En: Western Barn Owl
Fr: Effraie des clochers
Es: Lechuza común
It: Barbagianni

Durch den herzförmigen hellen Gesichtsschleier unverwechselbare, mittelgroße, langbeinige Eule.

Status: Unterart *guttata* regelmäßiger Brutvogel, ganzjährig anwesend, Unterart *alba* seltener Gast (brütet in West- und Südeuropa).

Kleider: Geschlechter gleich. Jugendkleid sehr ähnlich Adultkleid. Unterart *alba* meist mit weißem Bauch, Unterart *guttata* am Bauch meist braun, dies ist aber kein sicherer Hinweis auf die Unterart. Bei Dunenjungen Gesichtsschleier bereits früh erkennbar.

Verhaltensweisen: Schleiereulen würgen Haar- und Knochenreste als etwa daumengroße, dunkle Gewölle aus, die sich unter den Ruheplätzen finden lassen.

Stimme: Nachts kündet oft der schrill schnurrende Laut „gürirrr" von der Anwesenheit von Schleiereulen. Ähnlich das rhythmische Kreischen bettelnder Jungvögel am Brutplatz.

Ähnliche Arten: Unverwechselbar.

dickster Teil des Rumpfes ganz vorne, kein Hals sichtbar

ruht tagsüber oft mit „zusammengekniffenen" Augen

adult

hier keine schwarze Marke, wie z. B. bei Waldohreule

...ugen
...hwarz

...rzförmiger
...chtsschleier
...mit Rand

unterseits helle, breite und runde Flügel

oberseits grau mit Perlflecken

adult
weißbäuchige Variante

adult

Jugendkleid
braunbäuchige Variante

Eulen • Strigidae

Zwergohreule *Otus scops* (→ 364)

En: Eurasian Scops Owl
Fr: Petit-duc scops
Es: Autillo europeo
It: Assiolo

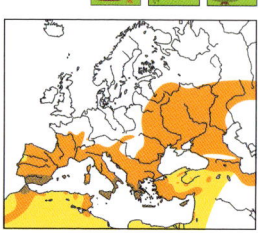

Sehr kleine, graubraun gemusterte Eule mit deutlichen Federohren.

Status: Regelmäßiger Brutvogel in Teilen Österreichs, der Schweiz und der Slowakei. Seltener Gast mit vereinzelten Brutversuchen in Süddeutschland.

Kleider: Geschlechter gleich. Im Jugendkleid mit schwarzen senkrechten Stricheln und nur undeutlicher brauner Querbänderung auf Brust und Bauch. Es wird eine graubraune und eine seltenere rotbraune Morphe unterschieden.

Stimme: Der Gesang besteht aus einem in langen Reihen mit etwa 2-3 Sekunden Abstand vorgetragenen „djü". Ähnlich Sperlingskauz (dieser ruft mehr „gühg") und Geburtshelferkröte. Wie bei anderen Eulen singen auch die Weibchen.

Ähnliche Arten: Kaum mit anderen kleinen Eulen verwechselbar, siehe Fotos.

- sehr breite, runde Flügel
- alle Schwungfedern dunkel mit heller Querbänderung
- adult
- Beine komplett befiedert
- Iris gelb
- in Schlafstellung mit deutlichen Federohren
- dunkle Längsstrichel und helle Querbänder
- Schwanz kurz
- adult rotbraune Morphe
- adult graubraune Morphe

Eulen · Strigidae

Uhu *Bubo bubo* (→ 367)

Sehr große Eule mit kräftigen Füßen, orangeroten Augen und deutlichen Federohren.

Status: Regelmäßiger Brutvogel in geringer Dichte.

Kleider: Geschlechter gleich. Jugendkleid sehr ähnlich Adultkleid. Daunenjunge sind hell bräunlich gefärbt und haben bereits die orangefarbene Irisfärbung der Altvögel, aber zunächst noch kein Federohren.

Stimme: Gesang ist ein kräftiges, hohl klingendes und weittragendes „búoh" etwa alle 3-10 Sekunden, manchmal im Duett der Partner.

Ähnliche Arten: Die ähnlich gestaltete Waldohreule ist viel kleiner, andere in Mitteleuropa auftretende, große Arten haben keine Federohren.

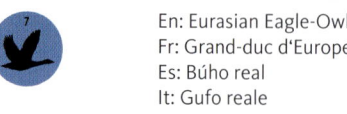

En: Eurasian Eagle-Owl
Fr: Grand-duc d'Europe
Es: Búho real
It: Gufo reale

Waldkauz *Strix aluco* (→ 370)

Mittelgroße, kräftige Eule mit großem, rundem Kopf und großen dunklen Augen.

Status: Regelmäßiger Brut- und Standvogel.

Kleid: Geschlechter gleich. Jugendkleid sehr ähnlich Adultkleid, Daunenjunge überwiegend grau meliert. Bei Adulten werden eine graubraune und eine rotbraune Morphe unterschieden.

Verhaltensweisen: Kann zur Brutzeit nahe dem Nest aggressiv gegenüber Menschen reagieren.

 Stimme: Das Männchen äußert den typischen, hohl flötenden Kauzgesang „huúuu-u-uhuhu-huuuu", das Weibchen ruft am häufigsten „kjuwitt", manchmal sind beide im Duett zu hören.

Ähnliche Arten: Der Habichtskauz ist größer und heller gemustert. Ihm fehlen die hellen Scheitelstreifen des Waldkauzes.

En: Tawny Owl
Fr: Chouette hulotte
Es: Cárabo común
It: Allocco

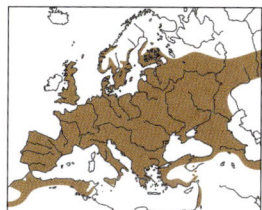

- helle Scheitel-Streifen
- großes rundes „Gesicht"
- am ganzen Körper vielfältige braune Musterung
- keine Federohren

graubraune Morphe

rotbraune Morphe

Jugendkleid

Pullus

Habichtskauz *Strix uralensis macroura* und *S. u. liturata* (→ 371)

En: Ural Owl
Fr: Chouette de l'Oural
Es: Cárabo uralense
It: Allocco degli Urali

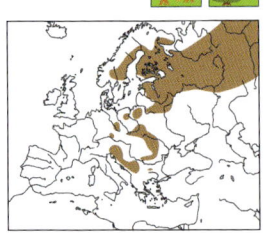

Große, kräftige Eule mit großem, rundem Kopf und großen dunklen Augen.

Status: Unterart *macroura* regelmäßiger Brutvogel der Karpaten und auf dem Balkan, im Bayerischen Wald und in Nordösterreich wieder angesiedelt. Unterart *liturata* seltener Gast (brütet von Nordostpolen bis Russland).

Kleider: Geschlechter gleich. Im Jugendkleid Brust und Bauch matt graubraun waagrecht gestreift.

Verhaltensweisen: Kann zur Brutzeit nahe dem Nest aggressiv gegenüber Menschen reagieren.

Stimme: Ein Strophentyp besteht aus einer sich steigernden Folge von dumpfen kurzen „hu"-Elementen.

Ähnliche Arten: Siehe Waldkauz.

- langer, deutlich und gleichmäßig gebänderter Schwanz
- Gesichtsfeld einfarbig graubraun
- Schnabel samt Wachshaut gelb
- adult
- Juv. (Ästling)
- Schnabel gelb
- beige-graue Grundfärbung, heller als Waldkauz
- adult
- adult, am Nistplatz

Sperbereule *Surnia ulula* (→ 373)

Mittelgroße, langschwänzige, auffällig grauschwarz und weiß gemusterte Eule mit gelben Augen.

Status: Seltener Gast im Norden, sonst Ausnahmegast aus Skandinavien und Nordrussland.

Kleider: Geschlechter gleich, Jugendkleid sehr ähnlich, aber etwas matter. Daunenjunge schiefergrau gemustert und bereits mit gelber Iris.

Verhalten: Jagt oft auch tagsüber.

Ähnliche Arten: Im Flug und im Sitzen an einen Sperber erinnernd, jedoch durch den rundlichen, breiten Eulenkopf gut erkennbar.

seltener Gast
En: Northern Hawk-Owl
Fr: Chouette épervière
Es: Cárabo gavilán
It: Ulula

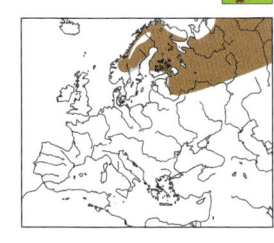

Sperlingskauz *Glaucidium passerinum* (→ 374)

J F M A M J J A S O N D

En: Eurasian Pygmy Owl
Fr: Chevêchette d'Europe
Es: Mochuelo alpino
It: Civetta nana

Nur etwa starengroße, oberseits braune Eule mit relativ langem Schwanz und gelben Augen. Lebt tagaktiv im Fichtenwald.

Status: Regelmäßiger Brutvogel in den Alpen und den Mittelgebirgen, ansonsten nur lokal und selten.

Kleider: Geschlechter gleich. Im Jugendkleid sind die Flanken noch nicht dunkelbraun gebändert und der Scheitel ist noch nicht weiß gepunktet.

Stimme: Im Brutterritorium singen Männchen zu allen Jahreszeiten pfeifend „gühg" in monotoner Wiederholung. Siehe auch Zwergohreule.

Ähnliche Arten: Andere kleine Eulen haben Federohren (Zwergohreule) oder einen viel ausgeprägteren Gesichtsschleier (Raufußkauz). Der Steinkauz ist deutlich größer.

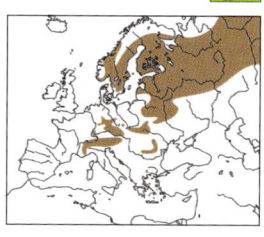

gebändert

vier breite dunkle Schwanzbinden

adult

nur ganz schwach hell gepunktet

Iris gelb

Stirn deutlich hell gepunktet

Jugendkleid

Flanken kaum gemustert graubraun

Oberseite deutlich hell gepunktet

Flanken weich gebändert

adult

Adult, am Nistplatz

Steinkauz *Athene noctua* (→ 375)

En: Little Owl
Fr: Chevêche d'Athéna
Es: Mochuelo europeo
It: Civetta

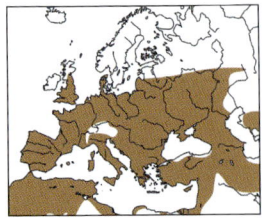

Kleine, braun gemusterte, langbeinige Eule der eher offenen Landschaften.

Status: Regelmäßiger Brutvogel, nicht mehr überall in Mitteleuropa, aber lokal zunehmend.

Kleider: Geschlechter gleich. Im Jugendkleid ist die Brust einfarbig braun und der Scheitel ist noch nicht weiß gepunktet.

Verhaltensweisen: Bei Erregung auffällige Auf- und Abbewegung des ganzen Körpers („Knicksen"), außerdem ruckartige seitliche Bewegungen des Kopfes, um ein Objekt zu fixieren.

Stimme: Der am häufigsten zu hörende Gesang des Männchens ist ein aufsteigendes, fragendes und nasales „guuig?" oder „gwüäig?".

Ähnliche Arten: Durch lange Beine und kurzen Schwanz kaum verwechselbar. Sperlingskauz ist deutlich kleiner.

Eulen • Strigidae

Raufußkauz *Aegolius funereus* (→ 376)

Kleine bis mittelgroße Eule mit deutlichem Gesichtsschleier und oberseits heller, unterseits dunkler, deutlicher Fleckung. „Fragender" Gesichtsausdruck.

Status: Regelmäßiger, aber stark fluktuierender und lückig verbreiteter Brutvogel vor allem im Bergland, aber auch im Flachland.

Kleider: Geschlechter gleich, Jugendkleid sehr ähnlich Adultkleid. Daunenjunge ziemlich einheitlich schokoladenbraun, Iris gelb.

Stimme: Der Gsang besteht aus Strophen nasal klingender Flötentöne, die in der Tonhöhe etwas ansteigen.

Ähnliche Arten: Durch markante Gesichtszeichnung und Fleckung kaum mit anderen Eulen zu verwechseln.

J F M A M J J A S O N D

En: Boreal Owl
Fr: Nyctale de Tengmalm
Es: Mochuelo boreal
It: Civetta capogrosso

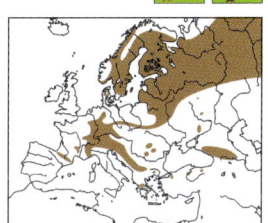

großer, oben abgeflachter Kopf

Schnabel blass gelblich

grob gefleckt

adult

Juv.

Gesichtsfeld dunkel

einfarbig dunkelbraun

einige große Tupfen auf den Schwungfedern

Juv. (Ästling)

Waldohreule *Asio otus* (→ 365)

En: Long-eared Owl
Fr: Hibou moyen-duc
Es: Búho chico
It: Gufo comune

Mittelgroße, braun gemusterte Eule mit orangefarbenen Augen und deutlichen Federohren.

Status: Regelmäßiger Brutvogel und Wintergast.

Kleider: Geschlechter gleich, Jugendkleid sehr ähnlich Adultkleid. Daunenjunge sehr hell braun mit dunklem Gesicht und orangefarbener Iris.

Stimme: Das Männchen singt einsilbig dumpf und eher leise „huh… huh… huh" mit einigen Sekunden Abstand. Das Weibchen singt ähnlich.

Ähnliche Arten: Der ebenfalls Federohren tragende Uhu ist viel größer und die Sumpfohreule hat kleinere Federohren und gelbe Augen.

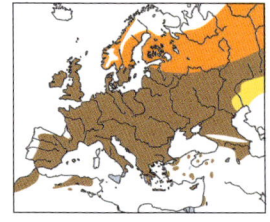

Eulen · Strigidae

Sumpfohreule *Asio flammeus* (→ 366)

Mittelgroße, braun gemusterte, helle Eule mit gelben Augen und kleinen Federohren.

Status: Seltener Brutvogel im Norden und Osten. Nach Süden zunehmend seltener Wintergast, z. T. invasionsartige Einflüge.

Kleider: Geschlechter gleich, Jugendkleid sehr ähnlich Adultkleid. Daunenjunge sehr hell graubraun mit dunklem Gesicht und gelber Iris.

Verhaltensweisen: Jagt bei Tage und in der Dämmerung.

Stimme: Folge von „bubububu..."-Strophen, häufig im Singflug über dem Revier vorgetragen, zusätzlich knatterndes Flügelpeitschen.

Ähnliche Arten: Siehe Waldohreule, Flügelspitzen schwarz.

Brutvogel an wenigen Orten

En: Short-eared Owl
Fr: Hibou des marais
Es: Búho campestre
It: Gufo di palude

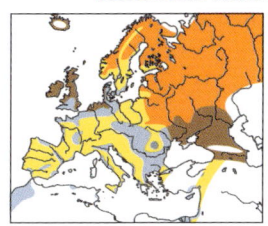

- Flügelspitze dunkel
- dunkle Marke
- Unterflügel fast weiß
- Gesichtsfeld hell eingefasst
- Iris gelb
- dunkle Augenfelder
- dünne Strichelung
- Federohren selten so deutlich
- sehr dunkles Gesicht

Jugendkleid

Juv. (Nestling)

Wiedehopfe · Upupidae

Wiedehopf *Upupa epops* (→ 385)

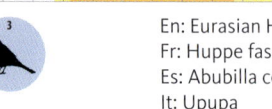

En: Eurasian Hoopoe
Fr: Huppe fasciée
Es: Abubilla común
It: Upupa

Etwa taubengroßer, unverwechselbarer Vogel mit sehr auffälligem Schwarz-Weiß-Muster an den Flügeln, mit aufrichtbarer Haube und abwärts gebogenem Schnabel.

Status: Regelmäßiger Brutvogel mit allerdings großen Verbreitungslücken sowie regelmäßiger, aber seltener Durchzügler andernorts.

Kleider: Geschlechter gleich, Jugendkleid sehr ähnlich Adultkleid.

 Stimme: Der dumpfe, aber weittragende Gesang „ub-ub-ub … ub-ub-ub …" ist für diese Art sehr bezeichnend. Zwischen den in Zweier- bis Fünfergruppen vorgetragenen Strophen liegen 1-2 Sekunden Pause.

Ähnliche Arten: Unverwechselbar.

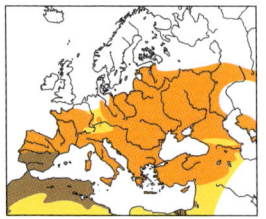

Racken · Coraciidae

Blauracke *Coracias [garrulus] garrulus* (→ 386)

seltener Gastvogel

En: European Roller
Fr: Rollier d'Europe
Es: Carraca europea
It: Ghiandaia marina

Etwa dohlengroßer, überwiegend türkisblau und rotbraun gefärbter Vogel von Krähengestalt.

Status: Regelmäßiger Brutvogel nur noch in Ungarn, sonst sehr selten oder ausgestorben, sehr seltener Sommergast.

Kleider: Geschlechter gleich. Jugendkleid weniger intensiv blau, Brust undeutlich braun auf lichtblauem Grund gestreift.

Stimme: Im Schauflug gedehntes, sägendes „kräää-kräää...", auch „krra-krra..." im Stakkato.

Ähnliche Arten: Innerhalb Europas unverwechselbar.

Eisvogel *Alcedo atthis* (→ 389)

En: Common Kingfisher
Fr: Martin-pêcheur d'Europe
Es: Martín pescador común
It: Martin pescatore

Kleiner, kompakter Vogel mit langem geradem Schnabel, leuchtend blauer Oberseite und orangefarbenem Bauch.

Status: Regelmäßiger, aber nirgends zahlreicher Brutvogel, Durchzügler und Wintergast.

Kleider: Gefieder bei beiden Geschlechtern gleich, aber adulte Weibchen haben eine rote Unterschnabelbasis, Männchen einen komplett schwarzen Schnabel. Im Jugendkleid Gefieder eher grünlich als glänzend blau und Beine grau.

Verhaltensweisen: Bei Erregung wird der Kopf ruckartig gehoben und gesenkt.

 Stimme: Oft kündigt sich der Eisvogel durch seinen schrillen, hohen und spitzen Ruf „zit" oder „tsi-tsüh" (manchmal auch mehrfach wiederholt) an, eher er zu sehen ist.

Ähnliche Arten: Unverwechselbar.

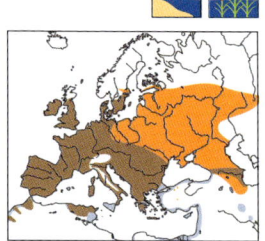

kurzer Schwanz
Oberseite metallisch blau
langer gerader Schnabel
kurze Beine

♂ adult

weißer Ohrfleck
weiße Kehle
Unterseite orange
roter Unterschnabel bei ♀, bei ♂ gänzlich schwarz

♀ adult

Eisvögel · Alcedinidae

Gürtelfischer *Megaceryle alcyon* (→ 391)

Große, auffällige Eisvogelart mit blaugrauem Gefieder und einer Haube aus auffällig verlängerten Kopf- und Nackenfedern.

Status: Ausnahmegast aus Nordamerika.

Ausnahmegast

En: Belted Kingfisher
Fr: Martin-pêcheur d'Amérique
Es: Martín gigante norteamericano
It: Martin pescatore americano

♀ adult

Kopf grau

weißes Halsband

kräftiger, gerader Schnabel

♀ kräftiger gefärbt als ♂

ohne rostbraune Flanken

braun-schwarzes Brustband

♂ adult

rostbraune Flanken

♀ adult

Eisvögel · Alcedinidae

Graufischer *Ceryle rudis* (→ 390)

Großer, schwarz-weiß gefärbter Eisvogel, der oft rüttelnd in der Luft steht.

Status: Ausnahmegast aus Kleinasien.

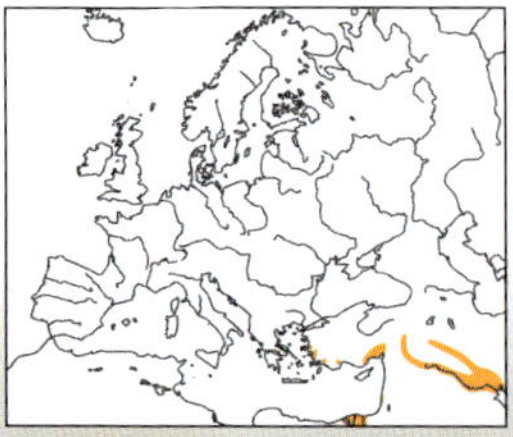

Ausnahmegast

En: Pied Kingfisher
Fr: Martin-pêcheur pie
Es: Martín pescador pío
It: Martin pescatore bianco e nero

- kräftiger, langer, schwarzer, gerader Schnabel
- Oberseite dicht schwarz-weiß gefleckt
- Schwanz sehr kurz
- schwarze Haube
- ♀ mit einfachem Brustband oder zwei seitlichen Flecken
- ♂ mit doppeltem Brustband

♀ adult

♂ adult

Spinte · Meropidae

Blauwangenspint *Merops persicus* (→ 388)

Reichlich drosselgroßer, überwiegend in Grüntönen gefärbter Vogel mit etwa kopflangem, abwärts gebogenem Schnabel.

Status: Ausnahmegast aus Nordafrika und Kleinasien.

Kleider: Geschlechter fast gleich, Schwanzspieße beim Männchen etwas länger. Im Jugendkleid mit einheitlich rostroter Kehle und ohne Blau im Augen- und Stirnbereich.

Ähnliche Arten: Siehe Bienenfresser.

Ausnahmegast

En: Blue-cheeked Bee-eater
Fr: Guêpier de Perse
Es: Abejaruco persa
It: Gruccione egiziano

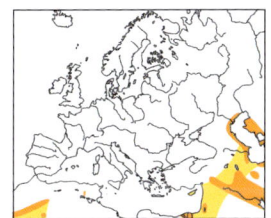

Spinte · Meropidae

Bienenfresser   *Merops apiaster*   (→ 387)

En: European Bee-eater
Fr: Guêpier d'Europe
Es: Abejaruco europeo
It: Gruccione

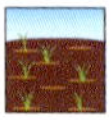

Reichlich drosselgroßer, sehr bunt gefärbter Vogel mit etwa kopflangem, abwärts gebogenem Schnabel.

Status: Seltener, aber regelmäßiger Brutvogel in wärmebegünstigten Regionen, seltener Durchzügler.

Kleider: Geschlechter gleich. Im Jugendkleid ist vor allem der Rücken hell gefärbt und nicht rostrot und die Kopfzeichnung ist kontrastärmer.

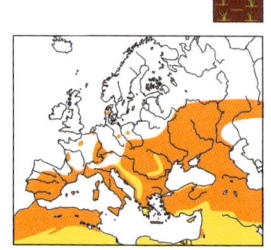

Stimme: Die meistens mehrfach hintereinander geäußerten Rufe fliegender Bienenfresser „pür" oder „prü" machen oft erst auf die Anwesenheit der Art aufmerksam.

Ähnliche Arten: Blauwangenspint hat grünen statt blauen Bauch und trägt längere Schwanzspieße.

im Jugendkleid Rücken grünlich

Jugendkleid

Flügel „trapezförmig"

mittleres Schwanzpaar verlängert

schwarzer Hinterrand im Armflügel breiter

adult

Schnabel lang, schlank und leicht abwärts gebogen

Jugendkleid

Rücken gelbbraun

blaue Stirn

schwarze Maske

gelbe Kehle

♂ adult

keine oder sehr kurze Schwanzspieße

♀ adult

mittlere Steuerfedern beim ♂ länger als beim ♀

Spechte · Picidae

Wendehals *Jynx torquilla* (→ 392)

Schlanke, spatzengroße Vogelart mit graubraunem, rindenartig gemustertem Tarngefieder.

Status: Regelmäßiger Brutvogel mit großen Vorkommenslücken, regelmäßiger, aber nicht häufiger Durchzügler.

Kleider: Geschlechter gleich, Jugendkleid sehr ähnlich Adultkleid.

Stimme: Der Gesang besteht aus einer aufsteigenden Reihe nasaler „gjä"-Elemente (auch schärfer „kje" und mit bis zu 22 Elementen). Manchmal Kontergesang zweier Partner. Trommelt nicht.

Ähnliche Arten: Ggf. mit braun gemusterten Singvögeln zu verwechseln, jedoch am typischen Spechtschnabel, der gestreckteren Gestalt und den auffälligen Längsstreifen auf der Körperoberseite meist gut erkennbar.

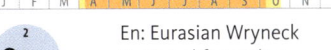

En: Eurasian Wryneck
Fr: Torcol fourmilier
Es: Torcecuello euroasiático
It: Torcicollo

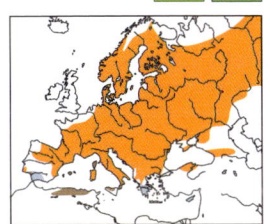

---

dunkler Augenstreif bis zur Schulter

Schnabel kurz und spitz

dunkle Schaftfärbung noch nicht so ausgedehnt wie bei Adulten, dafür mehr helle Tupfen

Schnabel noch kürzer als bei Adulten

auffällige dunkle Mittellinie zieht vom Kopf bis auf den Rücken

markante graubraune Musterung

adult

Schwanz in Grautönen gebändert

Jugendkleid

Spechte · Picidae

Dreizehenspecht *Picoides tridactylus* (→ 396)

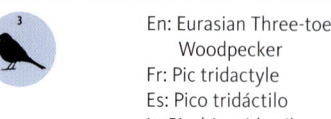

En: Eurasian Three-toed Woodpecker
Fr: Pic tridactyle
Es: Pico tridáctilo
It: Picchio tridattilo

Sehr dunkel wirkender, mittelgroßer, schwarz-weißer Specht mit dichter dunkler Bauchbänderung und ohne jedes Rot.

Status: Seltener Brutvogel der Alpen und höheren Mittelgebirge sowie in NE-Polen (Unterart *tridactylus*), andernorts seltener Gast.

Kleider: Männchen im Adultkleid mit gelbem Scheitel, Weibchen dort nur dunkelgrau mit weißen Stricheln. Jugendkleid ähnlich ad. Weibchen, junge Männchen mit weniger Gelb als Adulte.

Stimme: Das Trommeln ist mit ca. 20 schnellen Schlägen relativ lang und am Schluss beschleunigt.

Ähnliche Arten: Unter den ähnlichen, schwarz-weiß gemusterten Spechten der einzige mit schwarzen Wangen.

ohne Gelb

♀ adult

♂ mit weniger ausgedehntem Gelb als bei Ad.

Auge innerhalb des breiten schwarzen Gesichtsbandes

Schnabel eher kurz

gelbe Stirn

Schnabel etwas kürzer als bei Ad.

Jugendkleid

Rücken sehr variabel reinweiß oder mit dunkler Bänderung

♂ adult

Spechte · Picidae

Mittelspecht *Dendrocoptes medius* (→ 397)

En: Middle Spotted Woodpecker
Fr: Pic mar
Es: Pico mediano
It: Picchio rosso mezzano

Mittelgroßer, schwarz, weiß und rot gefärbter Specht ohne Schwarz über den Augen.

Status: Regelmäßiger Brutvogel, nach Süden zu mit Verbreitungslücken.

Kleider: Geschlechter nahezu gleich, rote Haube bei Männchen etwas weiter nach hinten reichend und kräftiger rot. Jugendkleid sehr ähnlich ad. Weibchen.

 Stimme: Die Reviermarkierung besteht aus viel weniger Trommeln als bei anderen Spechten, dafür einem kläglichen Quäken aus meist vier bis sechs „quää-quää"-Lauten.

Ähnliche Arten: Zur Unterscheidung von den anderen schwarz-weiß gefärbten Spechten siehe Fotos.

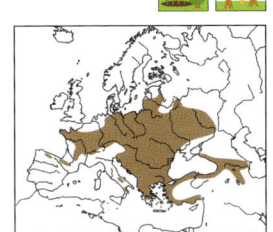

Flügel schwarz-weiß gebändert

Flanken gestrichelt

kein Schwarz im Stirnbereich

Oberkopf komplett rot

Hellrot nach vorne diffus auslaufend

Spechte · Picidae

Kleinspecht *Dryobates minor minor*
und *D. m. hortorum* (→ 401)

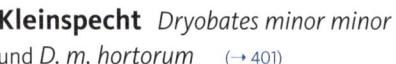

En: Lesser Spotted Woodpecker
Fr: Pic épeichette
Es: Pico menor
It: Picchio rosso minore

Kleiner, schwarz, weiß und rot gefärbter Specht mit auffälliger weißer Querbänderung auf dem Rücken.

Status: Unterart *hortorum* regelmäßiger, ganzjährig anwesender Brutvogel, nur in Berglagen z. T. fehlend; Unterart *minor* seltener Gast (brütet von Skandinavien bis zum Ural).

Kleider: *D. m. minor* mit hellerer, fast weißer Grundfarbe auf der Unterseite, weniger schwarzen Punkten auf den äußeren Schwanzfedern und weniger Schwarz im weißen Rückenfeld als *D. m. hortorum*. Adultes Männchen mit rotem, Weibchen mit schwarzem Scheitel. Jugendkleid kontrastärmer, Kopfseiten mehr schmutzig weiß.

Stimme: Reviermarkierung durch langes, gleichmäßiges und schnelles Trommeln. Der Gesang besteht aus einem ziemlich gleichförmigen „ki-ki-ki-ki….".

Ähnliche Arten: Zur Unterscheidung von den anderen schwarz-weiß gefärbten Spechten siehe Fotos.

Grundfarbe der Bauchseite fast weiß

durchgehende Querbänderung auf dem Rücken

viel Rot an Stirn und Scheitel beim ♂

Schnabel kurz

 ♂ adult
D. m. minor

 ♀ oh Ro

 ♂ adult
D. m. hortorum

beide Geschlechter ohne Rot an den Unterschwanzdecken

Bart-Halsba hier nich geschlosse

 ♀ adult

Blutspecht *Dendrocopos syriacus* (→ 400)

Mittelgroßer, dem Buntspecht sehr ähnlicher Specht.

Status: Brutvogel im östlichen Mitteleuropa, westlich davon sehr selten, in Deutschland Ausnahmegast.

Kleider: Ad. Männchen mit rotem Fleck im Nacken, ad. Weibchen am Kopf nur schwarz-weiß. Im Jugendkleid Brustseiten dunkel gestrichelt und ausgedehnt roter Scheitel – auch bei Weibchen, dort aber kleiner.

Stimme: Siehe Buntspecht, der Ruf ist etwas weicher, das Trommeln etwas länger als bei diesem.

Ähnliche Arten: Zur Unterscheidung von den anderen schwarz-weiß gefärbten Spechten siehe Fotos.

Brutvogel an wenigen Orten

En: Syrian Woodpecker
Fr: Pic syriaque
Es: Pico sirio
It: Picchio rosso di Siria

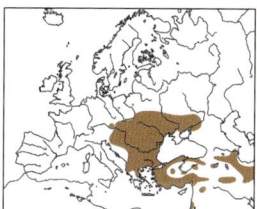

Strichelung an den Flanken (fehlt bei Buntspecht)

adult

♂ mit Rot am Hinterkopf

Bart-Halsband hier nicht geschlossen (vgl. Buntspecht)

Schwanz in allen Kleidern spärlich weiß gefleckt

Unterschwanzdecken rot

♀ adult

♂ adult

Buntspecht *Dendrocopos major major* und *D. m. pinetorum* (→ 399)

En: Great Spotted Woodpecker
Fr: Pic épeiche
Es: Pico picapinos
It: Picchio rosso maggiore

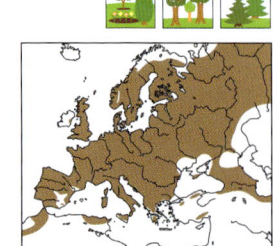

Mittelgroßer, schwarz, weiß und rot gefärbter Specht mit deutlichen weißen Schulterflecken.

Status: Unterart *pinetorum* regelmäßiger, ganzjährig anwesender Brutvogel, Unterart *major* regelmäßiger Durchzügler und Wintergast (brütet in Skandinavien, von Nordpolen bis Sibirien)

Kleider: Ad. Männchen mit rotem Fleck im Nacken, ad. Weibchen am Kopf nur schwarz-weiß, im Jugendkleid ausgedehnt roter Scheitel – auch bei Weibchen, dort aber kleiner.

 Stimme: Trommelwirbel aus meist 10 bis 16 Schlägen, am Anfang etwas stärker, gegen Ende verklingend und etwas schneller, der Ruf ist ein scharfes „kix" (auch gereiht).

Ähnliche Arten: Zur Unterscheidung von den anderen schwarz-weiß gefärbten Spechten ist die Verteilung von Rot und Schwarz an Kopf und im Schulterbereich bedeutend.

Weißrückenspecht

Dendrocopos leucotos (→ 398)

Mittelgroßer, schwarz, weiß und rot gefärbter Specht mit weißem Hinterrücken.

Status: Regelmäßiger, aber seltener Brutvogel in den Alpen und vereinzelt im Osten Mitteleuropas.

Kleider: Adulte Männchen mit rotem Oberkopf, Weibchen am Kopf nur schwarz-weiß. Im Jugendkleid mit wenig Rot an der Stirn.

Stimme: Das Trommeln ist mit 30-40 Schlägen in ca. 1,5 Sekunden relativ lang und beschleunigt sich am Ende.

Ähnliche Arten: Zur Unterscheidung von den anderen schwarz-weiß gefärbten Spechten siehe Fotos.

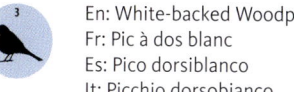

En: White-backed Woodpecker
Fr: Pic à dos blanc
Es: Pico dorsiblanco
It: Picchio dorsobianco

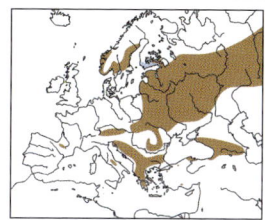

Spechte · Picidae

Schwarzspecht *Dryoscopus martius* (→ 393)

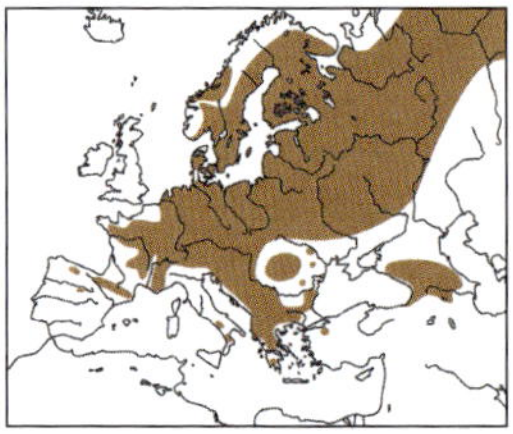

Krähengroßer, ganz schwarzer Specht mit Rot am Kopf.

Status: Regelmäßiger Brutvogel, ganzjährig anwesend.

Kleider: Adulte Männchen mit komplett rotem Oberkopf, bei Weibchen Rot nur am Hinterscheitel. Jugendkleid sehr ähnlich Adultkleid, auch Geschlechterunterschied bereits deutlich.

Stimme: Im Flug wird ein weittragender Ruf „krü-krü-krü…" geäußert, im Sitzen ein gezogener „kliööh"-Ruf. Das reviermarkierende Trommeln ist langsam und kräftig, bis zu 3 Sekunden lang.

Ähnliche Arten: Im Flug von einer Krähe durch hellen Schnabel und Rot mindestens am Hinterkopf unterscheidbar.

En: Black Woodpecker
Fr: Pic noir
Es: Picamaderos negro
It: Picchio nero

- Schnabel lang, gerade und gelblich
- Iris hell
- kleiner Schopf
- ♀ Jugendkleid
- ♂ adult
- Bei ♀ Rot nur am Hinterkopf
- Bei ♂ Rot ausgedehnt
- Körper komplett schwarz
- ♂ adult
- stabiler Stützschwanz
- ♀ adult
- ♂ Jugendkleid

Spechte · Picidae

Grünspecht *Picus viridis* (→ 395)

Mittelgroßer grüner Specht, in allen Kleidern mit Rot von der Stirn bis in den Nacken.

Status: Regelmäßiger Brutvogel, ganzjährig anwesend.

Kleider: Adulte Männchen mit innen rotem Bartstreif (Weibchen nur schwarz). Im Jugendkleid an Kopf, Brust und Bauch kräftig dunkel gefleckt, am Rücken hell gefleckt.

Verhaltensweisen: Oft zur Nahrungssuche auf dem Boden unterwegs (Erdspecht).

Stimme: Gesang hart lachend „kjükjükjük", im Unterschied zum Grauspecht kaum in der Tonhöhe fallend. Trommelt sehr selten.

Ähnliche Arten: Grauspecht ist etwas kleiner und nur das Männchen hat am Kopf einen kleinen roten Stirnfleck.

En: European Green Woodpecker
Fr: Pic vert
Es: Pito real euroasiático
It: Picchio verde

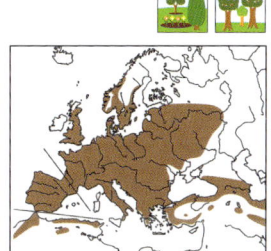
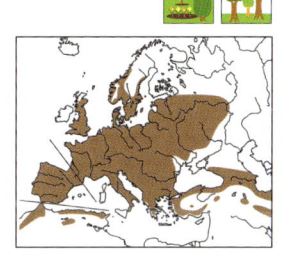

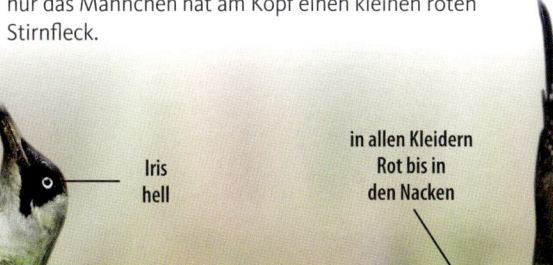

♀ adult

in allen Kleidern Rot bis in den Nacken

Bürzelbereich goldfarben

Iris hell

Bart bei ♀ schwarz

Bart bei ♂ innen rot

grauer Körper deutlich gefleckt

♂ adult

Jugendkleid

Spechte · Picidae

Grauspecht *Picus canus* (→ 394)

En: Grey-headed Woodpecker
Fr: Pic cendré
Es: Pito cano
It: Picchio cenerino

Mittelgroßer grüner Specht mit grauem Kopf (nur bei Männchen kleiner roter Stirnfleck).

Status: Regelmäßiger Brutvogel im Süden, dort ganzjährig anwesend.

Kleider: Adulte Männchen mit rotem Stirnfleck, bei adulten Weibchen ist die Stirn grau (am Kopf nirgends Rot). Im Jugendkleid Männchen mit angedeuteter roter Scheitelplatte, graugrünem Gefieder und undeutlicher dunkler Bänderung am Bauch. Weibchen im Jugendkleid sehr ähnlich adulten Weibchen.

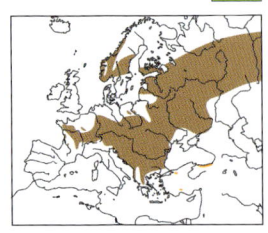

 Stimme: Trommelt mit etwa 20 Schlägen pro Sekunde für 1-2 Sekunden Dauer. Der Gesang besteht aus einer rein klingenden, pfeifenden Reihe „kü-kü-kü…", die gegen Ende deutlich absinkt und etwas langsamer wird.

Ähnliche Arten: Grünspecht ist etwas größer und hat Rot von der Stirn bis in den Nacken.

Falken · Falconidae

Rötelfalke *Falco naumanni* (→ 195)

Kleiner bis mittelgroßer, dem Turmfalken sehr ähnlicher Falke.

Status: In Mitteleuropa Ausnahmegast.

Kleider: Geschlechter im Adultkleid leicht unterscheidbar, siehe Fotos. Jugendkleid sehr ähnlich demjenigen der ad. Weibchen, aber oberseits mehr gelblich und unterseits gröber gestrichelt. Einjährige Männchen haben auf der Oberseite des Handflügels vorne bereits das ungezeichnete Rotbraun, hinten dagegen noch die Fleckung.

Stimme: Ruft weniger klar und zuweilen ausgesprochen heiser wetzend im Vergleich zum Turmfalken.

Ähnliche Arten: Etwas kleiner als Turmfalke und anhand des charakteristischen „tsche - tsche - tsche"-Rufes von diesem zu unterscheiden. Weitere Unterscheidungsmerkmale siehe Fotos.

Ausnahmegast

En: Lesser Kestrel
Fr: Faucon crécerellette
Es: Cernícalo primilla
It: Grillaio

Turmfalke *Falco tinnunculus* (→ 196)

Mittelgroßer Falke mit langen Flügeln und Schwanz.

Status: Regelmäßiger Brutvogel, Durchzügler und Wintergast.

Kleider: Geschlechter im Adultkleid leicht unterscheidbar, siehe Fotos. Jugendkleid sehr ähnlich demjenigen der ad. Weibchen, aber oberseits mehr gelblich und unterseits gröber gestrichelt.

Verhaltensweisen: Eine typische Jagdtechnik besteht darin, im Rüttelflug den Boden nach Beute abzusuchen.

Stimme: Häufig ist eine Rufreihe „kji-kji-kji..." zu hören, die mit Rufen des Kleinspechts verwechselt werden kann, jedoch kräftiger und gepresster klingt.

Ähnliche Arten: Der ähnliche, im Mittelmeerraum beheimatete Rötelfalke ist etwas kleiner und ruft anders. Einige typische Turmfalkenmerkmale fehlen ihm, siehe Fotos.

En: Common Kestrel
Fr: Faucon crécerelle
Es: Cernícalo vulgar
It: Gheppio

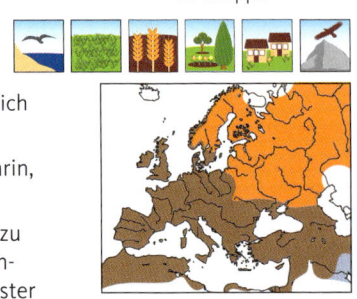

♂ vorjährig

hell rostbraun mit grober Fleckung

Jugendk

Flügel spitz

Schwanz lang

♀ adult

Unterseite kräftig gefleckt

Kopf grau

Bartstreif bei beiden Geschlechtern nicht immer deutlich

Kopf brau

oberseits rostrot mit schwarzen Flecken

♂ adult

♀ adult

Rotfußfalke *Falco vespertinus* (→ 194)

Kleiner Falke mit roten Füßen.

Status: Brutvogel in der pannonischen Tiefebene, andernorts regelmäßiger, seltener Gast, ausnahmsweise Brutversuche.

Kleider: Geschlechter im Adultkleid deutlich unterscheidbar, siehe Fotos. Jugendkleid oberseits braungrau, unterseits hell ocker mit kräftigen dunklen Stricheln. Junge Männchen haben als Einjährige bereits den überwiegend schiefergrauen Bauch, tragen aber erst als Zweijährige ausnahmslos von unten einfarbig graue Schwungfedern.

Stimme: In der Brutkolonie ruffreudig: Schnelle lange Rufreihen, höher klingend als die des Turmfalken.

Ähnliche Arten: Adulte Vögel kaum verwechselbar. Zur Identifikation der (noch gelbfüßigen) Jungvögel v. a. gegenüber dem Baumfalken siehe Fotos.

En: Red-footed Falcon
Fr: Faucon kobez
Es: Cernícalo patirrojo
It: Falco cuculo

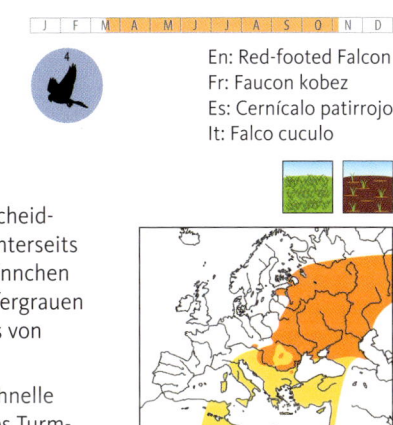

Falken · Falconidae

Eleonorenfalke *Falco eleonorae* (→ 192)

Mittelgroßer, schlanker Falke mit langem Schwanz und langen schmalen Flügeln.

Status: Ausnahmegast aus dem Mittelmeerraum.

Kleider: Geschlechter gleich. Im Jugendkleid Oberseite graubraun mit hellen Federrändern, Brust und Bauch ocker mit kräftiger dunkler Strichelung, Schwanz mit weißer Endbinde. Es werden eine im Adultkleid einfarbig dunkelbraune („dunkle") und eine „helle" Morphe unterschieden.

Ähnliche Arten: Verwechslungsgefahr mit Baumfalke, siehe Fotos.

Ausnahmegast

En: Eleonora's Falcon
Fr: Faucon d'Éléonore
Es: Halcón de Eleonora
It: Falco della Regina

Merlin *Falco columbarius aesalon*
und *F. c. subaesalon* (→ 191)

Kleiner Falke mit breiten Armflügeln, spitzen Handflügeln und einer an den Wanderfalken erinnernden „Brustlastigkeit".

Status: Unterart *aesalon* regelmäßiger, aber spärlicher Durchzügler und Wintergast; Rasse *subaesalon* seltener Gast (Brutvogel in Island).

Kleider: Geschlechter im Adultkleid deutlich unterscheidbar, siehe Fotos. Jugendkleid sehr ähnlich demjenigen adulter Weibchen.

 Stimme: Am Brutplatz beim Hassen auf einen Greifvogel schnelle Phrasen wie „kji-kji-kji...".

Ähnliche Arten: Vom etwa gleich großen Sperbermännchen durch spitze Flügel unterscheidbar. Silhouette erinnert an den viel größeren Wanderfalken.

En: Merlin
Fr: Faucon émerillon
Es: Esmerejón
It: Smeriglio

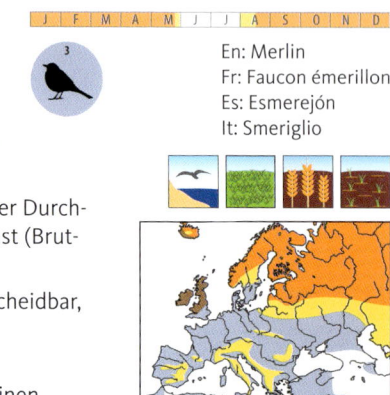

Baumfalke *Falco subbuteo* (→ 193)

Mittelgroßer, schlanker Falke mit langen, spitzen Flügeln.

Status: Regelmäßiger, aber seltener Brutvogel und Durchzügler.

Kleider: Geschlechter gleich. Jugendkleid oberseits graubraun mit hellen Federrändern, unterseits ocker. Unterschwanzdecken und „Hosen" ebenfalls ocker und noch nicht rot wie bei Adulten.

Stimme: Ruft zur Brutzeit häufig ein rasches Lahnen wie „gügügigi…", das an den Gesang des Wendehalses erinnert, außerdem gereihte Stakkato-Rufe „kjikjikjik…".

Ähnliche Arten: Verwechslungsgefahr mit Wander- und Eleonorenfalke, siehe Fotos.

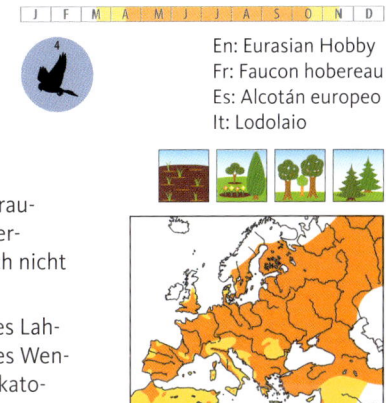

En: Eurasian Hobby
Fr: Faucon hobereau
Es: Alcotán europeo
It: Lodolaio

Falken · Falconidae

Lannerfalke *Falco biarmicus* (→ 190)

Großer, der Silhouette nach etwas an einen Turmfalken erinnernder Falke mit relativ schmalen Flügeln und schmalem Schwanz.

Status: Ausnahmegast in Tschechien und der Slowakei, außerdem Falknervögel.

Kleider: Geschlechter gleich. Im Jugendkleid bei europäischen Vögeln Rücken sehr dunkel graubraun, Unterseite ocker (nicht weiß), mit dunklen Flecken.

Stimme: Lautes, hölzern klingendes Lahnen („kwäh-kwäh…"), nicht oft zu hören.

Ähnliche Arten: Zur Unterscheidung von anderen größeren Falkenarten siehe Fotos.

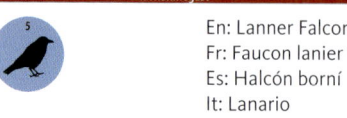
Ausnahmegast

En: Lanner Falcon
Fr: Faucon lanier
Es: Halcón borní
It: Lanario

schmalflügelig

„Hosen" im Jugendkleid immer hell (vgl. Würgfalke)

dunkle Armdecken bilden schmaleres Band als bei Würgfalke

Jugendkleid

adult

Schwanz lang

brauner Nacken und Überaugenstreif

deutlicher Bartstreif

Rücken schiefergrau mit etwas Braun

Ansatz von Querbänderung (vgl. Würgfalke)

gepunktet, nicht gestreift

adult

adult

Falken · Falconidae

Würgfalke (Sakerfalke) *Falco cherrug* (→ 189)

Großer, überwiegend braun gefärbter Falke mit breiten, eher stumpfen Flügeln.

Status: Sehr seltener Brutvogel in der pannonischen Tiefebene, sonst seltener Gastvogel und frei fliegende Falknervögel.

Kleid: Geschlechter gleich. Im Jugendkleid Rücken sehr dunkel graubraun, Fleckung der Unterseite gröber. Beine und Wachshaut graublau (bei ad. gelb).

Ähnliche Arten: Zur Unterscheidung von anderen größeren Falkenarten siehe Fotos.

Brutvogel an wenigen Orten

En: Saker Falcon
Fr: Faucon sacre
Es: Halcón sacre
It: Sacro

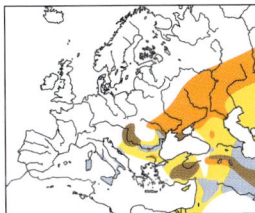

die dunkel gezeichneten Armdecken bilden ein breites Band (vgl. Lannerfalke)

dicke Längsstrichel (vgl. Lannerfalke)

adult

adult

dieser Vogel hat eine Mauserlücke

Kopf hell

undeutlicher Bartstreif

heller Überaugenstreif

Jugendkleid

adult

dunkle Hosen (vgl. Lannerfalke)

Falken · Falconidae

Gerfalke *Falco rusticolus* (→ 188)

seltener Gast
En: Gyrfalcon
Fr: Faucon gerfaut
Es: Halcón gerifalte
It: Girfalco

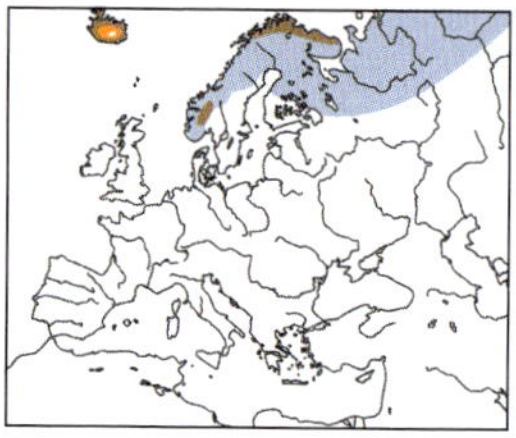

Größter bei uns gelegentlich zu beobachtender Falke mit überwiegend grau und weiß gefärbtem Gefieder und breiten Flügeln.

Status: Die hier gezeigte graue Morphe tritt im Norden als sehr seltener Wintergast auf, ferner werden frei fliegende Falknervögel (dann auch die weiße Morphe) und Hybriden beobachtet.

Kleider: Geschlechter gleich. Im Jugendkleid Rücken sehr dunkel graubraun, Fleckung der Unterseite gröber. Beine und Wachshaut graublau (bei ad. gelb). Es werden eine in Grönland beheimatete „weiße" und eine „graue" Morphe unterschieden.

Verhaltensweisen: Neigt dazu, Beute am Boden zu machen.

 Stimme: Am Brutplatz vom Altvogel rau wetzende Stakkato-Ruffolgen.

Ähnliche Arten: Zur Unterscheidung von anderen größeren Falkenarten siehe Fotos.

Falken · Falconidae

Wanderfalke *Falco peregrinus peregrinus* und *F. p. calidus* (→ 187)

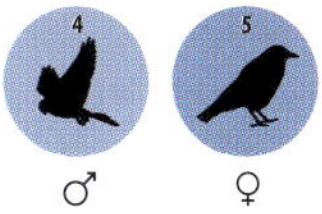

Kräftig gebauter, im Flug „brustlastiger", mittelgroßer Falke. Wid häufig für Falknereizwecke benutzt.

Status: Unterart *peregrinus* regelmäßiger Brut- und Gastvogel, Unterart *calidus* seltener, aber regelmäßiger Durchzügler (Brutvogel der Eurasischen Tundra).

Kleid: Geschlechter nahezu gleich, Weibchen sind größer. Im Jugendkleid ockerfarbener Bauch mit Längsstricheln, im Adultkleid weißer Bauch mit Querbänderung. Unterart *calidus* ist generell etwas heller als *peregrinus*.

Verhaltensweisen: Schlägt nur fliegende Beute im rasanten Stoßflug.

En: Peregrine Falcon
Fr: Faucon pèlerin
Es: Halcón peregrino
It: Falco pellegrino

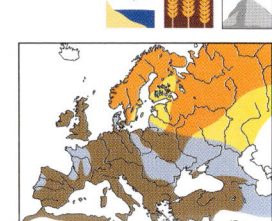

Stimme: Zur Brutzeit lauter als andere Großfalken, oft z. B. „Lahnen" wie „gääi-gääi..." mit etwa eine Sekunde dauernden, anschwellenden Einzelelementen, auch hölzern keckernde Erregungsrufe, zugleich rau und schrill.

Ähnliche Arten: Zur Unterscheidung von anderen größeren Falkenarten siehe Fotos.

Armflügel breit

spitze Flügel

adult *F. p. peregrinus*

Unterseite braun mit Längsstreifen

feine Querbänderung

Jugendkleid *F. p. peregrinus*

Jugendkleid *F. p. calidus*

Unterdecken einheitlich gefärbt (siehe Gerfalke)

streicher Kopf

wirkt brustlastig

Bartstreif breit, dunkle Kappe

adult *F. p. peregrinus*

Jugendkleid *F. p. calidus*

Mönchssittich *Myopsitta monachus* (→ 356)

Mittelgroßer, oberseits grüner, unterseits hellgrauer Papagei mit viel Blau in den Flügeln, Grau am Kopf und hornfarbenem Schnabel.

Status: In einzelnen Regionen frei brütend, z. B. Belgien, Niederlande, Slowakei.

Kleider: Geschlechter gleich. Im Jugendkleid Stirn grünlich.

Stimme: Ruft in der Brutkolonie laut, schrill und metallisch „krijehjekrije", auch Einzelrufe.

Ähnliche Arten: Aufgrund der Färbung mit keinem anderen in Europa auftretenden Papagei verwechselbar.

Neozoon
En: Monk Parakeet
Fr: Conure veuve
Es: Cotorra argentina
It: Parrocchetto monaco

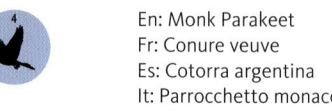

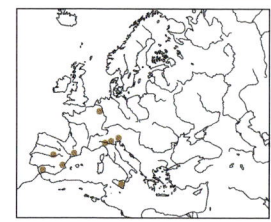

Handflügel bläulich grau

Stirn und Kehle grau

Schnabel hell

adult

adult

Schwanz relativ kurz

Altweltpapageien • Psittaculidae

Gelbkopfamazone
(Große Gelbkopfamazone)
Amazona oratrix (→ 357)

Neozoon

En: Yellow-headed Amazon
Fr: Amazone à tête jaune
Es: Amazona cabecigualda
It: Amazzone testagialla

Kurzschwänziger, eher gedrungener, grüner Papagei mit gelber Stirn und dunkelgrauem Schnabel.

Status: Kleine, aber inzwischen etablierte, frei lebende Population in Stuttgart.

Kleider: Geschlechter gleich. Im Jugendkleid ist das Gelb weniger ausgedehnt. Das volle Adultkleid wird im 3. oder 4. Lebensjahr erreicht.

 Stimme: Vielgestaltige Ruffolgen, besonders in Gemeinschaft, oft mit Tonsprüngen, erinnern zuweilen an Kinderstimmen.

Ähnliche Arten: Von gelegentlich auftretenden anderen Amazonenarten durch Gefiederfärbung unterscheidbar.

Alexandersittich *Psittacula eupatria* (→ 354)

Neozoon

En: Alexandrine Parakeet
Fr: Perruche alexandre
Es: Cotorra alejandrina
It: Parrocchetto di Alessandro

Mittelgroßer, grüner Papagei mit rotem Schnabel und rötlichem Schulterfeld, etwas größer als Halsbandsittich.

Status: Lokaler Brutvogel aus Einbürgerungen, in Deutschland (z. B. Rheingebiet) und Belgien und weiteren Orten in Mitteleuropa etabliert, sonst Gefangenschaftsflüchtling.

Kleider: Adulte Männchen mit deutlichem schwarzem Halsband, Weibchen ohne und außerdem etwas matter gefärbt. Im Jugendkleid sehr ähnlich ad. Weibchen, aber mit kürzerem Schwanz.

 Stimme: Ruft laute gutturale Einzelrufe wie „krijak" oder blechern trillernd „kjääk".

Ähnliche Arten: Der ähnlich gefärbte Halsbandsittich ist kleiner und hat kein rötliches Schulterfeld.

Iris gelblich

Halsband noch undeutlich (beim Weibchen in allen Kleidern fehlend)

Unterflügeldecken dunkelgrün

♂ 2. Kalenderjahr

Schnabel rot

Nacken rosa

deutliches Halsband beim ♂

weinrote Schultermarke (im Flug markant)

rote Schultermarken

lange Schwanzfedern

♂ adult

sehr langer Schwanz

Halsbandsittich *Psittacula krameri* (→ 355)

Mittelgroßer, grüner Papagei mit rotem Schnabel, ohne rötliches Schulterfeld.

Status: Als Gefangenschaftsflüchtling lokaler Brut- und Jahresvogel im Westen, vor allem in Städten.

Kleider: Adulte Männchen haben schwarzen Kinnlatz und schwarzes Halsband, beides fehlt den Weibchen, die außerdem etwas matter gefärbt sind. Im Jugendkleid Wachshaut und Iris dunkel, Schwanz kürzer, aber ansonsten sehr ähnlich ad. Weibchen.

Verhaltensweisen: Treffen sich abends scharenweise und lärmend am Gemeinschaftsschlafplatz in ausgesuchten Bäumen.

Stimme: Ruft laut, kreischend gereiht „kihek kijek…" oder „schrie-schrie-schrie…"

Ähnliche Arten: Der ähnlich gefärbte Alexandersittich ist größer und hat ein rötliches Schulterfeld.

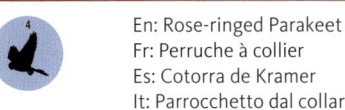

Neozoon

En: Rose-ringed Parakeet
Fr: Perruche à collier
Es: Cotorra de Kramer
It: Parrocchetto dal collare

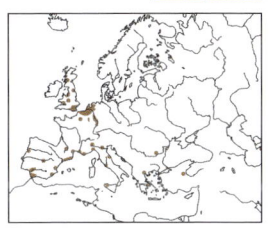

Würger · Laniidae

Braunwürger *Lanius cristatus* (→ 407)

Ausnahmegast

En: Brown Shrike
Fr: Pie-grièche brune
Es: Alcaudón pardo
It: Averla bruna

Ähnlich Neuntöter, aber auch Männchen ausschließlich in Braun- und Beigetönen gefärbt und mit sehr markanter Gesichtsmaske in allen Kleidern.

Status: Ausnahmegast aus Zentral- und Ostasien.

 Stimme: Bei Beunruhigung am Brutplatz stakkatoartige raue Phrasen wie „dsed-dsed-dsed...".

Jugendkleid (vorjährig)
- kräftiger Schnabel
- deutliche breite Maske in allen Kleidern
- auch schon im ersten Jahr schwächer gebändert als Neuntöter

♀ adult
- Nacken braun
- außerhalb der Brutzeit Schnabel bereits hell
- Flanken z. T. ocker
- langer Schwanz

♂ adult
- Scheitel und Nacken braun
- Flanken dunkel beige

Neuntöter *Lanius collaris* (→ 408)

Kräftig gebauter, über sperlingsgroßer Singvogel mit starkem hakigem Würgerschnabel und je nach Kleid mehr oder weniger auffälliger Augenmaske.

Status: Regelmäßiger Brutvogel und Durchzügler.

Kleider: Geschlechter im Prachtkleid deutlich unterscheidbar, siehe Fotos. Im Jugendkleid ähnlich Weibchen, aber Stirn und Rücken dunkelbraun gewellt.

Stimme: Flüssiger Wartengesang mit zahlreichen Imitationen.

Ähnliche Arten: Weibchen und Jungvögel des Rotkopfwürgers sind nur wenig größer, haben aber einen kräftigeren Schnabel und sind v. a. am Kopf mehr kastanienbraun getönt. Schulterfedern der braunen Kleider beim Neuntöter haben braune Zentren.

En: Red-backed Shrike
Fr: Pie-grièche écorcheur
Es: Alcaudón Dorsirrojo
It: Averla piccola

Würger · Laniidae

Isabellwürger *Lanius isabellinus* (→ 409)

Ähnlich Neuntöter, aber überwiegend in sandfarbenen und graubraunen Tönen gefärbt.

Status: Ausnahmegast aus Gebieten vom Kaspischen Meer ostwärts.

Kleider: Geschlechter sehr ähnlich, Männchen mit schwärzerer Augenmaske, Weibchen mit schwacher Wellenzeichnung an Brust und Flanken. Im Jugendkleid Maske braun.

Ähnliche Arten: Vom Neuntöter durch den rostroten Schwanz und die überwiegend sand- und ockerfarbene Gefiedertönung unterschieden. Beachte Unterschiede zu Rotschwanzwürger.

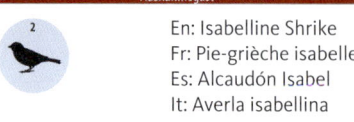

Ausnahmegast

En: Isabelline Shrike
Fr: Pie-grièche isabelle
Es: Alcaudón Isabel
It: Averla isabellina

Rotschwanzwürger
Lanius phoenicuroides

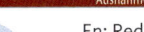

En: Red-tailed Shrike
Fr: Pie-grièche du Turkestan
Es: Alcaudón colirrojo
It: Averla codirossa

Etwa neuntötergroßer, braungrauer Würger mit rotbraunem Schwanz. Die Unterscheidung vom Isabellwürger kann schwierig sein.

Status: Ausnahmegast aus Gebieten vom Kaspischen Meer ostwärts.

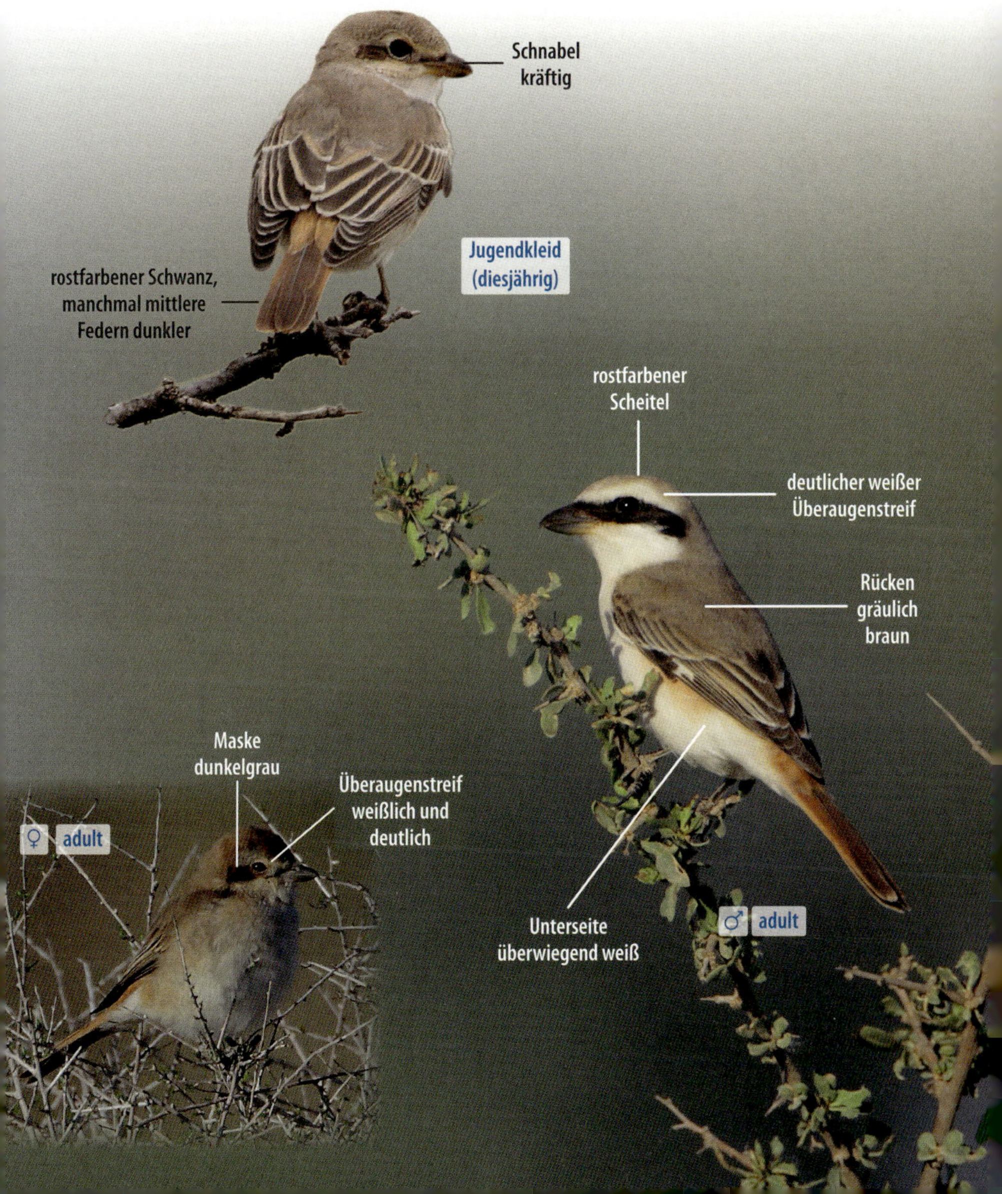

Schachwürger *Lanius schach* (→ 410)

En: Long-tailed Shrike
Fr: Pie-grièche schach
Es: Alcaudón Schach
It: Averla dorsorossiccio

Langschwänziger, mittelgroßer Würger, je nach Unterart mit grauem Kopf und schwarzer Maske oder komplett schwarzer Kappe, aber immer rostroten Flanken.

Status: Ausnahmegast aus Zentral- und Südostasien.

Kleider: Geschlechter fast gleich, Weibchen manchmal oberseits schwach gebändert. Jungvögel oberseits mit dunkelgrauem Wellenmuster. Farblich starke Unterschiede zwischen verschiedenen Unterarten, von denen einige evtl. auch Artstatus haben.

Ähnliche Arten: Unterarten mit schwarzer Maske ähnlich Neuntöter, aber mit grauem Rücken und rostroten Flanken.

Schwarzstirnwürger *Lanius minor* (→ 411)

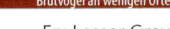
Brutvogel an wenigen Orten

En: Lesser Grey Shrike
Fr: Pie-grièche à poitrine rose
Es: Alcaudón Chico
It: Averla cenerina

Mittelgroßer, schwarz-weißer Würger, Adulte mit pfirsichfarbenem Anflug an Brust und Bauch.

Status: Als Brutvogel heute nur noch in Ungarn und der Slowakei regelmäßig, sonst unregelmäßig und in den meisten Gebieten ausgestorben.

Kleider: Geschlechter ähnlich, bei Weibchen Stirn weniger kräftig schwarz. Im Jugendkleid an Scheitel und Rücken schwach dunkel gewellt oder gebändert, Stirn bis in den 1. Winter hinein noch grau (nicht schwarz).

Stimme: Gesang besteht aus Folgen von wechselnden Kurzmotiven, ähnlich wie bei Raubwürgern.

Ähnliche Arten: Etwas kleiner, kurzschwänziger und langflügeliger als Raubwürger, der nie eine breit schwarze Stirn hat (allerdings haben dies Schwarzstirnwürger im Winter auch nicht).

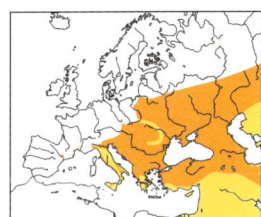

Würger · Laniidae

Raubwürger *Lanius excubitor excubitor*
und *L. e. homeyeri* (→ 412)

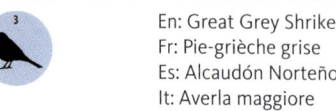

En: Great Grey Shrike
Fr: Pie-grièche grise
Es: Alcaudón Norteño
It: Averla maggiore

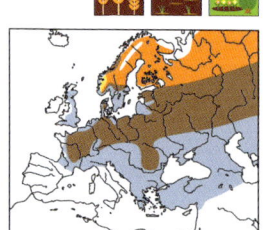

Großer, schwarz-weißer Würger.

Status: Unterart *excubitor* seltener Brutvogel, nur in Polen noch häufiger, ansonsten auch mit großen Verbreitungslücken. Seltener, aber regelmäßiger Überwinterer und Durchzügler. Unterart *homeyeri* sehr seltener Gast (brütet vom Balkan bis Westsibirien).

Kleider: Geschlechter ähnlich, die Weibchen sind weniger ausgeprägt schwarz an Zügel und Flügeln und an den Flanken blass gebändert. Im Jugendkleid Unterseite schmutzig weiß mit dünnem grauem Wellenmuster.

Stimme: Gesang bei Schönwetter im Spätwinter von erhöhter Warte aus: Wiederholung von Kurzmotiven.

Ähnliche Arten: Siehe Schwarzstirnwürger.

- weißes Feld erreicht Flügelvorderkante nur knapp
- auch äußere Armschwingen haben eine weiße Basis
- Schwanz breit, mit weißen Kanten
- Stirn grau oder nur schmal schwarz
- adult
- Scheitel und Rücken hellgrau
- schwarze Maske durchgehend
- graue Schuppung
- adult
- Jugendkleid (diesjährig)

Iberienraubwürger

Lanius meridionalis (→ 413)

Ein großer, schwarz-weißer Würger, der etwas dunkler als der Raubwürger gefärbt ist, Adulte mit rosa getönter Unterseite.

Status: Ausnahmegast aus dem Mittelmeerraum.

Kleider: Verhältnisse bei den Kleidern sehr ähnlich Raubwürger.

Stimme: Singt wie Raubwürger wiederholte Kurzmotive von einer Warte aus. Wechsel der Motive.

Ähnliche Arten: Schwarzstirnwürger ist deutlich kleiner und hat eine schwarze Stirn, Raubwürger ohne Rosaton auf der Brust und heller.

Ausnahmegast

En: Southern Grey Shrike
Fr: Pie-grièche méridionale
Es: Alcaudón Real
It: Averla meridionale

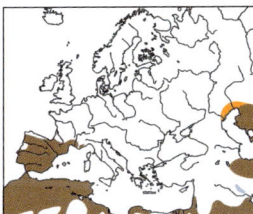

Schultern etwas dunkler als beim Raubwürger

weiße Linien zwischen Schnabel und grauer Stirn

breites weißes Flügelband

adult

Brust und Bauch rosa getönt

adult

Würger · Laniidae

Rotkopfwürger *Lanius senator* (→ 405)

Bullig wirkender Singvogel mit kräftigem Würgerschnabel, Altvögel schwarz-weiß mit rostroter Kappe.

Status: Unregelmäßiger und sehr seltener lokaler Brutvogel, sehr seltener Gastvogel.

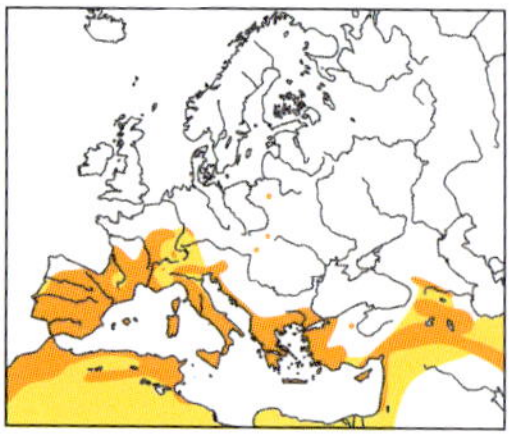

Kleider: Geschlechter ähnlich, das Weibchen ist etwas weniger kräftig gefärbt und hat ein breiteres helles Band oberhalb des Schnabelansatzes. Im Jugendkleid braun mit dunklem Wellenmuster an Rücken, Bauch und Kopf. Männchen im 2. Kalenderjahr ähnlich adultem Weibchen.

Stimme: Gesang flüssig und kontinuierlich, voller Imitationen.

Ähnliche Arten: Weibchen und Jungvögel des Neuntöters sind kleiner, haben einen schlankeren Schnabel und sind v. a. am Kopf mehr grau getönt. Schulterfedern der braunen Kleider des Rotkopfwürgers haben helle Zentren.

En: Woodchat Shrike
Fr: Pie-grièche à tête rousse
Es: Alcaudón Común
It: Averla capirossa

Maskenwürger *Lanius nubicus* (→ 406)

Im Adultkleid auffällig schwarz-weiß oder grauweiß gefärbter Würger mit Orangeton an den Flanken.

Status: Ausnahmegast aus dem Östlichen Mittelmeerraum und Kleinasien.

Ausnahmegast

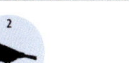

En: Masked Shrike
Fr: Pie-grièche masquée
Es: Alcaudón Núbico
It: Averla mascherata

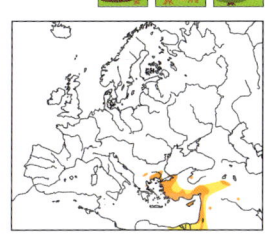

langer Schwanz

Bänderung bis auf die Schultern, ohne Rotbraun (vgl. Rotkopfwürger)

Überaugenstreif diffus, aber breit angelegt

Jugendkleid (Übergang 1. Winter)

weißes Flügelband sehr auffällig

♀ adult

Flanken rosa-braun

Scheitel, Nacken und Rücken schwarz

weiße Stirn geht in breiten weißen Oberaugenstreif über

Rücken dunkelgrau

♂ adult

Flanken hell rostbraun

♀ adult

Vireos · Vireonidae

Gelbkehlvireo *Vireo flavifrons* (→ 402)

Laubsängerartiger Vogel mit sehr kräftigem Schnabel und gelber Kehle.
Status: Ausnahmegast aus Amerika.

Ausnahmegast

En: Yellow-throated Vireo
Fr: Viréo à gorge jaune
Es: Vireo gorjiamarillo
It: Vireo frontegialla

Rotaugenvireo *Vireo olivaceus* (→ 403)

Laubsängerartiger Vogel mit sehr kräftigem Schnabel, olivgrüner Oberseite und markantem weißlichem Überaugenstreif.
Status: Ausnahmegast aus Amerika.

Ausnahmegast

En: Red-eyed Vireo
Fr: Viréo aux yeux rouges
Es: Vireo chiví
It: Vireo occhirossi

Pirole · Oriolidae

Pirol *Oriolus oriolus* (→ 404)

Großer, an eine Drossel erinnernder Singvogel mit gelb-schwarzem oder leuchtend grün-schwarzem Gefieder und rotem Schnabel.

En: Eurasian Golden Oriole
Fr: Loriot d'Europe
Es: Oropéndola Europea
It: Rigogolo

Status: Regelmäßiger Brutvogel, Durchzügler und Gastvogel.

Kleider: Im Adultkleid Männchen (gelb-schwarz) und Weibchen (grünlich schwarz) meist deutlich unterscheidbar, allerdings können Weibchen gelegentlich fast so intensiv gelb wie Männchen sein. Im Jugendkleid grünlich mit deutlicher heller Schuppung auf dem Rücken und Strichelung der Unterseite. Einjährige Männchen sehen nahezu wie adulte Weibchen aus und auch zweijährige Männchen haben noch einen Grünstich am Rücken, eine weißliche Unterseite und Strichel an den Flanken.

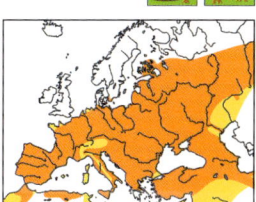

Stimme: Der Gesang besteht aus variablen kurzen Flötenstrophen wie „düdlio" oder „dülioliu".
Der Ruf bei Beunruhigung ist ein heiseres „rä-i".

Ähnliche Arten: Unverwechselbar.

Unglückshäher *Perisoreus infaustus* (→ 415)

Kleiner Häher mit überwiegend graubraunem Gefieder und viel Rostrot in Schwanz und Oberflügel.

Status: Ausnahmegast aus Skandinavien.

Ausnahmegast

En: Siberian Jay
Fr: Mésangeai imitateur
Es: Arrendajo Siberiano
It: Ghiandaia siberiana

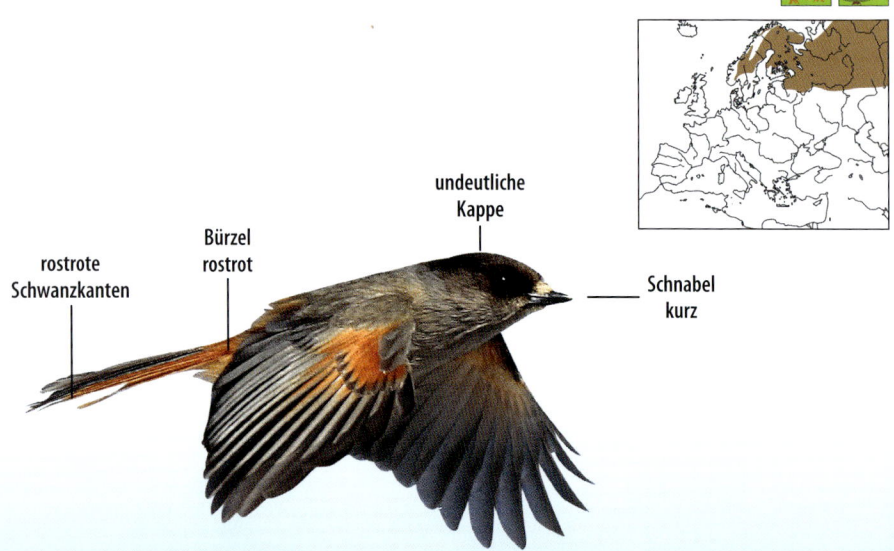

- rostrote Schwanzkanten
- Bürzel rostrot
- undeutliche Kappe
- Schnabel kurz
- Rücken graubraun
- rostroter Fleck

adult

Eichelhäher *Garrulus glandarius* (→ 414)

Kleiner Rabenvogel mit überwiegend rosa-braunem Gefieder, markantem Bartstreif und weiß-blau-schwarz-gebänderten Flügeldecken sowie Alula.

Status: Regelmäßiger Brutvogel, Durchzügler und Wintergast, gelegentliche Invasionen aus Nordosten.

Kleider: Geschlechter gleich. Im Jugendkleid Bartstreif mehr braun und Schnabel zunächst heller.

Stimme: Sehr variable Lautäußerungen, darunter auch zahlreiche Imitationen. Häufigster Ruf ist das Rätschen „schräit äät", das auch auf andere Arten alarmierend wirkt.

Ähnliche Arten: Aufgrund der Färbung und der Stimme unverwechselbar.

En: Eurasian Jay
Fr: Geai des chênes
Es: Arrendajo Euroasiático
It: Ghiandaia

Bürzel und Unterschwanzdecken breit weiß

adult

verstecken Eicheln im Herbst

Flügel rund

weiß-blau-schwarz gebändert

Bartstreifen

Körper überwiegend rosa-bräunlich

adult

Elster *Pica pica* (→ 417)

Hochbeiniger, mittelgroßer, schwarz-weißer Rabenvogel mit langem Schwanz und metallisch schimmerndem Großgefieder.

Status: Regelmäßiger Brutvogel, Durchzügler und Wintergast.

Kleider: Geschlechter gleich. Im Jugendkleid zunächst mit kürzerem Schwanz.

Verhaltensweisen: Der Schwanz wird vor allem bei Erregung ruckartig angehoben.

Stimme: Ruft schnell schackernd „gäkgäkgäk" oder „tsche-tsche-tsche".

Ähnliche Arten: Durch den sehr langen Schwanz und das schwarz-weiße Gefieder unverwechselbar.

| J | F | M | A | M | J | J | A | S | O | N | D |

En: Eurasian Magpie
Fr: Pie bavarde
Es: Urraca Común
It: Gazza

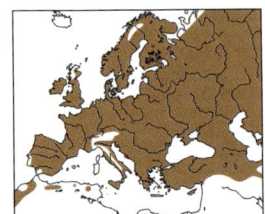

großer weißer Schulterfleck

adult

Handflügel weiß

Kopf ganz schwarz

metallisch grün und blau glänzend

adult

Krähenverwandte · Corvidae

Tannenhäher *Nucifraga caryocatactes caryocatactes* und *N. c. macrorhynchos* („Sibirischer Tannenhäher") (→ 418)

En: Spotted Nutcracker
Fr: Cassenoix moucheté
Es: Cascanueces Común
It: Nocciolaia

Kleiner Rabenvogel mit braunem Gefieder und auffälligen weißen Flecken.

Status: Unterart *caryocatactes* regelmäßiger Brutvogel der Alpen und Mittelgebirge und im Nordosten Polens. Andernorts seltener Gast. Unterart *macrorhynchos* seltener Durchzügler und Wintergast (brütet in Nord- und Nordost-Asien), gelegentlich Invasionen.

Kleider: Geschlechter gleich. Jugendkleid sehr ähnlich Adultkleid. Bei *macrorhynchos* weiße Schwanzendbinde breiter.

Stimme: Häufigster Ruf ist ein lautes, hartes und vielsilbiges Schnarren „krärr-krärr", das aber auch in Reihen von 2-3 Silben geäußert wird.

Ähnliche Arten: Flugweise ähnlich Eichelhäher, aber großköpfiger. Weißgetupftes Gefieder erinnert an einen Star im frischen Ruhekleid. Dieser hat jedoch einen viel kleineren Schnabel und kein Weiß an Schwanz oder Steiß.

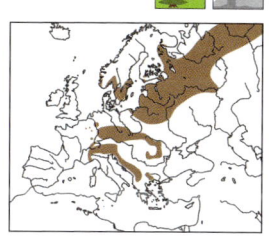

Krähenverwandte · Corvidae

Alpenkrähe *Pyrrhocorax pyrrhocorax* (→ 419)

Etwa dohlengroßer, schwarzer Rabenvogel mit breiten Flügeln und rotem Schnabel.

Status: Sehr seltener Brutvogel im Wallis, in den Alpen ansonsten seltener Gast, außerhalb Ausnahmeerscheinung.

Kleider: Geschlechter gleich. Im Jugendkleid ist der Schnabel dunkel gelblich.

Stimme: Ruft hart und gedehnt „kjarr" oder herabgezogen „kjärr".

Ähnliche Arten: Einziger schwarzer Rabenvogel mit rotem Schnabel.

En: Red-billed Chough
Fr: Crave à bec rouge
Es: Chova Piquirroja
It: Gracchio corallino

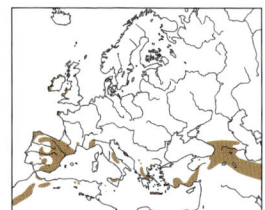

- stark gefingerte Flügel
- Schwanz relativ kurz
- untere Flügeldecken schwarz
- adult
- Schnabel im Jugendkleid schmutzig gelbbraun
- Gefieder schwarz mit Metallglanz
- Jugendkleid
- Schnabel rot und abwärts gebogen
- Gefieder stumpf schwarz
- Beine rot
- adult

Alpendohle *Pyrrhocorax graculus* (→ 420)

Brutvogel an wenigen Orten

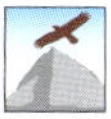

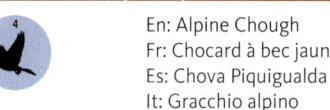

En: Alpine Chough
Fr: Chocard à bec jaune
Es: Chova Piquigualda
It: Gracchio alpino

Etwa dohlengroßer, schwarzer Rabenvogel mit gelbem Schnabel.

Status: Regelmäßiger Brutvogel in den Alpen, ganzjährig anwesend. Außerhalb der Alpen im Süden Ausnahmeerscheinung.

Kleider: Geschlechter gleich. Im Jugendkleid weniger glänzend schwarz, Beine noch nicht rot und Schnabel oft mit dunkler Spitze.

Stimme: Rufe relativ hoch für einen Rabenvogel: „trii“, „srii“ und ein scharfes „pschirr“.

Ähnliche Arten: Alpenkrähe ist breitflügeliger, kurzschwänziger und hat roten Schnabel, die anderen schwarzen Rabenvögel haben dunkle Schnäbel und Beine.

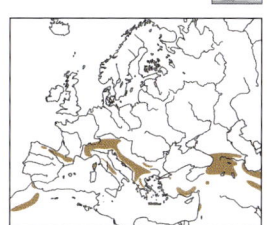

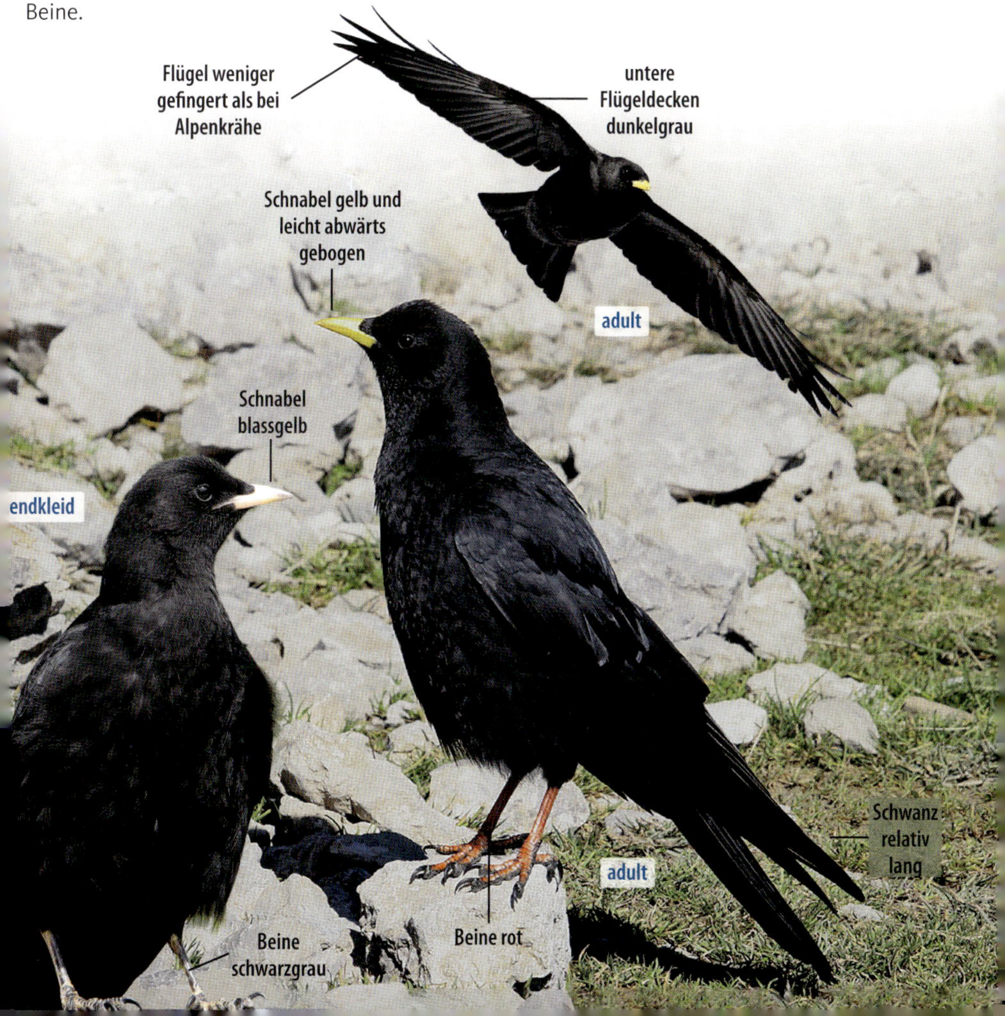

Dohle *Coloeus monedula monedula,*
C. m. spermologus und *C. m. soemmerringii*
(„Halsbanddohle") (→ 421)

En: Jackdaw
Fr: Choucas des tours
Es: Grajilla Occidental
It: Taccola

Kleiner, grau und schwarz gefärbter Rabenvogel mit heller Iris und kurzem Schnabel.

Status: Unterart *spermologus* regelmäßiger Brutvogel, Durchzügler und Wintergast, Unterart *monedula* regelmäßiger Wintergast (brütet in Skandinavien), *soemmerringii* seltener Wintergast (aus E-Europa und Asien).

Kleider: Geschlechter gleich. Jugendkleid sehr ähnlich Adultkleid. Unterart *soemmerringii* und z. T. auch andere Unterarten mit hellgrauem Nackenband.

Stimme: Charakteristisch sind die kurzen, lauten und abfallenden Rufe „kjak kjak" oder „kjää kjää".

Ähnliche Arten: Größe, graue Gefiederpartien, die helle Iris und der dunkle, kurze Schnabel unterscheiden die Dohle von allen anderen dunklen Rabenvögeln.

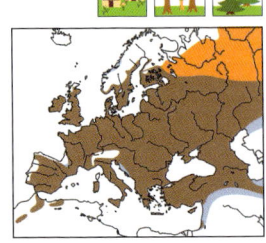

Krähenverwandte · Corvidae

Elsterdohle *Coloeus dauuricus* (→ 422)

Eine Dohle mit elsternartiger Schwarz-Weiß-Zeichnung im Adultkleid.

Status: Ausnahmegast aus Ostasien.

Ausnahmegast

En: Daurian Jackdaw
Fr: Choucas de Daourie
Es: Grajilla Oriental
It: Taccola della Dauria

Kleine Unterflügeldecken schwarz (bei der größeren Nebelkrähe hellgrau)

Schnabel kurz und dick

Auge komplett dunkel

hellgrauer Nacken

adult

Krähenverwandte • Corvidae

Glanzkrähe *Corvus splendens* (→ 423)

Sehr ähnlich einer schlanken Rabenkrähe mit dunklem Gesicht und steiler Stirn.

Status: Lokal etabliertes Neozoon in den Niederlanden mit Herkunft aus Indien.

Neozoon

En: House Crow
Fr: Corbeau familier
Es: Cuervo Indio
It: Cornacchia delle case

Krähenverwandte · Corvidae

Saatkrähe *Corvus frugilegus* (→ 424)

Mittelgroßer, fast rein schwarzer Rabenvogel mit spitzem, geradem Schnabel mit heller Basis und bei Adulten mit nackter Hautpartie am Schnabelansatz.

Status: Regelmäßiger Brutvogel mit lückiger Verbreitung und nicht im Gebirge, regelmäßiger Durchzügler und Wintergast.

Kleider: Geschlechter gleich. Jungvögel haben noch einen schwarz befiederten Schnabelgrund, die nackte helle Gesichtspartie entsteht erst am Ende des ersten Lebensjahres.

Verhaltensweisen: Brütet im Gegensatz zur Rabenkrähe in Kolonien.

Stimme: Ruft tief, sonor und rau „korr" oder „krah" und ähnlich einer Dohle kürzer „kjä".

Ähnliche Arten: Kopfprofil im Gegensatz zu dem der Rabenkrähe mehr eckig, Schnabelfirst gerade und Altvögel mit heller, unbefiederter Schnabelwurzel.

En: Rook
Fr: Corbeau freux
Es: Graja
It: Corvo comune

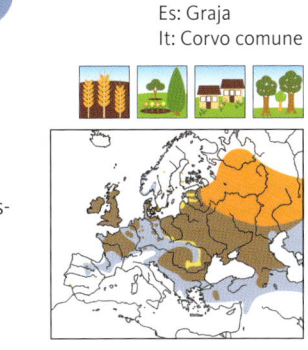

Rabenkrähe *Corvus corone* (→ 425)

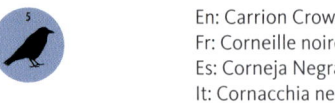

En: Carrion Crow
Fr: Corneille noire
Es: Corneja Negra
It: Cornacchia nera

Mittelgroßer, fast rein schwarzer Rabenvogel mit oberseits gewölbtem Schnabel und in allen Kleidern befiederter Schnabelwurzel.

Status: Regelmäßiger, ganzjährig anwesender Brutvogel, Durchzügler und Wintergast.

Kleider: Geschlechter gleich, im Jugendkleid Iris zunächst graublau und Schnabelgrund rötlich, später sehr ähnlich Adultkleid.

 Stimme: Der typische Krähenruf ist ein mehrsilbiges metallisches „krääh" oder „kraah", das heller als bei der Saatkrähe klingt. Häufig individuelle Varianten im Klang.

Ähnliche Arten: Mehr rundes Kopfprofil als Saatkrähe, Schnabelfirst gebogen. Der ebenfalls ähnliche Kolkrabe ist größer, hat einen viel kräftigeren Schnabel und einen keilförmigen Schwanz.

komplett schwarz mit metallischem Blauschimmer

adult

Schnabel weniger spitz als bei Saatkrähe

Adulte mit schwarzem Schnabelansatz

Schwanz gerade, nicht keilförmig

frisch flügger Jungvogel

bei ganz jungen Vögeln rosa Bereiche am Schnabel

adult

Nebelkrähe *Corvus cornix* (→ 426)

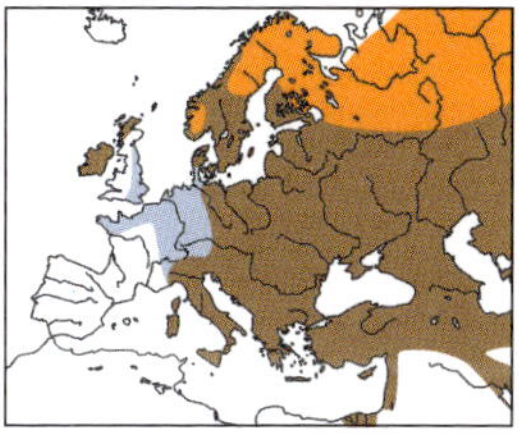

Eine hellgrau und schwarz gefärbte, mittelgroße Krähe, nächstverwandt mit der Rabenkrähe.

Status: Regelmäßiger, ganzjährig anwesender Brutvogel, Durchzügler und Wintergast im Nordosten, im Westen und Süden seltener Gast.

Kleider: Siehe Rabenkrähe. Hybriden mit dieser sind nicht selten, dabei ist der Grauanteil variabel.

Stimme: Ruft wie Rabenkrähe, manchmal etwas blecherner.

Ähnliche Arten: Neben der viel kleineren Dohle der einzige einheimische Rabenvogel mit grauweißen Gefiederanteilen und deshalb unverwechselbar.

En: Hooded Crow
Fr: Corneille mantelée
Es: Corneja Cenicienta
It: Cornacchia grigia

Unterflügeldecken grau

adult

Kopf und Kehle schwarz

Unterseite und Rücken hellgrau

Schnabel etwas kürzer, mit heller Basis

gendkleid

adult

Kolkrabe *Corvus corax* (→ 427)

Großer, vollkommen schwarzer Rabenvogel mit kräftigem Schnabel und keilförmigem Schwanz.

Status: Regelmäßiger und ganzjährig anwesender Brutvogel vor allem im Süden und Nordosten, andernorts seltener Gast.

Kleider: Geschlechter gleich.

Verhaltensweisen: Kann im Brutrevier eindrucksvolle Flugspiele zeigen.

Stimme: Häufigster Ruf ist ein tief gurgelndes und etwas hohl klingendes „bra-bra-bra" oder „kro-kro-kro" aus kurzen Elementen.

Ähnliche Arten: Die anderen schwarzen Rabenvogelarten sind alle kleiner und haben fächerförmige Schwänze.

En: Northern Raven
Fr: Grand Corbeau
Es: Cuervo Grande
It: Corvo imperiale

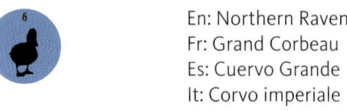

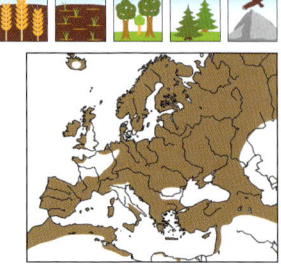

Seidenschwänze · Bombycillidae

Seidenschwanz *Bombycilla garrulus* (→ 430)

Starengroßer, hell bräunlicher Vogel mit deutlicher Haube.

Status: Regelmäßiger Durchzügler und Wintergast, im Süden deutlich seltener und in vielen Jahren fehlend. In manchen Wintern Invasionen.

Kleider: Geschlechter nahezu gleich, adulte Männchen haben einen scharf abgesetzten schwarzen Latz und eine stark kontrastierende Zeichnung der Schwungfederspitzen, bei adulten Weibchen ist beides diffuser. Im Jugendkleid ähnlich ad. Weibchen, aber gelbe Schwanzendbinde schmäler, Schwungfederspitzen nur gelblich, ohne weiß, und rote Hornplättchen der Armschwingen fehlend.

Stimme: Seidenschwänze verraten sich durch kennzeichnende hohe, verhaltene Trillerrufe „sirrr".

Ähnliche Arten: Gelegentlich kommt es zu Verwechslungen mit dem in ähnlichem Farbton gefärbten Kernbeißer, der aber keine Haube und eine viel kräftigeren Schnabel hat. Im Flug an Stare erinnernd, aber meist durch den charakteristischen Ruf auffallend.

En: Bohemian Waxwing
Fr: Jaseur boréal
Es: Ampelis Europeo
It: Beccofrusone

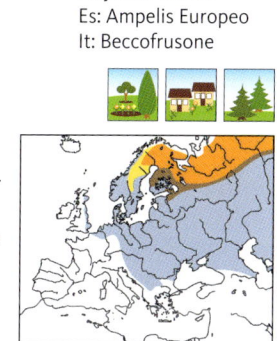

Tannenmeise *Periparus ater* (→ 435)

Kleine Meise mit graubraunem Gefieder und schwarz-weißer Kopfzeichnung.

Status: Regelmäßiger Brutvogel, Durchzügler und Wintergast.

Kleider: Geschlechter gleich. Im Jugendkleid schwarze Kopfzeichnung matter.

Verhaltensweisen: Bevorzugt wie die Haubenmeise Nadelbäume.

Stimme: Gesang ist typischerweise eine Reihe von zwei bis vier „witje-witje"-Motiven. Kontaktlaut im Schwarm oder zwischen Partnern ist ein variables „si".

Ähnliche Arten: Sumpf- und Weidenmeise sind ähnlich gefärbt, haben aber nicht den für die Tannenmeise typischen weißen Fleck an Hinterkopf und Nacken.

En: Coal Tit
Fr: Mésange noire
Es: Carbonero Garrapinos
It: Cincia mora

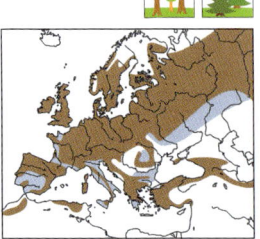

zwei weiße Flügelbänder

großer weißer Fleck an Hinterkopf und Nacken

kein Schwarz am Bauch

weißes Wangenfeld

Unterseite graubraun, nicht gelb

Meisen • Paridae

Haubenmeise *Lophophanes cristatus* (→ 436)

Kleine Meise mit graubraunem Gefieder und aufrichtbarer schwarz-weißer Haube.

Status: Regelmäßiger Brutvogel, Durchzügler und Wintergast.

Kleider: Geschlechter gleich. Jugendkleid sehr ähnlich Adultkleid.

Verhaltensweisen: Bevorzugt wie die Tannenmeise Nadelbäume.

Stimme: Der Ruf „zizi-gürrrr" oder „gürrr-gürrr" ist für die Haubenmeise charakteristisch. Gesang so gut wie nicht bekannt.

Ähnliche Arten: Aufgrund der Haube unverkennbar.

J F M A M J J A S O N D

En: European Crested Tit
Fr: Mésange huppée
Es: Herrerillo Capuchino
It: Cincia dal ciuffo

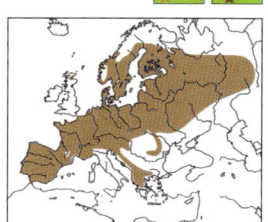

deutliche, weiß geschuppte Haube

viel Weiß ums Auge

adult am Nesteingang

Adulte und Juv. sind so nicht zu unterscheiden

Sumpfmeise *Poecile palustris* (→ 437)

En: Marsh Tit
Fr: Mésange nonnette
Es: Carbonero Palustre
It: Cincia bigia

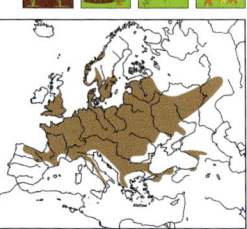

Kleine Meise mit graubraunem Gefieder und schwarz-weißer Kopfzeichnung.

Status: Regelmäßiger Brutvogel, Durchzügler und Wintergast.

Kleider: Geschlechter gleich. Jugendkleid sehr ähnlich Adultkleid.

Stimme: Kontaktruf ist ein variables, scharf herabgezogenes „zju", auch in Kombinationen wie „zje-pist-je-dedede" (wobei die letzten Elemente nicht so breit gezogen werden wie bei der Weidenmeise). Gesang unter anderem kennzeichnend „zi-wüd-zi-wüd...".

Ähnliche Arten: Von der sehr ähnlichen Weidenmeise am besten anhand des Rufes (Weidenmeise: „zizi-dääh dääh") zu unterscheiden. Die Tannenmeise hat einen weißen Fleck im Nacken.

Jugendkleid

Wange nach hinten zu etwas bräunlich

Kappe schwarz glänzend

Rücken braun

eher kleiner Kehlfleck

adult

Meisen · Paridae

Weidenmeise *Poecile montanus rhenanus*, *P. m. montanus* („Alpenmeise") und *P. m. salicarius* (→ 438)

Brutvogel

En: Willow Tit
Fr: Mésange boréale
Es: Carbonero Montano
It: Cincia alpestre

Kleine Meise mit graubraunem Gefieder und schwarz-weißer Kopfzeichnung.

Status: Alle drei Unterarten fast überall regelmäßiger Brutvogel, Durchzügler und Wintergast. Unterart *rhenanus* im Westen, *salicarius* östlich und südlich davon, *montanus* v. a. im Alpenraum.

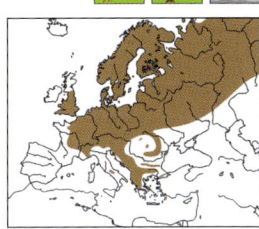

Kleider: Geschlechter gleich. Jugendkleid sehr ähnlich Adultkleid. Unterart *salicarius* (*rhenanus* sehr ähnlich) mit kräftig gefärbter Oberseite, schmutzig weißer Unterseite mit kalt steingrauem Anflug und gräulich weißen Wangen, Unterart *montanus* mit blasserer Oberseite, schmutzig weißer Unterseite mit rosahellbeigem Anflug und auffallend weißen Kopfseiten.

Stimme: Der charakteristische Ruf „zi-zi-zi dääh dääh" ist bei der Unterscheidung zur Sumpfmeise sehr hilfreich.

Ähnliche Arten: Zur Unterscheidung von der Sumpfmeise siehe Fotos und Angaben zur Stimme. Tannenmeise hat einen weißen Fleck im Nacken.

Jugendkleid *P. m. salicarius*
helles „Fenster" in den Armschwingen
bis weit hinter das Ohr reinweiß
Kappe matt schwarz
Kehlfleck relativ groß und weiß durchsetzt
Oberseite blass braungrau bei *P. m. montanus*
adult *P. m. montanus*

Blaumeise *Cyanistes caeruleus* (→ 433)

En: Eurasian Blue Tit
Fr: Mésange bleue
Es: Herrerillo Común
It: Cinciarella

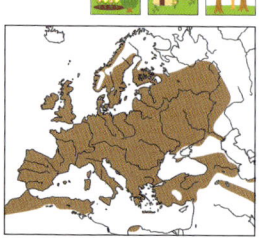

Kleine Meise mit gelbem Bauch und blauer oder mindestens bläulicher Kopfplatte.

Status: Regelmäßiger Brutvogel, Durchzügler und Wintergast.

Kleider: Geschlechter gleich, adulte Weibchen manchmal am Flügelbug weniger leuchtend blau als adulte Männchen. Im Jugendkleid Wangen gelblich statt weiß und Kopfplatte grünblau.

 Stimme: Gesang hell klingend „tii-ti-ti-tirrrr" mit hohen klaren Eingangselementen und tieferem Triller. Neben zahlreichen Rufen ist ein nasaler, ansteigender und sich dabei verlangsamender Triller „tscherretretretre" typisch.

Ähnliche Arten: Die einzige andere heimische Meise mit gelbem Bauch ist die größere Kohlmeise, die auch eine andere Kopfzeichnung hat.

Lasurmeise *Cyanistes cyanus* (→ 434)

En: Azure Tit
Fr: Mésange azurée
Es: Herrerillo azul
It: Cinciarella azzurra

Große, nur weiß, schwarz, grau und blau gefärbte Meise mit weißer Kopfplatte. Wirkt im Flug wie weiß-blauer Schmetterling.

Status: Ausnahmegast aus der borealen Zone Russlands und Sibiriens, auch Hybriden mit der Blaumeise kommen vor.

Kleider: Geschlechter gleich, Jugendkleid sehr ähnlich Adultkleid. Hybriden mit Blaumeise haben einen bläulichen statt reinweißen Stirnbereich.

 Stimme: Rufe bei Beunruhigung am Nest sind ähnlich denen der Blaumeise.

Ähnliche Arten: Unverwechselbar.

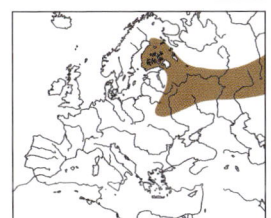

Meisen · Paridae

Kohlmeise *Parus major* (→ 432)

Große Meise mit gelbem Bauch, schwarzem Latz und schwarz-weißer Kopfzeichnung.

Status: Regelmäßiger Brutvogel, Durchzügler und Wintergast.

Kleider: Geschlechter im Adultkleid anhand des schwarzen Bauchstriches unterscheidbar: dieser ist beim Männchen breiter als beim Weibchen und wird nach hinten zu sogar noch breiter. Im Jugendkleid sind die Wangen gelb statt weiß und das ganze Gefieder ist matter und gelbgrün getönt.

Stimme: Singt kurze Strophen aus 1 bis 4 wiederholten Silben, oft anfangsbetont: „zízibebe-zízibebe" oder „di-djü-di-djü…". Rufe vielfältig, typisch in Nestnähe „zi-pink-dädädä". Ahmt auch Stimmen anderer Arten nach.

Ähnliche Arten: Die Blaumeise hat als einzige andere heimische Meise einen gelben Bauch, aber eine andere Kopfzeichnung.

En: Great Tit
Fr: Mésange charbonnière
Es: Carbonero Común
It: Cinciallegra

- stumpfes Schwarz
- Wangen gelbstichig
- Jugendkleid
- Schwarz erreicht Bauch nicht
- glänzend schwarz
- ♀ adult
- Bauchstreif dünn
- weißes Wangenfeld
- ♂ adult
- Bauchstreif beim ♂ breit und lang
- Nestlinge in Bruthöhle

Beutelmeisen · Remizidae

Beutelmeise *Remiz pendulinus* (→ 431)

| J | F | M | A | M | J | J | A | S | O | N | D |

En: Eurasian Penduline Tit
Fr: Rémiz penduline
Es: Pájaro-moscón Europeo
It: Pendolino

Zierlicher, meisenartiger Kleinvogel, Altvögel mit markanter schwarzer Maske.

Status: Regelmäßiger, sehr lückig verbreiteter Brutvogel vor allem im Osten, regelmäßiger Durchzügler auch andernorts, seltener Wintergast.

Kleider: Männchen haben im Adultkleid eine breite schwarze Maske, einen rotbraunen Rücken und rotbraune Flecken an der Brust. Adulte Weibchen haben eine schmälere Maske und die rotbraune Färbung fehlt. Jungvögel mit recht einförmig hellbraunem Kopf.

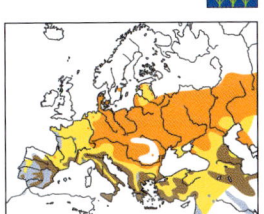

Stimme: Der typische, lang abwärtsgezogene, hohe Ruf „ziiih" oder „ziiüü" verrät oft erst die Anwesenheit von Beutelmeisen. Rohrammer ruft ähnlich, aber kürzer.

Ähnliche Arten: Eine auffällige schwarze Maske haben in Mitteleuropa noch Steinschmätzer und Neuntöter. Beide sind größer und von anderer Körpergestalt. Jungvögel könnten z. B. mit Grasmücken oder Braunkehlchen verwechselt werden, zeigen im Gegensatz zu diesen jedoch häufig die meisenartige hängend-klammernde Fortbewegungsweise.

- typischer, spitzer Schnabel, aber noch keine schwarze Maske
- Schwungfedern in allen Kleidern hell gesäumt
- breite schwarze Gesichtsmaske
- ♂ adult
- Jugendkleid
- ♂ adult
- Schultern rotbraun
- kräftige rotbraune Fleckung
- Gesichtsmaske schmaler
- Schultern und Rücken kaum rotbraun
- ♀ adult

Bartmeisen · Panuridae

Bartmeise *Panurus biarmicus* (→ 495)

Unverwechselbar gefärbter, langschwänziger, meisenähnlicher Schilfbewohner.

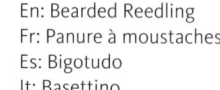

En: Bearded Reedling
Fr: Panure à moustaches
Es: Bigotudo
It: Basettino

Status: Regelmäßiger, aber seltener Brutvogel, v.a. im Norden, aber überall regelmäßiger, allerdings sehr unsteter Durchzugs- und Wintergast.

Kleider: Männchen und Weibchen im Adultkleid deutlich unterschiedlich, siehe Fotos. Im Jugendkleid Rücken schwarz, äußere Schwanzfedern mit viel Schwarz. Geschlechter bereits unterscheidbar: Männchen mit schwarzem Zügelstreif und Unterschwanz sowie rein orangegelbem Schnabel, Weibchen mit undeutlichem dunkelgrauem oder fehlendem Zügelstreif und hellerem Schnabel.

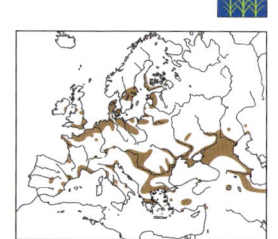

Stimme: Gruppenmitglieder stehen nahezu ständig über die nasalen „dsching-dsching" Rufe in Kontakt.

Ähnliche Arten: Unverwechselbar.

Lerchen · Alaudidae

Heidelerche *Lullula arborea* (→ 452)

Mittelgroße, kurzschwänzige Lerche mit deutlichem Überaugenstreif, schlankem Schnabel und auffallender weiß-schwarz-weißer Marke an der Vorderkante des angelegten Flügels.

Status: Seltener und lückig verbreiteter Brutvogel, regelmäßiger Durchzügler und seltener Wintergast.

Kleider: Geschlechter gleich, Jugendkleid sehr ähnlich Adultkleid, aber mit kräftig kontrastierten hellen Säumen.

Stimme: Gesang wird von einer Warte aus oder im Singflug vorgetragen und besteht aus angenehm flötenden, vollen Tönen, u. a. immer wieder „tlü-tlü-tlü". Wechselnde Motive.

Ähnliche Arten: Durch deutlichen Überaugenstreif und Flügelmarke von der Feldlerche und oberseits ähnlich gemusterten Lerchen unterscheidbar. Männchen kann auch eine kleine Haube stellen.

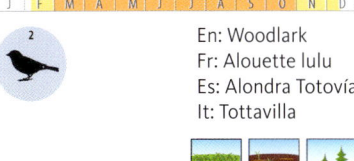

En: Woodlark
Fr: Alouette lulu
Es: Alondra Totovía
It: Tottavilla

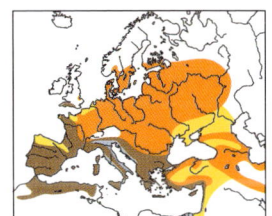

- helle Flügelbinde
- weiße Schwanzecken
- Überaugenstreifen treffen sich im Nacken
- alle Federn mit deutlichen weißen Säumen
- Jugendkleid
- feine Strichel
- Flügelrand hell-dunkel gemustert
- adult

Weißflügellerche *Alauda leucoptera* (→ 447)

Reichlich feldlerchengroßer Vogel mit sehr auffälliger weiß-schwarz-brauner Flügelzeichnung. Flügel wirkt gegen hellen Himmel sehr schmal..

Status: Ausnahmegast aus Steppenregionen östlich der Wolga.

Kleider: Im Adultkleid Männchen mit rotbraunem Scheitel und schwach gestrichelter Brust, Weibchen mit deutlich dunkel gestricheltem Scheitel und gestrichelter Brust. Jugendkleid sehr ähnlich ad. Weibchen.

Ähnliche Arten: Durch Flügelmuster unverwechselbar.

Ausnahmegast
En: White-winged Lark
Fr: Alouette leucoptère
Es: Calandria Aliblanca
It: Calandra siberiana

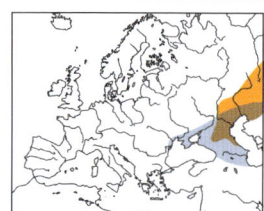

unverkennbare Zeichnung des Unterflügels

rotbraune Kappe (bei ♀ gestrichelt)

Bauch weiß

Weiß im Flügel

♂ adult

Lerchen · Alaudidae

Feldlerche *Alauda arvensis* (→ 453)

Graubraune, auf der Oberseite und an den Flanken kräftig gestrichelte, mittelgroße Lerche, gelegentlich mit kleiner stumpfer Haube.

Status: Regelmäßiger Brutvogel im Tiefland, teilweise auch in höheren Lagen der Mittelgebirge, gebietsweise verschwunden. Regelmäßiger Durchzügler und in günstigen Gebieten Wintergast.

Kleider: Geschlechter gleich. Im Jugendkleid Scheitel, Wangen, Rücken und Brust mehr getupft als gestrichelt. Flügeldecken mit schwarzem und davor weißem Rand.

Stimme: Gesang wird fast nur im Singflug vorgetragen und besteht aus anhaltendem, schnellem Tirilieren, z. T. auch mit Imitationen anderer Arten.

Ähnliche Arten: Kontrastreicher als Haubenlerche und ohne deren spitze Haube, am Kopf weniger kontrastreich als Heidelerche und ohne deren markante Flügelmarke.

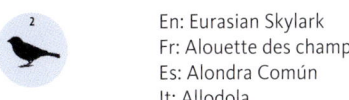

En: Eurasian Skylark
Fr: Alouette des champs
Es: Alondra Común
It: Allodola

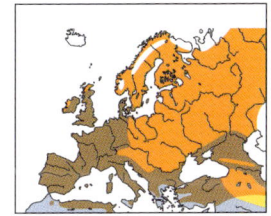

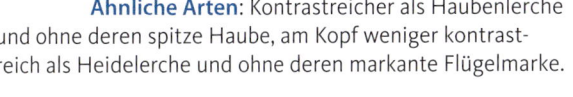

Haubenlerche *Galerida cristata* (→ 451)

En: Crested Lark
Fr: Cochevis huppé
Es: Cogujada Común
It: Cappellaccia

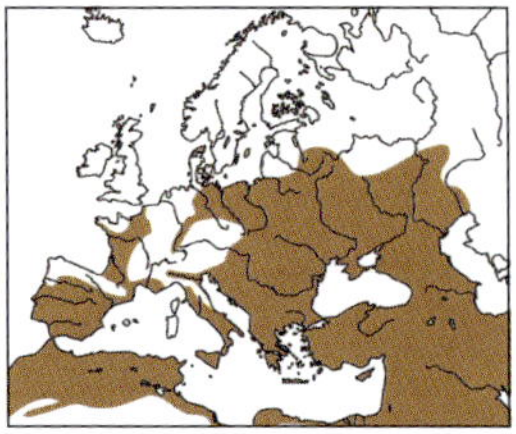

Größer als Feldlerche und kontrastärmer mit immer gut erkennbarer spitzer Haube.

Status: Lückig verbreiteter Brutvogel im Flachland, anderswo seltener Gast.

Kleider: Geschlechter gleich, Jugendkleid ähnlich Adultkleid bis auf die Fleckung des Rückengefieders.

Stimme: Typisch sind die kurzen flötend-zwitschernden Strophen des Singflugs, die zahlreiche Imitationen enthalten können.

Ähnliche Arten: Feldlerche ist kontrastreicher gefärbt, hat einen etwas kürzeren Schnabel und eine kleinere, nicht immer erkennbare Haube.

kleine helle Flecke

Jugendkleid

Federhaube deutlich und spitz

äußerste Schwanzfedern hellbraun

adult

etwas diffuse Strichelung

abgetragenes Gefieder im Winter

adult

adult

Lerchen • Alaudidae

Ohrenlerche *Eremophila alpestris* (→ 444)

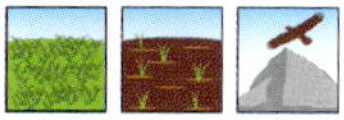

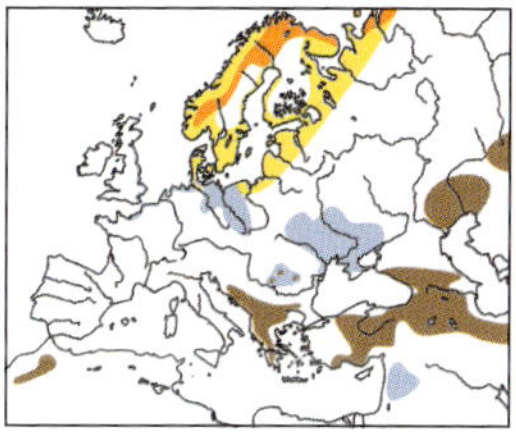

Kleine Lerche mit charakteristischer schwarz-gelber oder schwarz-weißer Kopfzeichnung und Federohren.

En: Horned Lark
Fr: Alouette hausse-col
Es: Alondra Cornuda
It: Allodola golagialla

Status: Regelmäßiger Durchzügler und Überwinterer in geringer Zahl an den Küsten, nach Süden hin zunehmend seltener Gast im Binnenland.

Kleider: Im Prachtkleid Männchen mit längeren Federohren und kräftiger gelber Kopfzeichnung. Im Schlichtkleid schwarze Kopfzeichnung weniger scharf begrenzt, fast keine Federohren. Jugendkleid mit gesprenkeltem Oberkopf und Wangenbereich, Rückenfedern auffällig schwarz und davor hellgrau umrandet.

Stimme: Im Überwinterungsgebiet als einzige Lerche mit reinen (nicht rauen) Rufen wie „tiih" oder „siit-di-dit".

Ähnliche Arten: Im Jugendkleid mit anderen Lerchen zu verwechseln, jedoch ist die Oberseite wie bei keiner anderen heimischen Art dicht schwarz-weiß gesprenkelt.

Kurzzehenlerche *Calandrella brachydactyla brachydactyla* und *C. b. longipennis* (→ 449)

Wintergast

En: Greater Short-toed Lark
Fr: Alouette calandrelle
Es: Terrera Común
It: Calandrella

Kleine Lerche mit ungemustert weißer Brust.

Status: Beide Unterarten (*brachydactyla* aus Süd, *longipennis* aus Ost) sind seltene jährliche Gäste.

Kleider: Geschlechter gleich, bei Unterart *brachydactyla* Scheitel oft mehr rotbräunlich. Im Jugendkleid haben die Rückenfedern einen hellen Rand.

Stimme: Gesang aus kurzen Strophen, in wellenartigem Singflug, oft mit langsameren Elementen beginnend.

Ähnliche Arten: Alle heimischen Lerchen mit ähnlich gemusterter Oberseite haben eine gestrichelte Brust, Schnabel etwas kräftiger als bei Feldlerche und stumpfer als bei Stummellerche.

Schnabel spitz, am Ansatz aber kräftig

Schirmfedern sehr lang, bedecken Handschwingen komplett

Große Flügeldecken dunkel kontrastierend

adult

kleiner Seitenfleck (kann fehlen)

Unterseite völlig ungemustert

adult
C. b. longipennis

Bergkalanderlerche

Melanocorypha bimaculata (→ 446)

Ähnlich Kalanderlerche, aber mit helleren Unterflügeln und ohne weißen Flügelhinterrand.

Status: Ausnahmegast aus Klein- und Zentralasien.

Ausnahmegast

En: Bimaculated Lark
Fr: Alouette monticole
Es: Calandria Bimaculada
It: Calandra asiatica

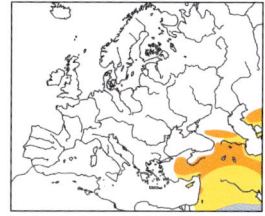

äußere Schwanzfedern dunkel

Kopf kontrastreicher als bei Kalanderlerche, aber Kontraste hängen generell stark vom Alter des Gefieders ab

kräftiger Schnabel wie Kalanderlerche

Schwanz kürzer als bei Kalanderlerche

Kalanderlerche *Melanocorypha calandra* (→ 445)

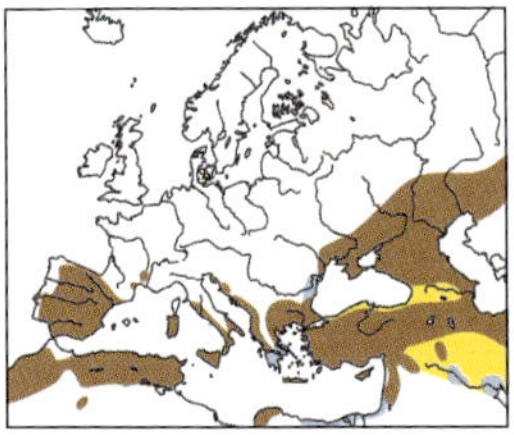

Große Lerche mit kräftigem Schnabel und markantem schwarzem Fleck auf jeder Brustseite.

Status: Ausnahmegast aus Südeuropa und Kleinasien.

Kleider: Geschlechter gleich, Jugendkleid ähnlich Adultkleid.

Stimme: Gesang ähnlich Haubenlerche, aber ohne Strophengliederung und schneller, mit vielen Imitationen.

Ähnliche Arten: Ähnlich Bergkalanderlerche, aber mit deutlichem weißem Flügelhinterrand. Andere mitteleuropäische Lerchen haben weniger kräftige Schnäbel und sind durchweg kleiner.

Ausnahmegast

En: Calandra Lark
Fr: Alouette calandre
Es: Calandria Común
It: Calandra

Schwarzsteppenlerche (Mohrenlerche)

Melanocorypha yeltoniensis (→ 448)

 Ausnahmegast

En: Black Lark
Fr: Alouette nègre
Es: Calandria Negra
It: Calandra nera

Große Lerche mit kräftigem Schnabel und dunklen Beinen, Männchen im Prachtkleid fast schwarz.

Status: Ausnahmegast aus Zentralasien.

Kleider: Männchen im Adultkleid mit nahezu schwarzem Gefieder, Weibchen braungrau. Jugendkleid ähnlich demjenigen der adulten Weibchen.

 Stimme: Gesang erinnert stark an den der Feldlerche.

Ähnliche Arten: Weibliche Kalanderlerche hat helle Beine, Merkmale anderer Lerchen siehe Fotos. Dunkle Männchen erinnern im Flug an einen Star, haben aber einen anders geformten Schnabel.

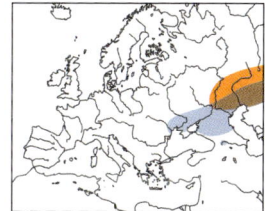

Lerchen · Alaudidae

Stummellerche *Alaudula rufescens* (→ 450)

En: Lesser Short-toed Lark
Fr: Alouette pispolette
Es: Terrera Marismeña
It: Calandrina

Ähnelt der Kurzzehenlerche, ist aber grauer und gleichmäßiger gestrichelt als diese und hat eine gestrichelte Brust sowie viel kürzere Schirmfedern.

Status: Ausnahmegast von der Iberischen Halbinsel, aus Nordafrika und Kleinasien.

Stimme: Gesang, meist im Singflug vorgetragen, aus quirlend schnell gesungenen Strophen, manchmal mit Ruffolgen untermischt.

kurzflügeliger als Feldlerche

äußerste Schwanzfeder weiß

Schirmfedern kurz im Vergleich zu Handschwingen

kleine Haube (wie bei fast allen Lerchen)

oft wenig deutlicher Überaugenstreif

Schnabel eher stumpf und kurz

Wangen fein gestrichelt

deutliche Strichel bis in die Mitte der Brust

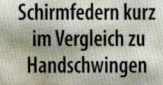

adult

Schwalben · Hirundinidae

Uferschwalbe *Riparia riparia* (→ 439)

Braune Schwalbe mit weißem Bauch und braunem Brustband.

Status: Regelmäßiger, aber nur lokal häufiger Brutvogel, regelmäßiger Durchzügler.

Kleider: Geschlechter gleich. Im Jugendkleid mit unvollständigem Brustband und oberseits mit Schuppenmuster durch hellbraune Federränder.

Verhaltensweisen: Baut kolonieweise Bruthöhlen in sandigen Abbrüchen in Kies- und Sandgruben oder an Flussufern.

Stimme: Der Ruf klingt reibend „tschrd" oder „tschr". Gesangsstrophen bestehen aus solchen rufartigen Elementen.

Ähnliche Arten: Einzige heimische Schwalbe mit braunem Brustband auf weißem Bauch.

En: Sand Martin
Fr: Hirondelle de rivage
Es: Avión Zapador
It: Topino

Schwalben · Hirundinidae

Rauchschwalbe *Hirundo rustica* (→ 443)

Oberseits durchgehend dunkle Schwalbe mit roter Kehle, schwarzem Brustband und bei Adulten langen Schwanzspießen.

Status: Regelmäßiger Brutvogel und Durchzügler.

Kleider: Geschlechter gleich. Adulte Männchen haben längere Schwanzspieße als adulte Weibchen. Im Jugendkleid Schwanzspieße noch kürzer, Gesichtsfärbung rötlich beige und blaugraue Oberseite nicht glänzend.

Verhaltensweisen: Brütet in Napfnestern meist innerhalb von Gebäuden.

 Stimme: Gesang ist ein melodisches, rasches, schwätzendes Zwitschern mit einem langgezogenen Schnurren am Strophenende. Häufigster und kennzeichnender Ruf ist ein zwei- oder mehrsilbiges „wid-wid".

Ähnliche Arten: Rötelschwalbe und Mehlschwalbe haben einen hellen Bürzel.

En: Barn Swallow
Fr: Hirondelle rustique
Es: Golondrina Común
It: Rondine

- helles Band
- adult
- Stirn und Kehle rot
- ♀ adult
- fast kein Metallglanz auf Oberseite, Rot blasser
- metallischer Glanz
- schwa Brust
- weiße Bauch
- Jugendkleid
- noch keine Schwanzspieße
- Schwanzspieße länger als bei ♀
- ♂ adult

Felsenschwalbe *Ptyonoprogne rupestris* (→ 442)

Brutvogel an wenigen Orten

En: Eurasian Crag Martin
Fr: Hirondelle de rochers
Es: Avión Roquero
It: Rondine montana

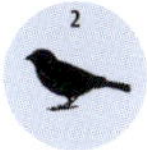

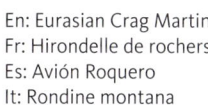

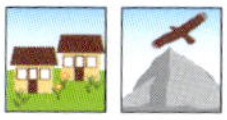

Graubraune Schwalbe mit dunklen Unterflügeldecken und weißen Schwanzpunkten.

Status: Seltener Brutvogel in den Alpen, in der Schweiz und SW-Deutschland zunehmend auch im tieferen Bergland, sonst Ausnahmegast.

Kleider: Geschlechter gleich. Im Jugendkleid oberseits mit Schuppenmuster durch hellbraune Federränder.

Stimme: Flugrufe sehr kurz „pt" oder „trt", nur aus der Nähe zu hören.

Ähnliche Arten: Die ähnlich gefärbte Uferschwalbe hat ein dunkelbraunes Brustband und helle Unterflügeldecken.

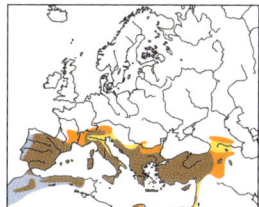

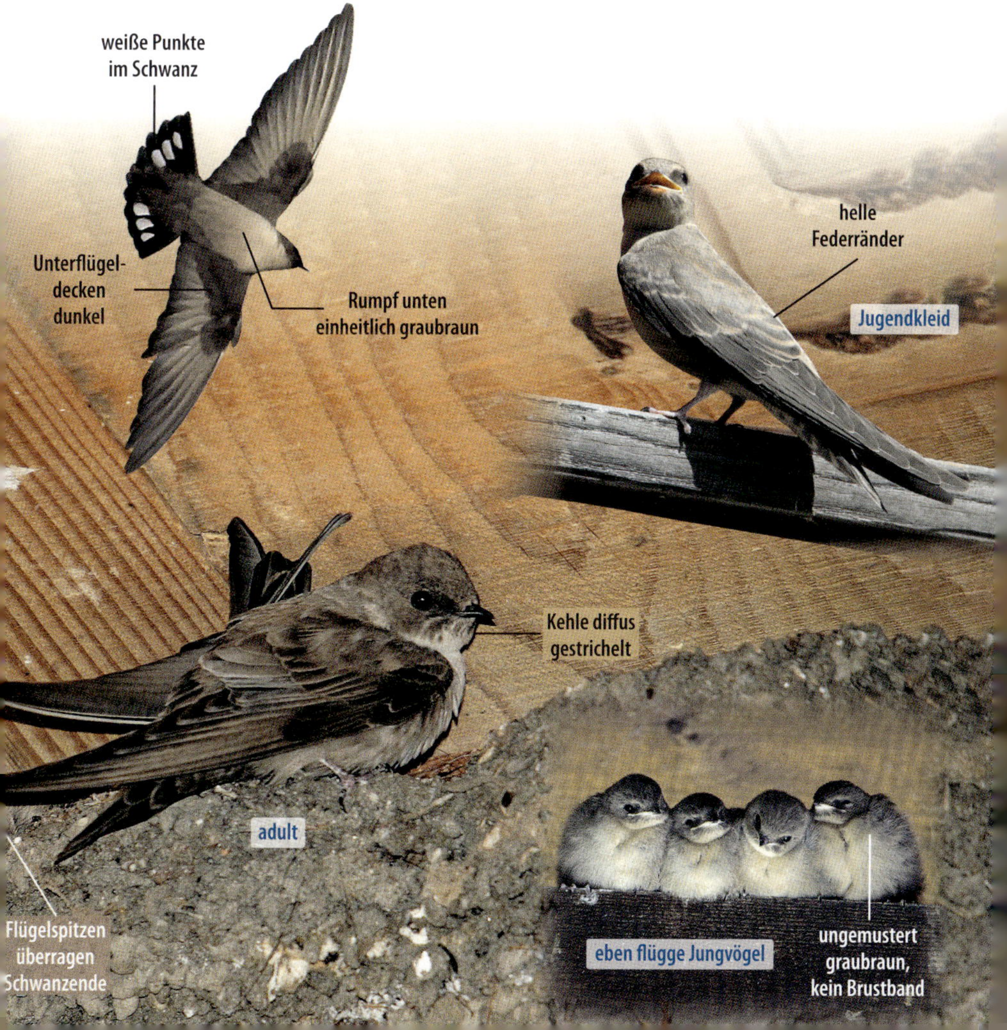

Mehlschwalbe *Delichon urbicum* (→ 440)

Kleine Schwalbe, oberseits dunkel mit weißem Bürzel, unterseits weiß mit dunklem Schwanz.

Status: Regelmäßiger Brutvogel und Durchzügler.

Kleider: Geschlechter fast gleich, bei adulten Weibchen Kehle z. T. nicht so strahlend weiß wie bei Männchen. Im Jugendkleid Kehle schmutzig weiß gestrichelt und schwarz-bläuliche Oberseite ohne Metallglanz.

Verhaltensweisen: Brütet in kugeligen Nestern mit kleinem Eingang meist außen an Gebäuden.

Stimme: Typisch ist der aus der Ferne weich wie „brüd", aus der Nähe härter wie „prt" oder „pr-pit" klingende Ruf.

Ähnliche Arten: Einzige heimische Schwalbe mit durchgehend dunkler Oberseite und rein weißer Unterseite.

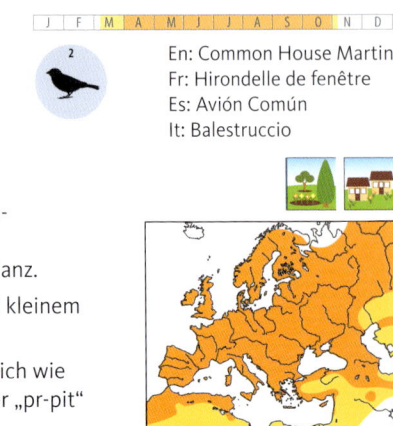

En: Common House Martin
Fr: Hirondelle de fenêtre
Es: Avión Común
It: Balestruccio

Schwalben • Hirundinidae

Rötelschwalbe *Cecropis daurica* (→ 441)

An eine Rauchschwalbe erinnernde Schwalbe mit hellem Bürzel und heller Kehle

Status: Seltener Gast aus dem Mittelmeerraum.

Kleider: Geschlechter fast gleich, ad. Männchen mit etwas längeren Schwanzspießen als ad. Weibchen. Im Jugendkleid Gesichtsmaske nicht rötlich, sondern beigebraun und Rückenfedern ohne Metallglanz, aber mit schmalen weißlichen Säumen.

Stimme: Ruft typisch weich-nasal „wüid" oder „bschüid".

Ähnliche Arten: Von Rauch- und Mehlschwalbe durch hellen Bürzel und helles Nackenband unterscheidbar.

seltener Gast

En: Red-rumped Swallow
Fr: Hirondelle rousseline
Es: Golondrina Dáurica
It: Rondine rossiccia

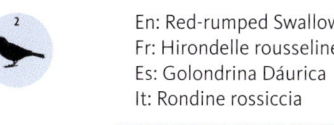
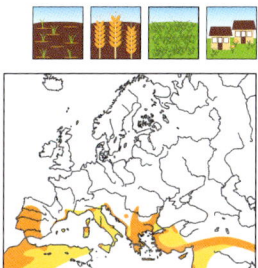

Seidensänger *Cettia cetti* (→ 456)

Mittelgroßer Zweigsänger mit warmbrauner Oberseite und gräulicher Unterseite. Schnabel spitz und recht kurz, Schwanz wird oft gestelzt.

Status: Seltener Brutvogel an sehr wenigen Orten im Westen, aber zunehmend und in Ausbreitung, ansonsten seltener Sommergast.

Kleider: Geschlechter gleich, Jugendkleid sehr ähnlich Adultkleid.

Verhaltensweisen: Wechselt meist zwischen den einzelnen Gesangsstrophen den Ort.

Stimme: Typisch ist der plötzlich und sehr laut ausbrechende Strophengesang „zit -- zit-zit-da-zit-da...", bei dem der Sänger in der Regel in dichter Deckung verborgen bleibt.

Ähnliche Arten: Ungestreifte Rohrsänger und Schwirle sehen sehr ähnlich aus, stelzen aber selten den Schwanz und sind unterseits hellbraun bis olive-beige, aber nie gräulich.

Brutvogel an wenigen Orten

En: Cetti's Warbler
Fr: Bouscarle de Cetti
Es: Cetia ruiseñor
It: Usignolo di fiume

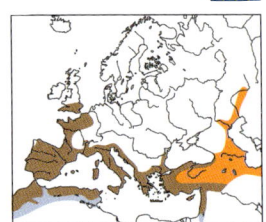

kräftiger, oft gestelzter Schwanz

rostbraune Oberseite

heller Überaugenstreif

dünner gerader Schnabel

adult (abgetragenes Gefieder)

adult

Unterseite graustichig, fast ohne Musterung

Schwanzmeise *Aegithalos caudatus caudatus*
("Weißkopf-Schwanzmeise") und *A. c. europaeus* ("Streifenkopf-Schwanzmeise") (→ 454)

| J | F | M | A | M | J | J | A | S | O | N | D |

En: Long-tailed Tit
Fr: Mésange à longue queue
Es: Mito Común
It: Codibugnolo

Sehr kleiner Singvogel mit über körperlangem Schwanz und weißem oder schwarz-weiß gestreiftem Kopf.

Status: Unterart *europaeus* regelmäßiger, ganzjährig anwesender Brutvogel, außerdem regelmäßiger Durchzügler und Wintergast, *caudatus* weniger häufiger Wintergast aus Skandinavien und Osteuropa.

Kleider: Geschlechter gleich; im Jugendkleid sind die Bereiche um die Augen herum rußfarben dunkel und die Rosatönung fehlt weitgehend. Unterart *caudatus* mit reinweißem Kopf, *europaeus* (und andere) mit meist deutlichem, manchmal aber auch fast fehlendem, breitem Überaugenstreif.

Stimme: Paare und Gruppen stehen fast ständig über zwei typische Rufe in Kontakt: einerseits bei Alarm ein trocken trillerndes „tserr-tserr...", andererseits ein hohes, oft mehrsilbiges „zi-zi-zi". Im Flug kurzes „pt".

Ähnliche Arten: Unverwechselbar.

Laubsänger

Zur Bestimmung von Laubsängern sollte man besonders auf Flügelbinden, Streifen am Kopf und die Farben von Bauch, Beinen und Bürzel achten. Grundsätzlich helfen hier auch Rufe und Gesänge weiter.

Waldlaubsänger S. 443

Berglaubsänger S. 444

Fitis S. 450 — Jugendkleid

Zilpzalp S. 451 — Jugendkleid

Grünlaubsänger S. 456 — Jugendkleid

Waldlaubsänger *Phylloscopus sibilatrix* (→ 478)

En: Wood Warbler
Fr: Pouillot siffleur
Es: Mosquitero Silbador
It: Luì verde

Mittelgroßer Laubsänger mit schneeweißem Bauch, gelber Kehle und gelbem Überaugenstreif.

Status: Regelmäßiger Brutvogel und Durchzügler, im Süden teilweise flächig fehlend.

Kleider: Geschlechter gleich, Jugendkleid sehr ähnlich Adultkleid.

Stimme: Der Gesang besteht aus einer kurzen Schwirrstrophe „sib-sib-sib-sirrr…".

Ähnliche Arten: Andere heimische Laubsänger haben nicht die Kombination aus weißem Bauch, gelber Kehle und gelbem Überaugenstreif.

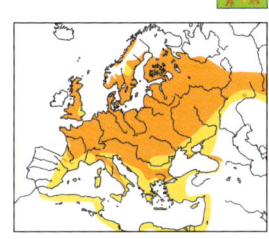

- Kehle und Überaugenstreif kräftig gelb
- Bauch weiß
- meist leuchtend grün (kann aber auch blass sein)
- Schwanz eher kurz
- adult
- Abstand von Armschwingenspitzen bis Handschwingenspitzen sehr groß
- Schirmfedern dunkel mit deutlich hellem Saum
- Ohrdecken nicht so deutlich abgesetzt wie beim Fitis
- adult

Berglaubsänger *Phylloscopus bonelli* (→ 479)

Mittelgroßer Laubsänger mit reinweißem Bauch, braungrauer Oberseite und leuchtend grünem Bürzel.

Status: Seltener, regelmäßiger Brutvogel in Süddeutschland, in den Alpen häufiger, andernorts sehr seltener Gast.

Kleider: Geschlechter gleich, Jugendkleid sehr ähnlich Adultkleid.

 Stimme: Der Gesang besteht aus einem variierten, kurzen, schwirrenden Triller, der etwas langsamer als der Endtriller des Waldlaubsängers klingt. Ruf „düije".

Ähnliche Arten: Eine weiße Unterseite haben unter den heimischen Laubsängern auch Waldlaubsänger (der aber mit gelber Kehle) und Balkanlaubsänger (siehe dort).

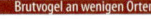
Brutvogel an wenigen Orten

En: Western Bonelli's Warbler
Fr: Pouillot de Bonelli
Es: Mosquitero Papialbo
It: Luì bianco

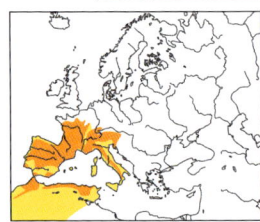

Bürzel leuchtend grün-ocker

adult

Schirmfedern dunkel mit deutlich hellen Rändern

Rücken mit wenig oder fast ohne Grün

Abstand von Armschwingenspitzen zu Handschwingenspitzen kurz

Überaugenstreif schwach und nicht gelb

Flügel z. T. auch mit mehr Grün als hier

Bauch und Flanken weiß

adult

Balkanlaubsänger *Phylloscopus orientalis* (→ 480)

Mittelgroßer, dem Berglaubsänger sehr ähnlicher Laubsänger.

Ausnahmegast

En: Eastern Bonelli's Warbler
Fr: Pouillot oriental
Es: Mosquitero oriental
It: Luì bianco orientale

Status: Ausnahmegast vom Balkan oder aus der Türkei.

Kleider: Geschlechter gleich, Jugendkleid sehr ähnlich Adultkleid.

 Stimme: Singt eine dem Berglaubsänger ähnliche, aber monotonere und noch kürzere und schnellere Schwirrstrophe. Neben dem Ruf („tjep") zuverlässigstes Unterscheidungsmerkmal zum Berglaubsänger.

Ähnliche Arten: Gegenüber Berglaubsänger geringfügig größer und mit längeren Handschwingen. Oberseits etwas grauer gefärbt, die Achselfedern und Unterflügeldecken aber blasser. Insgesamt nach Gefiedermerkmalen i. d. R. nicht sicher vom Berglaubsänger zu unterscheiden.

Gesamterscheinung sehr ähnlich Berglaubsänger, Oberseite mit noch weniger Grün als bei diesem

Überaugenstreif kontrastiert wenig

Zügel oft etwas dunkler als beim Berglaubsänger

adult

Unterseite und Flanken weiß

Schirmfedern dunkel mit deutlich hellen Säumen

adult

Tienschan-Laubsänger

Phylloscopus humei (→ 489)

 Ausnahmegast

En: Hume's Leaf Warbler
Fr: Pouillot de Hume
Es: Mosquitero de Hume
It: Luì di Hume

Sehr ähnlich Gelbbrauenlaubsänger.

Status: Ausnahmegast aus Zentralasien.

Kleider: Geschlechter gleich, Jugendkleid sehr ähnlich Adultkleid.

Stimme: Ruft weich und meist deutlich herabgezogen zweisilbig „tsilip", auch „ziwüid".

Ähnliche Arten: Zur Unterscheidung von Goldhähnchen- und Gelbbrauen-Laubsänger siehe Fotos.

- deutlicher, langer Überaugenstreif
- weniger grünstichig als Gelbbrauen-Laubsänger
- Schnabel fein und sehr dunkel
- zwei Flügelbinden, die vordere aber wesentlich undeutlicher

Laubsänger · Phylloscopidae

Gelbbrauen-Laubsänger

Phylloscopus [inornatus] inornatus (→ 488)

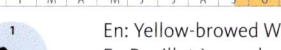

En: Yellow-browed Warbler
Fr: Pouillot à grands sourcils
Es: Mosquitero Bilistado
It: Luì forestiero

Kleiner Laubsänger mit deutlichem gelbem Überaugenstreif und zwei Flügelbinden.

Status: Seltener Gast aus der Taiga östlich des Urals.

Kleider: Geschlechter gleich, Jugendkleid sehr ähnlich Adultkleid.

 Stimme: Ruf hoch, dünn, aber dennoch laut „tsuii" oder „tsiwiist".

Ähnliche Arten: Goldhähnchen-Laubsänger hat einen deutlichen Scheitelstreif und einen gelben Bürzel. Tienschan-Laubsänger ist matter und dunkler beige gefärbt.

höchstens ganz schwach angedeuteter Scheitelstreif

markanter, langer Überaugenstreif

deutlich grünstichig

Bauch weißgrau

zwei Flügelbinden

Goldhähnchen-Laubsänger

Phylloscopus proregulus (→ 487)

seltener Gastvogel

En: Pallas's Leaf Warbler
Fr: Pouillot de Pallas
Es: Mosquitero de Pallas
It: Luì di Pallas

Kleiner Laubsänger mit markantem dreistreifigem Kopfmuster, zwei Flügelbinden und gelbem Bürzel.

Status: Sehr seltener, aber an der Küste fast regelmäßiger Gastvogel im Herbst, im Binnenland Ausnahmegast. Brutgebiete in Südsibirien.

Kleider: Geschlechter gleich, Jugendkleid sehr ähnlich Adultkleid.

Stimme: Ruf hoch, fein und etwas nasal zweisilbig „djuii", „siüt" u. a., auch mehr metallisch „tschä-ii" oder „tje-wit".

Ähnliche Arten: Gelbbrauen-Laubsänger hat bestenfalls einen undeutlich angedeuteten Scheitelstreif und keinen gelben Bürzel.

hellgelber Bürzel

hellgelber Scheitelstreif

Überaugenstreif markant und sehr lang

zwei Flügelbinden

Laubsänger · Phylloscopidae

Bartlaubsänger *Phylloscopus schwarzi* (→ 482)

Ausnahmegast

En: Radde's Warbler
Fr: Pouillot de Schwarz
Es: Mosquitero de Schwarz
It: Luì di Radde

Großer, überwiegend bräunlicher Laubsänger ohne Gelb oder Grün im Gefieder, aber mit deutlichem, fast weißem Überaugenstreif.

Status: Ausnahmegast aus Mittelsibirien.

Kleider: Geschlechter gleich, Jugendkleid sehr ähnlich Adultkleid.

Stimme: Warme, weiche „bid-bid" oder „wid-wid...", bei Erregung zu schnellen Trillern vereint.

Ähnliche Arten: Zur Unterscheidung vom ähnlich gefärbten Dunkellaubsänger siehe Fotos.

- Überaugenstreif vorne diffus in beige übergehend
- Flügel dunkler als Mantel
- kräftiger Schnabel
- Beine hell und auffallend kräftig
- fein gebänderte Ohrdecken
- Unterschwanzdecken beige

Fitis *Phylloscopus trochilus trochilus*
und *P. t. acredula* (→ 483)

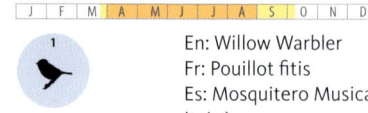

En: Willow Warbler
Fr: Pouillot fitis
Es: Mosquitero Musical
It: Luì grosso

Dem Zilpzalp ähnlicher, graugrüner, mittelgroßer Laubsänger mit gelblicher Brust, weißlichem Bauch und hellen Beinen.

Status: Unterart *trochilus* regelmäßiger Brutvogel, teils mit Verbreitungslücken, und Durchzügler. Unterart *acredula* regelmäßiger Durchzügler (brütet von Skandinavien bis Sibirien).

Kleider: Geschlechter gleich, Jugendkleid sehr ähnlich Adultkleid, aber gesamte Unterseite oft zart gelblich. Nordische Vögel oft wesentlich grauer.

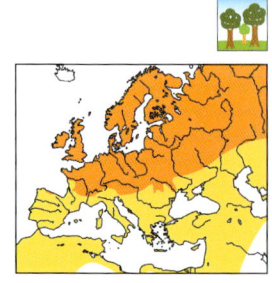

Stimme: Singt eine melodische, weich flötende und melancholisch klingende Strophe „didi dje düe dea dea deida da", die etwas an den Buchfink (ohne dessen Überschlag am Ende) erinnert, aber weicher klingt. Ruf ist ein zweisilbig klingendes „huit" oder „hooid".

Ähnliche Arten: Zur Unterscheidung vom ähnlich gefärbten Zilpzalp siehe Fotos.

Brust und Bauch gelblich

deutlicher Überaugenstreif und Augenstreif

Jugendkleid

weniger gelblich als Jungvogel

adult

Beine meist hell

Laubsänger • Phylloscopidae

Zilpzalp *Phylloscopus collybita collybita, P. c. abietinus* und *P. c. tristis* („Taigazilpzalp") (→ 484)

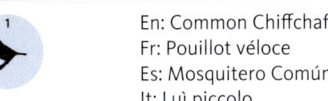

En: Common Chiffchaff
Fr: Pouillot véloce
Es: Mosquitero Común
It: Luì piccolo

Kleiner, wenig kontrastreich gelblich grauer Laubsänger mit dunklen Beinen.

Status: Unterart *collybita* regelmäßiger Brutvogel und Durchzügler, gelegentlicher Wintergast. Unterart *abietinus* regelmäßiger Durchzügler (brütet von Skandinavien bis zum Ural), *tristis* seltener Gast (brütet vom Ural bis zum Iran und östlich).

Kleider: Geschlechter gleich, Jugendkleid sehr ähnlich Adultkleid.

Verhaltensweisen: Schlägt häufig mit dem Schwanz nach unten.

Stimme: Der namensgebende Gesang klingt wie „zilp-zalp-zilp-zelp …", meist mit kleineren Variationen. Der Ruf ist im Gegensatz zum Fitis mehr einsilbig und nasal hochgezogen „hüid".

Ähnliche Arten: Zur Unterscheidung vom Fitis siehe Fotos.

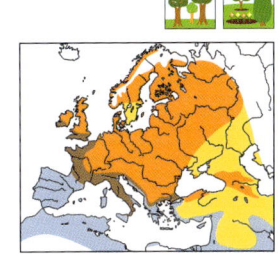

Überaugenstreif deutlich, gelegentlich zum Schnabel hin auslaufend

deutlicher weißer Augenring, dunkler Wangenbereich

adult

Jugendkleid

oft gelbliche Strähnen an der Flanke, aber weniger gelb als Fitis

Beine dunkel

Laubsänger · Phylloscopidae

Dunkellaubsänger *Phylloscopus fuscatus* (→ 481)

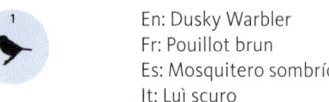

seltener Gast
En: Dusky Warbler
Fr: Pouillot brun
Es: Mosquitero sombrío
It: Luì scuro

Graubrauner Laubsänger ohne Gelb oder Grün im Gefieder, aber mit deutlichem hellbraunem Überaugenstreif.

Status: Seltener Gast aus Ostasien, der v. a. im Norden auftritt.

Kleider: Geschlechter gleich, Jugendkleid sehr ähnlich Adultkleid.

Stimme: Ruft bei Erregung hart schnalzend „tak", „dek" oder ähnlich, eher wie eine Grasmücke.

Ähnliche Arten: Zur Unterscheidung vom ähnlich gefärbten , aber kräftiger gebauten Bartlaubsänger, siehe Fotos.

Iberienzilpzalp *Phylloscopus ibericus* (→ 485)

En: Iberian Chiffchaff
Fr: Pouillot ibérique
Es: Mosquitero ibérico
It: Luì piccolo iberico

Ausnahmegast

Sehr ähnlich dem Zilpzalp.
Status: Ausnahmegast von der Iberischen Halbinsel.
Kleider: Geschlechter gleich, Jugendkleid sehr ähnlich Adultkleid.

Stimme: Singt einen dreiteiligen Gesang „djep djep swüid swüid tettettettet…".
Ruf abfallend „ziüp", etwas an Rohrammer erinnernd.

Gesang

Rufe

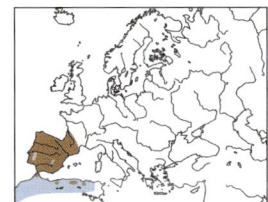

Ähnliche Arten: Lebhafter gelb und olivgrün gefärbt als der Zilpzalp und mit längeren Flügeln. Sichere Unterscheidung jedoch nur anhand der Stimme.

Anhand der Gefiedermerkmale nicht vom Zilpzalp zu unterscheiden (man beachte Gesang und Ruf)

Laubsänger · Phylloscopidae

Kronenlaubsänger *Phylloscopus coronatus* (→ 494)

Ähnlich Wanderlaubsänger, aber schlanker und mit mehr gelbgrüner Oberseite.

Status: Ausnahmegast aus dem östlichen Sibirien.

Ausnahmegast

En: Eastern Crowned Warbler
Fr: Pouillot de Temminck
Es: Mosquitero coronado
It: Luì coronato di Temminck

- deutlicher Scheitelstreifen, aber weniger markant als beim Goldhähnchenlaubsänger
- langer weißlicher Überaugenstreif bis zum Nacken
- Kopf und vorderer Rücken grau
- zwei relativ schmale Flügelbinden
- Unterseite grauweiß

Wacholderlaubsänger *Phylloscopus nitidus* (→ 492)

Ähnlich Grünlaubsänger, aber größer und mit kräftigerem Schnabel.

Status: Ausnahmegast aus dem Nahen Osten.

Ausnahmegast

En: Green Warbler
Fr: Pouillot du Caucase
Es: Mosquitero del Cáucaso
It: Luì nitido

- Überaugenstreif markant und gelb
- ganze Oberseite grün ähnlich Waldlaubsänger
- Kehle und Wangen hell gelblich
- eine deutliche und gelegentlich davor eine undeutliche Flügelbinde

Laubsänger · Phylloscopidae

Middendorff-Laubsänger
Phylloscopus plumbeitarsus (→ 493)

Ausnahmegast

En: Two-barred Warbler
Fr: Pouillot à deux barres
Es: Mosquitero patigrís
It: Luì verdastro barrato

Mittelgroßer Laubsänger mit zwei deutlichen Flügelbinden und recht einfarbig grüner Oberseite. Nächstverwandt mit dem Grünlaubsänger.

Status: Ausnahmegast aus der Taiga Mittel- und Ostsibiriens.

Stimme: Gesang ähnlich Grünlaubsänger, Strophen länger, häufig mit rufartigen Elementserien ("tsrl-tsrl...") verbunden.

- heller langer Überaugenstreif bis zum Nacken
- dunkler Augenstreif bis zum Nacken
- ganze Oberseite ungefähr im selben Farbton
- Unterschnabel hell
- zwei Flügelbinden
- etwas größer als Grünlaubsänger

Laubsänger · Phylloscopidae

Grünlaubsänger *Phylloscopus trochiloides* (→ 491)

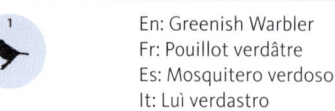

En: Greenish Warbler
Fr: Pouillot verdâtre
Es: Mosquitero verdoso
It: Luì verdastro

Dem Wanderlaubsänger ähnlicher, graugrüner, eher kleiner Laubsänger mit einer dünnen Flügelbinde (manchmal eine zweite angedeutet).

Status: Seltener Brutvogel im Osten, auch andernorts seltener Gast.

Kleider: Geschlechter gleich, Jugendkleid sehr ähnlich Adultkleid.

Stimme: Der Gesang ist aus weicheren, tonalen und trillernden Strophen zusammengesetzt und wird meist schnell und etwas stolpernd vorgetragen. Ruft „wizip", „zlilip" oder ähnlich.

Ähnliche Arten: Siehe auch Wanderlaubsänger.

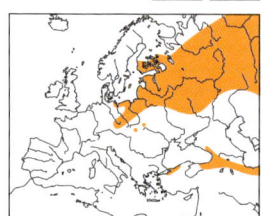

- deutlicher Überaugenstreif erreicht Schnabel
- wirkt rundlicher und relativ großköpfiger als Wanderlaubsänger
- Oberseite graugrün
- Augenstreif wird nach vorne diffuser
- eine Flügelbinde deutlich, eine zweite davor manchmal angedeutet

Jugendkleid

Wanderlaubsänger

Phylloscopus borealis (→ 490)

En: Arctic Warbler
Fr: Pouillot boréal
Es: Mosquitero boreal
It: Luì boreale

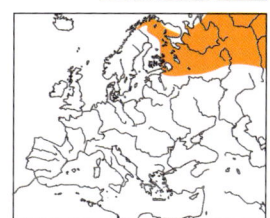

Mittelgroßer Laubsänger mit graugrüner Oberseite, grauweißer Unterseite, einem dünnen, aber langen Überaugenstreif und zwei dünnen Flügelbinden.

Status: Ausnahmegast aus Nordnorwegen, Finnland oder Taigagebieten östlich davon.

Kleider: Geschlechter gleich, Jugendkleid sehr ähnlich Adultkleid.

Stimme: Gesangsstrophen monoton klappernd, erinnern an Klappergrasmücke und Zaunammer. Erregungsruf eher hart „zrik" oder „tset", gelegentlich mehrsilbig „zirik".

Ähnliche Arten: Deutlich längere Flügel als der ansonsten ähnliche Grünlaubsänger, der außerdem einen breiteren Überaugenstreif und meist nur eine dünne Flügelbinde hat.

- dunkler Augenstreif markant
- vordere Flügelbinde manchmal deutlicher als hier
- hintere Flügelbinde deutlich
- Abstand von Armschwingenspitzen zu Handschwingenspitzen groß
- Überaugenstreif erreicht den Schnabel nicht
- lange, schlanke Körperform

Schwirle, Rohrsänger, Spötter

Die meisten Schwirle, Rohrsänger und Spötter sind bräunlich gefärbt. Neben Größe und Proportionen stellen Streifen am Kopf und Strichel an Brust, Bauch und Flanken besonders wichtige Bestimmunsmerkmale dar. Schwirle fallen durch besondere Schwanzform auf. Einige Arten lassen sich nur in der Hand oder durch den Gesang sicher bestimmen.

Drosselrohrsänger S. 459

Mariskenrohrsänger S. 460

Seggenrohrsänger S. 461

Schilfrohrsänger S. 462

Teichrohrsänger S. 465

Sumpfrohrsänger S. 466

Orpheusspötter S. 470

Gelbspötter S. 471

Feldschwirl S. 474

Schlagschwirl S. 475

Rohrschwirl S. 476

Rohrsängerverwandte • Acrocephalidae

Drosselrohrsänger

Acrocephalus arundinaceus (→ 475)

Größter europäischer Rohrsänger mit großem, kräftigem Schnabel.

Status: Regelmäßiger, aber seltener Brutvogel, im Westen deutlich seltener oder fehlend. Regelmäßiger Durchzügler.

Kleider: Geschlechter gleich, Jugendkleid sehr ähnlich Adultkleid, im 1. Winter dunkle Schwungfedern mit hellen Säumen.

Stimme: Im laut vorgetragenen Strophengesang finden sich immer wieder die für die Art typischen Elemente „karre-karre-kiet-kiet".

Ähnliche Arten: Andere ungestreifte Rohrsängerarten sind alle deutlich kleiner.

En: Great Reed Warbler
Fr: Rousserolle turdoïde
Es: Carricero Tordal
It: Cannareccione

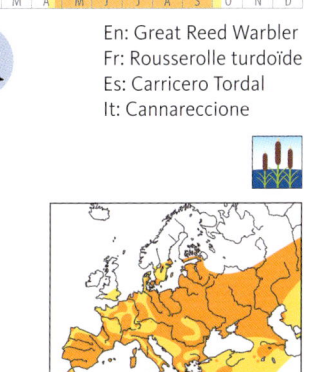

großer, drosselartiger Schnabel

heller Überaugenstreif, dunkler Augenstreif

Kehle weiß, darunter leicht angedeutete Strichel

adult

adult

Flügelspitze lang

Mariskenrohrsänger

Acrocephalus melanopogon (→ 466 B)

Brutvogel an wenigen Orten

En: Moustached Warbler
Fr: Lusciniole à moustaches
Es: Carricerín real
It: Forapaglie castagnolo

Gestreifter, etwas rotstichiger Rohrsänger mit sehr deutlichem weißem Überaugenstreif und dunkler Kappe.

Status: Regelmäßiger Brutvogel in der pannonischen Tiefebene, andernorts im Süden seltener Gast.

Kleider: Geschlechter gleich, Jugendkleid sehr ähnlich Adultkleid.

Stimme: Gesang ähnlich Teich- und Sumpfrohrsänger, aber häufig mit relativ tiefen reinen Flötentönen eingeleitet. Singt schon ab März.

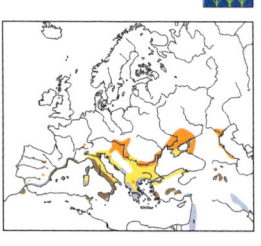

Ähnliche Arten: Der Schilfrohrsänger ist mehr gelbstichig, hat einen gelblichen Überaugenstreif und eine hell ockerfarbene Kehle. Der Seggenrohrsänger hat einen deutlichen hellen Scheitelstreif.

breiter weißer Überaugenstreif

adult

Kopfplatte fast ungemustert schwarz

adult

rostfarbene Oberseite mit schwarzen Längsstricheln

Schwanz kurz und gerundet

Beine dunkel

adult

Seggenrohrsänger
Acrocephalus paludicola   (→ 469)

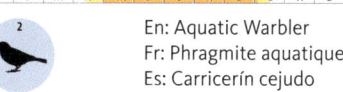

En: Aquatic Warbler
Fr: Phragmite aquatique
Es: Carricerín cejudo
It: Pagliarolo

Oberseits stark gestreifter, kleiner Rohrsänger.

Status: Regelmäßiger Brutvogel vor allem in Nordostpolen und Weißrussland, andernorts an wenigen Stellen seltener Brutvogel, regelmäßiger Durchzügler.

Kleider: Geschlechter gleich, im 1. Winter Flanken noch nicht dunkel gestrichelt.

Stimme: Kurze variable Strophen mit einleitendem Rattern und anschließenden tonalen Folgen wie „trtrtr-jü-jü…" oder „trrr-jipjip-dü-dü…".

Ähnliche Arten: Siehe Schilf- und Mariskenrohrsänger.

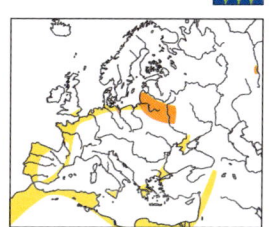

Kopfplatte schwarz mit hellem Scheitelstreif

markanter Überaugenstreif

Oberseite mit kräftigen Streifen

dünn gestrichelt

insgesamt mehr gelblich und im Gegensatz zum Mariskenrohrsänger weniger rostbraun

adult

Schilfrohrsänger

Acrocephalus schoenobaenus   (→ 470)

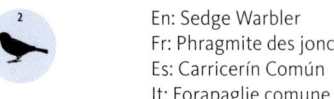

En: Sedge Warbler
Fr: Phragmite des joncs
Es: Carricerín Común
It: Forapaglie comune

Mittelgroßer, beigefarbener Rohrsänger mit deutlichem, hellem Überaugenstreif und diffusem Scheitelstreif.

Status: Regelmäßiger, teils aber lückig verbreiteter Brutvogel und regelmäßiger Durchzügler.

Kleider: Geschlechter gleich, im Jugendkleid dünne Strichelung an der Brust.

Stimme: Eilig schwätzender, metallisch harter Gesang aus langen Strophen mit vielen „trrr-trrr"-Elementen, auch Imitationen.

Ähnliche Arten: Mariskenrohrsänger hat reinweißen Überaugenstreif und weiße Kehle und ist etwas rötlicher, Seggenrohrsänger hat deutlichen hellen Scheitelstreif.

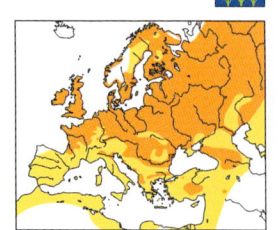

breiter heller Überaugenstreif, dunkler Augenstreif

Flügelspitzen lang

adult

Kappe schwarz mit ockerfarbenen Stricheln

Brust immer ungestrichelt bei ad.

Rohrsängerverwandte · Acrocephalidae

Feldrohrsänger *Acrocephalus agricola* (→ 471)

Rohrsänger mit rotbraunem Bürzel ähnlich Teichrohrsänger, aber mit langem und deutlichem, hellem Überaugenstreif.

seltener Gast
En: Paddyfield Warbler
Fr: Rousserolle isabelle
Es: Carricero agrícola
It: Cannaiola di Jerdon

Status: Seltener Gast vom Schwarzen Meer oder östlich davon.

Kleider: Geschlechter gleich, Jugendkleid sehr ähnlich Adultkleid, aber weniger kontrastreich.

Stimme: Gesang von Warte im Schilf aus vorgetragen, aus variablen Strophen, mit Motivwiederholungen und vielen guten Imitationen.

Ähnliche Arten: Auch der Buschrohrsänger hat einen deutlichen, bis hinter das Auge reichenden Überaugenstreif, aber deutlich längere Handschwingen. Wegen anderer ungestreifter Rohrsänger siehe Fotos.

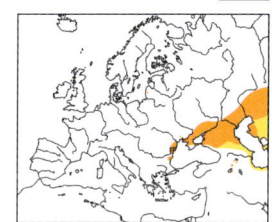

- breiter heller Überaugenstreif, darunter dunkler Augenstreif, darüber dunkle Kante der braunen Kappe
- etwas kurzschnäbeliger als Teichrohrsänger
- im abgetragenen Gefieder mehr graustichig
- Unterschnabel gelborange, Schnabelspitze dunkel
- Schwanz relativ lang

adult

Buschrohrsänger

Acrocephalus dumetorum (→ 473)

Ausnahmegast

En: Blyth's Reed Warbler
Fr: Rousserolle des buissons
Es: Carricero de Blyth
It: Cannaiola di Blyth

Typischer ungestreifter Rohrsänger mit relativ dunklen Beinen.

Status: Ausnahmegast aus Südfinnland, dem östlichen Baltikum oder östlich davon.

Kleider: Geschlechter gleich, Jugendkleid sehr ähnlich Adultkleid.

Verhaltensweisen: Sucht Singwarten in Laubbäumen auf.

 Stimme: Singt oft auch außerhalb des Brutgebietes. Gesang laut, variabel und langsamer als beim Sumpfrohrsänger. Immer wieder tonleiterartige Elementfolgen und andere Motivwiederholungen eingebaut.

Ähnliche Arten: Sehr schwer von anderen ungestreiften Rohrsängern unterscheidbar. Am besten am Gesang.

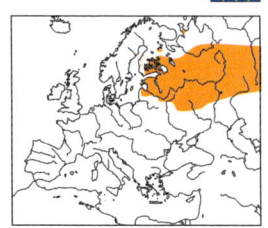

deutlicher heller Überaugenstreif bis hinters Auge

Schnabel lang

Schirmfedern verwaschen braun, ohne deutlichen Kontrast

Flügelspitzen kurz

Unterschnabelspitze oft dunkel

adult

Teichrohrsänger

Acrocephalus scirpaceus (→ 472)

En: Eurasian Reed Warbler
Fr: Rousserolle effarvatte
Es: Carricero Común
It: Cannaiola

Typischer ungestreifter Rohrsänger mit rotbraunem Bürzel.

Status: Regelmäßiger Brutvogel und Durchzügler.

Kleider: Geschlechter gleich, Jugendkleid sehr ähnlich Adultkleid.

Verhaltensweisen: Bewegt sich fast nur an senkrechten Schilfhalmen. Zur Brutzeit ortsfest in sehr kleinen Territorien. Zur Zugzeit manchmal in atypischen Lebensräumen wie Gebüsch und Gärten.

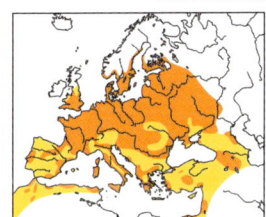

 Stimme: Gesang wird in schwätzender Weise fast kontinuierlich vorgetragen und ist rhythmisch, nicht zu schnell, einige Elemente kratzend, aber nicht so hart wie beim Drosselrohrsänger.

Ähnliche Arten: Unterscheidung vom Sumpfrohrsänger ohne Gesang oft nur in der Hand möglich. Siehe auch Sumpfrohrsänger.

Sumpfrohrsänger
Acrocephalus palustris (→ 474)

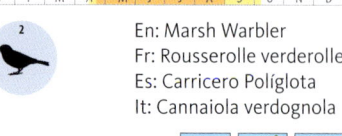

En: Marsh Warbler
Fr: Rousserolle verderolle
Es: Carricero Políglota
It: Cannaiola verdognola

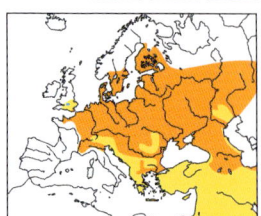

Dem Teichrohrsänger sehr ähnlicher Rohrsänger.

Status: Regelmäßiger Brutvogel und Durchzügler.

Kleider: Geschlechter gleich, Jugendkleid sehr ähnlich Adultkleid.

Verhaltensweisen: Oft in staudenreicheren Lebensräumen anzutreffen als der Teichrohrsänger.

 Stimme: Sehr vielfältiger, kontinuierlich schwätzend vorgetragener Gesang, vornehmlich aus zahlreichen Imitationen anderer, z. T. auch afrikanischer Arten.

Ähnliche Arten: Siehe Teichrohrsänger. Sumpfrohrsänger ist etwas langflügeliger, hat einen etwas kürzeren Schnabel, ist mehr grünlich olivfarben und weniger braun.

- leichter Stich ins Olivgrün
- insgesamt kontrastarm bräunlich
- Schnabel gerade, dünn und relativ lang
- Flügelspitze lang
- relativ lange Kletterbeine

adult

Rohrsängerverwandte • Acrocephalidae

Buschspötter *Iduna caligata* (→ 466)

Kleiner Spötter, der an einen graubraunen Laubsänger erinnert.

Status: Ausnahmegast aus Zentralrussland oder östlich davon.

Kleider: Geschlechter gleich, Jugendkleid sehr ähnlich Adultkleid.

 Stimme: Sprudelnd rascher Gesang in Strophenaufbau und mit abruptem Abbruch, meist von niedriger Singwarte aus. Ruf grasmückenartig „tek" oder „tschett".

Ähnliche Arten: Kleiner als andere Spötter, von diesen und den ungestreiften Rohrsängern durch auffallend helle Schwanzaußenkanten und durch braunrosa Beine mit dunklen Zehen zu unterscheiden.

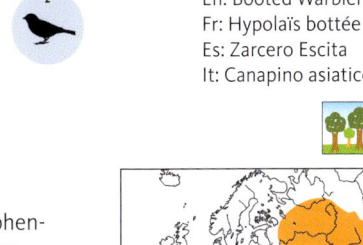

Ausnahmegast
En: Booted Warbler
Fr: Hypolaïs bottée
Es: Zarcero Escita
It: Canapino asiatico

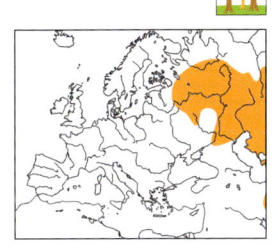

Oberseite graubraun, bei abgetragenem Gefieder stärker grau

Kopf erinnert an Laubsänger

Flügel kurz

kurzer Überaugenstreif, dunkler Zügelstreif

Schnabel kurz und schlank

Flanken gräulich mit leichtem Ockerton

adult (abgetragenes Gefieder)

Bauch weiß

adult

Steppenspötter *Iduna rama* (→ 466 A)

Sehr ähnlich Blassspötter.

Status: Ausnahmegast aus dem nordöstlichen Arabien bis Turkestan und China.

Ausnahmegast

En: Sykes's Warbler
Fr: Hypolaïs rama
Es: Zarcero de Sykes
It: Canapino di Sykes

kurzer Überaugenstreif

Oberseite hell graubraun

Flügelspitzen kurz

Schnabel lang und schlank

Unterseite weiß

adult

Rohrsängerverwandte • Acrocephalidae

Blassspötter *Iduna pallida*   (→ 465)

Erinnert im Aussehen an einen blassen Teichrohrsänger mit sehr heller Unterseite.

Status: Ausnahmegast aus Südosteuropa und Nordafrika.

Kleider: Geschlechter gleich, Jugendkleid sehr ähnlich Adultkleid.

Verhaltensweisen: Schlägt fast regelmäßig den Schwanz abwärts (im Gegensatz zu einfarbigen Rohrsängern).

 Stimme: Kontinuierlicher, hart und kehlig schwätzender Gesang aus zyklisch wiederholten und kompliziert zusammengesetzten Motiven.

Ähnliche Arten: Teichrohrsänger hat einen rostgelblichen Bürzel und hat auch unterseits mehr Ockerstich. Wegen Verwechslung mit anderen ungestreiften Rohrsängern siehe Fotos.

Ausnahmegast

En: Eastern Olivaceous Warbler
Fr: Hypolaïs pâle
Es: Zarcero pálido
It: Canapino pallido orientale

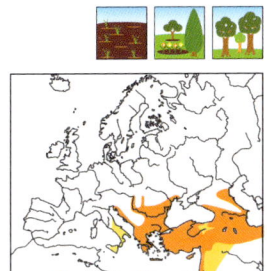

Schnabel dünn und lang
Stirn flach
heller Überaugenstreif
Oberseite graubraun
Jugendkleid
adult
Schwanz gerade abgeschnitten

Orpheusspötter *Hippolais polyglotta* (→ 464)

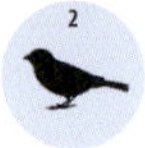

En: Melodious Warbler
Fr: Hypolaïs polyglotte
Es: Zarcero Políglota
It: Canapino comune

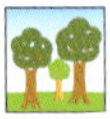

An eine Grasmücke oder einen Rohrsänger erinnernder Kleinvogel mit hellgelber Unterseite und bräunlichen Beinen.

Status: Nur lokal regelmäßiger Brutvogel und regelmäßiger Gast im Westen, breitet sich nach Nord und Ost aus, bereits regelmäßiger Gast auch weiter östlich.

Kleider: Geschlechter gleich, Jugendkleid sehr ähnlich Adultkleid, aber etwas blasser.

Verhaltensweisen: Zuckt mit Schwanz, schlägt ihn aber nicht abwärts wie Blasspötter.

 Stimme: Kontinuierlich schwätzender, teils recht schneller Gesang, typischerweise mit langen Elementwiederholungen „trü-wäd trü-wäd…". Ruft bei Störung metallisches „tak" oder „tschek".

Ähnliche Arten: Siehe Gelbspötter.

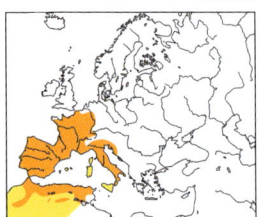

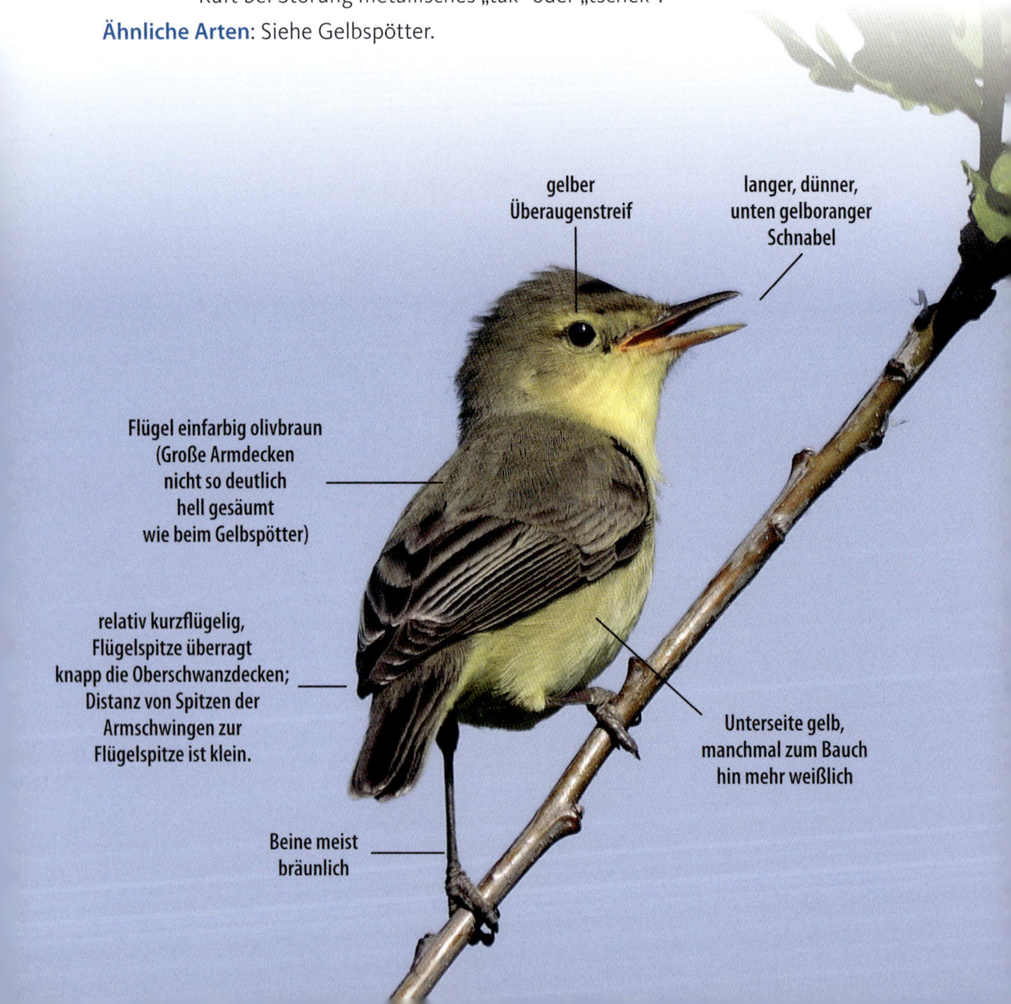

gelber Überaugenstreif

langer, dünner, unten gelboranger Schnabel

Flügel einfarbig olivbraun (Große Armdecken nicht so deutlich hell gesäumt wie beim Gelbspötter)

relativ kurzflügelig, Flügelspitze überragt knapp die Oberschwanzdecken; Distanz von Spitzen der Armschwingen zur Flügelspitze ist klein.

Unterseite gelb, manchmal zum Bauch hin mehr weißlich

Beine meist bräunlich

Rohrsängerverwandte • Acrocephalidae

Gelbspötter *Hippolais icterina* (→ 463)

An eine Grasmücke oder einen Rohrsänger erinnernder Kleinvogel mit hellgelber Unterseite und graubläulichen Beinen.

Status: Regelmäßiger Brutvogel und Durchzügler, im Südwesten regional mit Verbreitungslücken.

Kleider: Geschlechter gleich, Jugendkleid sehr ähnlich Adultkleid, aber etwas blasser.

Stimme: Singt fortlaufend, laut und mit Einstreuung zahlreicher Imitationen. Typisch sind wiederkehrende Elemente wie „Schmitt-Schmitt-Schmitt" und ein bussardähnliches „hiäh". Ruft „tetetet", „hui" oder oft kombiniert „tetethui".

Ähnliche Arten: Sehr ähnlich Orpheusspötter, der aber meist ein undeutlicheres helles Flügelfeld, eher bräunliche Beine und kürzere Handschwingen (im Vergleich zu den Armschwingen abschätzbar) hat.

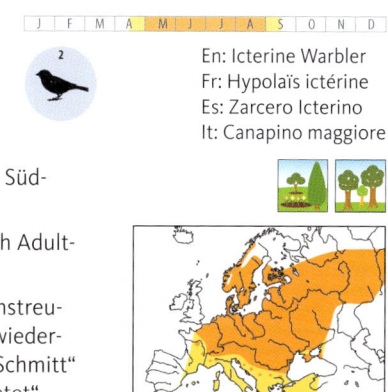

En: Icterine Warbler
Fr: Hypolaïs ictérine
Es: Zarcero Icterino
It: Canapino maggiore

- Scheitel und Oberseite graugrün
- gelber Überaugenstreif
- Unterschnabel gelborange, Schnabelansatz auffällig breit
- Armdecken mit hellen Säumen
- gflügelig
- helles Flügelfeld
- Unterseite ungemustert gelb
- lange Flügelspitze (vgl. Orpheusspötter)
- blaugraue Beine

Schwirlverwandte · Locustellidae

Streifenschwirl *Helopsaltes certhiola* (→ 459)

Kleiner Schwirl, der an eine Mischung aus Feldschwirl und Schilfrohrsänger erinnert.

Status: Ausnahmegast aus Zentral- und Ostasien.

Ausnahmegast

En: Pallas's Grasshopper Warbler
Fr: Locustelle de Pallas
Es: Buscarla de Pallas
It: Locustella di Pallas

- heller Überaugenstreif (kürzer als bei Schilfrohrsänger)
- Oberseite gefleckt und gestrichelt
- hinterer Scheitel mit etwas Grau
- Schirmfedern dunkel mit weißen Säumen auf der Innenfahne
- gelbliche Unterseite

adult

adult

Schwirlverwandte · Locustellidae

Strichelschwirl   *Locustella lanceolata*   (→ 460)

Kleiner, ober- und meist auch unterseits stark braun gestrichelter Schwirl mit kurzem Schwanz.

Status: Ausnahmegast aus Nordosteuropa oder der nordasiatischen Taiga.

Kleider: Geschlechter gleich, Jugendkleid sehr ähnlich Adultkleid, aber weniger kontrastreich und mit unscharfer Strichelung auf Bauch und Brust.

Stimme: Gesang in bodennaher Deckung, kontinuierlich schwirrend wie Feldschwirl.

Ähnliche Arten: Gestreifte Rohrsänger- und Schwirlarten sehen ähnlich aus, Erkennungsmerkmale siehe Fotos.

Ausnahmegast

En: Lanceolated Warbler
Fr: Locustelle lancéolée
Es: Buscarla lanceolada
It: Locustella lanceolata

- Kopf eher kontrastarm, ähnlich Feldschwirl
- Ober- und Großteil der Unterseite gestrichelt
- Unterschwanzdecken überwiegend mit schwarzen Federzentren
- Brust diffuser gestrichelt als beim jungen Feldschwirl
- kurzer Schwanz
- Jugendkleid

Feldschwirl   *Locustella naevia*   (→ 461)

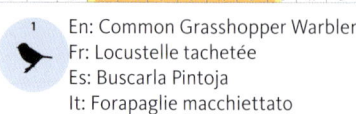

En: Common Grasshopper Warbler
Fr: Locustelle tachetée
Es: Buscarla Pintoja
It: Forapaglie macchiettato

Kleiner olivbrauner Schwirl mit deutlicher Fleckung auf der Oberseite und relativ langem, stufig gerundetem Schwanz.

Status: Regelmäßiger Brutvogel und Durchzügler.

Kleider: Geschlechter gleich, Jugendkleid sehr ähnlich Adultkleid.

 Stimme: Der Gesang ist ein lange anhaltendes monotones Schwirren, etwas höher und mit klarer getrennten Einzeltönen als beim Rohrschwirl.

Ähnliche Arten: Gestreifte Rohrsänger- und Schwirlarten sehen ähnlich aus, Erkennungsmerkmale siehe Fotos.

Kopf kontrastarm

Oberseite olivbraun mit deutlichen Stricheln

Kehlstrichelung fein, kann fehlen

Beine kräftig

Flanken meist ungestrichelt

Schwanz gerundet und eher lang

adult

Schwirlverwandte · Locustellidae

Schlagschwirl *Locustella fluviatilis* (→ 457)

Relativ großer, dunkel graubrauner Schwirl mit breitem, rundlichem Schwanz. Die dunklen Unterschwanzdecken tragen weißliche Spitzenflecke.

Status: Regelmäßiger, meist aber seltener Brutvogel und regelmäßiger Durchzügler im Osten, seltener Brutvogel und Gast im Westen.

Kleid: Geschlechter gleich, Jugendkleid sehr ähnlich Adultkleid.

Stimme: Im Gegensatz zu Feld- und Rohrschwirl ist der Schwirrgesang des Schlagschwirls rhythmisiert: „dze-dze-dze-dze…".

Ähnliche Arten: Ungestreifte Rohrsänger und Schwirle sehen sehr ähnlich aus, Erkennungsmerkmale siehe Fotos.

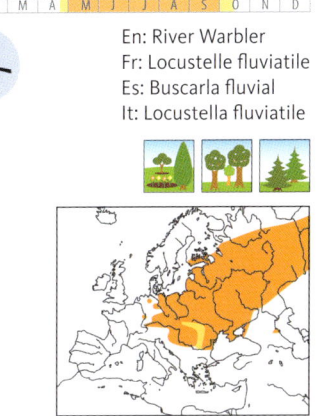

En: River Warbler
Fr: Locustelle fluviatile
Es: Buscarla fluvial
It: Locustella fluviatile

- heller Augenring angedeutet
- Unterschwanzdecken breit hell geschuppt
- undeutlicher Überaugenstreif
- Oberseite bräunlich dunkeloliv
- kräftige Beine
- diffus dünn gefleckte Kehle
- lange Unterschwanzdecken
- breiter Schwanz
- adult

Rohrschwirl *Locustella luscinioides* (→ 458)

En: Savi's Warbler
Fr: Locustelle luscinioïde
Es: Buscarla Unicolor
It: Salciaiola

Spatzengroßer, einfarbig rotbrauner Schwirl mit typischem, breitem, keilförmigem Schwanz und langen, fast ungemusterten Unterschwanzdecken.

Status: Regelmäßiger, aber seltener Brutvogel in großen Schilfbeständen, im Osten häufiger. Regelmäßiger Durchzügler.

Kleider: Geschlechter gleich, Jugendkleid sehr ähnlich Adultkleid.

 Stimme: Der Gesang ist ein lange anhaltendes monotones Schwirren, das tiefer als beim Feldschwirl klingt und bei dem die Einzeltöne mehr verschwimmen. Klingt eher trillernd als schwirrend. Senkrechte Sitzhaltung.

Ähnliche Arten: Ungestreifte Rohrsänger und Schwirle sehen sehr ähnlich aus, Erkennungsmerkmale siehe Fotos.

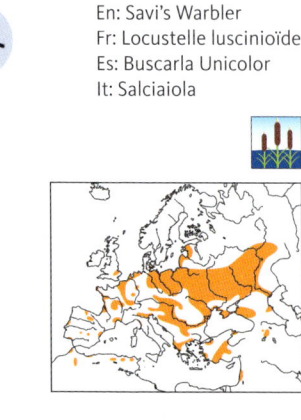

hell ockerfarbener Überaugenstreif

helle Flügelkanten

fast weiße Kehle

Oberseite oliv bis gräulich braun

adult

adult

kräftige Beine

breiter, gerundeter Schwanz

Zistensänger *Cisticola juncidis* (→ 455)

Kleiner, dunkel gestrichelter, brauner, kurzschwänziger Vogel, der an einen Rohrsänger erinnert.

Status: Seltener Brutvogel an der südlichen Nordseeküste. Sonst sehr seltener Gastvogel.

Kleider: Im Prachtkleid Männchen mit dunkelbraun und schwarz gestreiftem Scheitel und schwarzem Schnabel, Weibchen mit hell ocker und schwarz gestreiftem Scheitel und gelblichem Schnabel. Schlichtkleid und Jugendkleid ähnlich Weibchen.

Stimme: Der Gesang besteht aus einem monotonen, scharfen und hohen „zip - zip - zip - zip ...", das meistens im hohen anhaltenden Singflug geäußert wird.

Ähnliche Arten: Gestreifte Rohrsängerarten sehen ähnlich aus, haben aber nie den für den Zistensänger typischen Singflug und keine weiße Schwanzbinde.

| J | F | M | A | M | J | J | A | S | O | N | D |

En: Zitting Cisticola
Fr: Cisticole des joncs
Es: Cistícola Buitrón
It: Beccamoschino

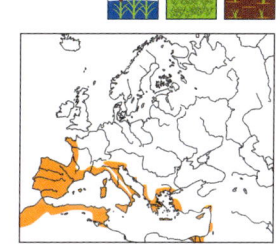

Oberkopf sehr kontrastreich gestreift

um die Augen ungemustert

Unterschnabel dunkel

kräftig gestreift

Oberkopf dunkel gestreift

Unterschnabel hell

♂ Prachtkleid

Spitzen der Schwanzfedern weiß

♀ Prachtkleid

Mönchsgrasmücke

Sylvia atricapilla (→ 496)

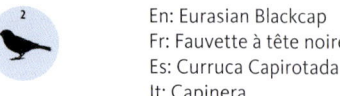

En: Eurasian Blackcap
Fr: Fauvette à tête noire
Es: Curruca Capirotada
It: Capinera

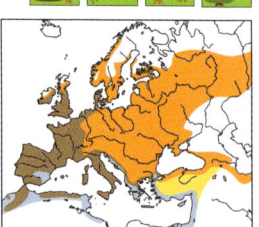

Vorwiegend graue, große Grasmücke mit schwarzer oder brauner Kopfplatte.

Status: Regelmäßiger Brutvogel und Durchzügler, seltener Wintergast. Nimmt an Häufigkeit zu.

Kleider: Im Adultkleid Männchen mit schwarzer, Weibchen mit brauner Kappe. Jugendkleid sehr ähnlich demjenigen des adulten Weibchens.

 Stimme: Der Gesang besteht aus einem schwätzenden Vorgesang (z. T. mit Imitationen) und einem lauten, flötend vorgetragenen Hauptteil. Häufigster Ruf ist ein hartes „teck - teck...".

Ähnliche Arten: Sumpf- und Weidenmeise sind am Kopf etwas ähnlich gefärbt, wie Männchen haben aber schwarzen Kinnfleck. Andere Grasmücken haben keine dunkle Kappe (allenfalls dunkle Hauben oder Masken).

einzelne braune Federn vom Jugendkleid in der bereits schwarzen Kappe

schwarze Kappe

weißes Unterlid

braune Kappe

♂ Übergangskleid Jugend → adult

graue Unterseite

♂ adult

♀ adult

Gartengrasmücke *Sylvia borin* (→ 497)

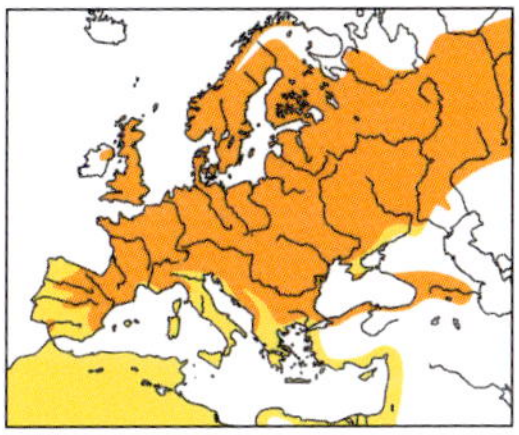

Große, einheitlich braungraue Grasmücke ohne jede markante Zeichnung.

Status: Regelmäßiger Brutvogel und Durchzügler.

Kleider: Geschlechter gleich, Jugendkleid sehr ähnlich Adultkleid.

 Stimme: Der Gesang besteht aus langen, durchgehend schwätzend vorgetragenen Strophen ohne auffälliges Hauptmotiv und (vgl. Mönchsgrasmücke) ohne Flötentöne. Ein typischer Ruf ist das meist bei Beunruhigung geäußerte „wet - wet - wet ...".

Ähnliche Arten: Kann mit anderen, wenig gezeichneten Arten (z. B. Rohrsängern) verwechselt werden, ist aber kräftiger und größer als diese und hat einen kräftigeren Schnabel.

En: Garden Warbler
Fr: Fauvette des jardins
Es: Curruca Mosquitera
It: Beccafico

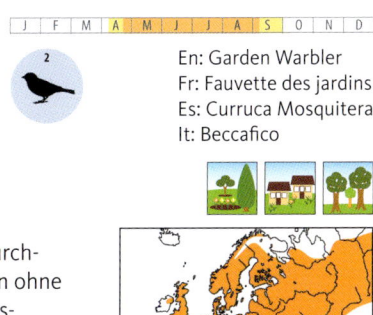

angedeuteter grauer Überaugenstreif

heller Augenring

Schnabel wirkt eher kurz

dunkle Beine

Halsseiten grau

Jugendkleid (diesjährig)

ziemlich einheitlich braungrau am ganzen Körper

adult

Sperbergrasmücke *Sylvia nisoria* (→ 498)

| J | F | M | A | M | J | J | A | S | O | N | D |

En: Barred Warbler
Fr: Fauvette épervière
Es: Curruca gavilana
It: Bigia padovana

Größte heimische Grasmücke, in allen Kleidern wenigstens auf einem Teil der Unterseite mit Wellenmuster oder welliger Bänderung (Sperberung).

Status: Regelmäßiger Brutvogel und Durchzügler im Osten, andernorts seltener Gast.

Kleider: Männchen im Adultkleid unterseits deutlich grau-weiß gebändert und mit gelber Iris, ad. Weibchen viel schwächer gebändert und mit dunkel grüngelber Iris. Im Jugendkleid Kehle und Brust ungebändert und Grundfarbe mehr braungrau, Iris dunkel.

Stimme: Singt ähnlich Gartengrasmücke, aber hastiger, kürzer und härter mit eingestreuten Flötentönen. Am Anfang oder Ende taucht oft der typische Ruf „örrr" oder „trrr" auf, der bei Beunruhigung auch einzeln geäußert wird.

Ähnliche Arten: Kaum verwechselbar, Gartengrasmücke ist etwas kleiner und vor allem ohne jede Sperberung.

Grasmückenverwandte • Sylviidae

Klappergrasmücke *Sylvia curruca curruca* und
S. c. blythi („Östliche Klappergrasmücke")   (→ 502)

| J | F | M | A | M | J | J | A | S | O | N | D |

En: Lesser Whitethroat
Fr: Fauvette babillarde
Es: Curruca Zarcerilla
It: Bigiarella

Kleine braungraue Grasmücke mit grauem Kopf und weißer Kehle.

Status: Unterart *curruca* regelmäßiger Brutvogel und Durchzügler, Unterart *blythi* seltener Gast (brütet von Ost-Sibirien bis zum Altai).

Kleider: Geschlechter gleich, Jugendkleid sehr ähnlich Adultkleid.

Stimme: Der Gesang besteht aus einem leise schwätzenden Vorgesang und dem namensgebenden Klappern, das wie ein sehr rasches „tlütlü-tlütlü…" klingt. Häufigster Ruf ist ein „tak", wie es bei vielen Grasmücken vorkommt, allerdings unregelmäßiger gereiht als bei der Mönchsgrasmücke.

Ähnliche Arten: Wegen Unterscheidung von anderen dunkelköpfigen Grasmücken siehe Fotos.

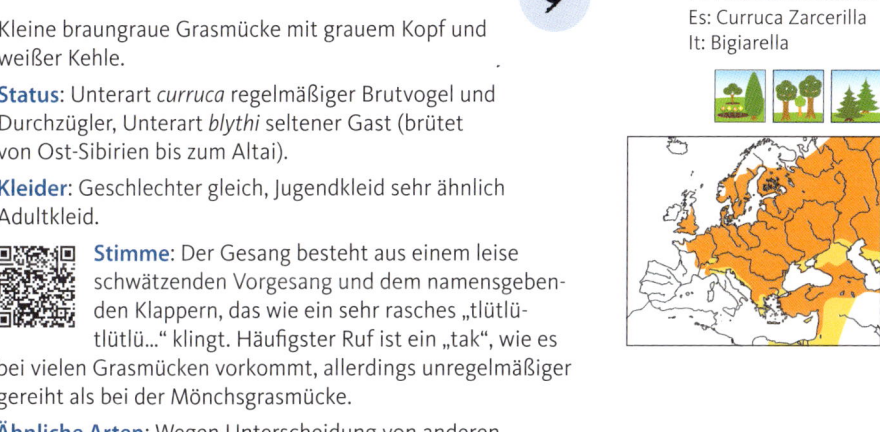

Orpheusgrasmücke *Sylvia hortensis*   (→ 499)

Ausnahmegast

En: Western Orphean Warbler
Fr: Fauvette orphée
Es: Curruca mirlona occidental
It: Bigia grossa

Kräftig gebaute Grasmücke mit dunkelgrauem Kopf und grauschwarzen Ohrdecken, relativ langem Schwanz und auffällig heller Iris.

Status: Ausnahmegast aus dem westlichen und zentralen Mittelmeerraum.

Kleider: Ad. Männchen mit dunklem Kopf und gelber Iris, ad. Weibchen und Jungvögel mit weniger dunklem Kopf und dunklerer Iris. Bei ad. Weibchen aber meist Zügel und Ohrbereich dunkler als die Kappe.

Stimme: Gesang ist in Strophen gegliedert und besteht meist aus kurzem schwätzendem Vorgesang und einem voll tönenden, etwas leiernden Hauptteil. Typischer Ruf ist ein hartes „tak" oder „tek-tek…".

Ähnliche Arten: Wegen Unterscheidung von anderen dunkelköpfigen Grasmücken siehe Fotos.

Kappe einschl. Ohrdecken und Zügel schwarz

♂ adult

hintere Flanken rosa-beige getönt

Iris gelb

Kopf grau, Ohrbereich und Zügel meist dunkler

Oberseite braun

♀ adult

Kehle weiß

Iris meist gelbgrün

♂ adult

Grasmückenverwandte • Sylviidae

Wüstengrasmücke *Sylvia nana* (→ 503)

Kleine, hell graubraune bis braune Grasmücke.
Status: Ausnahmegast aus Mittelasien.

Ausnahmegast

En: Asian Desert Warbler
Fr: Fauvette naine
Es: Curruca enana
It: Sterpazzola nana

Kopf recht einheitlich graubraun, Iris hell, Wangenfleck etwas bräunlich

adult

Unterseite ziemlich einheitlich weiß

Oberschwanzdecken rostrot

helle Beine

markante Schwanzfärbung

Saharagrasmücke *Sylvia deserti*   (→ 503 A)

Kleine, sandfarbene Grasmücke ohne jeden Grauton auf der Oberseite.

Status: Ausnahmegast aus Nordwestafrika.

Ausnahmegast

En: African Desert Warbler
Fr: Fauvette du désert
Es: Curruca sahariana
It: Sterpazzola del deserto

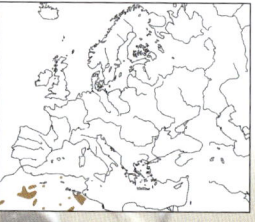

Iris gelb

Kehle schmutzig weiß

Oberseite hell beige-ocker

zweitäußerstes Schwanzfederpaar größtenteils schwarz

Grasmückenverwandte • Sylviidae

Dorngrasmücke *Sylvia communis* (→ 504)

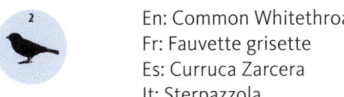

En: Common Whitethroat
Fr: Fauvette grisette
Es: Curruca Zarcera
It: Sterpazzola

Große, langschwänzige Grasmücke mit weißer Kehle, rotbraunen Flügeln und weißen Schwanzkanten.

Status: Regelmäßiger Brutvogel und Durchzügler.

Kleider: Bei ad. Männchen im Prachtkleid sind Stirn, Scheitel und Wangen grau. Ad. Weibchen und ad. Männchen außerhalb der Brutzeit sowie Jungvögel mit bräunlichem Kopf.

Verhaltensweisen: Das Männchen zeigt Singflug mit längeren Strophen und Imitationen anderer Arten.

Stimme: Singt von Singwarte aus und im Singflug kurze, gleichartig wiederholte, rau schwätzende Strophen mit leiernden Elementen.

Ähnliche Arten: Brillengrasmücke und weibliche Weißbartgrasmücke sehen ähnlich aus, sind aber in Mitteleuropa nur Ausnahmegäste.

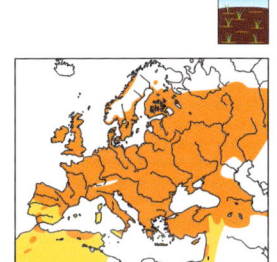

Provencegrasmücke *Sylvia undata* (→ 506)

Ausnahmegast

En: Dartford Warbler
Fr: Fauvette pitchou
Es: Curruca rabilarga
It: Magnanina comune

Kleine, überwiegend dunkel schmutzig grau gefärbte, langschwänzige Grasmücke, Männchen im Prachtkleid mit dunkelroter Unterseite. Kehle hell gepunktet.

Status: Ausnahmegast aus Südwesteuropa und Nordafrika.

Kleider: Männchen im Prachtkleid von der Kehle bis zu den Unterschwanzdecken dunkelrot. Ad. Weibchen mit schmutzig weißer Kehle und matterer Rotfärbung, im Jugendkleid Unterseite bräunlich grau.

 Stimme: Kurze Strophen, schnell vorgetragen, oft zu Beginn oder im Verlauf gedehnt-nasale Alarmruf-Elemente eingefügt.

Ähnliche Arten: Sardengrasmücke hat keine rötliche Bauchfärbung, Atlasgrasmücke ist unterseits mehr rostrot als Dunkelrot.

flügger Jungvogel

Unterseite mit leichtem Anflug von Rosa

Kehle weiß gepunktet

roter Augenring

dunkel weinrote Unterseite

dunkelgraue Oberseite

♀ adult

Unterseite wirkt bei schlechtem Licht auch eher grau

Beine orange

♂ adult

Grasmückenverwandte • Sylviidae

Sardengrasmücke *Sylvia sarda* (→ 507)

Ober- und unterseits recht einförmig dunkelgrau gefärbte, kleine Grasmücke mit langem Schwanz.

Ausnahmegast

En: Marmora's Warbler
Fr: Fauvette sarde
Es: Curruca sarda
It: Magnanina sarda

Status: Ausnahmegast von den Inseln des westlichen Mittelmeers.

Kleider: Männchen im Prachtkleid auf der gesamten Unterseite gräulich blau, ad. Weibchen unterseits grau, im Jugendkleid grau mit Beigestich.

Stimme: Kurze Strophen, in rasantem Tempo vorgetragen, lassen keine Details erkennen. Es fehlen die Alarmruf-Elemente der Provencegrasmücke.

Ähnliche Arten: Atlas- und Provencegrasmücke haben in allen Kleidern wenigstens rötlich oder rotbraun getönte Unterseiten.

langer, oft gestelzter Schwanz

roter Augenring

Kehle dunkel

Augenring hell

Oberseite mit Braunstich

Unterseite dunkelgrau wie Oberseite

Beine orangebraun

♂ adult

♀ 1. Winter

Brillengrasmücke *Sylvia conspicillata* (→ 505)

Ausnahmegast

En: Spectacled Warbler
Fr: Fauvette à lunettes
Sp: Curruca tomillera
It: Sterpazzola della Sardegna

Kleinere und schlankere Ausgabe der Dorngrasmücke mit kürzeren Flügeln.

Status: Ausnahmegast aus dem westlichen Mittelmeerraum.

Kleider: Adulte Männchen mit grauem Kopf, weißer Kehle und leichtem Rosastich auf Brust und Bauch. Ad. Weibchen mit braunem Kopf, weißer Kehle und weißer Brust. Im Jugendkleid ähnlich ad. Weibchen.

Stimme: Singt kurze wohlklingende Strophen von Warte aus oder im Singflug. Alarmruf gedehntes „trrrr".

Ähnliche Arten: Zur Unterscheidung von der sehr ähnlichen Dorngrasmücke siehe Fotos.

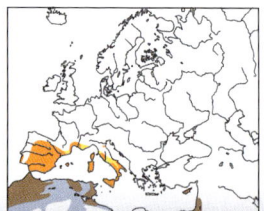

Weißbart-Grasmücke *Sylvia cantillans albistriata* („Balkan-Bartgrasmücke") und *S. c. iberiae* („Iberien-Bartgrasmücke") (→ 509)

seltener Gastvogel

En: Eastern/Western Subalpine Warbler
Fr: Fauvette des Balkans/F. passerinette
Es: Curruca Carrasqueña
It: Sterpazzolina comune

Kleine Grasmücke mit grauem Kopf in allen Adultkleidern und auffälligem weißem Bartstreif, der bei adulten Männchen stark mit der rostroten Unterseite kontrastiert.

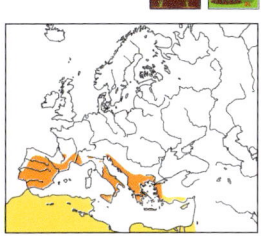

Status: Seltener Gast, fast nur im Frühjahr; *albistriata* aus Südost, *iberiae* aus Südwest.

Kleider: Männchen im Prachtkleid von der Kehle bis zu den Unterschwanzdecken rostrot (bei *albistriata* mehr Weiß am Bauch). Ad. Weibchen mit rosaweißer Kehle und weißlichem Bauch, aber ebenfalls grauem Oberkopf. Im Jugendkleid Kopf bräunlich.

Stimme: Singt lange Strophen, die ein Gemisch aus hohen Tönen und geräuschhaften Kurzelementen darstellen und oft mit einem einzelnen hohen feinen Pfeifton eingeleitet werden.

Ähnliche Arten: Im ersten Winter ähnlich Dorngrasmücke, aber viel kleiner. Später anhand des Bartstreifs unverkennbar.

♂ adult
S. c. iberiae

rostfarben bis zum Bauch

Schirmfedern mit breiten rostfarbenen Säumen

Unterseite blassgelb mit Rosastich

♀

Kopf, Rücken und Bauch grau

♂
Schlichtkleid

weißer Bartstreif ausgeprägt

♂ adult
S. c. albistriata

Kehle großflächig rostbraun

Beine hell

Ligurien-Bartgrasmücke *Sylvia subalpina* (→)

seltener Gastvogel

En: Moltoni's Warbler
Fr: Fauvette de Moltoni
Es: Curruca subalpina
It: Sterpazzolina di Moltoni

Sehr ähnlich Weißbart-Grasmücke, aber blasser rötlich als deren Unterart *iberiae*. Gesang und vor allem Rufe abweichend.

Status: Seltener Gast aus dem zentralen Mittelmeerraum.

Stimme: Rufe nicht wie „tek", sondern ratternd „trrr".

♀ adult

relativ langer Schwanz, wird oft gestelzt

Schirmfedern undeutlich braun gesäumt

weißer Bart

deutlich beige-rosa

Samtkopf-Grasmücke

Sylvia melanocephala   (→ 508)

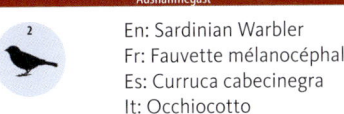

En: Sardinian Warbler
Fr: Fauvette mélanocéphale
Es: Curruca cabecinegra
It: Occhiocotto

Mittelgroße Grasmücke mit grauer oder schwarzer Kappe, rotem Augenring und weißer Kehle.

Status: Ausnahmegast aus dem Mittelmeerraum.

Kleider: Ad. Männchen mit schwarzem, ad. Weibchen mit grauem Oberkopf. Im Jugendkleid ähnlich ad. Weibchen, aber bräunlicher.

Stimme: Ruft bei Erregung anders als andere Grasmücken ein relativ langes, eiliges, oft rhythmisiertes Rattern „trrtrrtrrtrrtrr..".

Ähnliche Arten: Zur Unterscheidung von anderen dunkelköpfigen Grasmücken siehe Fotos.

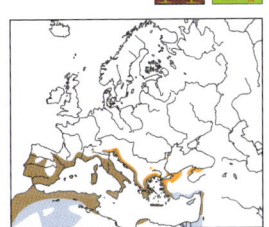

Sommergoldhähnchen

Regulus ignicapilla (→ 429)

J F **M A M J J A S O** N D

En: Common Firecrest
Fr: Roitelet à triple bandeau
Es: Reyezuelo Listado
It: Fiorrancino

Winziger Vogel mit gelbem bzw. orangem Scheitelstrich und hellem Überaugenstreif.

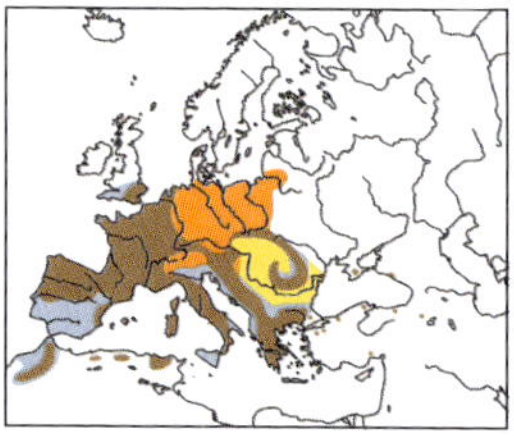

Status: Regelmäßiger Brutvogel und Durchzügler, gelegentlicher Wintergast.

Kleider: Scheitel bei ad. Männchen orange, bei ad. Weibchen gelb. Im Jugendkleid fehlt die kontrastreiche Kopffärbung samt gelbem oder rotem Scheitel, lediglich ein heller Überaugenstreif ist sichtbar. Schnabel hell.

Stimme: Der Gesang besteht aus feinen, sehr hohen Tönen, die in der Strophe etwas lauter werden und ansteigen (Tonhöhe steigend - S - Sommergoldh.).

Ähnliche Arten: Laubsänger haben fast nie einen gelben oder orangen Scheitelstrich, Wintergoldhähnchen hat keinen Überaugenstreif.

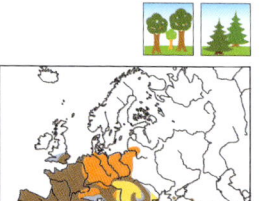

Goldhähnchen · Regulidae

Wintergoldhähnchen *Regulus regulus* (→ 428)

En: Goldcrest
Fr: Roitelet huppé
Es: Reyezuelo Sencillo
It: Regolo

Winziger Vogel mit gelbem bzw. orangem Scheitelstrich.

Status: Regelmäßiger Brutvogel, Durchzügler und Wintergast, bevorzugt in Nadelbäumen.

Kleider: Scheitel bei ad. Männchen orange, bei ad. Weibchen gelb. Im Jugendkleid trägt der grünliche Kopf außer dem hellen Augenring keinerlei weitere Zeichnung und der Schnabel ist hell.

Stimme: Die Strophen bestehen aus feinen, sehr hohen Tönen, die anders als beim Sommergoldhähnchen etwas rauer klingen und in der Tonhöhe schwanken, jedoch nicht kontinuierlich ansteigen (Tonhöhe wechselnd - W - Wintergoldh.).

Ähnliche Arten: Laubsänger haben keinen gelben oder orangen Scheitelstreif, Sommergoldhähnchen hat zusätzlich einen deutlichen Überaugenstreif.

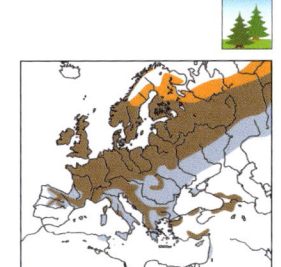

- Scheitelmitte gelb, beim ♂ darunter orange
- dunkles Feld
- feiner spitzer Schnabel
- Schirmfedern mit weißen Spitzen
- helles Feld ums Auge

♂ adult

Jugendkleid (diesjährig)

Zaunkönige · Troglodytidae

Zaunkönig *Troglodytes troglodytes* (→ 514)

Sehr kleiner, aber kräftig gebauter, braun gemusterter Singvogel mit häufig gestelztem Schwanz.

Status: Regelmäßiger, ganzjährig anwesender Brutvogel (in Mitteleuropa Teilzieher), außerdem Durchzügler und Wintergast.

Kleider: Geschlechter gleich, Jugendkleid sehr ähnlich Adultkleid.

Verhaltensweisen: Der kurze Schwanz wird häufig senkrecht gestellt, der Kopf oft abgeduckt.

Stimme: Lauter, schmetternder Gesang mit langen Strophen aus trillernden Phrasen, die durch Übergangselemente verbunden sind. Am Ende oft ein scharfes hohes Element. Ruft hart gereiht „tetetete..." oder „tr-tr-tr..." oder „trrrr".

Ähnliche Arten: Unverwechselbar.

En: Eurasian Wren
Fr: Troglodyte mignon
Es: Chochín Común
It: Scricciolo

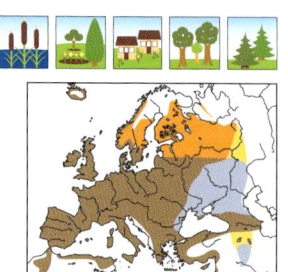

Schwanz meist gestelzt

heller Überaugenstreif

leicht abwärts gebogener Schnabel

bei frisch flüggen Vögeln Schnabel kurz und hell

frisch flügger Jungvogel

kräftige Beine

Nestkugel

Kleiber · Sittidae

Kleiber *Sitta europaea* (→ 510)

Kleiner, aber kompakter und kräftiger, spechtartiger Vogel mit graublauer Oberseite und orangefarbenem Bauch.

Status: Regelmäßiger, ganzjährig anwesender Brutvogel, Durchzügler und Wintergast.

Kleider: Adulte Männchen an den Flanken deutlicher orangebraun als adulte Weibchen. Im Jugendkleid sehr ähnlich adulten Weibchen.

Verhaltensweisen: Klettert auch kopfüber am Stamm abwärts.

Stimme: Sehr ruffreudig, oft zu hören sind trillernde Gesangsstrophen oder abwärts gezogene Gesangsrufe „wije wije wije…" sowie der Erregungsruf „twitt" (auch in Reihe).

Ähnliche Arten: Die Kombination aus bläulicher Oberseite, orangefarbener Unterseite und spitzem geradem Schnabel führt gelegentlich zu Verwechslungen mit dem Eisvogel – eigentlich ist der Kleiber aber unverkennbar.

En: Eurasian Nuthatch
Fr: Sittelle torchepot
Es: Trepador Azul
It: Picchio muratore

♀ an den Flanken heller als ♂

♀ adult

klettert auch kopfunter

schwarzer Augenstreif

♂ adult

langer, gerader Meißelschnabel

kurzer Schwanz

♂ mit kastanienbraunen Flanken

♂ adult

Mauerläufer · Tichodromidae

Mauerläufer *Tichodroma muraria* (→ 511)

Überwiegend grauer, mittelgroßer Singvogel mit langem gebogenem Schnabel und sehr auffälliger rot-weiß-schwarzer Flügelzeichnung.

Brutvogel an wenigen Orten

En: Wallcreeper
Fr: Tichodrome échelette
Es: Treparriscos
It: Picchio muraiolo

Status: Seltener Brutvogel in den Alpen, lokaler Gastvogel und Wintergast vor allem im Süden. Felsbewohner.

Kleider: Männchen im Prachtkleid mit schwarzer Kehle und dunkler Unterseite. Weibchen im Prachtkleid mit heller Kehle, aber grauem Fleck. Im Schlichtkleid beide mit weißlicher Kehle und Brust. Jugendkleid ähnlich Schlichtkleid.

Verhaltensweisen: Klettert schmetterlingsartig an Felswänden und Mauern aufwärts.

Stimme: Strophiger Gesang aus gedehnten, recht reinen Tönen. Bei Erregung schneller gesungene Kurzstrophen.

Ähnliche Arten: Unverwechselbar.

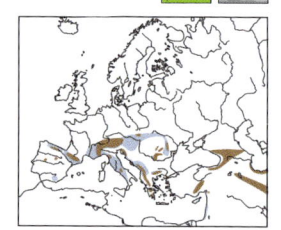

Katzenspottdrossel (Katzenvogel)

Dumetella carolinensis   (→ 519)

Starengroßer Vogel mit einfarbig aschgrauem Gefieder, rostbraunen Unterschwanzdecken und schwarzem Scheitel.

Status: Ausnahmegast aus Amerika.

Ausnahmegast
En: Grey Catbird
Fr: Moqueur chat
Es: Pájaro gato gris
It: Uccello gatto capinero

- schwarze Kappe
- Körper überwiegend dunkelgrau
- rostrote Unterschwanzdecken
- ♂ adult

Gartenspottdrossel (Spottdrossel)

Mimus polyglottos   (→ 520)

Langschwänziger, oberseits grauer, etwas an Raubwürger erinnernder Vogel.

Status: Ausnahmegast aus Amerika.

Ausnahmegast
En: Northern Mockingbird
Fr: Moqueur polyglotte
Es: Sinsonte norteño
It: Mimo poliglotto

- langer Schwanz
- Körper überwiegend einheitlich grau, nur Flügel kontrastreich
- zwei Flügelbinden

Baumläufer · Certhiidae

Waldbaumläufer *Certhia familiaris familiaris* und *C. f. macrodactyla* (→ 513)

En: Eurasian Treecreeper
Fr: Grimpereau des bois
Es: Agateador Euroasiático
It: Rampichino alpestre

Kleiner, fast mausartig an Stämmen aufwärts huschender, braun gemusterter Singvogel mit langem, leicht gebogenem Schnabel.

Status: Unterart *macrodactyla* regelmäßiger, ganzjährig anwesender Brutvogel, regelmäßiger Gast; Unterart *familiaris* regelmäßiger Durchzügler und Wintergast (brütet in Skandinavien und Osteuropa).

Kleider: Geschlechter gleich, Jugendkleid sehr ähnlich Adultkleid.

Verhaltensweisen: Siehe Gartenbaumläufer.

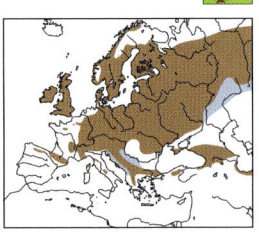

Stimme: Gesang länger als bei Gartenbaumläufer, ebenfalls hoch und fein gepfiffen, hauptsächlich aus hoch beginnenden und dann fallenden, schnellen Trillerelementen mit abschließendem Überschlag bestehend. Ruft „srri" oder „psiit", auch in Reihe.

Ähnliche Arten: Wegen Unterscheidung der beiden Baumläuferarten siehe Fotos.

Schnabel kürzer als bei Gartenbaumläufer

lange Hinterkralle

C. f. familiaris wäre hier weiß

deutliche Zacke im Flügelstreifen

adult
C. f. macrodactyla

Gartenbaumläufer *Certhia brachydactyla brachydactyla* und *C. b. megarhynchos* (→ 512)

En: Short-toed Treecreeper
Fr: Grimpereau des jardins
Es: Agateador Europeo
It: Rampichino comune

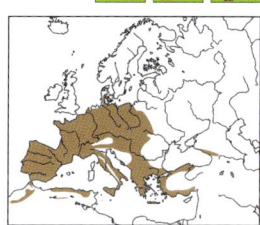

Kleiner, fast mausartig an Stämmen aufwärts huschender, braun gemusterter Singvogel mit langem, nach unten gebogenem Schnabel.

Status: Regelmäßiger, ganzjährig anwesender Brutvogel, regelmäßiger Gast. Unterart *megarhynchos* brütet in W-Europa bis W-Deutschland, *brachydactyla* östlich davon.

Kleider: Geschlechter gleich, Jugendkleid sehr ähnlich Adultkleid.

Verhaltensweisen: Die typische Nahrungssuche verläuft spiralförmig den Baum hinauf, ehe der Vogel zum nächsten Baum nach unten fliegt und wieder in Spiralen nach oben klettert.

Stimme: Gesang ist eine kurze, hoch und fein gepfiffene, aber gut hörbare Strophe wie „tit-tit-tietroi-sri". Ein typischer Ruf ist das hohe „tüt", das einzeln oder in Reihe geäußert wird.

Ähnliche Arten: Wegen Unterscheidung der beiden Baumläuferarten siehe Fotos.

adult

Schnabel lang und abwärts gebogen

Federspitzen deutlich weiß

Hinterkralle eher kurz

gleichmäßig breiter Flügelstreifen (vgl. Waldbaumläufer)

Rosenstar *Pastor roseus* (→ 515)

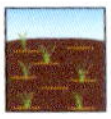

Starenartiger Vogel, im Adultkleid unverwechselbar durch rosa-schwarzes Gefieder.

Status: Unregelmäßiger Brutvogel in Invasionsjahren in Ungarn. Sonst sehr seltener Gast.

Kleider: Männchen im Prachtkleid mit deutlichem Schopf und deutlichem Rosa-Schwarz-Kontrast. Ad. Weibchen weniger kontrastreich und mit kurzem Schopf. Im Jugendkleid hell graubraun mit dunkleren Flügeln und hellem Schnabel.

Stimme: Die Laute beim Abflug (etwa „wrää") erinnern an Starenrufe.

Ähnliche Arten: Im Jugendkleid vom ähnlich geformten Star durch viel helleres Gefieder und hellen Schnabel unterscheidbar.

Ausnahmegast

En: Rosy Starling
Fr: Étourneau roselin
Es: Estornino Rosado
It: Storno roseo

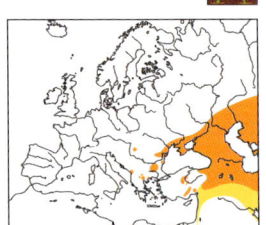

Starenverwandte · Sturnidae

Star *Sturnus vulgaris* (→ 516)

Großer, dunkel gefärbter Singvogel (nur Jugendkleid hell graubraun) mit metallisch grün und violett glänzendem Gefieder.

En: Common Starling
Fr: Étourneau sansonnet
Es: Estornino Pinto
It: Storno

Status: Regelmäßiger Brutvogel, Durchzügler und regional zunehmend Wintergast.

Kleider: Im Brutkleid: schwärzlich metallisch grün und purpur glänzend, Kopf und Rumpf nicht weiß gepunktet; Ruhekleid: schwarz metallisch, an Rücken und Stirn braun, an restlichem Kopf und Rumpf auffällig weiß gepunktet. Jugendkleid ungemustert graubraun, im 1. Winter dunkel mit im Vergleich zu späteren Kleidern größeren und runderen weißen Tupfen („Perlstar"), Kopf noch bräunlich.

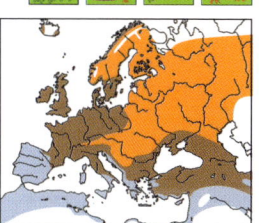

Verhaltensweisen: Bei der Nahrungssuche am Boden läuft der Star, während Drosseln häufig hüpfen.

Stimme: Sehr variabler, vielgestaltiger Gesang, der meist von einer Singwarte aus vorgetragen und von Imponierverhalten (z. B. Flügelwedeln) begleitet wird. Typische Elemente sind das abfallende, gezogene Pfeifen „dsssie", Rätschlaute, Imitationen (oft Mäusebussard, Pirol, Elster), nasale mehrstimmige Laute und laute, schrille Motive. Beim Auffliegen ist oft ein raues „ärr-wrr" zu hören.

Ähnliche Arten: Amseln haben rundere Flügel, keinen Metallglanz im Gefieder, dunkle Beine und im Adultkleid einen gelben Augenring.

Mongolenstar *Agropsar sturninus* (→ 516 A)

Starenartiger, aber ganz anders gefärbter Singvogel, der etwas kleiner als unser heimischer Star ist.

Status: Ausnahmegast aus Südostasien (ein Nachweis aus den Niederlanden).

Ausnahmegast

En: Daurian Starling
Fr: Étourneau de Daourie
Es: Estornino dáurico
It: Storno daurico

Oberseite dunkel (beim ♀ graubraun), Rücken und Schwungfedern beim ♂ mit Metallglanz

Kopf schmutzigweiß (im Jugendkleid braunstichig)

Unterseite schmutzig weiß (im Jugendkleid braunstichig)

♂ adult

Drosseln

Bei den Drosseln bieten Brustfärbung, Bauchfärbung, Färbung von Kopf und Nacken und die Färbung der Flanken und Unterflügeldecken die wichtigsten Unterscheidungsmerkmale.

Schieferdrossel *Geokichla sibirica* (→ 529)

Eher kleine Drossel mit unverkennbarem schieferblauem Gefieder (Männchen) oder braun gewellter Unterseite und markanter Gesichtszeichnung (Weibchen).

En: Siberian Thrush
Fr: Grive de Sibérie
Es: Zorzal siberiano
It: Tordo siberiano

Status: Ausnahmegast aus Südostasien.

Kleider: Ad. Männchen schiefergrau mit markantem weißen Überaugenstreif, Weibchen braun mit dunklem Wellenmuster auf der hellen Brust. Jugendkleid ähnlich ad. Weibchen.

Ähnliche Arten: Zur Unterscheidung von Weibchen oder Immaturen von anderen braunen Drosseln siehe Fotos.

Erddrossel *Zoothera aurea* (→ 530)

Ausnahmegast

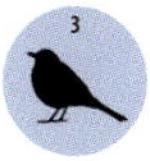

En: Scaly Thrush
Fr: Grive dama
Es: Zorzal Dorado del Himalaya
It: Tordo squamato

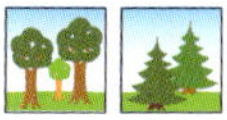

Sehr große, braune Drossel mit kräftigem Schnabel und auffälligem Schuppenmuster.

Status: Ausnahmegast aus Zentral- und Ostasien.

Kleider: Geschlechter gleich, Jugendkleid sehr ähnlich Adultkleid.

Ähnliche Arten: Durch Größe, Art der Fleckung und die auffallende Unterflügelzeichnung von anderen braunen Drosseln unterscheidbar.

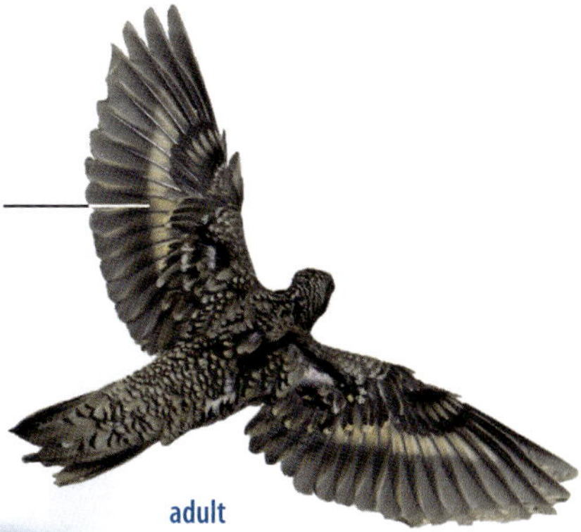

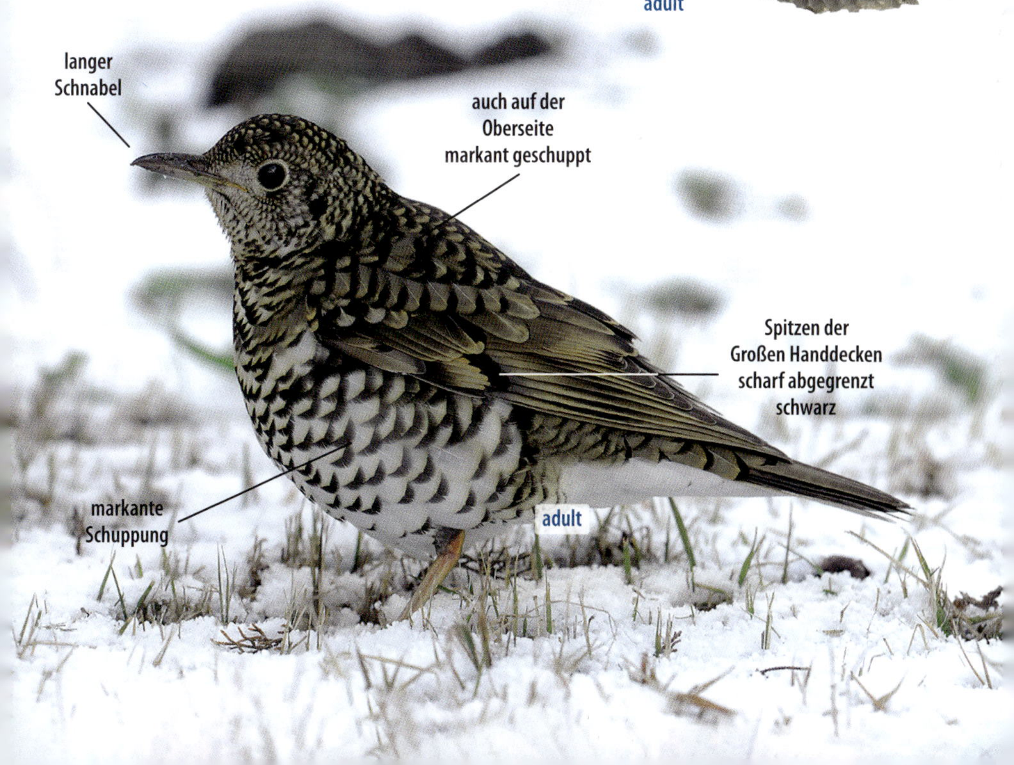

Grauwangen-Musendrossel (Grauwangendrossel)

Catharus minimus (→ 526)

Ausnahmegast

En: Grey-cheeked Thrush
Fr: Grive à joues grises
Es: Zorzalito carigrís
It: Tordo di Baird

Kleine, graubraune Drossel, die etwas an eine Singdrossel erinnert, aber viel kleiner und heller graustichig ist und keinen Überaugenstreif hat.

Status: Ausnahmegast aus Nord- und Mittelamerika.

Zwergmusendrossel (Zwergdrossel)

Catharus ustulatus (→ 527)

Ausnahmegast

En: Swainson's Thrush
Fr: Grive à dos roussâtre
Es: Zorzalito quemado
It: Tordo di Swainson

Ähnlich Singdrossel, aber Kopf schwächer gemustert und Flanken schwächer gefleckt, außerdem deutlich kleiner.

Status: Ausnahmegast aus Amerika.

Drosseln · Turdidae

Einsiedler-Musendrossel (Einsiedlerdrossel)
Catharus guttatus (→ 528)

Ausnahmegast

En: Hermit Thrush
Fr: Grive solitaire
Es: Zorzalito colirrufo
It: Tordo di Pallas

Sperlingsgroße Drossel, die durch die Oberseitenfärbung und den rostroten Schwanz an eine Nachtigall erinnert.
Status: Ausnahmegast aus Nordamerika.

- großes dunkles Auge
- Brustflecken groß und weniger diffus als bei Zwergmusendrossel
- rotbrauner Schwanz
- adult

Einfarbdrossel *Turdus unicolor* (→ 532)

Ausnahmegast

En: Tickell's Thrush
Fr: Merle unicolore
Es: Zorzal unicolor
It: Tordo di Tickell

Blassgraue (Männchen) oder bräunliche (Weibchen) Drossel mit gelborangem Schnabel.
Status: Ausnahmegast aus Indien und Pakistan.

- Schnabel gelborange
- einfarbig aschgrau, oberseits etwas dunkler
- ♂ adult
- Beine dunkel orangebraun und lang

Drosseln · Turdidae

Ringdrossel *Turdus torquatus torquatus* („Nördliche Ringdrossel") und *T. t. alpestris* („Alpenringdrossel") (→ 534)

Brutvogel an wenigen Orten

En: Ring Ouzel
Fr: Merle à plastron
Es: Mirlo Capiblanco
It: Merlo dal collare

Große, amselähnliche Drossel mit deutlichem oder (Winter) angedeutetem, breitem, weißlichem Brustband.

Status: Unterart *alpestris* ist regelmäßiger Brut- und Gastvogel in den Alpen und einigen höheren Mittelgebirgen, Unterart *torquatus* ist regelmäßiger Durchzügler und Wintergast, vor allem im Norden.

Kleider: Bei ad. Männchen Brustband weiß, bei ad. Weibchen mehr schmutzig bräunlich weiß. Im Jugendkleid ist das Brustband nur undeutlich sichtbar. Die Unterart *alpestris* hat unterseits deutlich weiß gesäumte Federn, *torquatus* ist dort überwiegend dunkel.

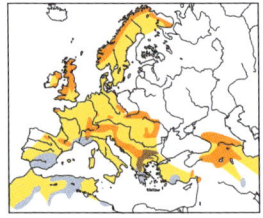

Stimme: Singt kurze Flötenstrophen von einfachem Aufbau mit rhythmischen Wiederholungen wie „derü-derü-derü", „türr-türr-türr" oder „tlick-tlick-tlick". Ruft beim Abflug oft hart und rasch „tak-tak-tak…".

Ähnliche Arten: Im Winter ggf. mit Amsel verwechselbar, aber mit auffälliger heller Wellenzeichnung.

Drosseln · Turdidae

Amsel *Turdus merula* (→ 533)

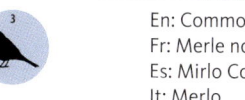

En: Common Blackbird
Fr: Merle noir
Es: Mirlo Común
It: Merlo

Große Drossel mit rein schwarzem (adulte Männchen) oder braunem (Weibchen und Jungvögel) Gefieder.

Status: Regelmäßiger Brutvogel, Durchzügler und Wintergast.

Kleider: Männchen im Prachtkleid mit rein schwarzem Gefieder und gelbem Schnabel, Weibchen mehr bräunlich mit heller Brust mit dichter dunkelbrauner Strichelung und bräunlich-gelblichem Schnabel. Im Jugendkleid noch brauner als ad. Weibchen, helle Federzentren bewirken fast am ganzen Körper sprenkeliges Aussehen.

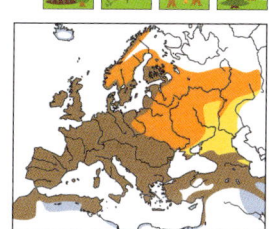

Verhaltensweisen: Beim Landen wird der Schwanz oft drosseltypisch nach oben gekippt. Flügel im Sitzen oft hängend (Spitze unterhalb des Schwanzes).

Stimme: Der Gesang wird meist von einer Singwarte aus vorgetragen und besteht aus volltönenden, flötenden Elementen, die in höhere, mehr zirpend-zwitschernde Laute übergehen und weniger deutliche Elementwiederholungen enthalten als Sing- und Misteldrossel. Typischer Ruf ist das laute, anhaltende Zetern „tsink-tsink-tsink...".

Ähnliche Arten: Weibchen und Jungvögel können mit anderen braunen Drosseln verwechselt werden, diese sind entweder an der Brust viel deutlicher gefleckt oder farbig gezeichnet.

Weißbrauendrossel *Turdus obscurus* (→ 535)

Ausnahmegast

En: Eyebrowed Thrush
Fr: Merle obscur
Es: Zorzal rojigrís
It: Tordo oscuro

Kleinere Drossel mit olivbraunem Mantel, ausgedehnten orangen Flanken, grauem Kopf und auffallender schwarz-weißer Zeichnung um die Augen.

Status: Ausnahmegast aus Ostasien.

Kleider: Ad. Männchen mit grauem Kopf (weiße Augenstreifen, schwarzer Zügel) samt grauer Kehle und Brust. Ad. Weibchen und Jungvögel mit heller, teils gesprenkelter Kehle.

Ähnliche Arten: Im Winterkleid etwas an die Rotdrossel erinnernd, diese hat jedoch eine deutlich gestrichelte Brust.

Schwarzkehldrossel *Turdus atrogularis* (→ 538)

Ausnahmegast

En: Black-throated Thrush
Fr: Grive à gorge noire
Es: Zorzal papine gro
It: Tordo golanera

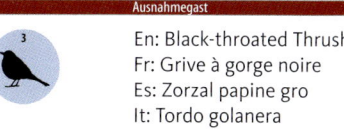

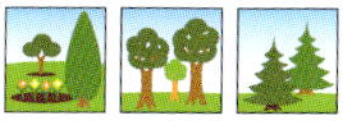

Mittelgroße, grau-weißliche Drossel mit schwarzer Kehle und Brust (Männchen) oder dunkel gestrichelter Brust (Weibchen).

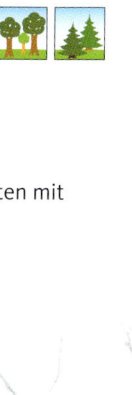

Status: Ausnahmegast aus dem zentralen und südlichen Asien.

Kleider: Ad. Männchen mit schwarzer Kehle, ad. Weibchen und Jungvögel mit heller Kehle und Brust mit dunklen Sprenkeln.

Stimme: Ruft bei Alarm schnelle Phrasen wie „tetetetet".

Ähnliche Arten: Männchen im Prachtkleid unverwechselbar. Weibchen anderer Arten mit gestrichelter Unterseite sind kräftiger gefärbt, siehe auch Fotos.

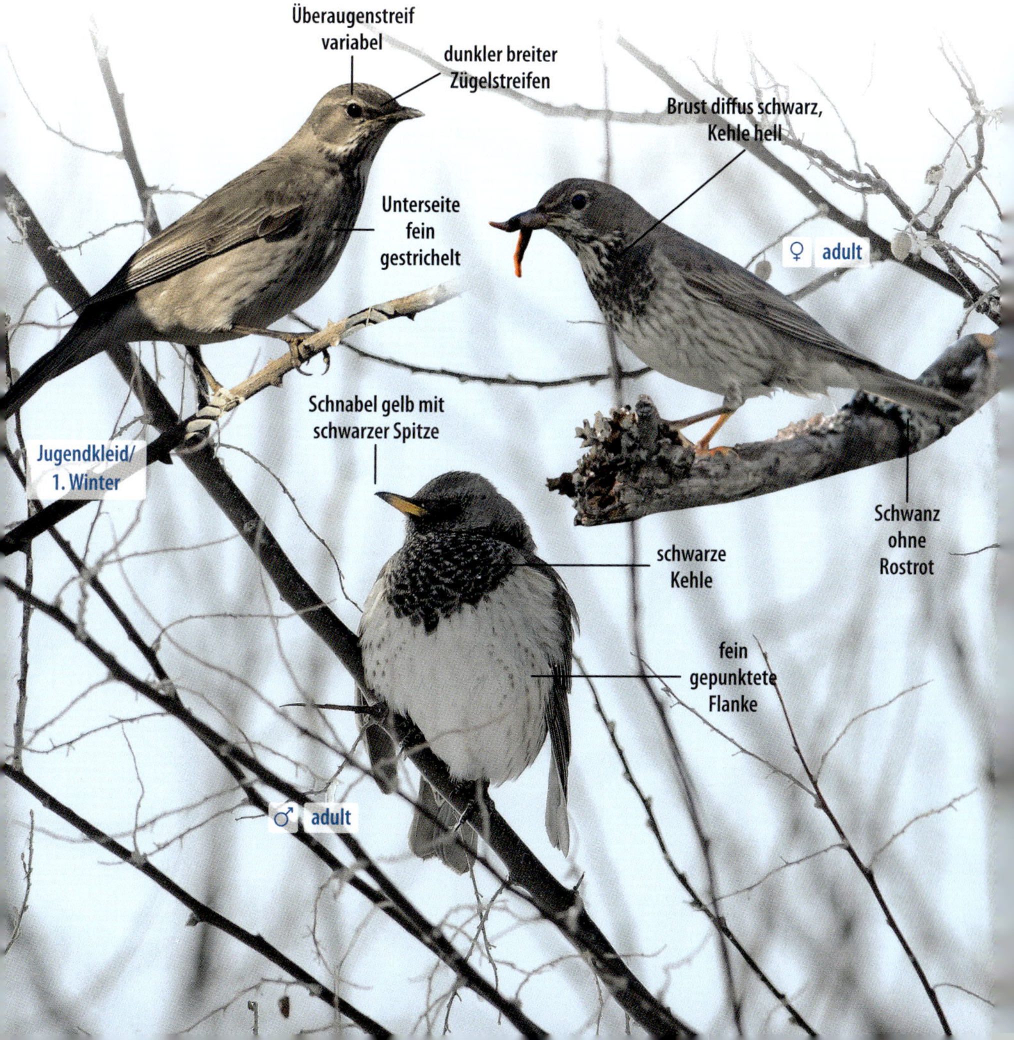

Rostschwanzdrossel (Naumannsdrossel)

Turdus naumanni (→ 539)

Ausnahmegast

En: Naumann's Thrush
Fr: Grive de Naumann
Es: Zorzal de Naumann
It: Cesena di Naumann

Knapp amselgroße Drossel mit Schwanz, Bürzel und gesamter Unterseite in Rostrot.

Status: Ausnahmegast aus Ostasien.

Kleider: Geschlechter ähnlich, Weibchen und Jugendkleid etwas blasser.

Stimme: Rufe sind gedämpfte „tok", ähnlich dem „Ducken" der Amsel, oft gereiht.

Ähnliche Arten: Keine andere Drossel zeigt eine derart ausgeprägte rostrote Färbung.

Kopf im Schlichtkleid rötlich und grau

Schlichtkleid

rostrote Federzentren

rautenförmige rostrote Fleckung

Schwanz rostrot

Drosseln · Turdidae

Rotkehldrossel *Turdus ruficollis*   (→ 537)

Mittelgroße, grau-weißliche Drossel mit roter Kehle und Brust (Männchen) und bei beiden Geschlechtern rostroten Schwanzaußenkanten.

Ausnahmegast
En: Red-throated Thrush
Fr: Grive à gorge rousse
Es: Zorzal papirrojo
It: Tordo golarossa

Status: Ausnahmegast aus Zentralasien.

Kleider: Männchen mit rotbrauner Oberbrust, Kehle, und rotbraunen Teilen des Gesichts, Weibchen mit blass rötlichem Überaugenstreif und eher rötlich beiger Kehle und Oberbrust mit schwarzer Strichelung. Im Jugendkleid ähnlich ad. Weibchen.

Stimme: Gesang besteht aus sehr kurzen, flötend klingenden Strophen, die häufig in der gleichen Form wiederholt werden. Strophen noch kürzer und einfacher als bei der Ringdrossel.

Ähnliche Arten: Anhand der rostroten äußeren Schwanzfedern in allen Kleidern gut von anderen Drosseln unterscheidbar.

Rostflügeldrossel *Turdus eunomus* (→ 540)

Knapp amselgroße Drossel mit markantem Kopfmuster, rostroten Unterflügeln und großen schwarzen Flecken auf Brust und Flanken.

Status: Ausnahmegast aus Ostasien.

Kleider: Geschlechter ähnlich, Weibchen und Jugendkleid etwas weniger kontrastreich.

Ähnliche Arten: Die Kombination von rostroten Unterflügeln, rotbraunen Oberschwanzdecken und dunkelbraunem Schwanz unterscheidet die Rostflügeldrossel von ähnlich gefärbten Drosseln.

Ausnahmegast
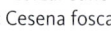

En: Dusky Thrush
Fr: Grive à ailes rousses
Es: Zorzal eunomo
It: Cesena fosca

breiter weißer Überaugenstreif

breites weißes, nicht durchgehendes Nackenband

1. Winter

Schwungfedern und Große Decken rostrot

rautenförmige schwarze Fleckung

1. Winter

Wacholderdrossel *Turdus pilaris* (→ 541)

Große, bunt braungrau wirkende Drossel mit grauem Nacken und Bürzel.

Status: Regelmäßiger Brutvogel, Durchzügler und z. T. Wintergast.

Kleider: Geschlechter gleich. Im Jugendkleid Flügeldecken mit hellen Zentren.

Verhaltensweisen: Flügel im Sitzen oft hängend (Spitze unterhalb des Schwanzes).

Stimme: Der Gesang enthält keine Flötentöne, sondern ist rasch schwätzend und schrill, jedoch trotzdem wenig auffällig. Er wird oft im Singflug, gelegentlich auch von einer Singwarte aus vorgetragen. Typischer Ruf ist ein mehrsilbiges Tschackern „gak-tschak-tschak-ak-ak…".

Ähnliche Arten: Am grauen Nacken und grauen Bürzel gut von anderen Drosseln zu unterscheiden.

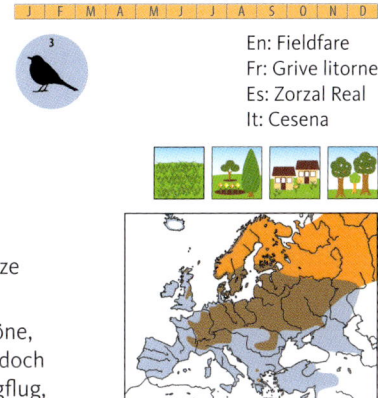

En: Fieldfare
Fr: Grive litorne
Es: Zorzal Real
It: Cesena

Drosseln · Turdidae

Rotdrossel *Turdus iliacus iliacus*
und *T. i. coburni* („Isländische Rotdrossel")   (→ 542)

Dunkle, mittelgroße Drossel mit kräftiger Strichelung am Bauch, rostroten Flanken und Achseln und einem kräftigen hellen Überaugenstreif.

Status: Unterart *iliacus* ist Brutvogel in Nordostpolen, anderswo sehr selten Brutnachweise, regelmäßiger Durchzügler und z. T. Wintergast, besonders im Norden. Unterart *coburni* unregelmäßiger Wintergast aus Island.

Kleider: Geschlechter gleich. Jugendkleid ähnlich.

Stimme: Der charakteristische nächtliche Zugruf ist ein lang gezogenes, hohes „ziih", das auch sonst kurz vor dem Abflug geäußert wird.

Ähnliche Arten: Dunkler als Singdrossel und durch die rostroten Flanken und Achseln unverwechselbar.

Ausnahmegast

En: Redwing
Fr: Grive mauvis
Es: Zorzal alirrojo
It: Tordo sassello

- rostrote Achseln
- kurzschwänzig
- markanter weißer Bartstreif
- Oberseite bei *T. i. coburni* etwas dunkler, Bruststrichelung kräftiger
- breiter weißer Überaugenstreif
- Jugendkleid
- Brustseiten und Flanken bei *T. i. coburni* etwas mehr olivbraun getönt
- kontrastreiche Fleckung
- adult
- adult
- *T. i. coburni*

Drosseln · Turdidae

Singdrossel *Turdus philomelos philomelos* und *T. p. clarkei* (→ 543)

En: Song Thrush
Fr: Grive musicienne
Es: Zorzal Común
It: Tordo bottaccio

Kleine, kurzschwänzige Drossel mit brauner Oberseite und stark gefleckter heller Unterseite.

Status: Unterart *philomelos* ist regelmäßiger Brutvogel und Durchzügler, seltener auch Wintergast. Unterart *clarkei* ist unregelmäßiger Durchzügler aus Großbritannien und W-Europa.

Kleider: Geschlechter gleich. Jugendkleid ähnlich.

Verhaltensweisen: Flügel im Sitzen oft hängend (Spitze unterhalb des Schwanzes).

 Stimme: Der Gesang besteht aus einer lockeren Folge von lauten, klangreichen, mehrsilbigen Motiven, die einige Male wiederholt werden: z. B. „dü-lü dü-lü dü-lü", „zrü-ti zrü-ti zrü-ti" (oder lautmalerisch „Kuhdieb, Kuhdieb", „Tschaipit, Tschaipit", „Wodkupit, Wodkupit" [russ.: Tee/Wodka trinken]).

Ähnliche Arten: Misteldrossel ist größer und hat weiße Unterflügeldecken, Singdrossel ist heller als Amsel oder Misteldrossel und hat im Gegensatz zu diesen beigefarbene Unterflügeldecken.

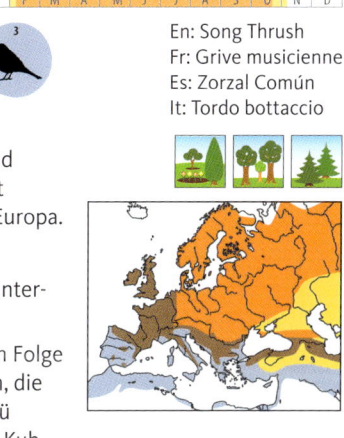

Misteldrossel *Turdus viscivorus* (→ 544)

Sehr große, hell bräunliche Drossel mit kräftigen runden Flecken auf der Brust und weißen Unterflügeldecken.

Status: Regelmäßiger, etwas lückig verbreiteter Brutvogel, Durchzügler und Wintergast.

Kleider: Geschlechter gleich. Jugendkleid ähnlich.

Verhaltensweisen: Flügel im Sitzen oft hängend (Spitze unterhalb des Schwanzes).

Stimme: Singt amselartig flötende, kurze Strophen, die aber tiefer, melancholischer und eintöniger klingen (oft z. B. „dü-dü-rüh" oder „dü-dü-rüh-di"). Ruft typisch schnarrend „tzrrr".

Ähnliche Arten: Siehe Singdrossel.

En: Mistle Thrush
Fr: Grive draine
Es: Zorzal Charlo
It: Tordela

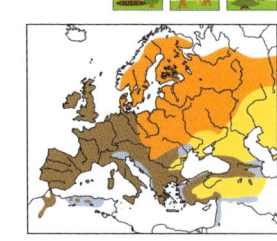

Unterflügeldecken silbergrau

im Jugendkleid Federzentren weiß, alle Flügelfedern mit weißem Saum

Jugendkleid

dunkler Bereich an Halsseiten

helle Spitzen

heller Wangenfleck

eher grau und wenig ocker getönt

Jugendkleid (1. Winter)

Bauch sehr hell braun mit fast runden Flecken

adult

Drosseln · Turdidae

Wanderdrossel *Turdus migratorius* (→ 531)

Ausnahmegast

En: American Robin
Fr: Merle d'Amérique
Es: Zorzal robín
It: Tordo migratore americano

Amselgroße Drossel mit größtenteils rostrot gefärbter Unterseite und markanter schwarz-weißer Gesichtszeichnung.

Status: Ausnahmegast aus Nordamerika.

Kleider: Ad. Männchen oberseits grau und unterseits orangerot. Ad. Weibchen oberseits etwas braunstichig und unterseits heller rötlich. Die anfänglich weißen Ränder der Brust- und Bauchfedern sind breiter als bei Männchen und verschwinden daher langsamer als bei diesen. Jugendkleid ähnlich Weibchen.

Ähnliche Arten: Unverwechselbar.

Heckensänger *Cercotrichas galactotes galactotes* und *C. g. syriaca* (→ 561)

Ausnahmegast

En: Rufous-tailed Scrub Robin
Fr: Agrobate roux
Es: Alzacola Rojizo
It: Usignolo d'Africa

Kräftig gebauter, etwa feldlerchengroßer, langbeiniger und auffällig langschwänziger, hellbrauner Vogel mit markanter Kopfzeichnung, rostrotem Bürzel und (bei *C. g. galactotes*) rostrotem Schwanz.

Status: Ausnahmegast aus dem westlichen (*galactotes*) und aus dem östlichen (*syriaca*) Mittelmeerraum.

Kleider: Geschlechter gleich, Jugendkleid sehr ähnlich Adultkleid. Unterart *galactotes* ist oberseits rostbeige, *syriaca* graubraun.

Verhaltensweisen: Stelzt häufig den ohnehin schon auffälligen Schwanz.

Stimme: Gesang aus variablen Strophen, klingt wie der einer kleinen Drossel.

Ähnliche Arten: Der auffällig lange und oft gestelzte Schwanz lässt kaum Verwechslungen zu.

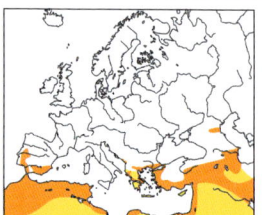

- langer fächerförmiger Schwanz
- oberseits graubraun
- weißer Überaugenstreif
- schwarzer Zügel und dunkler Augenstreif
- langer, leicht abwärts gebogener Schnabel
- oberseits rotbraun
- lange kräftige Beine

adult
C. g. syriaca

adult
C. g. galactotes

Grauschnäpper *Muscicapa striata* (→ 546)

| J | F | M | A | M | J | J | A | S | O | N | D |

En: Spotted Flycatcher
Fr: Gobemouche gris
Es: Papamoscas gris
It: Pigliamosche

Graubrauner, meist aufrecht sitzender Singvogel mit auffällig breitem Schnabel und diffuser grauer Strichelung auf Brust und Stirn.

Status: Regelmäßiger Brutvogel und Durchzügler.

Kleider: Geschlechter gleich. Im Jugendkleid auf dem Rücken hell gefleckt.

Verhaltensweisen: Vollführt nach Schnäpperart Fangflüge nach Insekten, auch zum Boden hin, und kehrt dann auf seine Warte zurück.

Stimme: Im Gegensatz zum unauffälligen Gesang ist der Beunruhigungsruf in Nestnähe markant: ein scharfes, hohes „ziih-tik-tik" oder „ziih-tik".

Ähnliche Arten: Andere braune Schnäpper sind auf Brust und Stirn nicht gestrichelt.

Schnäpperverwandte · Muscicapidae

Rotkehlchen *Erithacus rubecula* (→ 553)

En: European Robin
Fr: Rougegorge familier
Es: Petirrojo Europeo
It: Pettirosso

Robuster, kleiner, langbeiniger, ansonsten aber eher rundlicher Singvogel mit orangeroter Kehle und Brust (Altvögel) oder grob geflecktem, braunem Gefieder (Jungvögel).

Status: Regelmäßiger Brutvogel, Durchzügler und Wintergast.

Kleider: Geschlechter gleich, Jugendkleid ocker und dunkelbraun mit gefleckter, bräunlicher Brust und hell gestrichelter Oberseite.

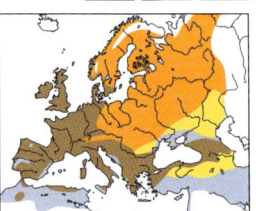

Verhaltensweisen: Bewegt sich am Boden oft in einer Abfolge aus schnellen Hüpfern und aufrechtem Verharren mit Knicksen und Schwanzstelzen. Flügel oft hängend (Spitze unterhalb des Schwanzes).

Stimme: Der Gesang besteht aus einigen einleitenden, hohen Tönen, gefolgt von klirrenden Trillerelementen, teils mit sehr großen Tonhöhensprüngen, gegen Ende oft verklingend. Ruft bei Beunruhigung „zik", oft gereiht.

Ähnliche Arten: Altvögel unverkennbar (der orangebrüstige Zwergschnäpper hat einen grauen Kopf); im braun gefleckten Jugendkleid ggf. mit Jugendkleidern anderer Schnäpperverwandter (Braun-, Schwarzkehlchen usw.) verwechselbar.

eben flügger Jungvogel

großes schwarzes Auge

Übergang Jugendkleid → adult

orangerote Kehle, Kopfseite Brust und Stirn

restlicher Körper kaum gemustert graubraun

adult

im Jugendkleid braun gefleckt und ohne orangerote Kehle

lang bein

Schnäpperverwandte · Muscicapidae

Blaukehlchen *Luscinia svecica svecica* („Rotsterniges Blaukehlchen") und *L. s. cyanecula* („Weißsterniges Blaukehlchen") (→ 558)

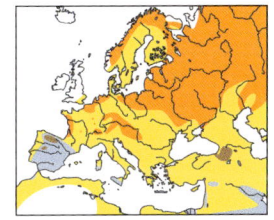

En: Bluethroat
Fr: Gorgebleue à miroir
Es: Ruiseñor Pechiazul
It: Pettazzurro

Etwa rotkehlchengroßer, braungrauer Vogel mit rostroter Schwanzbasis und deutlichem hellem Überaugenstreifen; Männchen mit blauer Kehle und schwarz-weiß-rotem Brustband darunter.

Status: Weißsterniges Blaukehlchen regelmäßiger Brutvogel mit lückiger Verbreitung und Schwerpunkten im Norden und Süden, rotsternige Unterart seltener Brutvogel u. a. der Alpen und sehr seltener Durchzügler auch andernorts.

Kleider: Adulte Männchen mit charakteristischer Kehlzeichnung, siehe Fotos. Im Jugendkleid ohne Blau an der Kehle. Unterart *cyanecula* mit weißem, manchmal fehlendem Kehlfleck, *svecica* mit rostrotem Kehlfleck.

Stimme: Der Gesang ist schnell, variiert zwischen scharf und rein klingend und besteht aus relativ langen Strophen, die oft mit schneller werdenden Elementen „djip-dijp ..." eingeleitet werden. Imitiert oft andere Arten. Ruft bei Störung „tak" oder „zir-tak".

Ähnliche Arten: Männchen unverwechselbar, Weibchen und Jungvögel durch dunkel eingerahmte, helle Kehle, Überaugenstreif und rostrote Schwanzbasis von anderen braunen Erdsängern unterscheidbar.

Schwirrnachtigall *Luscinia sibilans* (→ 557 A)

Ähnlich einer kleinen, kurzschwänzigen Nachtigall mit heller Schuppung auf der Brust und auffällig weit hinten ansetzenden Beinen.

Status: Ausnahmegast aus Ostasien.

Ausnahmegast

En: Rufous-tailed Robin
Fr: Rossignol siffleur
Es: Ruiseñor silbador
It: Usignolo di Swinhoe

deutlich geschuppte Brust

adult

helles Halsband angedeutet

Flanken verwaschen blassgrau

rötlicher Schwanz

Beine lang und kräftig

Jugendkleid (1. Winter)

Sprosser *Luscinia luscinia* (→ 555)

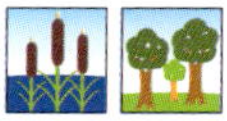

Reichlich sperlingsgroßer, drosselartiger, überwiegend düster graubrauner Vogel mit dunkel rotbraunem Schwanz.

Status: Regelmäßiger Brutvogel und Durchzügler im Nordosten, ansonsten seltener Gast.

Kleider: Geschlechter gleich. Im Jugendkleid deutlich hell gefleckt.

Stimme: Gesang ähnlich Nachtigall, aber gemächlicher und ohne das typische Crescendo-Motiv. Gegen Strophenende oft scharf wetzende oder schnarrende Elemente. Rufe ähnlich Nachtigall.

Ähnliche Arten: Zur Unterscheidung von Nachtigall und Sprosser siehe Fotos.

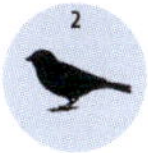

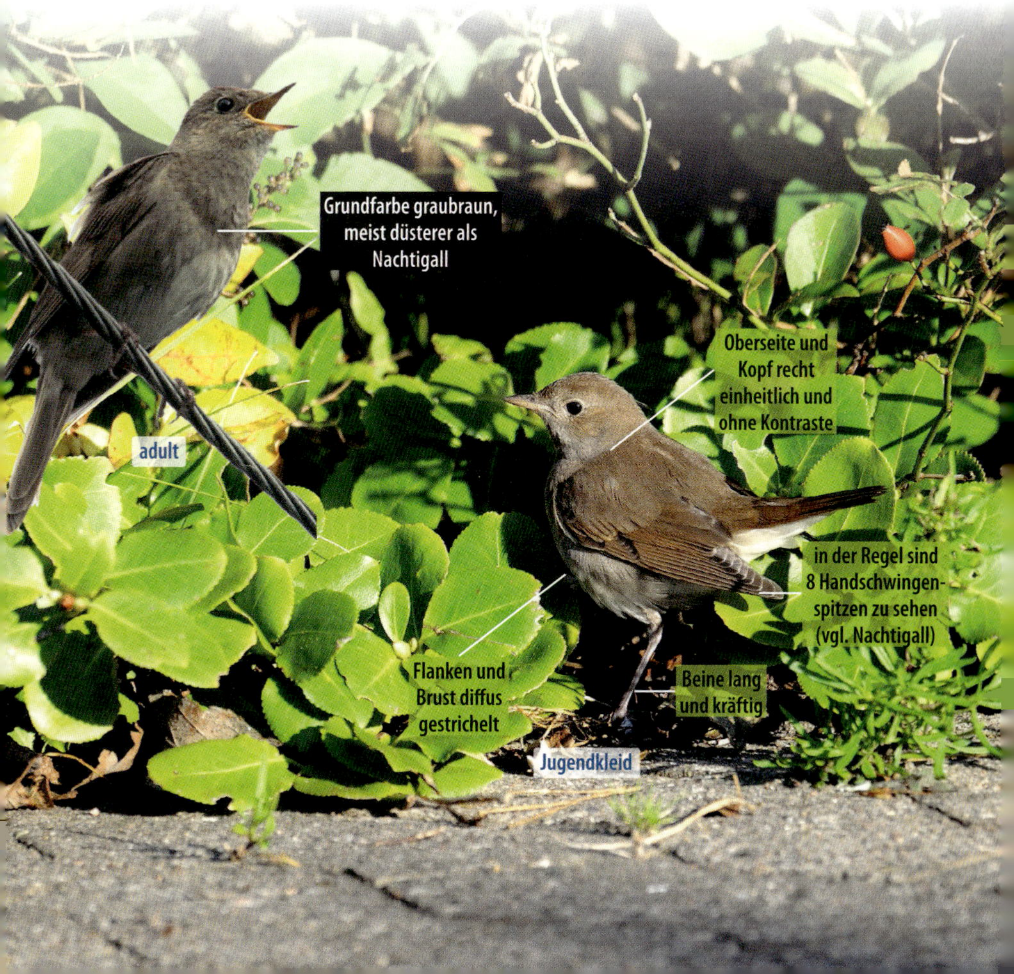

En: Thrush Nightingale
Fr: Rossignol progné
Es: Ruiseñor Ruso
It: Usignolo maggiore

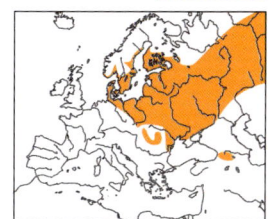

Nachtigall *Luscinia megarhynchos* (→ 556)

En: Common Nightingale
Fr: Rossignol philomèle
Es: Ruiseñor Común
It: Usignolo

Reichlich sperlingsgroßer, drosselartiger, oberseits überwiegend warm braun gefärbter Vogel mit einfarbig rotbraunem Schwanz.

Status: Regelmäßiger, in Süddeutschland lückig verbreiteter Brutvogel und Durchzügler.

Kleider: Geschlechter gleich. Im Jugendkleid deutlich hell gefleckt.

Stimme: Singt vollklingende, laute und sehr variable Strophen, oft am Beginn Imitationen (z. B. laubsängerartig „hüid"), sonst harte Phrasen wie „tjuk tjuk tjuk". Typisch die immer wieder eingestreute, ansteigende und lauter werdende Crescendo-Reihe „dü düh düüh…". Ruft u. a. markant „hüit -karr" bei Beunruhigung.

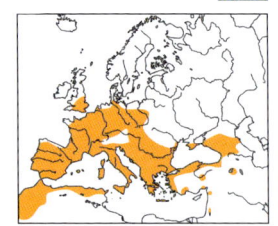

Ähnliche Arten: Zur Unterscheidung von Nachtigall und Sprosser siehe Fotos.

helle Federzentren im Jugendkleid

Oberseite braun, meist weniger grau als Sprosser (aber es gibt Überlappung)

in der Regel sind 7 Handschwingenspitzen zu sehen (vgl. Sprosser)

Oberschwanzdecken und Schwanz rotbraun

Unterseite meist ungemustert

lange kräftige Beine

Schnäpperverwandte · Muscicapidae

Weißkehlsänger *Irania gutturalis* (→ 560)

Von der Gestalt her an ein Blaukehlchen erinnernd, aber oberseits grau, Männchen mit orangebrauner Unterseite, Weibchen mit orangefarbener Flanke.

Status: Ausnahmegast aus Klein- und Mittelasien.

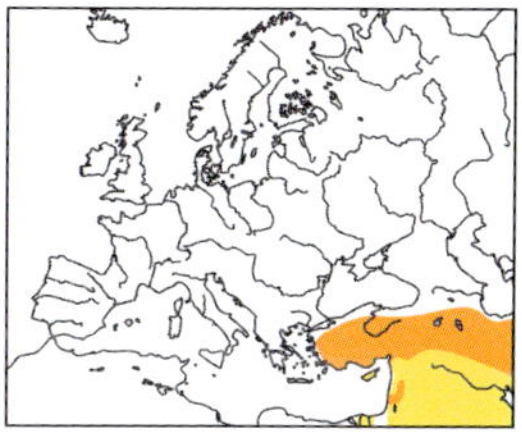

Ausnahmegast

En: White-throated Robin
Fr: Iranie à gorge blanche
Es: Petirrojo de Irán
It: Pettirosso golabianca

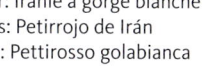

- weißer Überaugenstreif
- schwarze Wangen diffus nach hinten auslaufend
- schmal weiß, ansonsten schwarz
- Brust und Bauch orange-braun
- Schwanz schwarz

♂ adult

- Schwanz dunkelgrau
- weißer Augenring
- Kehle weiß
- orangebraun

♀ adult

Rubinkehlchen *Calliope calliope* (→ 557)

Ähnlich wie ein Rotkehlchen geformter, einfarbig warm brauner Vogel mit weißem Überaugenstreif; Altvögel mit rotem oder rötlichem Latz.

Status: Ausnahmegast aus Zentral- und Ostasien.

Ausnahmegast

En: Siberian Rubythroat
Fr: Rossignol calliope
Es: Ruiseñor calíope
It: Calliope

Blauschwanz *Tarsiger cyanurus* (→ 554)

En: Red-flanked Bluetail
Fr: Robin à flancs roux
Es: Ruiseñor coliazul
It: Codazzurro

Kleiner, kehlchenartiger Singvogel mit blauem Schwanz, der oft abwärts geschlagen wird.

Status: Ausnahmegast aus Zentral- und Ostasien.

Kleider: Männchen im Prachtkleid auf der gesamten Oberseite graublau, adulte Weibchen hier graubräunlich. Bei Männchen im Schlichtkleid Gefieder überwiegend graubraun, aber Schultern und Oberschwanzdecken bleiben blau. Im Jugendkleid ähnlich ad. Weibchen, frisch flügge Vögel sind braun gefleckt.

Verhaltensweisen: Schlägt im Sitzen den Schwanz abwärts.

 Stimme: Kurze, in Abständen wiederholte, in der Tonhöhe etwas abfallende Strophen von flötendem Klang. Sie erinnern an den Gesang der Blaumerle, sind aber höher, eiliger und monotoner.

Ähnliche Arten: Durch den blauen Schwanz und die orangefarbenen Flanken sind alle Kleider unverwechselbar.

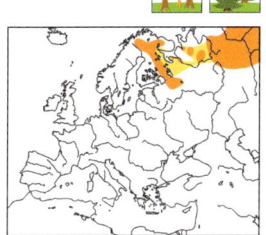

Halsbandschnäpper *Ficedula albicollis*

(→ 550)

En: Collared Flycatcher
Fr: Gobemouche à collier
Es: Papamoscas Acollarado
It: Balia dal collare

Schwarz-weiß oder braun-weiß gefärbter, kleiner, aber kräftig gebauter Singvogel mit kurzem kräftigem Schnabel. Bei adulten schwarzen Männchen ist der Nacken weiß.

Status: Seltener und regional verbreiteter Brutvogel, seltener Durchzügler.

Kleider: Kleider analog zu Trauerschnäpper.

Stimme: Singt hoch, eher dünn und scharf, aber in bedächtigem Tempo Strophen sehr unterschiedlicher Länge, die oft mit einem „fiii" eingeleitet werden und mit einem Leierelement („...trü-zit trü-zit") enden.

Ähnliche Arten: Zur Unterscheidung von Trauer-, Halsband- und Halbringschnäpper siehe Fotos.

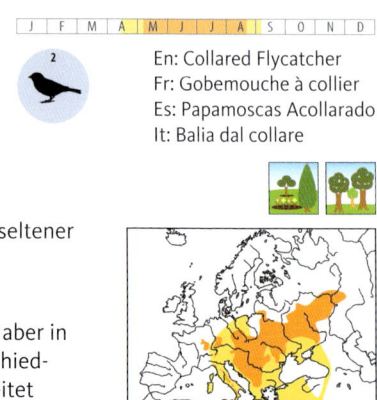

durchgehender weißer Halsring

Bürzelfeld noch wenig ausgeprägt weiß

weißes „Komma" noch klein

♂ einjährig

♂ adult

weißes „Komma" groß

♀ adult

Halsband schwach angedeutet

weißes „Komma" groß

manche ♀ können wie Halbringschnäpper weiße Spitzen an den Mittleren Armdecken haben

Schnäpperverwandte · Muscicapidae

Trauerschnäpper *Ficedula hypoleuca* (→ 549)

Schwarz-weiß oder braun-weiß gefärbter, kleiner, aber kräftig gebauter Singvogel mit kurzem kräftigem Schnabel. Bei adulten schwarzen Männchen ist der Nacken ebenfalls schwarz.

Status: Regelmäßiger Brutvogel und Durchzügler.

Kleid: Männchen im Prachtkleid schwarz-weiß (besonders in Mittel- und Osteuropa am Rücken auch dunkelgrau), einige bleiben jedoch auch bräunlicher, manche so braun wie ad. Weibchen. Jugendkleid ähnlich ad. Weibchen.

Stimme: Gesangsstrophen werden mit kurzen, leisen Tönen eingeleitet, gefolgt von kräftigen, stark alternierenden Elementen „psi-tschu-tschi-tschu-tschi…" und anschließend ggf. weiteren Elementen, auch klappernde Triller. Typischer Beunruhigungsruf ist ein lange rhythmisch wiederholtes „wit wit wit …".

Ähnliche Arten: Zur Unterscheidung von Trauer-, Halsband- und Halbringschnäpper siehe Fotos.

| J | F | M | A | M | J | J | A | S | O | N | D |

2

En: European Pied Flycatcher
Fr: Gobemouche noir
Es: Papamoscas Cerrojillo
It: Balia nera

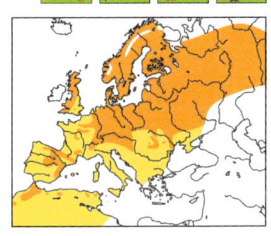

Halbringschnäpper

Ficedula semitorquata (→ 551)

En: Semicollared Flycatcher
Fr: Gobemouche à demi-collier
Es: Papamoscas semiacollarado
It: Balia caucasica

Schwarz-weiß oder braun-weiß gefärbter, kleiner, aber kräftig gebauter Singvogel mit kurzem kräftigem Schnabel. Bei adulten schwarzen Männchen reicht das Weiß an den Halsseiten weiter nach hinten als beim Trauerschnäpper.

Status: Ausnahmegast aus Südosteuropa und Kleinasien.

Kleider: Kleider entsprechend Trauerschnäpper.

Stimme: Der Gesang besteht aus kurzen Strophen, die aber kräftig und kehlig klingen, nicht so zart wie die des Halsbandschnäppers. Das Alternieren der Elemente erinnert an Trauerschnäpper.

Ähnliche Arten: Zur Unterscheidung von Trauer-, Halsband- und Halbringschnäpper siehe Fotos.

mittlere Armdecken mit weißen Spitzen (formen zweite Flügelbinde)

Schirmfedern heller braun als Halsbandschnäpper

nicht durchgehendes Nackenband

weiße Spitzen der mittleren Armdecken bilden kleinen weißen Fleck

viel Weiß an den Schwanzaußenkanten

♀ adult

♂ adult

viel Weiß an den Schwanzaußenkanten

Schnäpperverwandte · Muscicapidae

Zwergschnäpper *Ficedula parva*   (→ 552)

En: Red-breasted Flycatcher
Fr: Gobemouche nain
Es: Papamoscas papirrojo
It: Pigliamosche pettirosso

Kleiner, rundlicher Schnäpper mit auffallenden weißen Schwanzseiten. Männchen im Prachtkleid erinnern etwas an Rotkehlchen.

Status: Regelmäßiger Brutvogel im Osten und am Nordrand der Alpen, sonst seltener Gast.

Kleider: Adulte Männchen mit orangeroter Kehle und grauem Oberkopf. Zweijährige Männchen noch mit braunem Kopf und kleinem orangenem Kehlfleck. Einjährige Männchen und ad. Weibchen (meist) ohne Orange an der Kehle. Im Jugendkleid ähnlich ad. Weibchen.

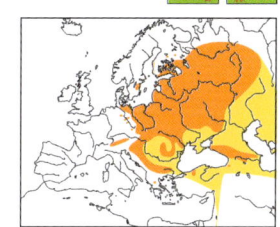

 Stimme: Singt laute, wohlklingende Strophen, die ähnlich wie beim Fitis abfallen. Beginn oft mit gleich hohen „tvi tvi tvi..“-Tönen, dann melodisch fallend „tvi-dlü tvi-dlü tvi-dlü-dlü-düdüdü".

Ähnliche Arten: Anhand des Schwanzmusters und der ungezeichneten, weitgehend einfarbig braunen Flügel sind auch Weibchen und Jungvögel von anderen braunen Schnäppern, Laubsängern und Grasmücken zu unterscheiden.

Hausrotschwanz *Phoenicurus ochruros gibraltariensis* und *P. o. phoenicuroides* („Östlicher Hausrotschwanz")   (→ 562)

| J | F | M | A | M | J | J | A | S | O | N | D |

En: Black Redstart
Fr: Rougequeue noir
Es: Colirrojo Tizón
It: Codirosso spazzacamino

Kleiner, überwiegend schwarzer (Männchen) bzw. grauer (Weibchen) Singvogel, der durch ständiges Schwanzzittern auffällt.

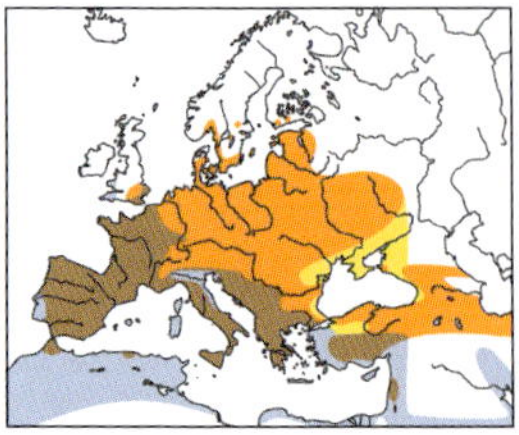

Status: Unterart *gibraltariensis* ist regelmäßiger Brutvogel und Durchzügler, in geringer Zahl auch Wintergast. Unterart *phoenicuroides* ist seltener Gast aus Gebieten vom nordöstlichen Iran und von Kasachstan an ostwärts.

Kleider: Männchen erreichen das überwiegend schwarze Adultkleid oft erst ab dem 2. Lebensjahr, einjährige Männchen sehen den graubraunen Weibchen meist sehr ähnlich. Jugendkleid ähnlich Weibchen. Unterart *phoenicuroides* mit rostfarbigem Bauch.

Verhaltensweisen: Zittert fast ständig mit dem Schwanz.

Stimme: Der Gesang besteht aus kratzig-fisteligen, sehr kurzen Strophen aus eher unauffälligem „jirr-titititi" (oft am Ende ansteigend) und einem kratzenden Element, das in das Schlussmotiv übergeht „krtschch-tütititit". Ruft bei Beunruhigung in Nest- oder Jungennähe häufig „fid-tk-tk".

Ähnliche Arten: Weibchen und Jungvögel des Gartenrotschwanzes sind ähnlich gefärbt, aber mit viel mehr warmen Brauntönen als der graustichige Hausrotschwanz.

Schnäpperverwandte · Muscicapidae

Gartenrotschwanz *Phoenicurus phoenicurus phoenicurus* und *P. p. samamisicus* (→ 563)

En: Common Redstart
Fr: Rougequeue à front blanc
Es: Colirrojo Real
It: Codirosso

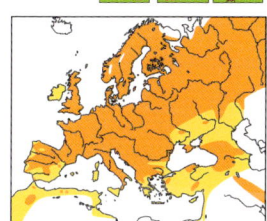

Nicht ganz sperlingsgroßer Vogel mit überwiegend rostrotem Schwanz und orangeroter Brust (Männchen) oder wenigstens braunrötlichem Anflug auf der Brust (Weibchen).

Status: Unterart *phoenicurus* ist regelmäßiger Brutvogel und Durchzügler, *P. p. samamisicus* ist seltener Gast aus NE-Afrika und dem Orient.

Kleider: Im Adultkleid Geschlechter unverwechselbar, siehe Fotos. Jugendkleid ähnlich ad. Weibchen, aber fleckig.

Verhaltensweisen: Zittert fast ständig mit dem Schwanz.

Stimme: Gesang besteht aus vielfältig variierten Strophen mit Eingangsteil aus hohen und ziemlich reinen Tönen wie „jü-jik-jik" oder etwas wiehernd „ji-gjü gjü gjü" und Folgeteil aus schnalzenden, schnarrenden oder auch reineren Tönen und zahlreichen Imitationen. Ruft bei Beunruhigung etwas tonaler als der Hausrotschwanz „füid-tek".

Ähnliche Arten: Siehe Hausrotschwanz.

Steinrötel *Monticola saxatilis* (→ 523)

Brutvogel an wenigen Orten

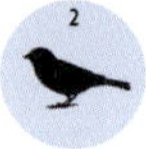

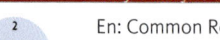

En: Common Rock Thrush
Fr: Monticole merle-de-roche
Es: Roquero Rojo
It: Codirossone

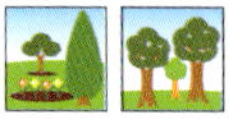

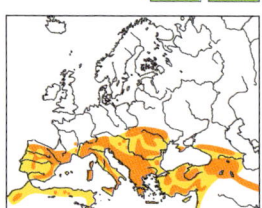

Drosselähnlicher, kurzschwänziger Felsbewohner mit markantem rotbäuchigem Prachtkleid (Männchen) oder auffälliger brauner Bänderung (Weibchen) und in jedem Falle rostrotem Schwanz.

Status: Seltener Brutvogel in den Alpen und Karpaten, sonst Ausnahmegast.

Kleider: Männchen im Prachtkleid mit graublauem Kopf und rostroter Unterseite. Männchen im Schlichtkleid, und sehr ähnlich auch Weibchen und Vögel im Jugendkleid, sind braun mit deutlichem hellem Wellenmuster auf dem Rücken und dunklem Wellenmuster auf der Unterseite.

Stimme: Singt von einer Singwarte oder im Flug wohlklingend flötende Strophen, die oft Imitationen enthalten.

Ähnliche Arten: Kurzschwänziger als Drosseln. Außer einigen Irrgästen hat keine heimische Drosselart einen rostroten Schwanz.

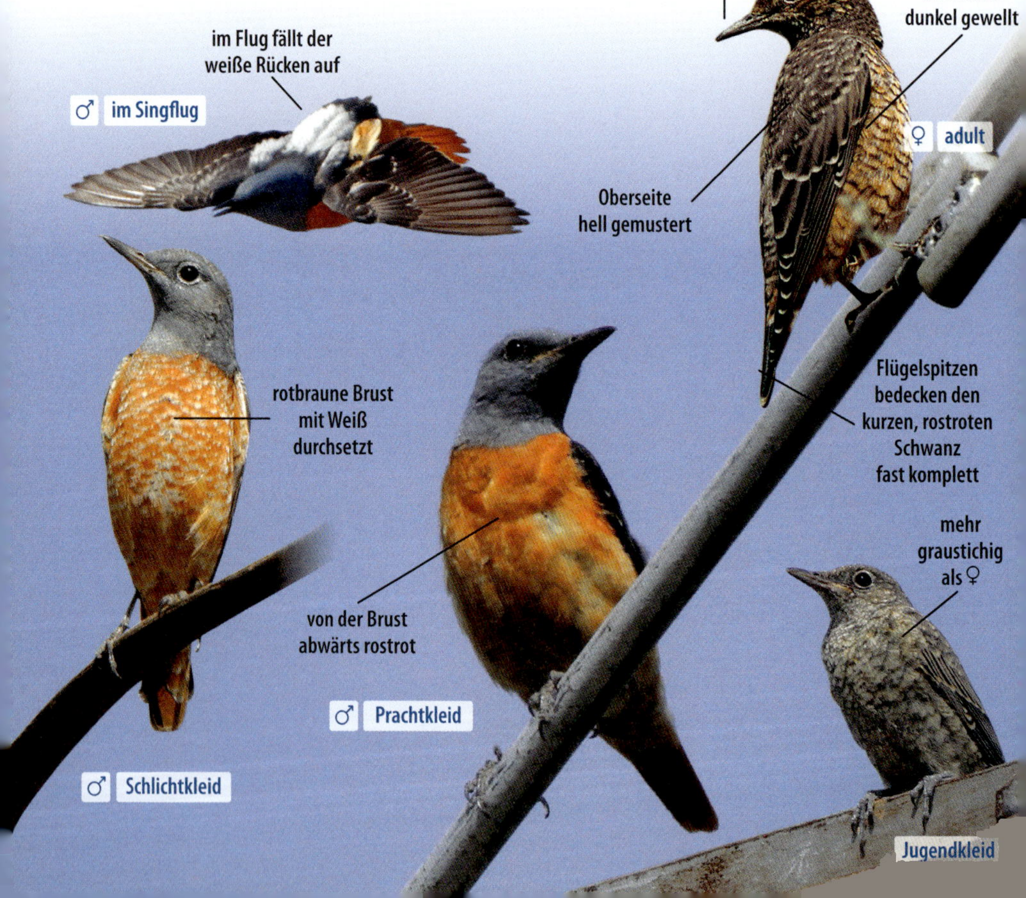

Schnäpperverwandte • Muscicapidae

Blaumerle *Monticola solitarius* (→ 524)

Auffällig langschnäbeliger, knapp amselgroßer und dunkel gefärbter Vogel in felsigen Lebensräumen.

Status: Lokaler und seltener Brutvogel in der Südschweiz, sonst Ausnahmegast.

Kleider: Adulte Männchen vollständig schwarzblau (im ersten Jahr noch etwas matter). Weibchen oberseits einfarbig graubraun, unterseits heller mit dunkler Bänderung oder Wellenmuster. Jugendkleid ähnlich demjenigen des ad. Weibchens.

Stimme: Singt kurze, laute, wohlklingende, flötende Strophen, die teilweise am Schluss verklingen und vielfach wiederholt werden.

Ähnliche Arten: Die blaue Färbung des Männchens ist nicht immer gut zu erkennen, daher ist sogar bei ihm und ohnehin beim Weibchen eine Verwechslung mit Drosseln möglich. Allerdings hat keine heimische Drossel einen so auffällig langen Schnabel.

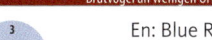
Brutvogel an wenigen Orten

En: Blue Rock Thrush
Fr: Monticole merle-bleu
Es: Roquero Solitario
It: Passero solitario

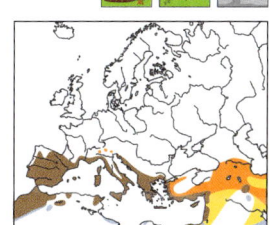

Oberseite fast ungemustert (vgl. Steinrötel)

langer, schmaler, gerader Schnabel

Unterseite mit Flecken

♀ adult

Unterseite hell und dunkel gemustert

ganzer Körper blaugrau, nur Flügel mit Schwarz

♂ adult

Jugendkleid
Schwanz viel länger als bei Steinrötel

Braunkehlchen *Saxicola rubetra* (→ 564)

| J | F | **M** | **A** | **M** | **J** | **J** | **A** | **S** | **O** | N | D |

En: Whinchat
Fr: Tarier des prés
Es: Tarabilla Norteña
It: Stiaccino

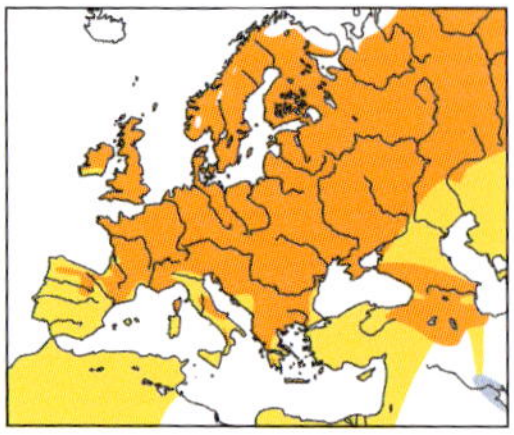

Kleiner, kurzschwänziger Wiesenvogel mit auffälligem Überaugenstreif, der oft knickst und mit dem Schwanz wippt. Schwanzseiten an der Basis weiß.

Status: Regelmäßiger Brutvogel und Durchzügler.

Kleider: Adulte Männchen mit weißem Überaugenstreif und kontrastreicher Kopffärbung, ad. Weibchen mit hellbraunem Überaugenstreif und weniger kontrastreicher Kopf- und Flügelfärbung. Im Jugendkleid sehr ähnlich ad. Weibchen, aber anfangs noch Rückenfedern mit weißen Spitzen.

Stimme: Kurze, schnell vorgetragene Gesangsstrophen aus ratternden, schmatzenden und flötenden Elementen, oft auch Imitationen. Ruft bei Beunruhigung weich „jüf" oder „djü", kombiniert mit hartem „tk" (auch mehrfach).

Ähnliche Arten: Das bei Weibchen und Jungvögeln ähnliche Schwarzkehlchen hat keinen deutlichen Überaugenstreif, auch keine weißen Schwanzseiten.

Überaugenstreif breit und deutlich

breiter weißer Halbmond (zusätzlich schulternah auch ein weißer Fleck)

♂ adult

♀ adult

Schwanz kurz

Rücken braun und schwarz gefleckt

breiter und langer weißer Überaugenstreif

1. Winter

orangebraune Kehle, Brust und Flanken

Bürzelbereich stark gefleckt

Beine lang und dünn

♂ adult

Schnäpperverwandte · Muscicapidae

Schwarzkehlchen *Saxicola rubicola* (→ 565)

J F **M A M J J A S O** N D

En: European Stonechat
Fr: Tarier pâtre
Es: Tarabilla común
It: Saltimpalo

Kleiner, kurzschwänziger Wiesenvogel mit im Prachtkleid dunklem Kopf und hellen Halsseiten.

Status: Regelmäßiger, lückig verbreiteter Brut- und Sommervogel im Süden und Westen, fehlt weitgehend im Osten, regelmäßiger Durchzügler und seltener Wintergast.

Kleider: Adulte Männchen im Prachtkleid mit schwarzem Kopf und weißem Halsfleck, ad. Weibchen mit braunschwarzem Kopf und bräunlich weißem Halsfleck, aber rostbrauner, ungefleckter Brust. Im Jugendkleid fast am ganzen Körper einschl. Brust braun gefleckt.

 Stimme: Kurze, oft eilig vorgetragene Strophen aus klirrenden, pfeifenden, gequetscht ratternden Elementen und mit Imitationen. Ruft bei Beunruhigung kombiniert hoch und dünn „suit" und hart, teils mehrfach „tak".

Ähnliche Arten: Siehe Braunkehlchen und Pallasschwarzkehlchen.

Pallasschwarzkehlchen

Saxicola maurus maurus und *Saxicola maurus hemprichii* („Kaspischwarzkehlchen") (→ 566)

Ausnahmegast

En: Siberian Stonechat
Fr: Tarier de Sibérie
Es: Tarabilla Siberiana
It: Saltimpalo siberiano

Sehr ähnlich Schwarzkehlchen.

Status: *S. m. maurus* Ausnahmegast aus Ostrussland und dem Iran bis Zentralasien und Indien. *S. m. hemprichii* Ausnahmegast aus den Steppen an Wolga und Ural bis zum Ostkaukasus.

Kleider: Verhältnisse bei den Kleidern analog zum Schwarzkehlchen. Bei adulten Männchen auffallend weißer Bürzel und schwarze Unterflügeldecken. Mehrere Formen, evtl. mit Artstatus, werden unterschieden, darunter eine östlich des Kaspischen Meeres (Kaspischwarzkehlchen) mit weißer Schwanzbasis..

Stimme: Gesang besteht aus sehr kurzen, schnell gesungenen und hochtonigen Strophen, ähnlich denen des Schwarzkehlchens, aber mehr flötend.

Ähnliche Arten: Im Gegensatz zum Schwarzkehlchen reicht bei Männchen der weiße Halsseitenfleck bis zum Hinterkopf und beim Weibchen ist der Bürzelbereich immer ungefleckt.

Steinschmätzer

Oenanthe oenanthe oenanthe und *O. o. leucorhoa* („Grönländischer Steinschmätzer")
(→ 570)

En: Northern Wheatear
Fr: Traquet motteux
Es: Collalba Gris
It: Culbianco

In Mitteleuropa häufigster Steinschmätzer mit für die Gruppe charakteristischer Schwanzfärbung und ocker bis beige gefärbter, ungezeichneter Kehle und Brust (nur bei Jungvögeln grau geschuppt).

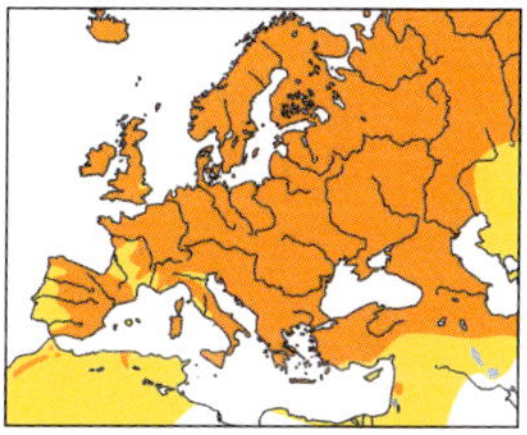

Status: Unterart *oenanthe* ist nur regional auftretender, regelmäßiger Brutvogel, andernorts regelmäßiger Durchzügler. Unterart *leucorhoa* ist regelmäßiger Durchzügler, v. a. an der Nordseeküste.

Kleider: Das Brutkleid der adulten Männchen mit grauer Oberseite, schwarzer Gesichtsmaske und grauschwarzen Oberflügeln entsteht durch Abnutzung aus dem frischen Gefieder im Herbst, das bei Männchen oberseits bräunlich, mit weniger deutlicher Maske und hell gerändertern Schwungfedern und Flügeldecken ist. Ad. Weibchen ohne Gesichtsmaske und mit vorne beigem statt weißem Überaugenstreif. Im Jugendkleid graubraun, Rücken und Brust gefleckt.

Stimme: Gesang kurz, schnell schwätzend und ohne rhythmische Wiederholungen, mit knatternd harten Elementen und Pfeiftönen vor allem am Strophenanfang. Ruft bei Beunruhigung hölzern „tk tk..." mit gelegentlichem weichem „fid".

Ähnliche Arten: Siehe Isabellsteinschmätzer, Weibchen und Jungvögel ähneln auch denen anderer Steinschmätzerarten. Der weiße Überaugenstreif (manchmal nur über und hinter dem Auge) ist oft ein gutes Erkennungsmerkmal.

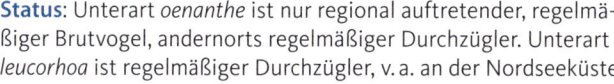

Isabellsteinschmätzer *Oenanthe isabellina*

(→ 569)

seltener Gastvogel

En: Isabelline Wheatear
Fr: Traquet isabelle
Es: Collalba Isabel
It: Culbianco isabellino

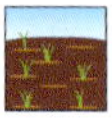

Sehr heller Steinschmätzer mit höchstens einem kleinen schwarzen Zügelstrich, aber ohne Maske.

Status: Seltener Gast aus Kleinasien, Arabien und östlich davon.

Kleider: Geschlechter nahezu gleich, Zügelstreif bei Männchen oft dunkler. Schwarzes Endband des Schwanzes in allen Kleidern breit.

Stimme: Kurz verklingende, gepfiffene Strophen, häufige Imitationen.

Ähnliche Arten: Weibchen und Jungvögel des Steinschmätzers sehen sehr ähnlich aus, siehe Fotos.

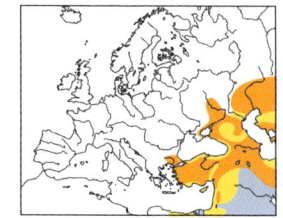

Endbinde breiter als bei Steinschmätzer

Alula schwarz (oft auch im Sitzen auffällig)

diffuser Überaugenstreif erreicht Schnabel (vgl. Steinschmätzer)

♂ mit schwarzem Zügel

diffuser Überaugenstreif

Wange hell ocker

hell isabellfarben

♀ adult

eben flügge Jungvögel

♂ adult

Schnäpperverwandte · Muscicapidae

Wüstensteinschmätzer
Oenanthe deserti (→ 571)

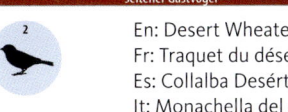

seltener Gastvogel

En: Desert Wheatear
Fr: Traquet du désert
Es: Collalba Desértica
It: Monachella del deserto

Steinschmätzer mit weißem Bürzel, fast schwarzem Schwanz und dunklen Unterflügeldecken.

Status: Seltener Gast aus Nordafrika, Kleinasien, Arabien und östlich davon.

Kleider: Adulte Männchen mit schwarzer Kehle und schwarzen Wangen, Weibchen und Jungvögel mit brauner, bei ad. Weibchen manchmal grauer Kehle.

Stimme: Flötend verklingende, kurze Strophen. Nicht so hart wie die Gesänge der anderen Steinschmätzer.

Ähnliche Arten: Weibchen und Jungvögel ähneln denjenigen anderer Steinschmätzerarten, siehe Fotos.

Zypernsteinschmätzer

Oenanthe cypriaca (→)

Sehr ähnlich Nonnensteinschmätzer.

Status: Ausnahmegast aus dem östlichsten Mittelmeerraum.

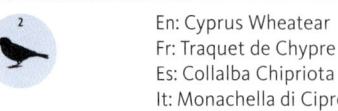
Ausnahmegast

En: Cyprus Wheatear
Fr: Traquet de Chypre
Es: Collalba Chipriota
It: Monachella di Cipro

Stimme: Abweichend von anderen Steinschmätzergesängen bestehen die Strophen aus anhaltenden monotonen Phrasen von heuschreckenartigem Wetzen wie „zri-zri-zri…" oder „dsid-dsid-dsid…".

- schwarze Endbinde, zentrales Federpaar schwarz
- Flügel, Kehle und ganze Oberseite schwarz
- Das schmutzige Weiß kann besonders bei jungen Vögeln sehr dunkel wirken
- hell beige
- Kopf und Nacken schmutzig weiß (nach Abnutzung mehr weiß)
- im Schlichtkleid dunkelgrau meliert
- dunkel ocker

♂ Prachtkleid

♂ Schlichtkleid

Maurensteinschmätzer

Oenanthe [hispanica] hispanica (→ 572)

Im Prachtkleid weiß, ocker und schwarz gefärbter Steinschmätzer, sehr ähnlich Balkansteinschmätzer, aber südwestlich verbreitet.

Status: Seltener Gast aus dem westlichen Mittelmeerraum.

Kleider: Ad. Männchen in hellkehliger und in schwarzkehliger Morphe, aber mindestens mit schwarzer Augenmaske. Ad. Weibchen ohne deutliche Augenmaske, im Prachtkleid mit dunklen Flügeln. Im Schlichtkleid Weibchen einfarbig hellbraun bis braunorange.

  Stimme: Gesang besteht aus kurzen, schnell gesungenen, hart klingenden, „explosiven" Strophen, meist von erhöhter Warte aus vorgetragen.

Ähnliche Arten: Balkansteinschmätzer ist oberseits weniger intensiv ockerbraun gefärbt, sondern ist dort braun mit Graustich bzw. beim Männchen im Prachtkleid deutlich blasser oder weiß.

seltener Gast

En: Western Black-eared Wheatear
Fr: Traquet oreillard
Es: Collalba rubia
It: Monachella

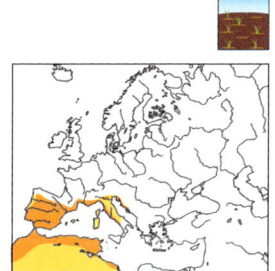

Balkansteinschmätzer

Oenanthe [hispanica] melanoleuca (→ 573)

Im Prachtkleid weiß, ocker und schwarz gefärbter Steinschmätzer, sehr ähnlich Maurensteinschmätzer, aber südöstlich verbreitet.

Status: Seltener Gast aus dem östlichen Mittelmeerraum.

Kleider: Verhältnisse bei Kleidern analog Maurensteinschmätzer.

Stimme: Wartengesang aus explosiven Kurzstrophen, häufig mit vorgesetzten einsilbigen Fremdimitationen wie Schwalbenrufen.

Ähnliche Arten: Siehe Maurensteinschmätzer.

seltener Gast

En: Eastern Black-eared Wheatear
Fr: Traquet noir et blanc
Es: Collalba Rubia Oriental
It: Monachella orientale

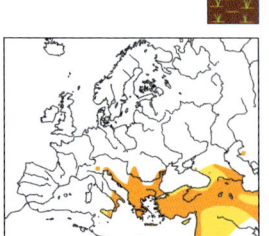

Kopf graubraun (Kehle kann auch weiß sein)

Schwarz von Kopf und Flügel nicht verbunden

Brust ocker

♀ Prachtkleid

♂ Prachtkleid
schwarzkehlige Morphe

frisch braune Farben im Herbst nach der Mauser

der kräftige Ockerton verliert sich durch Abnutzung, aber Nacken meist von Anfang an grauweiß

♂ Prachtkleid
hellkehlige Morphe

♀ Schlichtkleid

Nonnensteinschmätzer
Oenanthe [hispanica] pleschanka (→ 574)

seltener Gast 
En: Pied Wheatear
Fr: Traquet pie
Es: Collalba pía
It: Monachella dorsonero

Ein Steinschmätzer, bei dem im Adultkleid des Männchens Rücken, Flügel, Wangen und Kehle einheitlich schwarz sind (Ausnahme: weißkehlige Variante). Weibchen überwiegend düster grau.

Status: Seltener Gast aus Kleinasien, Arabien und östlich davon.

Kleider: Ad. Männchen in seltener hellkehliger und in schwarzkehliger Variante, aber mindestens mit schwarzer Augenmaske. Ad. Weibchen ohne deutliche Augenmaske. Im Schlichtkleid Weibchen einfarbig düster graubraun, oberseits zunächst feines helles Wellenmuster.

Stimme: Wartengesang aus kurzen, laut ausbrechenden Schmätzerstrophen.

Ähnliche Arten: Der sehr ähnliche Zypernsteinschmätzer hat geringfügig weniger ausgeprägtes Weiß am Bürzel und kürzere Flügelspitzen (relativ zur Schwanzlänge erkennbar).

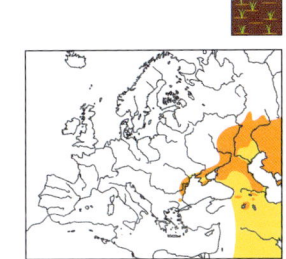

Kopf und Oberseite gefleckt

Jugendkleid

schwarzkehlige Morphe

Weiß nicht immer so ausgeprägt wie hier

♂ Prachtkleid

im Frühjahr Brust leicht ocker (nutzt sich später ab)

schwarze Endbinde manchmal unterbrochen

Kopf und Oberseite graubraun

Kehle graubraun

Mantel graubraun

Federspitzen hell

♀ Prachtkleid

♀ Schlichtkleid

Saharasteinschmätzer

Oenanthe leucopyga (→ 567)

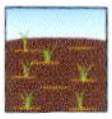

Überwiegend schwarzer Steinschmätzer mit fast weißem Schwanz und weißem Unterbauch, Adulte außerdem mit weißer Kappe.
Status: Ausnahmegast aus Nordafrika und Arabien.

Ausnahmegast

En: White-crowned Wheatear
Fr: Traquet à tête blanche
Es: Collalba Yebélica
It: Monachella nera testabianca

Wasseramseln · Cinclidae

Wasseramsel *Cinclus cinclus cinclus* („Nordische Wasseramsel") und *C. c. aquaticus* (→ 522)

En: White-throated Dipper
Fr: Cincle plongeur
Es: Mirlo-acuático Europeo
It: Merlo acquaiolo

Rundlicher, knapp amselgroßer Vogel mit weißer Kehle und kurzem Schwanz.

Status: Unterart *aquaticus* regelmäßiger, ganzjährig anwesender Brutvogel, außerdem regelmäßiger Wintergast; Unterart *cinclus* unregelmäßiger Wintergast (brütet in Fennoskandien).

Kleider: Geschlechter gleich, Unterart *aquaticus* überwiegend rotbraun, *cinclus* mehr graubraun. Im Jugendkleid grau mit dunklem Wellenmuster auf Rücken und Unterseite.

 Stimme: Der Gesang besteht aus einem kontinuierlichen, durchdringenden, wenig flüssigen Schwätzen mit vielen Trillerelementen. Ruft beim Flug über dem Gewässer typisch scharf „zerrb".

Ähnliche Arten: Vor allem im Lebensraum an Fließgewässern unverwechselbar.

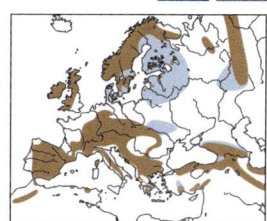

Haussperling

Passer [domesticus] domesticus (→ 583)

En: House Sparrow
Fr: Moineau domestique
Es: Gorrión Común
It: Passera Europea

Mittelgroßer Sperling mit schmutzig grauer und – abgesehen vom ausgedehnten Kehllatz adulter Männchen – kaum gemusterter Unterseite.

Status: Regelmäßiger, ganzjährig anwesender Brutvogel.

Kleider: Männchen im Prachtkleid mit hellem Wangenfeld, braunen Schläfen, grauer Kappe und schwarzem Kehllatz. Im Schlichtkleid weniger kontrastreich. Adulte Weibchen mit graubraunem Oberkopf und ohne schwarzen Kehllatz. Jugendkleid ähnlich adultem Weibchen, aber Kopf noch weniger kontrastreich und Schnabel rosastichig.

Verhaltensweisen: In der Gruppe hüpfen Männchen manchmal mit hängenden Flügeln und steil gesteltztem Schwanz umher.

Stimme: Männchen rufen in Nestnähe das klassische „tschilp" als Gesang, außerdem haben Haussperlinge vielfältige Rufe wie „tschui", „dsche-dsche" oder ein weiches „wäd".

Ähnliche Arten: Weibchen von Italien- und Haussperling lassen sich äußerlich nicht sicher unterscheiden, allerdings kommen Italiensperlinge nur südlich des Alpenhauptkammes vor. Männchen sind durch den grauen Oberkopf und die schmutzig weißen Wangen gut von allen anderen Sperlingen unterscheidbar.

Italiensperling *Passer italiae* (→ 582)

Mittelgroßer, dem Haussperling sehr ähnlicher Sperling, bei dem die Männchen aber eine komplett rotbraune Kappe tragen.

Status: Lokaler Brutvogel im Wallis, Engadin und in Kärnten. Ausnahmegast nördlich des Alpenhauptkammes.

Kleider: Männchen im Prachtkleid mit rotbrauner Kappe, weißem Wangenfeld und schwarzem Kehllatz. Adulte Weibchen und Vögel im Jugendkleid sehr ähnlich Weibchen und Jungvögeln des Haussperlings.

Stimme: Lautäußerungen wie Haussperling. Auch der Gesang klingt übereinstimmend, entweder aus nur einem wiederholten Element bestehend oder variabel.

Ähnliche Arten: Weibchen von Italien- und Haussperling lassen sich äußerlich nicht sicher unterscheiden. Wegen Männchen siehe Feldsperling.

Brutvogel an wenigen Orten
En: Italian Sparrow
Fr: Moineau cisalpin
Es: Gorrión italiano
It: Passera d'Italia

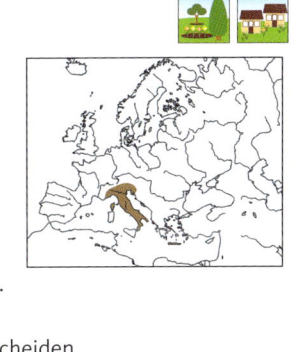

Weidensperling

Passer [domesticus] hispaniolensis (→ 584)

En: Spanish Sparrow
Fr: Moineau espagnol
Es: Gorrión Moruno
It: Passera sarda

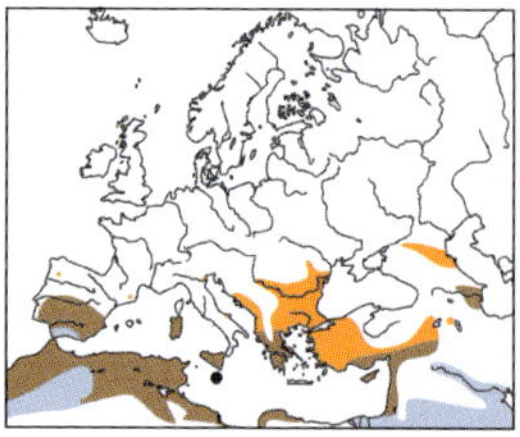

Mittelgroßer Sperling, Männchen mit brauner Kappe, deutlichem Überaugenstreif und sehr kräftiger dunkler Strichelung an Brust und Rücken.

Status: Ausnahmegast aus dem Mittelmeerraum, vom Balkan, aus dem Schwarzmeergebiet und aus Kleinasien.

Kleider: Männchen im Prachtkleid mit rotbrauner Kappe und kräftiger schwarzer Musterung an Kehle und Bauch. Im Schlichtkleid weniger kontrastreich und weniger schwarz. Adulte Weibchen und Vögel im Jugendkleid sehr ähnlich Weibchen und Jungvögeln des Haussperlings.

Stimme: Die Männchen äußern in Nestnähe anhaltenden Gesang „tschilüp -tschilüp…" oder Variationen davon, oft zweisilbig. Ansonsten sind die Rufe nicht von denen des Haussperlings zu unterscheiden.

Ähnliche Arten: Weibchen kaum vom Haussperling unterscheidbar, Männchen durch die dunkle Unterseitenstrichelung nicht zu verwechseln.

meist im Vergleich zu anderen Sperlingen relativ viel Weiß über der schwarzen Maske

braune Kappe

Strichelung angedeutet

Federn der Oberseite mit ausgedehnten schwarzen Zentren

kräftige schwarze Fleckung an den Flanken

♀ adult

meist nicht von Haussperlings-♀ unterscheidbar

♂ adult

Feldsperling *Passer montanus* (→ 581)

En: Eurasian Tree Sparrow
Fr: Moineau friquet
Es: Gorrión Molinero
It: Passera mattugia

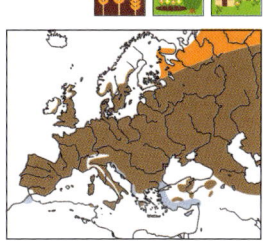

Kleiner Sperling, im Adultkleid mit kastanienbrauner Kappe und dunklem Fleck in weißem Wangenfeld.

Status: Regelmäßiger Brutvogel, Durchzügler und Wintergast.

Kleider: Geschlechter gleich. Im Jugendkleid mit grau verwaschenem Wangenfeld mit undeutlichem Ohrfleck.

Stimme: Ein häufiger Beunruhigungsruf ist das typische, harte, hölzerne „tek-tek-tek…". Ferner sind auch die gereihten „dschäd"- Rufe anders als beim Haussperling. Gesangselemente trockener und kürzer.

Ähnliche Arten: Männliche Italien- und Weidensperlinge haben ebenfalls eine braune Kappe, aber deutlich ausgedehnteres Schwarz an Kehle und Brust und keinen Wangenfleck.

Jugendkleid

bei frisch Flüggen noch deutliche Schnabelwülste

Wangenbereich grau verwaschen, schwarzer Ohrfleck oft noch undeutlich

braune Kappe

Schnabel dick

weißer Nackenring

Kehle schwarz

dunkler Ohrfleck

adult

Beine kräftig

Steinsperling *Petronia petronia* (→ 579)

Großer, kräftiger Sperling mit dickem Schnabel, deutlichem Überaugenstreif und im Adultkleid einem (oft nicht sichtbaren) kleinen gelben Kehlfleck.

Status: Ausnahmegast, in Mitteleuropa als Brutvogel ausgestorben.

Kleider: Geschlechter gleich. Im Jugendkleid ähnlich gefärbt, aber auf dem Rücken deutlicher gestreift und Kopfstreifen stärker kontrastierend.

Stimme: Der Gesang besteht aus einer Reihe nasal hochgezogener Elemente wie „bäidlid". Ähnlich nasal hochgezogen klingt auch der charakteristische Ruf „bäi" oder „bäije".

Ähnliche Arten: Die markante Kopfstreifung (siehe Fotos) unterscheidet den Steinsperling von allen anderen europäischen Sperlings- und Finkenarten.

Ausnahmegast

En: Rock Sparrow
Fr: Moineau soulcie
Es: Gorrión Chillón
It: Passera lagia

Schnabel rosa-gelblich

Jugendkleid

heller Scheitelstreif

kleiner gelber Fleck in allen Kleidern (schwer sichtbar)

Schnabel oben dunkel, unten gelblich

markanter heller Überaugenstreif

Flanken breit gestrichelt

Flügel stark hell und dunkelbraun gemustert

adult

Sperlinge · Passeridae

Schneesperling (Schneefink)

Montifringilla [nivalis] nivalis (→ 580)

Sehr großer Sperling mit markantem schwarz-weißem Flügelmuster und weißer Unterseite.

Status: Regelmäßiger Brutvogel der Hochalpen, sonst Ausnahmeerscheinung.

Kleider: Geschlechter fast gleich, adulte Weibchen etwas matter gefärbt. Im Prachtkleid Schnabel schwarz und deutlicher schwarzer Kehllatz, im Schlichtkleid Kehllatz undeutlich und Schnabel gelblich. Jugendkleid sehr ähnlich Schlichtkleid.

Stimme: Der Gesang ist ein sperlingsartiges Tschilpen, das aber in verschiedenen Klangfarben in langsamem Rhythmus zu Strophen aneinandergereiht wird. Kurz vor Abflug ist der Ruf „zjä" typisch.

Ähnliche Arten: Anhand der Flügelzeichnung unverwechselbar.

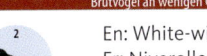
Brutvogel an wenigen Orten

En: White-winged Snowfinch
Fr: Niverolle alpine
Es: Gorrión Alpino
It: Fringuello alpino

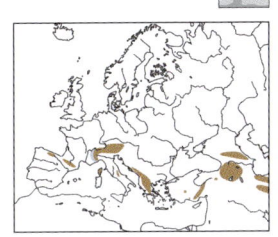

Alpenbraunelle *Prunella collaris* (→ 575)

Sperlingsähnlicher Singvogel, jedoch mit dünnem Schnabel, rotbraunen Flanken und deutlichen weißen Spitzen der Flügeldecken.

Status: Seltener Brutvogel, nur in den Alpen und lückig im Karpatenbogen, sonst seltener Gast.

Kleider: Geschlechter gleich. Im Jugendkleid Kehle einfarbig grau und Unterseite bräunlich gefleckt.

Stimme: Der Gesang ist ein kontinuierliches, nicht zu schnell vorgetragenes Schwätzen, ohne den silberhellen Klang der Heckenbraunelle, dafür mit tieferen Trillerelementen und Motivwiederholungen.

Ähnliche Arten: Siehe Heckenbraunelle.

Brutvogel an wenigen Orten

En: Alpine Accentor
Fr: Accenteur alpin
Es: Acentor Alpino
It: Sordone

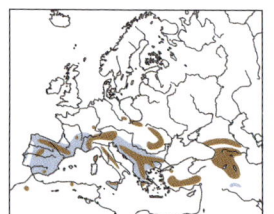

adult
abgetragenes Prachtkleid

dunkles Flügelfeld auffällig

Schnabelansatz gelb, Spitze schwarz

Kehle einfabig grau

weiße Spitzen der Flügeldecken auch bei frisch vermauserten Ad. (im Herbst) sichtbar

Jugendkleid

Kehle schwarz meliert auf weißem Grund

rotbraun gestrichelte Flanken

adult

Bergbraunelle *Prunella montanella* (→ 577)

Kleine Braunelle mit völlig ungezeichneter, gelb-ockerfarbener Kehle und ebenso gefärbtem, dickem Überaugenstreif.

Status: Ausnahmegast aus Ostasien.

Ausnahmegast

En: Siberian Accentor
Fr: Accenteur montanelle
Es: Acentor siberiano
It: Passera scopaiola asiatica

- fast schwarzer Scheitel
- breiter und langer gelblich weißer Überaugenstreif
- Wangen schwarz
- Brust einfarbig rötlich ocker

Schwarzkehlbraunelle
Prunella atrogularis (→ 578)

Ähnlich Bergbraunelle, aber mit meist dunkler, mindestens aber dunkel gemusterter Kehle.

Status: Ausnahmegast aus Zentralasien.

Ausnahmegast

En: Black-throated Accentor
Fr: Accenteur à gorge noire
Es: Acentor gorjinegro
It: Passera scopaiola golanera

- weißer Überaugenstreif, der auch erst über dem Auge beginnen kann
- Kopf fast schwarz
- frisch vermausert haben die Kehlfedern im Herbst noch weiße Spitzen

adult
Sommer

Heckenbraunelle *Prunella modularis* (→ 576)

En: Dunnock
Fr: Accenteur mouchet
Es: Acentor Común
It: Passera scopaiola

Sperlingsähnlicher Singvogel, jedoch mit dünnem Schnabel, starker Strichelung fast am ganzen Körper und im Adultkleid grauem Kopf und grauer Kehle.

Status: Regelmäßiger Brutvogel, Durchzügler und gelegentlicher Wintergast.

Kleider: Geschlechter fast gleich, Männchen oft etwas kräftiger gefärbt. Im Jugendkleid am ganzen Körper dunkel gestrichelt.

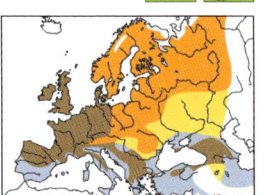

 Stimme: Der Gesang besteht aus sehr schnell vorgetragenen Strophen mit silberhellem Klang und feinen Trillern. Im Flug, auch auf dem Zug, werden gleichmäßige, klingelnde „dididi"-Rufe geäußert.

Ähnliche Arten: Alpenbraunelle ist etwas größer und hat rotbraune Flanken, eine schwarze Bänderung an der Kehle und deutlich größere weiße Spitzen an den Flügeldecken.

Schnabel dünn und relativ lang

Iris rotbraun

Kehle grau

Nacken grau

Rücken mit langen dunklen Längsstricheln

graue Unterseite

weiße Spitzen der Armdecken klein

adult

Beine hell

Flanke gestrichelt, im Jugendkleid auch Kopf und Hals

Iris mattbraun

Übergang Jugendkleid → adult

Stelzenverwandte · Motacillidae

Schafstelze (Wiesenschafstelze)

Motacilla [flava] flava   (→ 590)

| J | F | M | A | M | J | J | A | S | O | N | D |

En: Western Yellow Wagtail
Fr: Bergeronnette printanière
Es: Lavandera Boyera
It: Cutrettola

Schafstelze mit gelbem Bauch, Männchen im Prachtkleid mit grauem Kopf und deutlichem weißem Überaugenstreif.

Status: Regelmäßiger Gast, regelmäßiger Brutvogel im Tiefland, nach Süden zu abnehmend, im Alpenvorland seltener Brutvogel.

Kleider: Männchen mit grauem Kopf, meist deutlichem weißem Überaugenstreif und gelber Kehle. Weibchen viel blasser gefärbt. Im Jugendkleid fast ohne Gelb und mit dunkler Umrandung des Kehllatzes.

Verhaltensweisen: Wippt häufig mit dem Schwanz.

Stimme: Während der Gesang unauffällig ist, machen die Vögel durch scharfe, einsilbige „psie"-Rufe oft auf sich aufmerksam, die aber selbst beim Individuum variieren können.

Ähnliche Arten: Die Unterscheidung der verschiedenen gelben Stelzenarten erfolgt am besten anhand der Kopfzeichnung der adulten Männchen.

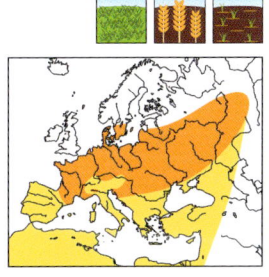

Gelbkopf-Schafstelze

Motacilla [flava] flavissima (→ 591)

Schafstelze mit gelbem Bauch, Männchen im Prachtkleid mit gelbbraun gemustertem Kopf und deutlichem gelbem Überaugenstreif.

Status: Seltener Brutvogel an der Nordseeküste, regelmäßiger Durchzügler im Küstengebiet, seltener Gast im Binnenland.

Kleider: Geschlechter fast gleich, aber Männchen vor allem am Kopf mehr und kräftiger gelb gefärbt. Im Jugendkleid fast ohne Gelb und mit dunkler Umrandung des Kehllatzes.

Ähnliche Arten: Zur Unterscheidung der verschiedenen Schafstelzenarten siehe Fotos.

Brutvogel an wenigen Orten

En: Yellow-headed Wagtail
Fr: Bergeronnette printanière flavéole
Es: Lavandera Boyera Inglesa
It: Cutrettola (flavissima)

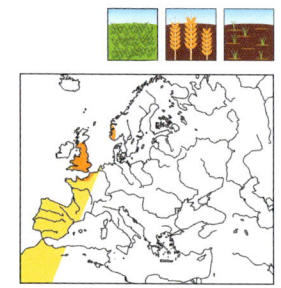

ganzer Kopf gelb getönt ohne Grau oder Weiß

dunkler Zügel

Wangen dunkel gelb-oliv

dunkle Einfassung des Kehllatzes (wie bei fast allen Schafstelzen im Jugendkleid)

Jugendkleid

♂ Prachtkleid

Kopf und Rücken grau-grünlich

♀ Prachtkleid

Unterschwanzdecken blassgelb

Aschkopf-Schafstelze

Motacilla [flava] cinereocapilla (→ 594)

Brutvogel an wenigen Orten

En: Ashy-headed Wagtail
Fr: Bergeronnette à tête cendrée
Es: Lavandera Boyera Italiana
It: Cutrettola capocenerino

Schafstelze mit gelbem Bauch, Männchen im Prachtkleid mit weitgehend einheitlich grauem Kopf und mit weißer Kehle.

Status: Vereinzelter Brutvogel im Wallis und Tessin, selten auch Mischpaare mit Wiesenschafstelze. Seltener Gast im Süden, sonst Ausnahmeerscheinung.

Kleider: Männchen mit gelber Unterseite und weißer Kehle, Weibchen und Vögel im Jugendkleid sehr ähnlich Wiesenschafstelze.

Stimme: Typischer Ruf eher zweisilbig „tsieri" oder „zissi", andere Rufe jedoch wohl ähnlich Wiesenschafstelze.

Ähnliche Arten: Zur Unterscheidung der verschiedenen Schafstelzenarten siehe Fotos.

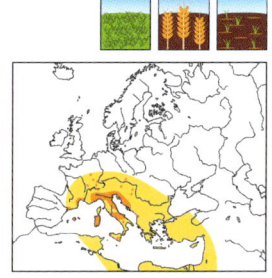

Maskenschafstelze

Motacilla [flava] feldegg (→ 595)

Schafstelze mit gelbem Bauch, Männchen im Prachtkleid mit weitgehend einheitlich schwarzem Kopf ohne Überaugenstreif und mit gelber Kehle.

Status: Im Süden häufigerer, regelmäßiger Gast und Durchzügler.

Kleider: Männchen mit schwarzem Kopf und Nacken sowie gelber Unterseite, Weibchen ähnlich, aber insgesamt grauer. Im Jugendkleid ähnlich Wiesenschafstelze.

Stimme: Der Ruf ist etwas härter als bei der Wiesenschafstelze und klingt mehr wie „psia", auch abwechselnd wie „psie".

Ähnliche Arten: Zur Unterscheidung der verschiedenen Schafstelzenarten siehe Fotos.

Gastvogel

En: Black-headed Wagtail
Fr: Bergeronnette à tête noire
Es: Lavandera Boyera Balcánica
It: Cutrettola capinera

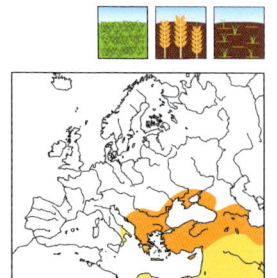

Stelzenverwandte · Motacillidae

Thunberg-Schafstelze

Motacilla [flava] thunbergi   (→ 592)

Gastvogel 
En: Grey-headed Wagtail
Fr: Bergeronnette à tête grise
Es: Lavandera Boyero Escandinava
It: Cutrettola caposcuro

Schafstelze mit gelbem Bauch, Männchen im Prachtkleid mit weitgehend einheitlich grauem Kopf ohne Überaugenstreif und mit gelber Kehle. Augenmaske häufig dunkel abgesetzt.

Status: Regelmäßiger Durchzügler und Gast.

Kleider: Verhältnisse bei den Kleidern ähnlich Maskenschafstelze.

Stimme: Rufe wechseln zwischen „psü" und klar zweisilbigem „tsüßi".

Ähnliche Arten: Zur Unterscheidung der verschiedenen Schafstelzenarten siehe Fotos.

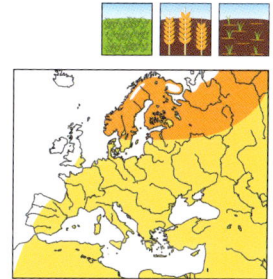

Kopf überwiegend grau, Überaugenstreif fehlt weitgehend

Kehle gelb oder gelblich

♂ Prachtkleid

Rücken braungrau

♀ Prachtkleid

Zitronenstelze *Motacilla citreola* (→ 588)

In den meisten Kleidern an Kopf und Brust ausgedehnt gelb gefärbte Stelze mit zwei breiten weißen Flügelbinden.

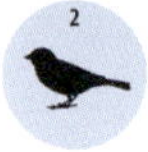

En: Citrine Wagtail
Fr: Bergeronnette citrine
Es: Lavandera Cetrina
It: Cutrettola testagialla orientale

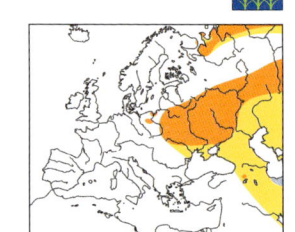

Status: Seltener Brutvogel in Nordostpolen, auch Einzelbruten weiter westlich. Ansonsten seltener Gast.

Kleider: Männchen im Prachtkleid an Kopf und Brust leuchtend gelb mit schwarzem Nacken, im Schlichtkleid wie Weibchen matter gelb und mit dunklem Kopfmuster. Im Jugendkleid grau und graubraun mit auffälligen weißen Flügelbinden.

Stimme: Ruft rauer als die Schafstelzen, z. B. „zri" oder „sriip", daneben gibt es aber auch bachstelzenartige Rufe.

Ähnliche Arten: Männchen durch gelben Kopf unverwechselbar. Weibchen und Jungvögel am sichersten durch helle Ohrumrandung und durch die zwei breiten Flügelbinden von anderen Stelzen unterscheidbar.

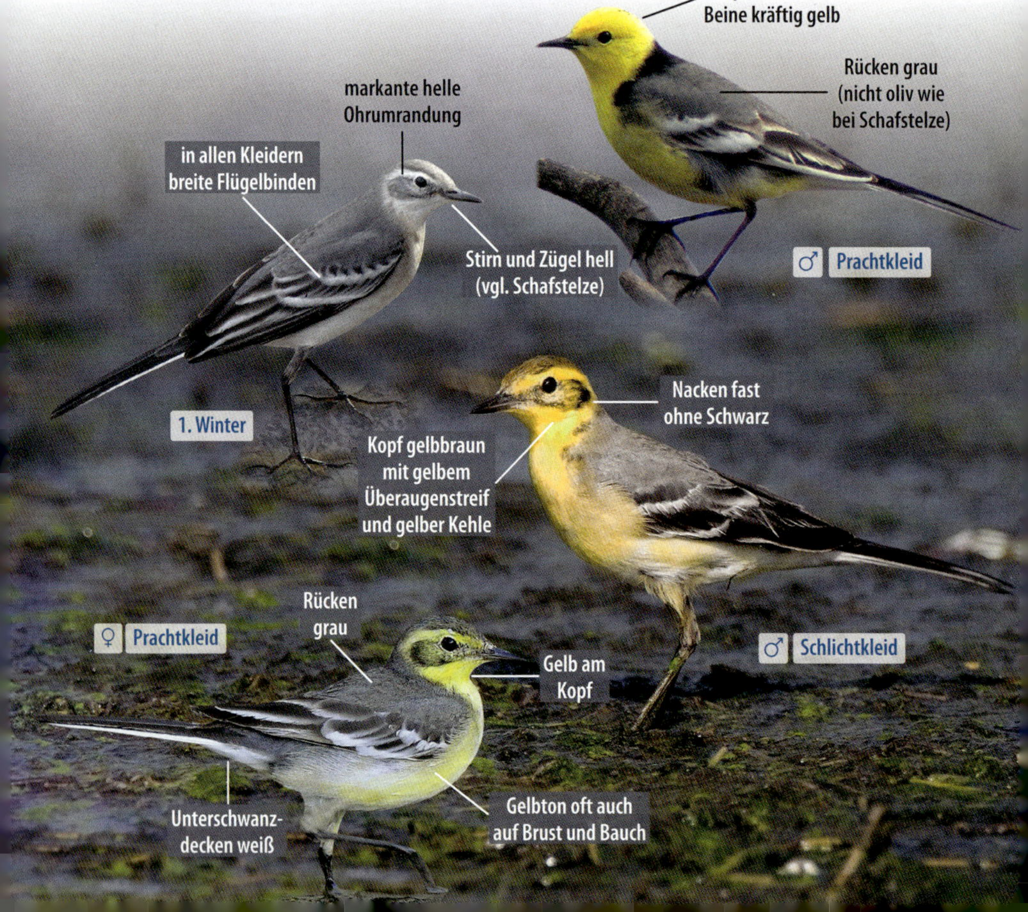

Gebirgsstelze *Motacilla cinerea* (→ 585)

En: Grey Wagtail
Fr: Bergeronnette des ruisseaux
Es: Lavandera Cascadeña
It: Ballerina gialla

Sehr langschwänzige Stelze mit grauer Oberseite und Gelb mindestens in den Unterschwanzdecken.

Status: Im Süden flächig und im Norden und Osten teilweise lückig verbreiteter Brutvogel, regelmäßiger Durchzügler und gelegentlich Überwinterer.

Kleider: Männchen im Prachtkleid mit schwarzem Kehllatz und gelber Unterseite, Weibchen im Prachtkleid unten blassgelb und mit grauem Kehllatz. Im Schlicht- und Jugendkleid Kehle weißlich und nur Schwanzdecken gelblich.

Verhaltensweisen: Wippt besonders stark mit dem Schwanz, oft unterstützt durch Beinknicksen mit dem ganzen Hinterkörper.

Stimme: Der Gesang besteht aus in Abständen wiederholten kurzen Strophen aus spitzen, hohen Elementen „zi-zi-zi-zi-züwri" oder auch kurz „zizizi". Der Ruf ist scharf ein- bis viersilbig „ziss-zississ".

Ähnliche Arten: Männchen können aufgrund der gelben Brust mit Zitronen- und Schafstelzen verwechselt werden, haben dann jedoch eine schwarze Kehle. Weibchen haben im Unterschied zu anderen gelben Stelzen einheitlich grauen Rücken und Kopf mit deutlichem weißem Überaugenstreif.

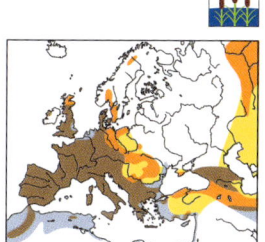

Stelzenverwandte · Motacillidae

Bachstelze *Motacilla [alba] alba* (→ 586)

En: White Wagtail
Fr: Bergeronnette grise
Es: Lavandera Blanca
It: Ballerina bianca

Schwarz, grau und weiß gefärbte, etwa sperlingsgroße Stelze.

Status: Regelmäßiger Brutvogel und Durchzügler, gelegentlicher Überwinterer.

Kleider: Männchen im Prachtkleid mit scharfem Kontrast zwischen grauem Rücken und schwarzer Kapuze, beim Weibchen ist diese Kante diffus. Im Schlichtkleid Kopf grau und weiß, aber relativ scharf begrenzter schwarzer Kehllatz. Im Jugendkleid Kopf und Kehllatz verwaschen graubraun.

Verhaltensweisen: Wippt häufig mit dem Schwanz.

Stimme: Gesang ist anhaltend zwitschernd. Daneben vielfältige mehrsilbige Rufe wie „zilipp", „zititip" oder „ziwitt".

Ähnliche Arten: Unter den anderen Stelzen fehlt lediglich noch der viel dunkleren Trauerbachstelze und der jungen Zitronenstelze jegliches Gelb im Gefieder. Letztere ist aber mehr bräunlich und am Kopf viel kontrastärmer gezeichnet als die Bachstelze.

Trauerbachstelze

Motacilla [alba] yarrellii   (→ 587)

Ausnahmegast

En: Pied Wagtail
Fr: Bergeronnette de Yarrell
Es: Lavandera de Yarrell
It: Ballerina nera

Schwarz, grau und weiß gefärbte Stelze, die viel dunkler (im Prachtkleid ausgedehnter schwarz) gefärbt ist als die Bachstelze.

Status: Brutvogel auf den Britischen Inseln. Seltener Durchzügler an der Nordseeküste, seltener Gast im Binnenland.

Kleider: Männchen im Prachtkleid mit schwarzem Rücken, bei Weibchen dunkelgrau. Männchen im Schlichtkleid oberseits immer noch sehr dunkel, aber schwarzer Kehlbereich kleiner. Jugendkleid ähnlich Bachstelze.

Stimme: Unterschiede zur Bachstelze sind nicht bekannt.

Ähnliche Arten: Von der Bachstelze durch die beim Männchen schwarz glänzende und beim Weibchen dunkelgraue Oberseite unterscheidbar.

Pieper

Neben dem Ruf und der Färbung von Kopf, Brust, Flanken und Flügeldecken sind Proportionen, zum Beispiel die Beinlänge und die Länge der Hinterkralle, wertvolle Merkmale bei der Bestimmung von Piepern.

Stelzenverwandte • Motacillidae

Spornpieper *Anthus richardi* (→ 596)

Großer, langbeiniger Pieper mit sehr langer Hinterkralle und einer der Feldlerche sehr ähnlichen Kopfzeichnung. Kräftiger Schnabel wirkt beinahe drosselartig.

Status: Seltener Durchzügler aus Ostasien, vor allem im Herbst an den Küsten.

Kleider: Geschlechter gleich, im Jugendkleid Oberseite mit dunkleren Stricheln und Mittlere Armdecken und Schirmfedern mit schmalen weißen Säumen.

Stimme: Typisch sind die leicht trillernden Rufe wie „pschrü", „tschri" oder „tschjä".

Ähnliche Arten: Sehr ähnlich Steppenpieper und junge Brachpieper, siehe Fotos.

seltener Durchzügler

En: Richard's Pipit
Fr: Pipit de Richard
Es: Bisbita de Richard
It: Calandro maggiore

Stelzenverwandte · Motacillidae

Steppenpieper *Anthus godlewskii* (→ 597)

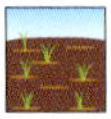

Etwas kleiner als der sehr ähnliche Spornpieper und mit schlankerem und kürzerem Schnabel.

Status: Ausnahmegast aus dem zentralen und südlichen Asien.

Ausnahmegast

En: Blyth's Pipit
Fr: Pipit de Godlewski
Es: Bisbita Estepario
It: Calandro di Blyth

deutlich kürzer als beim Spornpieper

zwei sehr deutliche Flügelbänder

adult

Überaugenstreif kurz, nur an der Schläfe (vgl. Spornpieper)

Oberseite deutlich dunkel gestrichelt

Brust dunkel gestrichelt

1. Winter

kurzbeiniger als Spornpieper

Hinterkralle kürzer als Zehe

Brachpieper *Anthus campestris* (→ 598)

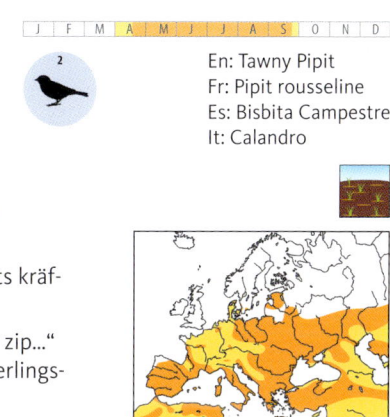

En: Tawny Pipit
Fr: Pipit rousseline
Es: Bisbita Campestre
It: Calandro

Großer, langschwänziger Pieper mit blass und schwach ausgeprägter Musterung auf dem Rücken und an den Flanken (nur im Jugendkleid stärker gefleckt).

Status: Seltener Brutvogel vor allem im Osten, sonst nur lokal, seltener Durchzügler.

Kleider: Geschlechter gleich. Im Jugendkleid oberseits kräftig dunkel gefleckt.

Stimme: Ruft beim Abflug in Reihen „zrl zr zip…" oder „zip zip …", außerdem Rufe, die an Sperlingstschilpen oder Lerchenrufe erinnern.

Ähnliche Arten: Sporn- und Steppenpieper sehen jungen Brachpiepern sehr ähnlich. Durch die blasse Oberseiten- und Flankenfärbung als Altvogel kaum mit einer anderen in Mitteleuropa auftretenden Pieperart zu verwechseln.

Wiesenpieper *Anthus pratensis* (→ 603)

En: Meadow Pipit
Fr: Pipit farlouse
Es: Bisbita Pratense
It: Pispola

Eher kleiner Pieper mit kräftiger Brust- und Flankenstrichelung und schlankem, gelblichem Schnabel.

Status: Regelmäßiger Brutvogel, südlich der Mittelgebirge eher inselartig verbreitet. Regelmäßiger Wintergast, vor allem im Nordwesten.

Kleider: Geschlechter gleich, im Jugendkleid erreicht die Strichelung der Bauchseite die Flanken nicht.

Stimme: Der typische Fluggesang besteht aus langen Strophen, die sich aus unterschiedlichen Elementen zusammensetzen und oft mit anhaltendem „tchip-tchip..." beim Aufstieg eingeleitet werden und mit einem tonalen „si-si-si-si..." bei Landeanflug und nach der Landung enden. Typischer Ruf beim Abflug „ist-ist".

Ähnliche Arten: Baum- und Wiesenpieper sind leicht zu verwechseln. Am besten am Ruf zu unterscheiden, siehe aber auch Baumpieper.

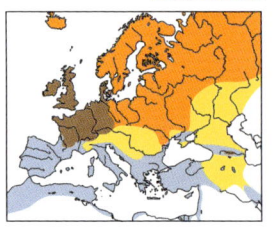

Stelzenverwandte • Motacillidae

Baumpieper *Anthus trivialis* (→ 600)

Eher kleiner Pieper mit kräftiger Brust-, aber dünnerer Flankenstrichelung, eher kräftigem, an der Basis rosafarbenem Schnabel und kurzer, gekrümmter Hinterkralle.

Status: Regelmäßiger Brutvogel und Durchzügler.

Kleider: Geschlechter gleich, Jugendkleid ähnlich Adultkleid.

Stimme: Typischer Fluggesang mit längeren Strophen aus je mehreren verschieden langen Phrasen. Kurz vor der Landung typisches, verlangsamendes „zia-zija-zija…" oder „sie-sie siie". Flugruf ist ein unreines, etwas abwärts gezogenes „psie".

Ähnliche Arten: Baumpieper haben etwas kräftigere, mehr rosa- als gelbfarbene Schnäbel und eine dünnere Flankenstrichelung als Wiesenpieper.

En: Tree Pipit
Fr: Pipit des arbres
Es: Bisbita Arbóreo
It: Prispolone

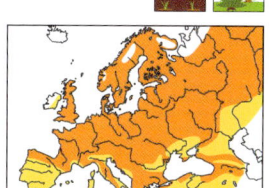

Oberseite schwach gefleckt

Bartstreif deutlich

Hinterkralle kurz und stark gebogen

kräftige Bruststrichel und dünne Flankenstrichel

Bauch heller als Brust

adult

adult

Bürzelbereich ungemustert

Stelzenverwandte • Motacillidae

Waldpieper *Anthus hodgsoni* (→ 601)

Eher kleiner, an einen Baumpieper erinnernder Pieper mit deutlichem weißem Überaugenstreif und schwarz-weißem Ohrfleck.

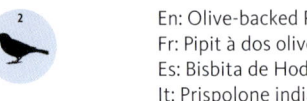

En: Olive-backed Pipit
Fr: Pipit à dos olive
Es: Bisbita de Hodgson
It: Prispolone indiano

Status: Unterart *yunnanensis* aus Ostasien ist sehr seltener Durchzügler an den Küsten

Kleider: Geschlechter gleich, Jugendkleid ähnlich Adultkleid.

Stimme: Die Flugrufe klingen leicht heiser absinkend und etwas gedehnt wie „psie", ähnlich wie beim Baumpieper, aber etwas reiner.

Ähnliche Arten: Baumpieper können gelegentlich eine sehr ähnliche Kopfzeichnung tragen.

heller Fleck hinter den Ohrdecken

kein unteres weißes Flügelband (auch nicht, wenn Decken weniger abgenutzt sind als hier)

Überaugenstreif breit und weiß, mit deutlicher Lücke bis zum Schnabel

dunkle Kante über dem hellen Überaugenstreif

Flankenstrichel feiner als die kräftigen Bruststrichel

diffus begrenzter Streifen

kurze Hinterkralle ähnlich Baumpieper

Petschorapieper *Anthus gustavi* (→ 599)

Kleinere Pieperart mit weißem Bauch, ockerfarbener, dunkel gestrichelter Brust und zwei deutlichen Längsstreifen auf dem Rücken.

Status: Ausnahmegast aus Nordsibirien.

Kleider: Geschlechter gleich, Jugendkleid ähnlich Adultkleid.

Stimme: Rufe sind kurz, scharf und klickend, wie „dzepp".

Ähnliche Arten: Siehe Rotkehlpieper.

Ausnahmegast

En: Pechora Pipit
Fr: Pipit de la Petchora
Es: Bisbita del Pechora
It: Pispola della Pechora

- zwei breite weiße Flügelbinden
- verkürzter dunkler Zügelstreif vor dem Auge
- Spitzen der Schirmfedern erreichen Flügelspitze nicht (wie dies bei den meisten Piepern der Fall ist)
- rosafarbener Unterschnabelansatz
- keine auffälligen weißen Schwanzkanten

Jugendkleid

- undeutlicher bräunlicher Überaugenstreif
- insgesamt wenig gestreifter Kopf
- zwei breite weißliche Rückenstreifen

adult

Rotkehlpieper *Anthus cervinus* (→ 602)

Kleinere Pieperart mit weißem Bauch, zwei deutlichen Längsstreifen auf dem Rücken und im Adultkleid mit rötlicher oder rötlich ockerfarbener Grundtönung des Kopfes bei beiden Geschlechtern.

Status: Seltener, aber regelmäßiger Durchzügler aus Nordskandinavien und der östlich anschließenden Tundra und Waldtundra.

Kleider: Geschlechter gleich. Die Rotfärbung an Kopf und Brust im Prachtkleid kann kräftiger und weniger stark ausgeprägt sein, ersteres sind oft, aber wohl nicht immer Männchen. Auch im Schlichtkleid mit Rotfärbung. Jugendkleid ohne Rot.

Stimme: Der typische Flugruf ist scharf, gedehnt und laut, klingt wie „psieh" oder „psieb". Wird als „elektrisch" wahrgenommen.

Ähnliche Arten: Junge Rotkehl- und Petschorapieper sind sich sehr ähnlich. Beim Petschorapieper stehen die Handschwingenspitzen unter den Schirmfedern heraus, beim Rotkehlpieper nicht.

Durchzügler

En: Red-throated Pipit
Fr: Pipit à gorge rousse
Es: Bisbita Gorgirrojo
It: Pispola golarossa

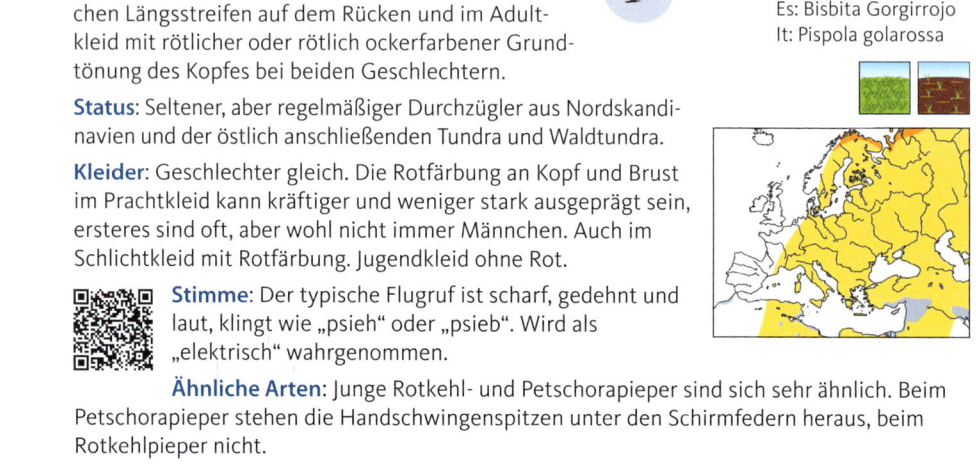

Stelzenverwandte · Motacillidae

Pazifikpieper *Anthus rubescens* (→ 604)

Etwas kleiner als Bergpieper mit hellem Zügelstreif und nur schwach gestricheltem Rücken.

Status: Ausnahmegast aus Nordamerika oder Asien.

Ausnahmegast

En: Buff-bellied Pipit
Fr: Pipit d'Amérique
Es: Bisbita Norteamericano
It: Spioncello del Pacifico

Überaugenstreif mit Engstelle auf Höhe des Augenvorderrandes (wie beim Wiesenpieper)

weiße Kehle

sehr dichte Fleckung sorgt für auffälligen dunklen Bereich

zwei weiße Flügelstreifen

Prachtkleid

oberseits weniger gestreift als Wiesenpieper

Herbst

Bergpieper *Anthus spinoletta* (→ 605)

| J | F | M | A | M | J | J | A | S | O | N | D |

En: Water Pipit
Fr: Pipit spioncelle
Es: Bisbita Alpino
It: Spioncello

Relativ großer Pieper mit deutlichem hellem Überaugenstreif und dicker Bruststrichelung im Schlichtkleid, im Prachtkleid grauer Kopf und rosafarbene, fast ungezeichnete Brust.

Status: Seltener Brutvogel in Hochlagen im Süden. Außerhalb der Brutzeit regelmäßiger und häufiger Gast bis in den Norden, wo er auch auf den Strandpieper treffen, mit dem er früher als „Wasserpieper" in einer Art vereint war..

Kleider: Geschlechter gleich, im Prachtkleid mit rosa Anflug auf der Brust und grauem Kopf, im Schlichtkleid ohne Rosa, dafür mit kräftiger Strichelung der Brust und braunem Kopf. Jugendkleid ähnlich Schlichtkleid.

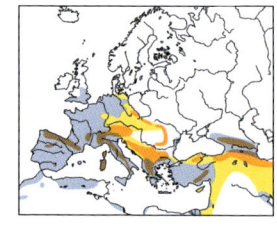

Stimme: Der im Schauflug vorgetragene Gesang besteht aus langen Strophen aus je mehreren langen Phrasen. Einleitung „tschri-tschri…", am Ende oft „füi-füi". Beunruhigungsruf tiefer als Wiesenpieper „psri" oder „psriit", oft einsilbig.

Ähnliche Arten: Im Schlichtkleid ähnlich Strandpieper, aber von diesem durch die weiße, gestrichelte Unterseite, graubraune Oberseite und den kontrastreichen Kopf zu unterscheiden.

breite weiße Schwanzaußenkanten

eben flügger Jungvogel

helle Beine

Kopf graubraun mit breitem Überaugenstreif

Schnabel kräftig, im Prachtkleid einfarbig dunkelgrau

im Prachtkleid Brust rosa gefärbt

Schlichtkleid

Strichelung schwächer und etwas diffuser als beim Strandpieper

Prachtkleid

Grundfarbe der Unterseite eher weiß (vgl. Strandpieper)

Stelzenverwandte · Motacillidae

Strandpieper *Anthus petrosus* (→ 606)

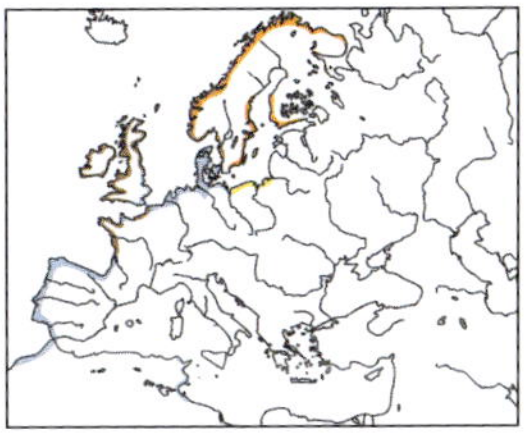

Relativ großer, dem Bergpieper ähnlicher Pieper mit dunklen Beinen und dicker Brust- und Flankenstrichelung sowie grauen (statt weißen) Schwanzkanten.

Status: Regelmäßiger Gast und Überwinterer an den Küsten, im Binnenland selten, im Süden ausnahmsweise.

Kleider: Geschlechter gleich, im Prachtkleid Kopf und Nacken einfarbiger grau, im Schlichtkleid mehr braun und gestrichelt. Vögel der Unterart *littoralis* gelegentlich im Prachtkleid ähnlich Bergpieper, aber auch dann mit kräftiger Bruststrichelung.

Stimme: Ruft bei Beunruhigung scharf, explosiv und gezogen „piisst", meist (aber nicht immer) einsilbig.

Ähnliche Arten: Siehe auch Bergpieper.

Durchzügler, Wintergast

En: Eurasian Rock Pipit
Fr: Pipit maritime
Es: Bisbita Costero
It: Spioncello marino

Finken • Fringillidae

Buchfink *Fringilla coelebs* (→ 607)

Sperlingsgroßer Fink mit zwei weißen Flügelbinden und weißen Schwanzaußenkanten.

Status: Regelmäßiger Brutvogel, Durchzügler und Wintergast.

Kleider: Geschlechter im Adultkleid deutlich unterschiedlich, siehe Fotos. Prachtkleid des Männchens kontrastreicher, im Schlichtkleid vor allem graue Kopfkappe, Gesicht und Unterseite mit mehr Braun. Jugendkleid ähnlich Weibchen.

Stimme: Gesangsstrophen sind sehr variabel und vor allem bei Beginn und im Endschnörkel lokal verschieden, z. B. eine Abfolge ähnlich „zi-zi-zi zizizizi düntülüng zingziu". Ruft bei Beunruhigung scharf „pink", auch mehrsilbig. Monotone Regenrufe im Sekundentakt bilden Dialekte.

Ähnliche Arten: Männchen unverkennbar, Weibchen von Haussperlings-Weibchen durch Flügelzeichnung und grauen Nackenfleck unterscheidbar.

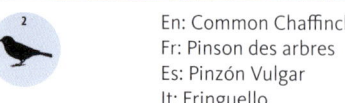

En: Common Chaffinch
Fr: Pinson des arbres
Es: Pinzón Vulgar
It: Fringuello

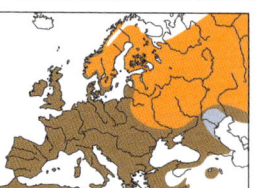

Finken · Fringillidae

Bergfink *Fringilla montifringilla* (→ 608)

Sperlingsgroßer Fink mit weißem Bürzel, ohne weiße Schwanzaußenkanten und mit Orangefärbung mindestens an der Brust.

En: Brambling
Fr: Pinson du Nord
Es: Pinzón Real
It: Peppola

Status: Regelmäßiger Wintergast und Durchzügler, selten Brutversuche.

Kleider: Bei Männchen im Prachtkleid sind Kopf, Schnabel und Oberseite schwarz, im Schlichtkleid ist der Schnabel gelblich und die später rein schwarzen Federn sind noch braun gerändert (Rand nutzt dann ab). Weibchen mit deutlichem grauem Halbmond hinter den Augen und grauem Scheitelstrich bis zum Nacken. Jugendkleid ähnlich Weibchen.

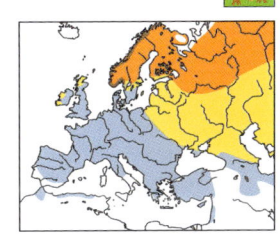

Stimme: Typisch ist ein durchdringender, gequetscht nasal klingender Ruf „tschäe" oder „quäig".

Ähnliche Arten: In allen Kleidern unverwechselbar gefärbt.

Finken · Fringillidae

Kernbeißer *Coccothraustes coccothraustes* (→ 628)

Fast starengroßer Fink mit sehr kräftigem Schnabel, weißer Schwanzspitze und im Adultkleid metallisch glänzenden, verbreiterten, inneren Hand- und äußeren Armschwingen.

Status: Regelmäßiger Brutvogel, Durchzügler und Wintergast.

Kleider: Geschlechter gleich, im Prachtkleid Schnabel stahlblau, Kopf beigerot, Armschwingen bläulich. Im Schlichtkleid Schnabel gelblich, Kopf blasser und äußere Armschwingen bei Weibchen mit hellen Säumen. Im Jugendkleid mit gelblich-grauer Brust und dunkler Fleckung auf der Unterseite.

Ähnliche Arten: Unverwechselbar.

| J | F | M | A | M | J | J | A | S | O | N | D |

En: Hawfinch
Fr: Gros-bec casse-noyaux
Es: Picogordo Común
It: Frosone

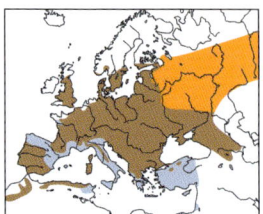

Finken • Fringillidae

Hakengimpel *Pinicola enucleator* (→ 622)

Starengroßer Fink, der an einen Kreuzschnabel erinnert, mit doppelter weißer Flügelbinde.

Status: Ausnahmegast aus Skandinavien (oder Nordamerika).

Kleider: Adulte Männchen karminrot, einjährige Männchen mit ähnlich gelblich-grauem Gefieder wie Weibchen und Vögel im Jugendkleid.

Stimme: Gesang aus kurzen, schnell gesungenen, klangvollen Strophen mit Auf und Ab der Elemente, insgesamt in der Tonhöhe etwas absinkend.

Ähnliche Arten: Deutlich größer als Kreuzschnäbel.

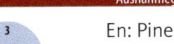
Ausnahmegast

En: Pine Grosbeak
Fr: Durbec des sapins
Es: Camachuelo Picogrueso
It: Ciuffolotto delle pinete

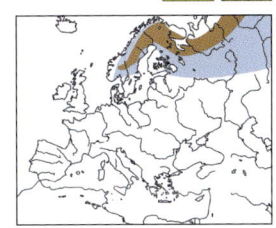

Finken · Fringillidae

Gimpel *Pyrrhula pyrrhula pyrrhula* und *Pyrrhula pyrrhula europaea* (→ 626)

En: Eurasian Bullfinch
Fr: Bouvreuil pivoine
Es: Camachuelo Común
It: Ciuffolotto

Rundlicher Fink mit kurzem, kräftigem Schnabel, weißem Bürzel, ganz schwarzem Schwanz und (außer im Jugendkleid) schwarzer Kappe.

Status: Unterart *europaea* ist regelmäßiger Brutvogel, Durchzügler und Wintergast. Unterart *pyrrhula* ist regelmäßiger Wintergast aus Nordeuropa.

Kleider: Adulte Männchen mit roter Unterseite, adulte Weibchen mit graubrauner Unterseite. Jugendkleid ähnlich ad. Weibchen, aber ohne schwarze Kappe.

Verhaltensweisen: Durch Hängenlassen der Flügel kommt der weiße Bürzel sehr deutlich zur Geltung.

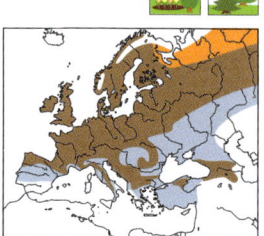

Stimme: Neben dem unauffälligen Gesang sind die Kontaktrufe der Partner sehr auffällig: Häufig ist ein herabgezogenes flötendes „djü", Vögel nordöstlicher Herkunft („Trompetergimpel") rufen „töd".

Ähnliche Arten: Unverwechselbar.

schwarze Kappe, vorne bis unter den Schnabel gezogen

typische Schnabelform, aber noch kein Schwarz am Kopf

frisch flügger Jungvogel

♀ adult

dicker, runder Schnabel

grau-weißes Flügelband

♂ adult

Bürzel und Unterschwanzdecken weiß

Finken · Fringillidae

Wüstengimpel *Bucanetes githagineus* (→ 627)

Etwa zeisiggroßer, graubrauner Fink mit hellem, beim Männchen rotem Schnabel und grauem Kopf.

Status: Ausnahmegast aus Südspanien, Nordafrika und Kleinasien.

Stimme: Kurze nasal-wetzende Laute im Kontakt, länger gedehnte dienen als Gesang

Ausnahmegast

En: Trumpeter Finch
Fr: Roselin githagine
Es: Camachuelo Trompetero
It: Trombettiere

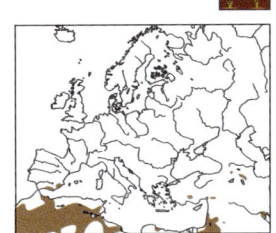

dicker, kurzer, rundlicher Schnabel

Jugendkleid

Schnabel orange oder rot

Schnabel hell

Gefieder rötlich getönt

Schwanzansatz stärker rosa getönt

♀ adult

Bauch, Schwanzbasis und Säume der Schwungfedern und Großen Decken rosa

♂ adult

Karmingimpel *Carpodacus erythrinus* (→ 620)

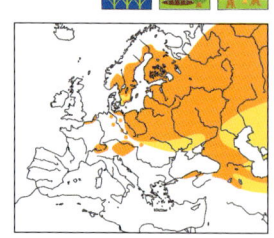

En: Common Rosefinch
Fr: Roselin cramoisi
Es: Camachuelo Carminoso
It: Ciuffolotto scarlatto

Nicht ganz sperlingsgroßer Fink mit kurzem, kräftigem und oben deutlich gerundetem Schnabel und mit zwei hellbeigen Flügelbinden.

Status: Seltener Brutvogel, vor allem im Osten, in Polen teilweise häufig. Regelmäßiger Durchzügler.

Kleider: Einjährige Männchen sind graubraun wie Weibchen, gelegentlich mit einzelnen roten Federn (selten mehr), zweijährige Männchen dann mit roter Oberseite, Brust und rotem Kopf. Jugendkleid ähnlich Weibchen, aber mehr bräunlich und mit zwei deutlichen Flügelbinden.

 Stimme: Der intensive und laute Gesang klingt hoch flötend wie „ti-tü-te-hüt-ja" oder „dü-dü-fi-dju-dju", immer mit abwärts gezogener Endsilbe. Wiederholt immer dieselbe Strophe.

Ähnliche Arten: Nicht rote Vögel können mit dem größeren Grünfink verwechselt werden, dem aber die zwei Flügelbinden fehlen.

Finken · Fringillidae

Rosengimpel *Carpodacus roseus* (→ 621)

Mittelgroße, langschwänzig wirkende Karmingimpel-Art, mehrjähriges Männchen mit starker Rosafärbung und weißen Spitzen an den Scheitel- und Kehlfedern.

Status: Ausnahmegast aus Zentral- und Ostasien, wohl auch Gefangenschaftsflüchtlinge.

Ausnahmegast

En: Pallas's Rosefinch
Fr: Roselin rose
Es: Camachuelo de Pallas
It: Ciuffolotto scarlatto di Pallas

Gesicht, Kehle und Brust meist leicht rot getönt

kräftig gestreift

♀ adult

Schnabel kräftig

gedrungene Körperform

♂ einjährig

weiße Federspitzen an Stirn und Kehle

♂ Prachtkleid

zwei breite Flügelbinden

ganzer Körper rosa getönt

Finken • Fringillidae

Grünfink *Carduelis chloris* (→ 614)

En: European Greenfinch
Fr: Verdier d'Europe
Es: Verderón Común
It: Verdone

Gut sperlingsgroßer, olivgrüner Fink mit gelbem Flügelfeld, gelben Schwanzkanten und kräftigem, kegelförmigem Schnabel.

Status: Flächig verbreiteter, häufiger Brut- und Jahresvogel, weiter nördlich brütende Vögel häufige Durchzügler und Wintergäste. In jüngerer Zeit Abnahme.

Kleider: Adulte Männchen an Rücken und Brust gelbgrün bis grün, Weibchen weniger grün, Rücken bräunlich und leicht gestrichelt. Im Jugendkleid Bauch weißlich mit graubraunen Stricheln.

Stimme: Der Gesang ist eine anhaltende Folge von Trillern in verschiedener Tonlage und verschiedenem Tempo. Dazwischen ist das typische, abwärtsführende Knätschen „dijäiih" oder „dschääi" zu hören, das auch als Beunruhigungsruf verwendet wird. Im Flug außerdem harte Triller „gigigi...".

Ähnliche Arten: Anhand des gelben Flügelfeldes und der gelben Schwanzkanten gut erkennbar. Stieglitz im Jugendkleid hat auch Gelb am Flügel, ist aber kleiner und hat einen viel dünneren Schnabel.

Kleinere Finken

Bei der Bestimmung der Weibchen-, Schlicht- und Jugendkleider kleinerer Finkenarten geht es oft um Schnabelform, Musterung und Farben am Kopf, Zeichnung von Brust und Bauch und um Flügelbinden.

Berghänfling *Carduelis flavirostris* (→ 610)

Kleiner, langschwänziger, braun gestrichelter Fink, Männchen mit rosa Bürzel, beide Geschlechter ohne Rot am Kopf.

Status: Regelmäßiger, in Gruppen auftretender Wintergast an der Küste, im Süden nur ausnahmsweise.

Kleider: Männchen im Prachtkleid mit rosafarbenem Bürzel und dunklem Schnabel, Weibchen ohne Rosa und weniger kontrastreich. Im Schlicht- und im Jugendkleid bräunlicher und Schnabel gelblich.

Stimme: Typischer Flugruf ist ein meist dreisilbiges „tje-te-te" (etwas härter als beim Bluthänfling). Dazu nasal hochgezogene „twäid" u. ä.

Ähnliche Arten: Zur Unterscheidung der Hänflings- und Birkenzeisig-Arten siehe Fotos.

Gastvogel

En: Twite
Fr: Linotte à bec jaune
Es: Pardillo Piquigualdo
It: Fanello nordico

Finken · Fringillidae

Bluthänfling *Carduelis cannabina* (→ 609)

Sperlingsgroßer Fink mit weißem Bauch, braunem Rücken, hellem Flügelfeld und grauem Schnabel.

Status: Regelmäßiger Brutvogel und Durchzügler.

Kleider: Männchen im Prachtkleid mit roter Stirn und Brust und grauem Kopf. Im Schlichtkleid Brust bräunlich rot. Weibchen und Vögel im Jugendkleid ohne Rot, ober- und unterseits dunkelgrau gestrichelt.

Stimme: Der lang anhaltende Gesang besteht aus einem eiligen Gemisch aus Flötenlauten und Trillern und wird mit einer Ruffolge wie „gigigi…" eingeleitet.

Ähnliche Arten: Zur Unterscheidung der Hänflings- und Birkenzeisig-Arten siehe Fotos.

| J | F | M | A | M | J | J | A | S | O | N | D |

En: Common Linnet
Fr: Linotte mélodieuse
Es: Pardillo Común
It: Fanello

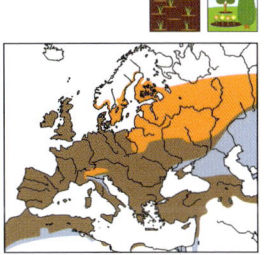

- Kopf grau
- Stirn rot
- kastanienbrauner Rücken
- Brust rot
- ♂ Prachtkleid

- mittelmäßig kräftiger Finkenschnabel
- weiße Kanten der Handschwingen in allen Kleidern
- Jugendkleid

- helles, ungezeichnetes Wangenfeld
- kräftig gestrichelt
- nur schwach rötliche Tupfer
- deutlich gekerbt
- viel Weiß
- ♂ Schlichtkleid
- ♀ Prachtkleid

Taigabirkenzeisig
Acanthis flammea flammea und *A. f. rostrata* („Grönländischer Birkenzeisig") (→ 613)

Durchzügler, Wintergast

En: Common Redpoll
Fr: Sizerin flammé
Es: Pardillo norteño
It: Organetto

Kleiner, kurzschnäbeliger und dem Berghänfling ähnlicher Fink mit Rot an der Stirn.

Status: Unterart *flammea* ist regelmäßiger Durchzügler und Wintergast im Norden, *rostrata* ist Ausnahmeerscheinung.

Kleider: Adulte Männchen mit roter Stirn und roter Brust. Weibchen und Vögel im Jugendkleid ohne Rot an der Brust. Unterart *rostrata* größer, dunkler und kräftiger gestreift. Flügelstreif bei *flammea* weiß.

Stimme: Ruft im Flug laut „dsched-dsched-dsched" oder „quädädät", bei Beunruhigung nasal „düid" oder „wäid".

Ähnliche Arten: Zur Unterscheidung der Hänflings- und Birkenzeisig-Arten siehe Fotos.

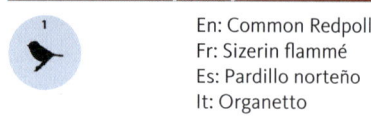
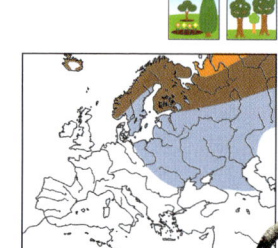

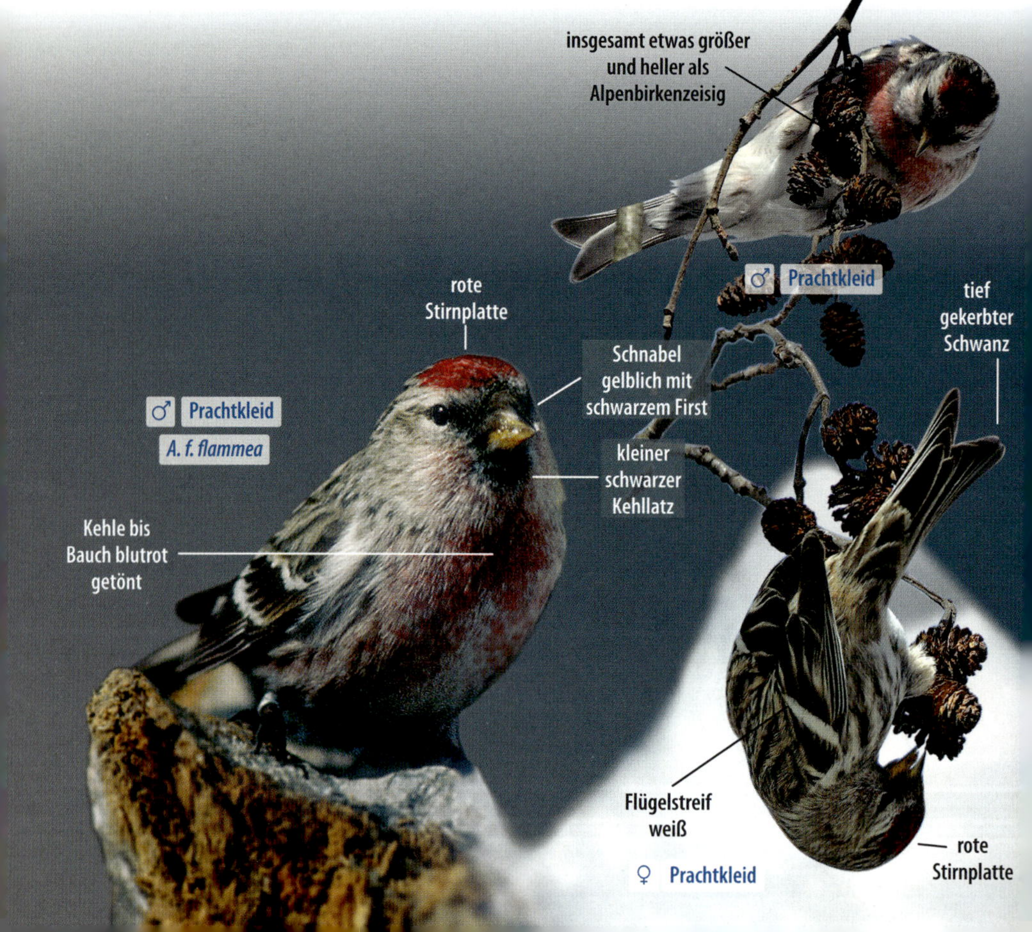

insgesamt etwas größer und heller als Alpenbirkenzeisig

♂ Prachtkleid

tief gekerbter Schwanz

rote Stirnplatte

Schnabel gelblich mit schwarzem First

♂ Prachtkleid
A. f. flammea

kleiner schwarzer Kehllatz

Kehle bis Bauch blutrot getönt

Flügelstreif weiß

♀ Prachtkleid

rote Stirnplatte

Finken • Fringillidae

Alpenbirkenzeisig *Acanthis cabaret* (→)

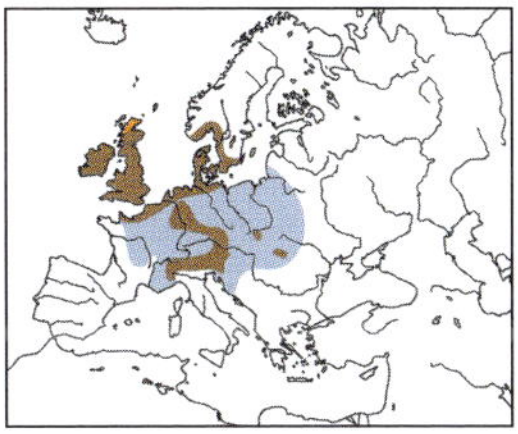

Sehr ähnlich Taigabirkenzeisig, aber mehr bräunlich.

Status: Durchzügler, Wintergast und seltener Brutvogel.

Kleider: Kleider ähnlich Taigabirkenzeisig, aber Flügelstreif leicht bräunlich getönt.

Stimme: Beim Abflug dauerhaft „zezezeze…", ansonsten ist ein typischer Ruf das zwei- bis dreisilbige „düidi" oder härter „klüei".

Ähnliche Arten: Zur Unterscheidung der Hänflings- und Birkenzeisig-Arten siehe Fotos.

Durchzügler, Wintergast

En: Lesser Redpoll
Fr: Sizerin cabaret
Es: Pardillo alpino
It: Organetto minore

- rote Stirnplatte
- Grundfarbe des Gefieders bräunlich, nicht weiß (vgl. Polarbirkenzeisig)
- kurzer spitzer Schnabel

♀ Prachtkleid

- Vorderseite von der Stirn bis zum Bauch blutrot getönt
- lange Unterschwanzdecken mit schwarzem Zentrum
- tief gekerbter Schwanz
- rote Stirnplatte bereits vorhanden
- ein heller, leicht bräunlich getönter Flügelstreif
- kleiner schwarzer Latz
- Bürzel gestrichelt

♂ Prachtkleid

Jugendkleid (1. Winter)

Finken · Fringillidae

Polarbirkenzeisig *Acanthis hornemanni exilipes*
und *A. h. hornemanni* (→ 611)

seltener Gastvogel

En: Arctic Redpoll
Fr: Sizerin blanchâtre
Es: Pardillo Ártico
It: Organetto artico

Kleiner, hell graubraun gestrichelter, dem Taigabirkenzeisig sehr ähnlicher Fink.

Status: Unterart *exilipes* seltener Gast, meist in Küstennähe, Unterart *hornemanni* Ausnahmeerscheinung.

Kleider: Adulte Männchen mit roter Stirn und hell rosafarbener Brust. Weibchen und Vögel im Jugendkleid ohne Rosa an der Brust, dafür dort dunkel gestrichelt.

Stimme: Rufe etwas markanter, aber generell sehr ähnlich Taigabirkenzeisig.

Ähnliche Arten: Zur Unterscheidung der Hänflings- und Birkenzeisig-Arten siehe Fotos.

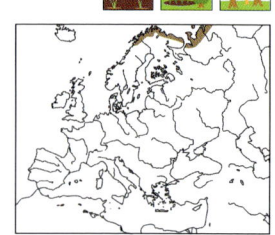

Finken · Fringillidae

Kiefernkreuzschnabel

Loxia pytyopsittacus (→ 623)

seltener Gastvogel

En: Parrot Crossbill
Fr: Bec-croisé perroquet
Es: Piquituerto Lorito
It: Crociere delle pinete

Großer, dickköpfiger Kreuzschnabel mit hohem Schnabel.

Status: Im Norden seltener Gast, ausnahmsweise Brutvogel.

Kleider: Adulte Männchen rot, adulte Weibchen und Jungvögel grün-grau gefärbt. Im Jugendkleid ober- und unterseits dunkel gestrichelt, Schnabelspitzen anfangs noch gerade.

Stimme: Rufe sehr ähnlich Fichtenkreuzschnabel, manchmal aber etwas weicher „djip djip djip...".

Ähnliche Arten: Ähnlich Fichtenkreuzschnabel, aber Kopf größer und Schnabel höher.

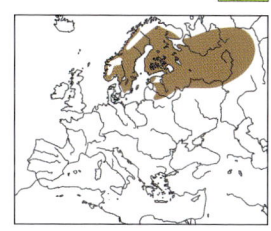

sehr kräftiger Schnabel mit überkreuzenden Enden

kräftiger, langer Kopf, breiter Nacken, wirkt papageienartig

ohne Flügelbinden

im Jugendkleid wären Brust und Bauch gestrichelt

♀ Prachtkleid

Übergangskleid (immatur)

noch gelb-bräunliche Tönung vorhanden

fast ganzes Gefieder ziegelrot

junges ♂

adult Prachtkleid

Finken • Fringillidae

Fichtenkreuzschnabel *Loxia curvirostra* (→ 624)

En: Red Crossbill
Fr: Bec-croisé des sapins
Es: Piquituerto Común
It: Crociere

Mittelgroßer Kreuzschnabel mit eher gestrecktem Schnabel.

Status: Regelmäßiger Brutvogel, Durchzügler und Gast.

Kleider: Adulte Männchen rot, vorjährige oft noch mit variablem Grünanteil. Adulte Weibchen und Jungvögel grün-grau gefärbt. Im Jugendkleid ober- und unterseits dunkel gestrichelt, Schnabelspitzen anfangs noch gerade.

 Stimme: Ruft häufig und hart „gip gip gip..." - sehr variabel, viele regionale Typen, Unterscheidung vom Kiefernkreuzschnabel daher schwierig.

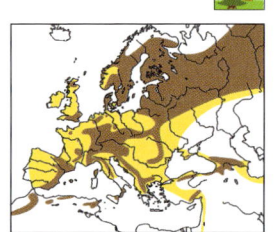

Ähnliche Arten: Kleinköpfiger und mit weniger hohem Schnabel als Kiefernkreuzschnabel, im Gegensatz zum Bindenkreuzschnabel ohne weiße Flügelbinden.

Rest des braungrauen Jugendkleides

Grünanteil oder Grünstich variabel

♂ vorjährig

Schwanz gekerbt, ohne weiße Kanten

Übergang Jugendkleid → adult

überkreuzende Schnabelspitzen

fast ganzer Körper ziegelrot

gestrichelt

Jugendkleid

♂ adult

♀

Körper massig, Beine aber kurz

Finken · Fringillidae

Bindenkreuzschnabel *Loxia bifasciata* (→ 625)

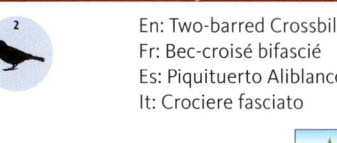

En: Two-barred Crossbill
Fr: Bec-croisé bifascié
Es: Piquituerto Aliblanco
It: Crociere fasciato

Kleiner Kreuzschnabel mit zwei breiten weißen Flügelbinden und weißen Spitzen an den Schirmfedern.

Status: Seltener Invasionsgast aus Nordskandinavien, der russischen Taiga oder Nordamerika. Im Süden Ausnahmeerscheinung.

Kleider: Verhältnisse bei Kleidern wie beim Fichtenkreuzschnabel.

Stimme: Ruft weicher als Fichtenkreuzschnabel eher „gebb gebb gebb…".

Ähnliche Arten: Anhand der Flügelbinden von den anderen Kreuzschnäbeln unterscheidbar.

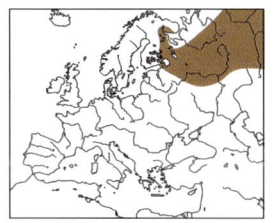

Übergangskleid zum Gefieder eines Einjährigen

Strichelung verschwindet

Übergang zum Prachtkleid

meiste Gefiederteile kräftig ziegelrot

schmaler, aber deutlich gekreuzter Schnabel

zwei sehr breite Flügelbinden

ober- und unterseits kräftig gestrichelt

♂ Prachtkleid

Jugendkleid

Finken · Fringillidae

Stieglitz *Carduelis carduelis* (→ 616)

Mittelgroßer, schwarz, weiß, braun, gelb und rot gezeichneter Fink mit langem spitzem Schnabel.

Status: Regelmäßiger Brutvogel, Durchzügler und Wintergast.

Kleider: Geschlechter nahezu gleich, Männchen mit etwas ausgeprägterer roter Gesichtsmaske. Im Jugendkleid Kopf fein dunkel gestrichelt ohne Schwarz und Rot, Rücken und Unterseite gestrichelt.

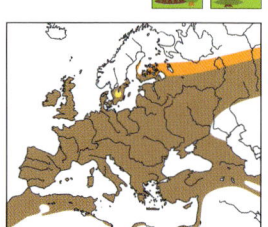

En: European Goldfinch
Fr: Chardonneret élégant
Es: Jilguero Europeo
It: Cardellino

Stimme: Im Gesang wie in den Rufen findet sich häufig das namengebende dreisilbige Motiv „stigelit", auch in verschiedenen Variationen, z. B. viersilbig „stigelidit".

Ähnliche Arten: Im Adultkleid anhand des Kopfmusters unverwechselbar. Wegen Jugendkleid siehe auch Grünfink.

- gelbe Flügelfelder sehr auffällig
- weiße Schwanzzeichnung
- Rot reicht bis hinters Auge
- Kopf rot, weiß und schwarz
- ♂ adult
- Rot etwas weniger weit nach hinten reichend als bei Männchen
- Flügel schwarz-gelb
- Kopf ohne Schwarz und Rot
- Schnabel hell und spitz
- Flügelzeichnung ähnlich Altvögeln
- ♀ adult
- Jugendkleid

Finken · Fringillidae

Zitronenzeisig *Carduelis citrinella* (→ 617)

Kleiner grün-gelb-grauer Fink mit grauem Nackenband und zwei grünen Flügelbinden.

Status: Seltener Brutvogel in Alpen, Schwarzwald und den Vogesen. Seltener Durchzügler und Gast.

Kleider: Geschlechter nahezu gleich, Männchen mit durchgehend grünlicher Unterseite, Weibchen mit grauem Brustband. Im Jugendkleid fast ganzer Körper fein graubraun gestrichelt, Flügelbinden schmäler als bei Altvögeln.

 Stimme: Zwitschernd-schwätzender Gesang zwischen Girlitz und Stieglitz, oft von einigen nasalen Langelementen eingeleitet. Typischer Flugruf metallisch oder leicht nasal klingendes „dididi…".

Ähnliche Arten: Zur Unterscheidung von Grünfink, Erlenzeisig und Girlitz siehe Fotos.

Brutvogel an wenigen Orten

En: Citril Finch
Fr: Venturon montagnard
Es: Verderón Serrano
It: Venturone alpino

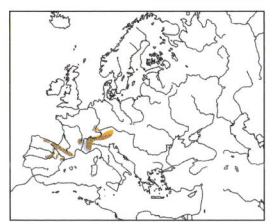

Finken · Fringillidae

Girlitz *Serinus serinus* (→ 619)

Sehr kleiner, deutlich gestrichelter Fink mit sehr kurzem, aber dickem Schnabel, im Adultkleid mit gelbem Bürzel und gelblich-grünlicher Grundfärbung.

Status: Regelmäßiger Brutvogel, Durchzügler und an günstigen Stellen vereinzelter Überwinterer.

Kleider: Geschlechter ähnlich, Männchen ausgeprägter gelb. Im Jugendkleid am ganzen Körper deutlich gestrichelt, Grundfarbe hellbraun.

Stimme: Gesang ist ein hektisches, hohes, rasches, quietschendes Zwitschern. Bei hoher Erregung wird breit „dschäi" gerufen. Typischer Flugruf ist ein hohes, kurzes Trillern „tirr".

Ähnliche Arten: Zur Unterscheidung von anderen Finken mit Gelb im Gefieder siehe Fotos.

J F M A M J J A S O N D

En: European Serin
Fr: Serin cini
Es: Serín Verdecillo
It: Verzellino

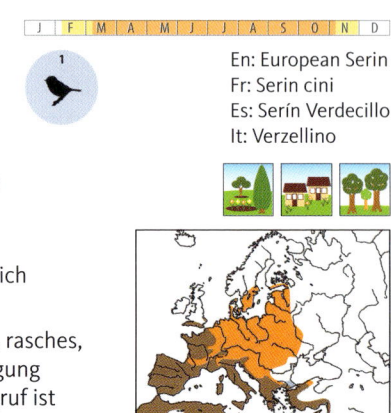

Finken · Fringillidae

Erlenzeisig *Spinus spinus* (→ 615)

Kleiner, grünlicher bis gelblicher Fink mit langem, spitzem Schnabel und breitem gelbem Flügelstreif.

Status: Lückig verbreiteter, häufiger Brutvogel, sehr häufiger Durchzügler und Wintergast.

Kleider: Adulte Männchen mit schwarzer Kappe und kleinem schwarzem Latz (im Herbst jeweils mit hellen Federsäumen, die später abnutzen). Ad. Weibchen oberseits ebenfalls grüngelb, aber ohne schwarze Kappe und schwarzen Kehllatz. Im Jugendkleid Oberseite nur sehr schwach grünlich, aber kräftig gestrichelt.

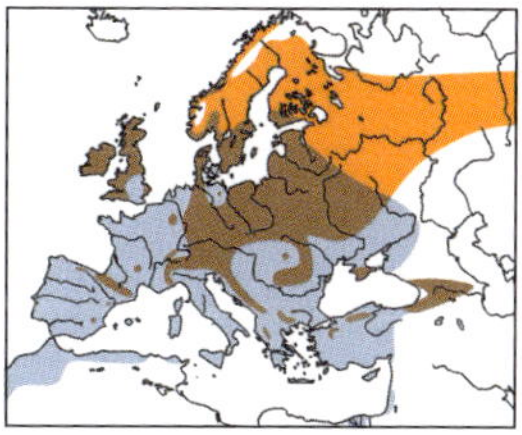

Stimme: Schneller, anhaltend schwätzender Gesang mit deutlicher Gliederung in Strophen, die mit einem lang gezogenen „dääääh" abgeschlossen wird, und einigen Imitaten. Typische Rufe sind das etwas wehmütig klingende „tüli" und ein Alarmruf wie „zäi". Flugruf kurz und trocken „tetetet".

Ähnliche Arten: Zur Unterscheidung von anderen Finken mit Gelb im Gefieder siehe Fotos.

En: Eurasian Siskin
Fr: Tarin des aulnes
Es: Jilguero Lúgano
It: Lucherino

Ammern

Zur Unterscheidung der Ammern, vor allem in den weniger markanten Kleidern, spielen folgende Merkmale eine besonders wichtige Rolle: Kopfzeichnung (besonders der „Ammernbart" und Streifen am Kopf), Flügelbinden und Färbung der Großen Flügeldecken, Brust- und Flankenzeichnung sowie die Färbung der Schwanzkanten.

Tundraammern · Calcariidae

Spornammer *Calcarius lapponicus* (→ 629)

Durchzügler, Wintergast

En: Lapland Longspur
Fr: Plectrophane lapon
Es: Escribano Lapón
It: Zigolo della Lapponia

Mittelgroße Ammer mit rotbraunem Nacken und entweder ausgeprägtem Schwarz am Kopf (Männchen im Prachtkleid) oder wenigstens mit schwarz eingefasstem braunem Ohrfeld.

Status: Regelmäßiger Durchzügler und Wintergast an der Küste, im Binnenland selten.

Kleider: Männchen und Weibchen im Prachtkleid deutlich unterscheidbar, siehe Fotos. Im Schlichtkleid sehen Männchen ähnlich wie Weibchen im Prachtkleid aus, aber Armflügeldecken braun und mit zwei weißen Flügelbinden. Jugendkleid ähnlich Schlichtkleid, aber Brust gestrichelt.

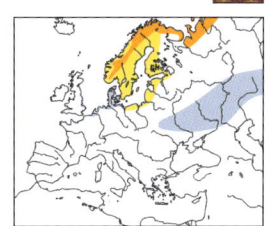

 Stimme: Nächtlicher Zugruf „tjüb", ansonsten wird im Flug oft ein zarter Triller „pititi" gerufen.

Ähnliche Arten: Männchen im Prachtkleid unverwechselbar, zur Unterscheidung der Weibchen der östlichen Ammernarten siehe Fotos.

Tundraammern · Calcariidae

Schneeammer *Plectrophenax nivalis nivalis* und *P. n. insulae* („Isländische Schneeammer") (→ 630)

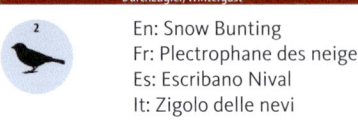

Durchzügler, Wintergast
En: Snow Bunting
Fr: Plectrophane des neiges
Es: Escribano Nival
It: Zigolo delle nevi

Große Ammer mit breiten weißen Schwanzaußenkanten, im Prachtkleid mit viel Weiß am Körper und v. a. im Flügel, Flügelspitzen jedoch immer schwarz.

Status: Beide Unterarten sind regelmäßige Durchzügler und Wintergäste in Küstennähe.

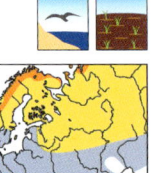

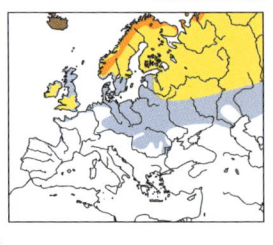

Kleider: Männchen im Prachtkleid (im Brutgebiet) rein schwarzweiß mit schwarzem Schnabel, im Schlichtkleid oberseits und v. a. an Kopf und Flanken teilweise hellbraun, aber weiterhin mit auffallendem weißem Flügelfeld. Schnabel dann überwiegend gelblich. Weibchen im Prachtkleid mit Graubraun an Scheitel, Wangen und Brustseiten und mit schwarzem Schnabel. Im Jugendkleid verwaschen grau mit verschwommener Längsstreifung auf der Unterseite.

Stimme: Flugruf ist ein kurzer Triller „tirr", in Wintertrupps ist unter anderem ein scharfer Ruf „dsirr" zu hören.

Ähnliche Arten: Altvögel im Prachtkleid unverwechselbar, zur Unterscheidung der Jugend- und Schlichtkleider von denjenigen anderer, östlicher Ammern siehe Fotos.

Ammern · Emberizidae

Grauammer *Emberiza calandra* (→ 649)

En: Corn Bunting
Fr: Bruant proyer
Es: Escribano Triguero
It: Strillozzo

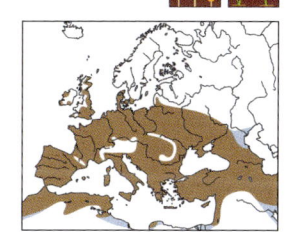

Große, ähnlich wie eine Lerche gefärbte Ammer.

Status: Regelmäßiger, aber nur noch lokal verbreiteter Brutvogel und Durchzügler.

Kleider: Geschlechter gleich, Jugendkleid ähnlich Adultkleid.

Stimme: Der Gesang besteht aus einigen einleitenden Elementen und dann einem metallischen Klirren (geschüttelter Schlüsselbund, herabfallende Stricknadeln) „pit-pitpitpit…schnirrrr". Beim Singen wird Schnabel weit geöffnet. Flugruf „zrick" oder „pit", ähnlich Goldammer.

Ähnliche Arten: Junge Goldammer hat rotbraunen Bürzel, im Unterschied zu Lerchen hat die Grauammer einen markanten Ammern-Bartstreif und einen dickeren Schnabel.

kräftiger Schnabel mit gebogenem First

Schwanz ohne Weiß

Beim singenden ♂ ist die besondere Form eines typischen Ammernschnabels gut zu erkennen

lässt über kürzere Flugstrecken die Beine hängen

Flügeldecken und Bürzel ohne Rostbraun (vgl. Goldammer)

Kehle, Brust und Flanken fein gestrichelt

Ammern · Emberizidae

Goldammer *Emberiza [citrinella] citrinella* (→ 633)

Mittelgroße Ammer mit rotbraunem Bürzel und je nach Kleid unterschiedlich stark ausgeprägter Gelbfärbung.

Status: Regelmäßiger Brutvogel, Durchzügler und Wintergast.

Kleider: Männchen im Prachtkleid mit leuchtend gelbem Kopf, Weibchen im Prachtkleid mit mattgelbem und stärker braun gezeichnetem Kopf. Schlichtkleider ähnlich Weibchen im Prachtkleid, Jugendkleid nahezu ohne Gelb am Kopf.

 Stimme: Der Gesang besteht aus einer recht einheitlichen Strophe „zizizi zii düü", wobei die „zi"-Serie lauter und höher wird. Regionale Dialekte. Typischer Beunruhigungsruf ist ein spitzes „zik".

Ähnliche Arten: Fichtenammer hat ebenfalls rotbraunen Bürzel, aber kein Gelb, andere gelbe Ammern haben keinen rotbraunen Bürzel.

En: Yellowhammer
Fr: Bruant jaune
Es: Escribano Cerillo
It: Zigolo giallo

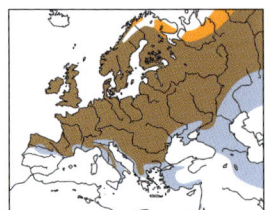

Fichtenammer *Emberiza leucocephalos* (→ 634)

Ausnahmegast

En: Pine Bunting
Fr: Bruant à calotte blanche
Es: Escribano cabeciblanco
It: Zigolo golarossa

Mittelgroße Ammer mit rotbraunem Bürzel und insgesamt rotbräunlicher Musterung auf weißlichem Grund.

Status: Ausnahmegast aus Asien, östlich des Urals.

Kleider: Männchen im Prachtkleid mit unverwechselbarer Kopfzeichnung, die beim Weibchen im Prachtkleid deutlich kontrastärmer ist, außerdem dort mit heller statt brauner Kehle. Männchen im Schlichtkleid mit graubraunem Kopf mit markantem weißem Wangenstreif. Jugendkleid ähnlich Weibchen, aber Kopf und Unterseite mehr grau- als braunstichig.

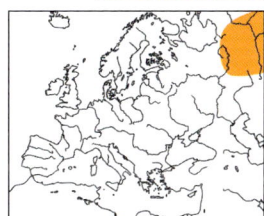

Stimme: Gesangsstrophen sind denen der Goldammer sehr ähnlich: Auf eine Phrase folgt ein gedehntes Schlusselement: „zizizizi...düüh".

Ähnliche Arten: Andere, überwiegend rotbraune Ammern haben eine andere Kopfzeichnung, siehe Fotos.

Nacken grau mit dunklen, feinen Stricheln

♂ Übergang ins Prachtkleid

Feldsperling

heller Streifen unter dem Auge

Kehle weißlich mit grauer Sprenkelung

weißer Scheitel (leichte Haube)

♀ Prachtkleid

rostrot gestrichelt, kein Gelbton (vgl. Goldammer)

Kehle rotbraun, oben wie unten weiß begrenzt

Bürzel und Oberschwanzdecken rostbraun

Flanken stets ohne Gelbton

Jugendkleid

♂ Prachtkleid

Zippammer *Emberiza [cia] cia* (→ 636)

Überwiegend rotbraune Ammer mit grauem Kopf mit charakteristischem Streifenmuster.

Status: Seltener und nur lokal verbreiteter Brutvogel und Wintergast in Süddeutschland, ansonsten seltener Gast.

Kleider: Geschlechter ähnlich, Kopfzeichnung des Männchens aber deutlich kontrastreicher. Jugendkleid ähnlich ad. Weibchen.

Stimme: Gesang im Klang silberhell und ähnlich dem der Heckenbraunelle. Namensgebender Ruf ist ein kurzes, hohes „zip".

Ähnliche Arten: Anhand des Streifenmusters am Kopf gut von anderen Ammern unterscheidbar.

En: Rock Bunting
Fr: Bruant fou
Es: Escribano Montesino
It: Zigolo muciatto

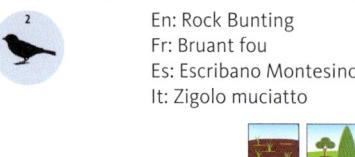

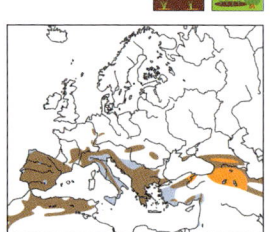

Kopf und Kehle diffus fein gestrichelt, keinerlei Gelb

Jugendkleid

Kopf weniger kontrastreich als beim ♂

weiße Linien (schnell abgenutzt)

Kleine Decken grau, aber oft verdeckt (wie hier)

♀ **Prachtkleid**

Schwanz relativ lang und mit weißen Kanten

nur schwarz, weiß und grau gemustert

Kehle grau

rotbraun mit schwarzer Strichelung

rostrot ohne Strichelung

Unterseite rotbraun

1. Winter

♂ **Prachtkleid**

Ammern • Emberizidae

Steinortolan *Emberiza buchanani*   (→ 639 A)

Dem Ortolan sehr ähnlich, aber Rücken mehr grau statt rotbraun.

Status: Ausnahmegast aus Nahem oder Mittlerem Osten.

Ausnahmegast

En: Grey-necked Bunting
Fr: Bruant à cou gris
Es: Escribano cabecigrís
It: Zigolo collogrigio

Schnabel mit ganz geradem First

geschwungener langer Bart gelblich weiß

♀ Prachtkleid

Kopf grau

das graue Brustband der anderen Ortolane fehlt beim Steinortolan

♂ Prachtkleid

Türkenammer *Emberiza cineracea cineracea* und *E. c. semonovi* (→ 637)

Ausnahmegast

En: Cinereous Bunting
Fr: Bruant cendré
Es: Escribano cinéreo
It: Zigolo cenerino

Relativ große, langschwänzige, insgesamt fahl (im Prachtkleid beim Männchen gelblich) gefärbte Ammer mit weißem Augenring und hellem Schnabel.

Status: Ausnahmegast aus Kleinasien (*E. c. cineracea* in W-Türkei und bis Lesbos), *semonovi* weiter östlich).

Kleider: Männchen *E. c. cineracea* im Prachtkleid mit gelbgrünem Kopf und ohne Strichelung auf der Unterseite. Weibchen im Prachtkleid mit leichtem Gelbstich am Kopf und feiner Strichelung an Kopf, Brust und Flanken. Jugendkleid ähnlich Weibchen, aber stärker gestrichelt.

Stimme: Gesang klingt etwas heiser melodisch und setzt sich aus wenigen geflöteten Silben zusammen, z. B. „ziü ziü ziü dididi da". Typischer Flug- und Zugruf ist ein kurzes „bit".

Ähnliche Arten: Durch fahlgraue, ggf. gelbliche Färbung kaum verwechselbar. Jugendkleid erinnert an dasjenige von Zaun- und Fichtenammer, die aber beide kontrastreichere Kopfzeichnungen haben.

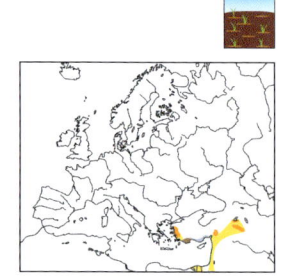

Ortolan *Emberiza hortulana* (→ 638)

En: Ortolan Bunting
Fr: Bruant ortolan
Es: Escribano Hortelano
It: Ortolano

Mittelgroße Ammer mit in allen Kleidern sehr markantem gelblichem Bartstreif, weißem Augenring und braungrauem, kräftig gestricheltem Rücken.

Status: Sehr seltener Brutvogel, seltener Durchzügler. Bestände abnehmend.

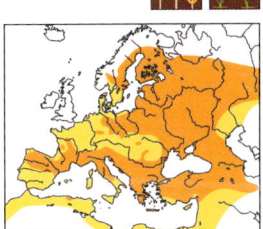

Kleider: Grundfärbung von Männchen und Weibchen im Prachtkleid und im Schlichtkleid ähnlich, Weibchen aber an Oberkopf, Brust und Flanken dunkel gestrichelt. Im Jugendkleid ist diese Strichelung noch kräftiger und der später gelbe Augenring hat noch einen Beigeton.

Stimme: Strophen des Wartengesangs aus wenigen Elementen: Auf drei kurze, modulierte Elemente folgt ein gedehntes „düi-düi-düi-düüu". Mehrere unterschiedliche Strophentypen. Rufrepertoire ähnlich wie bei anderen Ammern.

Ähnliche Arten: Zur Unterscheidung von Ortolan, Steinortolan und Grauortolan siehe Fotos.

Grauortolan *Emberiza caesia* (→ 639)

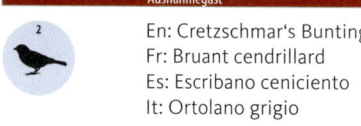

En: Cretzschmar's Bunting
Fr: Bruant cendrillard
Es: Escribano ceniciento
It: Ortolano grigio

Ähnlich Ortolan, aber im Adultkleid mit rötlichem Bartstreif und insgesamt mehr warmbrauner Tönung des Körpergefieders.

Status: Ausnahmegast aus Südosteuropa und Kleinasien.

Kleider: Grundfärbung von Männchen und Weibchen im Prachtkleid und im Schlichtkleid ähnlich, Weibchen aber an Oberkopf, Brust und Flanken dunkel gestrichelt. Im Jugendkleid ist diese Strichelung noch kräftiger.

Stimme: Wartengesang aus festen, schnell wiederholten Strophentypen. Sie beginnen mit einigen sich beschleunigenden Kurzelementen, darauf folgt ein klangvolles gedehntes Schlusselement.

Ähnliche Arten: Zur Unterscheidung von Ortolan, Steinortolan und Grauortolan siehe Fotos.

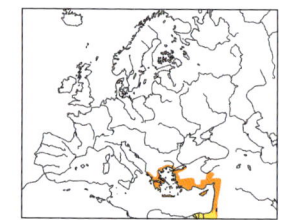

Scheitel bräunlich grau mit feinen Stricheln

Bart blasser, aber ähnlich ♂

fein gestrichelt

weißer Augenring

Kopf grau

Bartstreif lang und geschwungen, aber orange (vgl. Ortolan)

♀ Prachtkleid

♂ Prachtkleid

Ammern · Emberizidae

Zaunammer *Emberiza cirlus* (→ 635)

Brutvogel an wenigen Orten

En: Cirl Bunting
Fr: Bruant zizi
Es: Escribano Soteño
It: Zigolo nero

Mittelgroße, an eine Goldammer erinnernde Ammer mit olivgrauem Bürzel und kontrastreicherer Kopfzeichnung, beim Männchen mit schwärzlicher oder schwarzer Kehle.

Status: In Deutschland nur ganz im Südwesten als Brutvogel, Richtung Südwest- und Südeuropa flächig vorkommend.

Kleider: Männchen im Prachtkleid mit schwarzer Kehle und zwei gelben Gesichtslinien, im Schlichtkleid mit mehr grauer Kehle und weniger Farbkontrast. Weibchen im Prachtkleid mit deutlich gestreifter Kopfzeichnung mit Gelbstich. Im Jugendkleid ohne Gelb.

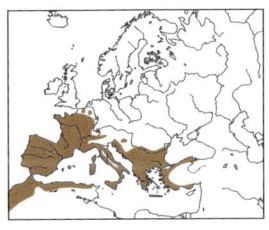

Stimme: Singt eine monotone Klapperstrophe ähnlich wie Klappergrasmücke. Rufe sind kurz, dünn und wenig auffällig „ziih" oder „ziüh", aber auch goldammerähnlich fein „zip".

Ähnliche Arten: Andere gelbe Ammern haben eine andere Kopfzeichnung. Zur Erkennung im Jugendkleid siehe Fotos.

Zwergammer *Emberiza pusilla* (→ 640)

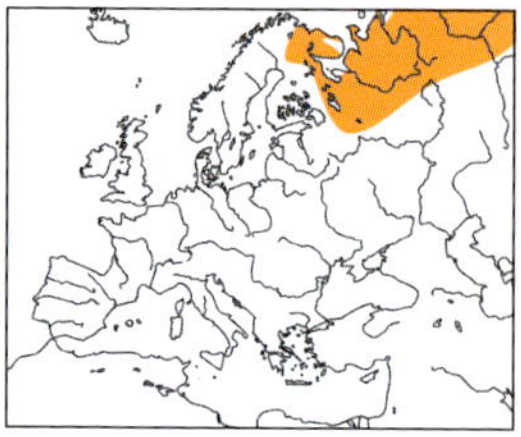

Kleine Ammer, die stark an eine Rohrammer im Schlichtkleid erinnert, mit rotbraunem Scheitelstreif.

Status: Seltener Gast im Bereich der Nordsee, im Binnenland noch seltener.

Kleider: Geschlechter gleich, Jugendkleid ähnlich Adultkleid, aber mehr graubraun als rötlich braun.

Stimme: Beunruhigungsruf ist ein scharfes „zik" oder „zjä".

Ähnliche Arten: Von der Rohrammer außer durch den rotbraunen (nicht hellbraunen) Scheitelstreif, auch durch weißliche Flügelbinde, dünnere Flankenstrichelung und meist einen hellen Fleck hinter dem Auge zu unterscheiden.

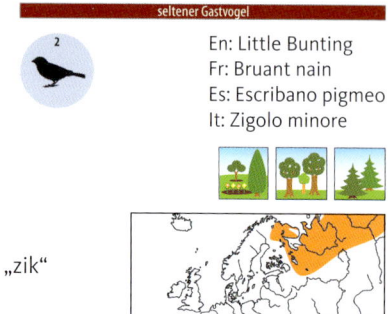

seltener Gastvogel

En: Little Bunting
Fr: Bruant nain
Es: Escribano pigmeo
It: Zigolo minore

Gelbbrauenammer

Emberiza chrysophrys (→ 641)

Ammer mit großem Kopf und großem, kräftigem Schnabel, weißem Scheitelstreifen, rotbrauner Rückenlinie und bei Altvögeln gelblichem Überaugenstreif.

Status: Ausnahmegast aus Ostasien.

Ausnahmegast

En: Yellow-browed Bunting
Fr: Bruant à sourcils jaunes
Es: Escribano cejigualdo
It: Zigolo dai sopraccigli gialli

Haube lässt Kopf groß wirken

♀ Prachtkleid

Überaugenstreif gelblich, im Prachtkleid v. a. beim ♂ kräftig gelb

dünner weißer Scheitelstreif

Bürzelbereich rotbraun mit schwarzen Stricheln

Flanken mit scharfen Stricheln

♀ Schlichtkleid

Ammern · Emberizidae

Waldammer *Emberiza rustica* (→ 642)

Mittelgroße, braun-weiß-schwarze Ammer mit leichter Haube, rotbraunem Bürzel und im Brutkleid charakteristischer schwarz-weißer Kopfzeichnung.

seltener Gastvogel

En: Rustic Bunting
Fr: Bruant rustique
Es: Escribano rústico
It: Zigolo boschereccio

Status: Seltener Gast aus Skandinavien und Nordrussland.

Kleider: Im Prachtkleid mit rotbraunem Brustband aus sehr dichter Fleckung und markanter, dunkler und weißer Kopfzeichnung, die bei den Weibchen in der Regel weniger kontrastreich ausfällt. Im Jugendkleid mehr graubraun als rotbraun, Überaugenstreif schmutzig hellbraun.

Stimme: Lebhafter, „fröhlicher", kurzer Strophengesang mit rasch wechselnder Tonhöhe der Elemente. Mehrere jeweils wiederholte Strophentypen.

Ähnliche Arten: Weibchen- und Jugendkleid sehr ähnlich denjenigen der Rohrammer, aber deutlich rotbrauner Bürzel, rosafarbener Unterschnabel, weißer Ohrpunkt und mehr weißliche (nicht ockerfarbene) Flügelbinde.

Ammern • Emberizidae

Weidenammer *Emberiza aureola* (→ 643)

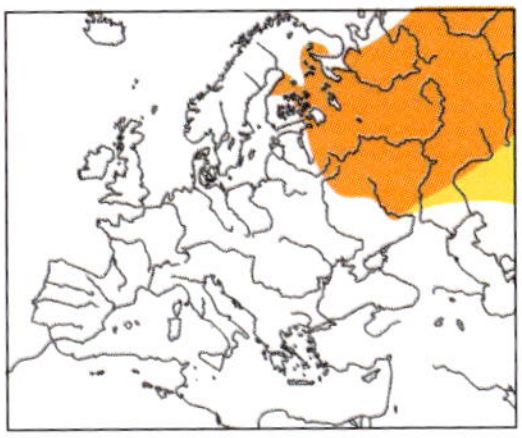

Mittelgroße Ammer mit mindestens gelbem Bauch (außer Jugendkleid), zwei weißen Flügelbinden und kräftiger Längsstreifung oder -strichelung auf dem Rücken.

Status: Sehr seltener Gast aus dem Nordosten, weltweit in dramatischem Rückgang.

Kleider: Männchen im Prachtkleid mit charakteristischer Kopfzeichnung, die auch im Schlichtkleid erkennbar ist, wenn auch wesentlich kontrastärmer. Ad. Weibchen mit deutlichem hellem Scheitelstreif und gelblichem Bauch, Vögel im Jugendkleid ebenfalls mit Scheitelstreif, aber ohne Gelb.

Stimme: Wartengesang aus kurzen, geflöteten, sehr wohlklingenden Strophen mit eingeflochtenem Triller, nur aus der Nähe etwas heiser.

Ähnliche Arten: Im Prachtkleid unverwechselbar, Jugendkleid und Weibchen von anderen bräunlichen Ammern durch deutlichen hellen Scheitelstreif und ebensolchen Überaugenstreif unterscheidbar, die sich auf dem Rücken als deutlich helle Mantelstreifen fortsetzen.

seltener Gastvogel

En: Yellow-breasted Bunting
Fr: Bruant auréole
Es: Escribano aureolado
It: Zigolo dal collare

Kappenammer *Emberiza melanocephala* (→ 645)

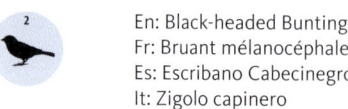
Ausnahmegast
En: Black-headed Bunting
Fr: Bruant mélanocéphale
Es: Escribano Cabecinegro
It: Zigolo capinero

Große Ammer mit gelblicher, ungestrichelter Unterseite und recht einförmiger, grauer oder schwarzer Kappe und beim Männchen gelbem Nacken.

Status: Ausnahmegast vom Balkan oder aus Kleinasien, ausnahmsweise auch Brutvogel. In einigen europäischen Ländern gern als Käfigvogel gehalten.

Kleider: Männchen im Prachtkleid mit charakteristischer Kopfzeichnung, die auch beim Weibchen erkennbar ist, das allerdings eine schmutzig graue Kappe und blasseres Gelb trägt. Im Schlichtkleid ist der Oberkopf fein dunkel längs gestreift. Im Jugendkleid nahezu ohne Gelb.

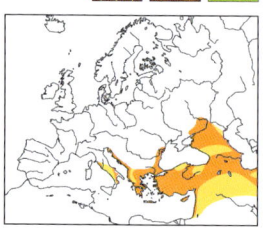

Stimme: Strophiger, lauter Wartengesang, Strophen mit stotterndem Beginn, danach voll klingend in absteigender Tonhöhe. Gesang der Braunkopfammer ganz ähnlich.

Ähnliche Arten: Männchen unverkennbar, Weibchen sehr ähnlich Braunkopfammer, die oberseits etwas stärker gemustert ist und einen gelblichen Bürzel hat.

- graubraune, fein gemusterte Kappe
- Schnabel grau und kräftig
- ♀ adult
- schwarze Kappe, gelber Nacken
- unterseits gelblich
- Oberseite rostbraun
- Unterschwanzdecken stärker hell gelb
- ♂ Prachtkleid
- dunkles Augenfeld
- fast flügger Jungvogel

Ammern · Emberizidae

Braunkopfammer *Emberiza bruniceps* (→ 646)

Sperlingsgroße Ammer, im Prachtkleid mit ungemustertem gelbem Bauch, Männchen mit rein braunem Kopf und Brustbereich.

Status: Ausnahmegast aus dem zentralen und südlichen Asien.

Ausnahmegast

En: Red-headed Bunting
Fr: Bruant à tête rousse
Es: Escribano Carirrojo
It: Zigolo testaranciata

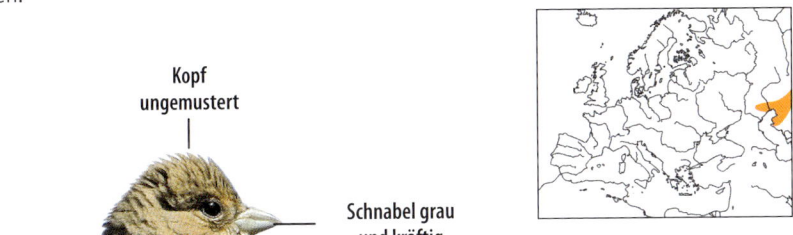

Kopf ungemustert

Schnabel grau und kräftig

Bauch und Flanken ungemustert

Unterseite gelbstichig

♀ Prachtkleid

Kopf und Latz rotbraun

Gelb zieht sich bis hinter die Ohrregion

♂ Prachtkleid

Ammern • Emberizidae

Rötelammer *Emberiza rutila* (→ 644)

Eher kleine Ammer mit deutlichem Bartstreif, rotbrauner Oberseite und im Adultkleid mit gelblicher bis gelber, an den Flanken gestrichelter Unterseite.

Status: Ausnahmegast aus Ostasien.

Ausnahmegast

En: Chestnut Bunting
Fr: Bruant roux
Es: Escribano herrumbroso
It: Zigolo rutilo

♀ Schlichtkleid
- Bürzel rotbraun
- Flanken diffus gestrichelt

1. Winter
- kaum Kontrast am Kopf
- heller Bartstreif deutlich
- diffuses bräunliches Brustband
- Unterseite gelblich

♂ Schlichtkleid
- Brust, Kopf und fast ganze Oberseite rotbraun
- Schwanz ohne Weiß
- Bauch gelblich, Flanken diffus gestrichelt

Ammern · Emberizidae

Maskenammer *Emberiza spodocephala* (→ 647)

Ausnahmegast

En: Black-faced Bunting
Fr: Bruant masqué
Es: Escribano carinegro
It: Zigolo mascherato

Mittelgroße, überwiegend gelblich graue Ammer.

Status: Ausnahmegast aus dem östlichen und südöstlichen Asien.

Kleider: Männchen im Prachtkleid mit olivgrauem Kopf und blassgelbem Bauch. Je nach Region bzw. Unterart unterschiedlich stark ausgeprägte Bart-, Kehl- und Brustzeichnung und -färbung, z. T. auch mit gelblichen und weißen Anteilen. Weibchen und Vögel im Jugendkleid ähneln sehr weiblichen bzw. jungen Rohrammern, die Unterseite ist aber intensiver und kontrastreicher dunkel gestrichelt.

Stimme: Strophengesang wirkt melancholisch, mit gedehnten Vibrato-Elementen, auch Trillern. Strophen werden manchmal abgebrochen.

Ähnliche Arten: Männchen im Prachtkleid unverwechselbar, Weibchen und Jugendkleid anderen Ammern sehr ähnlich, siehe Fotos.

Rohrammer *Emberiza schoeniclus schoeniclus* und *E. s. tschusii* (→ 648)

En: Common Reed Bunting
Fr: Bruant des roseaux
Es: Escribano Palustre
It: Migliarino di palude

Spatzengroße, braun gestreifte Ammer mit deutlichem Bartstreif und braun oder grau gefärbtem Bürzel, Männchen mit charakteristischer schwarz-weißer Kopfzeichnung.

Status: Unterart *schoeniclus* regelmäßiger Brutvogel und Durchzügler, Unterart *tschusii* sehr seltener Gast aus dem Osten.

Kleider: Männchen im Prachtkleid mit schwarzem Kopf, weißem Nackenband und weißem Bartstreif. Weibchen im Prachtkleid am Kopf mit Braunzeichnung und heller Kehle. Männchen im Schlichtkleid ähnlich Weibchen, aber mit deutlichem Ansatz des weißen Nackenbandes. Schlichtkleid ähnlich ad. Weibchen, aber heller braun.

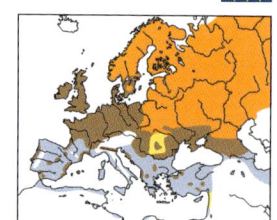

Stimme: Singt einfache, tschilpende Strophen wie „djip djip djipip tiä tetet" von einer Singwarte, oft einem Schilfhalm, aus. Typischer Ruf ist ein gedehntes „ziie" (kürzer als bei Beutelmeise).

Ähnliche Arten: Siehe Zwergammer, Altvögel im Prachtkleid anhand der Kopfzeichnung unverwechselbar. Merkmale im Schlicht- und Jugendkleid siehe Fotos.

♀ **Prachtkleid**

die dunklen Federn am Kopf sprechen für ein junges Männchen

markanter Bartstreif, den allerdings viele Ammern zeigen

Schultern rotbraun

Kopf und Brust schwarz

Flanken gestrichelt

weißes Nackenband

Jugendkleid

typischer, mittelmäßig dicker Ammernschnabel mit Knick in der Unterschnabelkante

♂ **Prachtkleid**

in allen Kleidern Oberseite fast schwarz gestreift

der dunkle Bartstreif erreicht den Schnabel

weiße Schwanzkanten in allen Kleidern

dunkle Kehle angedeutet

♂ **Schlichtkleid**

frisch ausgeflogener Jungvogel

Ammern • Emberizidae

Fuchsammer *Passerella iliaca* (→ 650)

Große Neuweltammer mit im Norden und Osten rostbrauner, im Westen graubrauner, kräftiger Strichelung.

Status: Ausnahmegast aus Nordamerika.

Ausnahmegast

En: Red Fox Sparrow
Fr: Bruant fauve
Es: Chingolo zorruno
It: Passerella variabile

Prachtkleid

Kopf grau mit breit braunem Schnabel

rotbraune Längsstreifen

hellgrauer Stirnfleck

Schnabel gelb, First grau

rotbraune, pfeilspitzenförmige Flecken auf der weißen Unterseite

Prachtkleid

Singammer *Melospiza melodia* (→ 652 A)

Langschwänzige, braun gefleckte Neuweltammer mit beigegrauem Scheitel- und Wangenstreif und beigegrauer Kehle.

Status: Ausnahmegast aus Nordamerika.

Ausnahmegast

En: Song Sparrow
Fr: Bruant chanteur
Es: Chingolo cantor
It: Passero cantore

etwas Ocker an der Flanke, aber ohne eigentliche Gelbtöne im Gefieder

langschwänzig

adult

oben und unten dunkel eingefasster, breiter Bartstreif

Brust mit kräftigen, pfeilspitzenförmigen Flecken

adult

Ammern · Emberizidae

Weißkehlammer *Zonotrichia albicollis* (→ 651)

Neuweltammer mit sehr auffälliger, schwarz-weiß-gelber Kopfzeichnung, weißer Kehle und einer stark an einen Haussperling erinnernden Körperfärbung.

Status: Ausnahmegast aus Nordamerika.

Ausnahmegast

En: White-throated Sparrow
Fr: Bruant à gorge blanche
Es: Chingolo gorjiblanco
It: Passero golabianca

- Überaugenstreif hinten breit, weiß oder ocker-grau (verschiedene Varianten)
- gelber Fleck vor dem Auge
- weiße Kehle
- Brust grau, teils mit Musterung

Prachtkleid

Dachsammer *Zonotrichia leucophrys* (→ 652)

Sperlingsartige, relativ große und langschwänzige Neuweltammer mit auffällig schwarz-weiß gestreiftem Kopf.

Status: Ausnahmegast aus Nordamerika.

Ausnahmegast

En: White-crowned Sparrow
Fr: Bruant à couronne blanche
Es: Chingolo coroniblanco
It: Passero coronabianca

- breiter weißer Scheitelstreif
- charakteristische Kopfstreifung
- Schnabel gelb
- heller Scheitelstreif
- Nacken und Teile des Rückens grau
- 1. Winter
- graues Nackenband
- kein weißer Kehllatz (vgl. Weißkehlammer)
- Beine gelb

Prachtkleid

Winterammer (Junko)

Junco hyemalis (→ 653)

Mittelgroße, finkenähnliche Neuweltammer mit rosa Schnabel und wenig gemustertem grauem oder bräunlichem Gefieder.

Status: Ausnahmegast aus Nordamerika.

Ausnahmegast

En: Dark-eyed Junco
Fr: Junco ardoisé
Es: Junco pizarroso
It: Junco occhiscuri

- Kopfseiten grau
- Außenkanten breit weiß
- Jugendkleid
- dunkelgrauer Kopf und Hals
- Schnabel rosa
- einfarbig, kaum gemustert grau (Schlichtkleid der ad. ♀ ähnlich, bei ♂ weniger Braunton)
- ♂ Prachtkleid
- Bauch weiß
- 1. Winter
- Beine rötlich

Gelbkopfstärling
(Gelbkopf-Schwarzstärling)

Xanthocephalus xanthocephalus (→ 660)

Ausnahmegast

En: Yellow-hooded Blackbird
Fr: Carouge à capuchon
Es: Varillero capuchino
It: Ittero monaco

Starenähnlicher Vogel von entsprechender Größe mit schwarzem Körper und gelber Kopf und Brustpartie (Männchen) oder blasserer Braunfärbung am Körper und gelblichem Kopf (Weibchen).

Status: Ausnahmegast aus dem nördlichen Südamerika.

Baltimoretrupial *Icterus galbula* (→ 659)

Nicht ganz amselgroßer, langschwänziger Stärling mit auffälliger Schwarz-Weiß-Gelb-Zeichnung (Prachtkleid Männchen) oder Gelb-Olivbraun-Graubraun-Färbung (Schlichtkleid und Weibchen).

Status: Ausnahmegast aus Nordamerika.

Ausnahmegast

En: Baltimore Oriole
Fr: Oriole de Baltimore
Es: Turpial de Baltimore
It: Ittero di Baltimora

außer den hellen Spitzen der Flügeldecken fast ungemustert gelblich braun

♀ Schlichtkleid

gleichmäßig konischer, spitzer Schnabel

breites weißes Flügelband

langschwänzig

♂ Schlichtkleid

Waldsänger • Parulidae

Drosselwaldsänger
Parkesia noveboracensis   (→ 658 A)

Ausnahmegast

En: Northern Waterthrush
Fr: Paruline des ruisseaux
Es: Reinita charquera norteña
It: Seiuro del nord

Etwas an eine sehr kleine Drossel erinnernder Singvogel mit langem kräftigem Überaugenstreif und olivgrüner Oberseite.

Status: Ausnahmegast aus Nordamerika.

Verhaltensweisen: Wippt ähnlich wie ein Flussuferläufer mit dem Hinterende.

langer heller Überaugenstreif

unterseits breit und kräftig schwarz gestrichelt

langer Tarsus und lange Zehen fast rallenartig

Oberseite ungemustert braun

Beine rosa

Waldsänger · Parulidae

Kronwaldsänger *Setophaga coronata* (→ 657)

Kleiner, an ein Goldhähnchen erinnernder Singvogel mit markantem, grau-gelb-schwarz-weißem Gefieder und gelber Krone (Prachtkleid Männchen) bzw. braunem und dunkel gestreiftem Scheitel (Schlichtkleid und Weibchen). Adultkleider mit gelber Kehle.

Status: Ausnahmegast aus Nordamerika.

Ausnahmegast

En: Myrtle Warbler
Fr: Paruline à croupion jaune
Es: Reinita coronada
It: Dendroica coronata

♀ Prachtkleid

kleiner gelber Fleck auf dem Scheitel (manchmal verdeckt oder fehlend)

gelber Fleck an der vorderen Flanke (auch bei ♂)

Schnabel fein, spitz und dunkel

graues Nackenband

zwei deutliche Flügelbänder

1. Winter

♀ Schlichtkleid

gelbe Kehle

gelber Fleck kann wie hier auch fehlen

Flanken und Brust fein und lang gestrichelt

Waldsänger · Parulidae

Meisenwaldsänger *Setophaga americana* (→ 656)

Kleiner, goldhähnchenartiger Singvogel mit graugrüner Oberseite, weißer Brust, orange und gelber Unterseite und zwei weißen Flügelbinden.
Status: Ausnahmegast aus Nordamerika.

Ausnahmegast

En: Northern Parula
Fr: Paruline à collier
Es: Parula norteña
It: Parula americana

- deutlicher weißer Augenring
- zwei breite weiße Flügelbänder
- langer spitzer Schnabel
- jüngere ♀ mit weniger Orangeanteil
- ♂ Schlichtkleid

Grünmantel-Waldsänger

Setophaga virens (→ 658)

Kleiner, überwiegend gelb-grün-schwarz-weiß gezeichneter, laubsängerartiger Vogel.
Status: Ausnahmegast aus Nordamerika.

Ausnahmegast

En: Black-throated Green Warbler
Fr: Paruline à gorge noire
Es: Reinita dorsiverde
It: Dendroica verdastra

- ♀ Prachtkleid
- gesamte Oberseite bis zum Bürzel gelboliv, teils mit Stricheln
- Flügel schwarzgrau mit zwei weißen Bändern
- Kehle weißlich (adulte ♂ mit schwarzer Kehle)

Kardinäle · Cardinalidae

Indigoammer *Passerina cyanea* (→ 631)

Mittelgroßer, ammernartiger Singvogel mit überwiegend indigoblauem Gefieder (Prachtkleid Männchen) oder unauffälligem, diffus-graubraunem oder rötlich braunem Gefieder (Schlichtkleid und Weibchen).

Status: Ausnahmegast aus Nordamerika. Gefangenschaftsflüchtlinge sind nicht auszuschließen.

Ausnahmegast

En: Indigo Bunting
Fr: Passerin indigo
Es: Azulillo índigo
It: Ministro

♂ Prachtkleid

Kopf kaum gemustert

indigoblauer Flügelbug

♂ Schlichtkleid

Abkürzungen und Glossar

[ ] (eckige Klammern): siehe Superspezies

♀, W: Weibchen

♂, M: Männchen

1. Winter, 2. Winter usw.: Im Zusammenhang mit Gefieder ist der erste Winter nach der Geburt (also etwa ein halbes Jahr nach dem Schlupf) gemeint.

2. Sommer, 3. Sommer usw.: In diesem Buch: Sommer des zweiten, dritten usw. Lebensjahres. In der Literatur wird der Sommer des 2. Lebensjahres nicht selten als „erster Sommer" (vermutlich erster Sommer nach dem Juvenilkleid) bezeichnet, obwohl der Vogel während oder kurz nach der Zeit im Nest ja bereits ebenfalls einen Sommer erlebt hat.

Achselfedern: Körpernahe Federn des Unterflügels

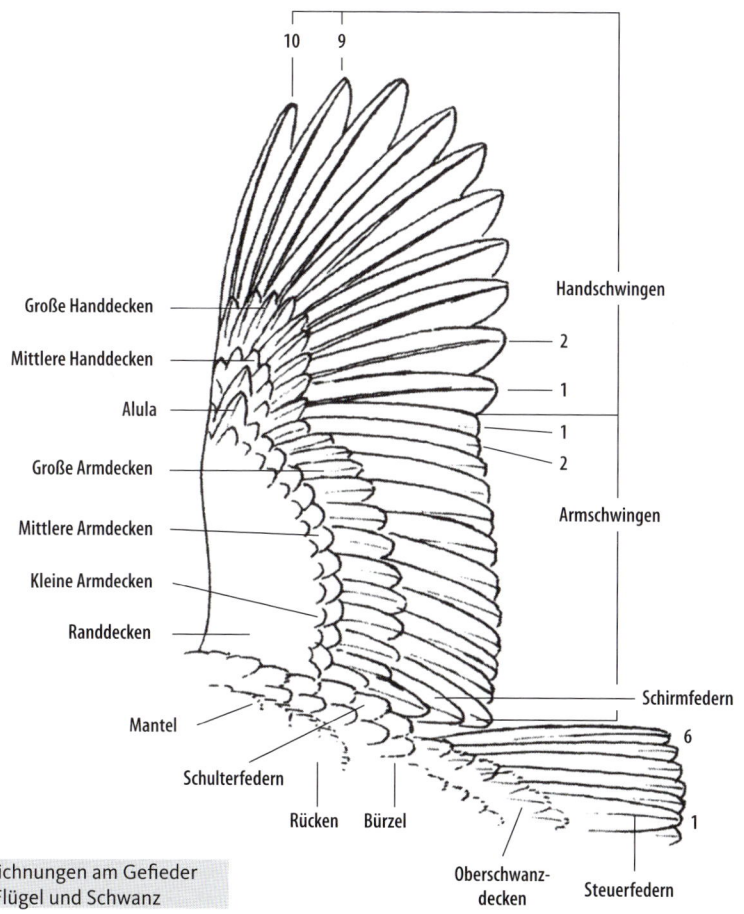

Bezeichnungen am Gefieder von Flügel und Schwanz

adult, Adultus, ad.: Geschlechtsreifer Vogel. Bei Singvögeln in der Regel nach knapp einem Jahr, bei Großvögeln mitunter erst nach mehr als 5 Jahren.

Adultkleid: Kleid des adulten Vogels: Jahres-, Pracht- oder Schlichtkleid, im Unterschied zum Jugendkleid (siehe dort).

Alterskleid: siehe Adultkleid

Armschwingen (AS): Am Arm (an der Elle, Ulna) entspringende Flügelfedern. Die Anzahl ist variabel, bei Singvögeln beträgt sie allgemein neun. Die innersten drei (AS 7 – 9) stellen dabei die Schirmfedern (siehe dort) dar. Die Zählung erfolgt aszendent, also von außen nach innen (zum Körper hin). In dieser Richtung werden die meisten AS auch vermausert.

Balz, Balzverhalten: Verhaltensweisen, die zur Paarbildung, Festigung des Paarzusammenhalts und zur Einleitung der Begattung dienen.

Balzflug: Eigentlich nur Flüge in unmittelbarem Zusammenhang mit der Balz, häufig aber auch allgemein für Singflüge, Imponierflüge usw. gebraucht, die mehr der Reviermarkierung dienen. Hier wird auch präziser von Singflügen, Ausdrucksflügen oder Schauflügen gesprochen.

Brutkleid: (= Prachtkleid) Nur während der Balz- und Fortpflanzungzeit getragenes Federkleid.

Bürzel: Federpartie am Grund des Schwanzes auf der Körperoberseite.

diesjährig: Der Vogel ist im laufenden Kalenderjahr geboren.

Dunen: (= Daunen) Die ersten Federn eines Vogels. Sie besitzen keine festen Fahnen, sondern feine Äste gehen strahlig von der Federbasis aus, sie dienen hauptsächlich der Wärmeisolation. Auch Altvögel können Dunen tragen, in vielen Fällen ist aber auch der basale Teil der Konturfedern als Dunen ausgebildet.

Dunenjunges: Jungvogel im ersten Federkleid, das ganz aus Dunen besteht.

einjährig, Einjährige: Vögel, die ungefähr ein Jahr alt sind (= vorjährig).

Endbinde: Bandförmiger Streifen am Ende des Schwanzes oder auch am Ende einzelner Federn, der durch kontrastierende Färbung der Federspitzen entsteht.

Farbvariante: Meistens nicht an das Geschlecht oder Alter gebundene Ausprägung der Gefieder-Grundfarbe, z. B. die braune und die graue Variante beim Waldkauz. Es handelt sich dabei um synchron in denselben Populationen vorkommende Formen, also nicht um Rassemerkmale.

Federzeichnung: Durch unterschiedliche Färbung und Schattierung hervorgerufenes Muster auf der Feder. Die Muster können dabei entweder durch Farbstoffeinlagerungen oder durch Strukturfarben, aber auch durch Abnutzung und Bleichung von Federn variieren.

Flügelbinde, Flügelband: Federfärbung am Flügel eines Vogels, die im Verbund der Federn eine Binde ergibt.

Flügeldecken: Deckfedern der Flügel, die die Basis der großen Schwungfedern sowie Haut und Knochen bedecken. Die Flügeldecken der Oberseite des Flügels werden auch als Oberflügeldecken bezeichnet, diejenigen der Flügelunterseite als Unterflügeldecken. Je nach Position werden außerdem Kleine, Mittlere und Große Decken sowie Arm- und Handflügeldecken unterschieden.

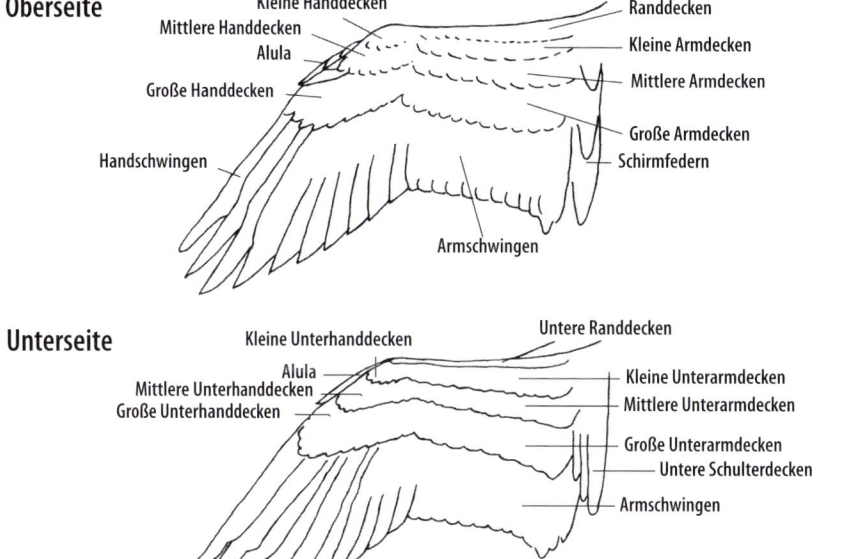

Schwung- und Deckfedern der Flügelober- und -unterseite.

Flügelspiegel: Auffällig gefärbter, oft Schwarz und Weiß sowie metallisch glänzende Farben enthaltender Streifen im Armflügel der Entenvögel.

flügge: Bezeichnung für die Altersstufe eines voll befiederten, flugfähigen Jungvogels, der in der Regel ausgewachsen ist, größere Ortsveränderungen durchführen kann und nicht mehr von elterlicher Fürsorge abhängig ist.

gesperbert: siehe Sperberung

Große Armdecken: Deckfedern auf dem körpernahen Teil (Arm) des Oberflügels. Sie überdecken hauptsächlich die Basis der Armschwingen.

Große Flügeldecken: Große Handdecken und Große Armdecken zusammengefasst.

Große Handdecken: Deckfedern auf dem körperfernen Teil (Hand) des Oberflügels. Sie überdecken hauptsächlich die Basis der Handschwingen.

Große Oberflügeldecken: Siehe Große Flügeldecken. Es sind explizit die Deckfedern der Flügeloberseite gemeint. In der Regel ist das aber auch dann der Fall, wenn der Begriff „Ober-" weggelassen wird.

Handdecken: Federpartien auf dem Handflügel. Man unterscheidet zwischen Kleinen, Mittleren und Großen Handdecken (korrekt wäre hier der Begriff „Oberhanddecken", was aber selten benutzt wird) auf dem Oberflügel und Kleinen, Mittleren und Großen Unterhanddecken auf dem Unterflügel. Die Großen Decken überdecken die Basis der Schwungfedern, die Mittleren Decken die Basis der Großen Decken und die Kleinen Decken unter anderem die Basis der Mittleren Decken.

Handschwingen: Bezeichnet die am Handskelett entspringenden Flügelfedern. Bei den meisten Vogelgruppen sind es 10, bei Lappentauchern, Störchen und Flamingos 11. Sperlingsvögel haben ebenfalls 10 HS, doch ist die äußerste Handschwinge (HS 10) bei zahlreichen Singvogelfamilien reduziert, bei einigen Familien (z. B. Fringillidae, Emberizidae) ist sie sehr klein.

Hybrid: Individuum, das aus einer Mischpaarung von Individuen verschiedener Arten oder Semispezies hervorgegangen ist (F1-Hybrid). Pflanzt sich dieses Individuum mit einem Partner aus einem der Elterntaxa fort, entstehen Rückkreuzungshybriden.

immatur, immat.: Jungvogel nach der Mauser des Juvenilkleides und vor Eintritt in die Geschlechtsreife. Bei Vögeln, die erst nach Abschluß des ersten Lebensjahres geschlechtsreif werden, sind die Immaturkleider oft deutlich von den Adultkleidern zu unterscheiden.

Iris: Meist farbiger Ring im Auge, der die Pupillenöffnung umgibt. Bei einigen Vogelarten gibt die Irisfarbe Hinweise auf Alter oder Geschlecht.

Jugendkleid: Nicht weiter differenzierter Begriff für das Federkleid zwischen Dunenkleid und Adultkleid, der das späte Juvenilkleid (mit bereits erschienenen Schwungfedern) und ein eventuell vorhandenes Immaturkleid umfassen kann. Bei vielen Vogelgruppen, z. B. Drosseln, Möwen und Hühnervögeln, unterscheidet es sich deutlich von den später folgenden Kleidern.

Jungvogel: Vogel in den ersten Monaten seines Lebens, längstens bis zum Frühjahr nach dem Geburtsjahr.

juvenil, juv.: Altersbezeichnung für einen Jungvogel im ersten Federkleid. Dieses kann in mehreren Phasen angelegt werden (z. B. zunächst Dunen, dann Deck- und Schwungfedern).

Juvenilkleid: Gefiederkleid des juvenilen Vogels.

Kinnstrich: Streifenförmige Gefiederfärbung in der Kinnregion.

Kleingefieder: Vor allem die Körper- und Flügeldecken, aber auch Dunen und andere kleine Federtypen. Ausgeschlossen sind nur die Federn des Großgefieders (Schwungfedern des Flügels und Steuerfedern des Schwanzes sowie die Alulafedern).

Küken: Jungvogel im Dunenkleid, nur für bestimmte Vogelgruppen gebräuchlich: meist bei Nestflüchtern, Greifvögeln und Eulen. Siehe auch Pullus.

Limikole: Vertreter der Watvögel (Strandläufer, Wasserläufer, Regenpfeifer usw.). Typische Vögel von Watt-, Schlick- und anderen Nassbereichen, oft mit langen Schnäbeln und langen Beinen.

Mantel: Federpartie auf der Oberseite des Vogels zwischen den Flügeln.

Maske: Dunkle Partie des Kopfgefieders, z. B. bei männlichen Neuntötern, die an eine Gesichtsmaske erinnert.

Mauser: Der Vorgang des Gefiederwechsels, bestehend aus Ausfallen der alten Federn und Wachstum der neuen Federn. Der Begriff kann sich auf das ganze Individuum beziehen („der Vogel ist in der Mauser", d. h. er ersetzt gerade seine Federn durch neue) oder auf Gefiederteile („die Oberschwanzdecken sind frisch vermausert", d. h. sie wurden gerade durch neue ersetzt) oder auf eine einzelne Feder („HS8 ist noch unvermausert", d. h. HS8 ist schon älter und wurde noch nicht erneuert).

Abkürzungen und Glossar

Mauserlücke: Lücke im Gefieder, die durch den Ausfall bzw. die Erneuerung von Federn entsteht. Besonders auffällig sind Mauserlücken in den Schwungfedern, z. B. bei Greifvögeln.

Mittlere Decken: Die Reihe mit den zweitgrößten Deckfedern an der Basis der Schwungfedern. Liegen auf den Großen Armdecken.

Morphe: siehe Farbvariante

Neozoon: Nicht-heimische, eingeführte, entkommene oder bewusst ausgesetzte Art, die nach gängiger Definition im Jahr 1491 noch nicht im fraglichen Gebeit vorkam. Ein Neozoon gilt als etabliert, wenn es sich über mindestens 3 Generationen oder 25 Jahre ohne menschliches Zutun im nicht-angestammten Areal fortgepflanzt hat.

Nestflüchter: Jungvögel, die mit Dunengefieder schlüpfen und bereits nach sehr kurzem Aufenthalt im Nest dieses verlassen und von Altvögeln herumgeführt werden (Beispiel: Hühner und Enten).

Nesthocker: Jungvögel, die in der Regel nackt schlüpfen, relativ hilflos sind und meist bis zum Flüggewerden im Nest bleiben und dort von den Eltern versorgt werden (Beispiel: Tauben oder Finken).

Oberflügeldecken: Die Deckfedern der Flügeloberseite. Zu diesen gehören die Handdecken, die Kleinen, Mittleren und Großen Armdecken. Insbesondere Mausergrenzen in diesen Gefiederbereichen können bei der Altersbestimmung hilfreich sein.

Population: Gesamtheit der Individuen einer Art, die ein bestimmtes Areal besiedeln und damit geographisch mehr oder weniger von anderen Gruppen derselben Art getrennt sind. Unter den Individuen einer Population herrscht freier Genaustausch. Populationen derselben Art (bzw. deren Mitglieder) sind untereinander uneingeschränkt fortpflanzungsfähig.

Pullus, Pulli: Eigentlich ein frisch geschlüpfter bzw. noch nicht flugfähiger Jungvogel. Meistens aber nur für die überwiegend mit Dunen befiederten Küken von Nestflüchtern gebräuchlich.

Prachtkleid: Meist zur Brutzeit getragenes, voll ausgefärbtes Alterskleid, im Gegensatz zum Schlichtkleid. Wird entweder durch Mauser, oft Teilmauser, erworben oder wie bei vielen Singvögeln, durch Abnutzung überdeckender Federsäume, z. B. bei Star, Gartenrotschwanz, Buch- und Bergfink. Gleichbedeutend mit Brutkleid.

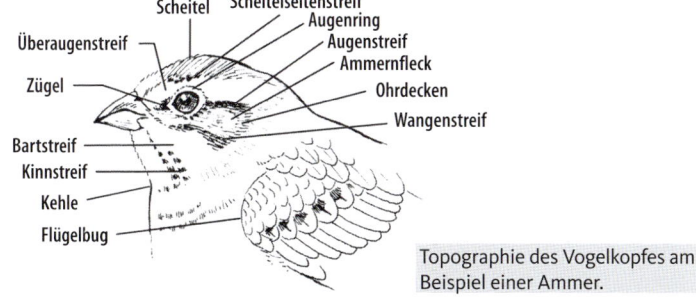

Topographie des Vogelkopfes am Beispiel einer Ammer.

Rütteln: Fliegen auf der Stelle.

Schaftstrich: Musterung auf dem Schaft (stabiler, zentraler Teil) der Vogelfeder.

Scheitelfedern: Federpartie auf der Kopfoberseite.

Scheitelstreif: Streifenförmige Federpartie in der Scheitelregion des Kopfes.

Schirmfedern: Die innersten (körpernahen) Armschwingen, bei Sperlingsvögeln allgemein drei, die besonders starkem Abrieb ausgesetzt sind. Sie sind meist symmetrischer und oft anders gefärbt als die Armschwingen und bedecken beim zusammengefalteten Flügel die anderen Flügelfedern teilweise.

Schlichtkleid: Früher auch als Ruhekleid bezeichnetes Federkleid, das als Gegenstück zum Prachtkleid von adulten Vögeln meist nach Ende der Balz- und Brutzeit angelegt wird und oft weniger auffällig als das Prachtkleid ist.

Schwanzdecken: Deckfedern am Ansatz der großen Schwanzfedern.

Schwanztrillern, Schwanzwippen: Wiederholt gezeigte, rasche, wippende Auf- und Abbewegung des Schwanzes.

Schwungfeder: Flugfeder des Hand- oder Armflügels.

Semispezies: Grenzfälle zwischen Art und Unterart. Je nachdem, welche Kriterien angelegt werden, der einen oder anderen Kategorie zuzuordnen. Siehe auch Superspezies.

Singflug: siehe Balzflug

Sperberung: Begriff für eine an den Sperber (*Accipiter nisus*) erinnernde, wellenförmige Zeichnung (Querbänderung) des Gefieders („gesperbert").

Superspezies: Sehr eng verwandte Arten, die traditionell meist zu einer Art zusammengefasst wurden, von denen inzwischen aber klar ist, dass sie sich bei der Fortpflanzung in aller Regel nicht vermischen. Der älteste existierende Artname wird in eckige Klammern gesetzt (z. B. *Motacilla [flava]*). Aus Gründen der Übersichtlichkeit wird die Nennung als Superspezies in diesem Buch zugunsten einfacher Artnennung meistens weggelassen, wenn sich daraus keine zusätzlichen Informationen (z. B. Hinweise auf sehr ähnliche Arten) ergeben.

Teilzieher: Mitglieder einer Population oder Art, bei der ein Teil der Individuen im Winter wegzieht, ein anderer Teil jedoch im Brutgebiet bleibt.

Überaugenstreif: Streifenförmige Federpartie direkt über dem Auge, auch als Superziliarstreif bezeichnet.

Übergangskleid: Kleid, das Merkmale zweier verschiedener Kleider gleichzeitig aufweist, z. B. bei der Mauser vom Pracht- zum Schlichtkleid.

Unterschnabel: Der unterhalb des Schnabelspaltes gelegene Teil des Schnabels.

vorjährig: Altersbezeichnung, im vorherigen Kalenderjahr geborener Vogel.

Literatur

Die Angaben zu Bestimmungsmerkmalen in diesem Buch entstammen zu großen Teilen den folgenden Quellen, die wir auch als weiterführende Literatur empfehlen.

Bauer, K. M. & U. N. Glutz von Blotzheim (1966-1969): Handbuch der Vögel Mitteleuropas. Bände 1-3. AULA-Verlag, Wiesbaden.

Bergmann, H.-H., W. Engländer & S. Baumann (2020): Die Stimmen der Vögel Europas. AULA-Verlag, Wiebelsheim. DVD und App.

Fünfstück, H.-J. & I. Weiß (2017): Die Vögel Mitteleuropas im Porträt. Quelle & Meyer, Wiebelsheim.

Gejl, L. (2018): Europas Greifvögel. Haupt Verlag, Bern.

Gejl, L. (2017): Die Limikolen Europas. Haupt Verlag, Bern.

Glutz von Blotzheim, U. N., K. M. Bauer & E. Bezzel (1971-1977): Handbuch der Vögel Mitteleuropas, Bände 4-7. AULA-Verlag, Wiesbaden.

Glutz von Blotzheim, U. N. & K. M. Bauer (1982-1997): Handbuch der Vögel Mitteleuropas, Bände 8-14. AULA-Verlag, Wiesbaden.

Jenni, L. & R. Winkler (2020): Moult and Ageing of European Passerines (2. Aufl.). Christopher Helm, London.

Madge, S. & H. Burn (1989): Wassergeflügel. Ein Bestimmungsbuch der Schwäne, Gänse und Enten der Welt. Parey, Hamburg-Berlin.

Svensson, L., K. Mullarney & D. Zetterström (2018): Der Kosmos-Vogelführer. Deutsche Version übersetzt von Peter H. Barthel (3. Aufl.). Kosmos-Verlag, Stuttgart.

Shirihai, H., G. Gargallo & A. J. Helbig (2001): Sylvia warblers. Identification, taxonomy and phylogeny of the genus *Sylvia*. Christopher Helm, London.

Shirihai, H. & L. Svensson (2018): Handbook of Western Palearctic Birds, Vol I & II. Christopher Helm, London.

Bildnachweis

Die meisten Fotos in diesem Buch stammen von Hans-Joachim Fünfstück.

Darüber hinaus stellten uns freundlicherweise eine Reihe von Fotografen ihre Motive zur Verfügung. Diese werden im Bildnachweis mit ihren Initialen dargestellt.

Achtermann, S.	SAc	Garrido, J. R.	JRG	Krätzel, K.	KKr
Arlt, J	JAr	Gaugger, K.	KGa	Krome, O.	OKr
Bachmeier, G.	GBa	Geisler, R.	RGe	Kruckenberg, H.	HKr
Bains, C.	CBa	Glader, H.	HGl	Krüger, O.	OKrü
Becker, D.	DBe	Gottschling, M.	MGo	Krüger, T.	TKr
Benning, H.	HBe	Greif, S.	SGr	Kuppel, T.	TKu
Bergmann, H.-H.	HHB	Grieco, C.	CGr	Kusche, H.	Hku
Binotto, A.	ABi	Grimm, M.	MGr	Lange, S.	SLa
Bock, C.	CBo	Große, E.	EGr	Langenberg, J.	JLa
Bonavia, E.	EBo	Günther, K.	KGü	Langenberg, T.	TLa
Borrow, N.	NBo	Haase, D.	DHa	Lenberg, L	JLe
Bradtke, K.	KB	Haass, C.	CH	Liebel, H.	HLi
Buron, D.	DBu	Halkjaer, L.	LHa	Lietzow, E.	ELi
Daly, S.	SDa	Hansen, J. S.	JSH	Lüdermann, H.	HLü
Daunicht, W.	WDa	Heinze, G.-M.	GMH	Ludwig, T.	TLud
Dierschke, J.	JDi	Heiss, M.	MHe	Luther, T.	TLu
Drissner, K.	KDr	Helgesen, E.	EHe	Mactavish, B.	BMa
Ebert, A.	AEb	Helle, J.	JHe	Maier, G.	GMa
Einsiedler, W.	WEi	Hesse, V.	VHe	Martin, R.	RMar
Erlwein, W.	WEr	Hessing, F	FHe	Massas, P.	PMa
Ertel, R.	REr	Höfer, M.	MHö	Mayer, R.	RMay
Estner, N.	NEs	Hofmann, A.	AHo	Meister, P.	PMe
Ewald, K	KEw	Höltke, K	KHö	Moning, C.	CMo
Fahl, S.	SFa	Jahn, R.	RJa	Monney, P	PMo
Ferdinand, J.	JFe	Jensen, T.	TJe	Morter, I.	IMo
Fichtler, M.	MFi	Käseberg, O.	OKä	Müller, H. H.	HHM
Fifer, N	NFi	Keim, W.	WKe	Nüssen, O.	ONü
Franz, D.	DFr	Klasan, S	SKlasan	O´Neill, G.	GON
Franz, F.	FFr	Klaus, S.	SKlaus	Olofson, S.	SOl
Franz, K.	KFr	Klose, O.	OKl	Pfützke, S.	SPf
Frese, U.	UFr	Knöpfler, D.	DKn	Piazzi, M.	MPi
Fricke, M.	MFr	Köhler, P.	PKö	Pohl, H.	HPo

Portofée, C.	CPo	Schäf, M.	MSä	Sudendey, F.	FSu
Price, S.	SPr	Schaller, H.	HSch	Taranto, P.	PTa
Putze, M.	MPu	Schmaljohann, H.	HSj	Taurer, G.	GTe
Rank, H.	HRa	Schneider, J.	JSn	Teichmann, H.	HTe
Rasmussen, T.	TRas	Schonart, E.	ESch	Thoma, M.	MTh
Rastig, G.	GRa	Schweizer, S.	SSch	Timmermann, F.	FTi
Rautenberg, T.	TRa	Sievert, J.	JSi	Voss, H.	HVo
Reichert, A.	ARe	Solheim, R.	RSo	Wantoch, M.	MWa
Ritzel, L.	LRi	Speck, U.	USp	Weiss, I.	IWe
Roland, H.-J.	HJR	Spencer, P.	PSp	Weixler, K.	KWx
Römhild, M.	MRö	Steffen, B.	BS	Kolbeinson, Y.	YKo
Ronayne, S.	SRo	Stegmann, T.	TSt	Zach, P.	PZa
Sacher, T.	TSa	Stern, A.	ASt	Zieger, G.	GZi
Sänze, J.	JSä	Stig, J.	JSt		

Abkürzungen
o: oben, u: unten, li: links, re: rechts, wiki: wikipedia/wikimedia (CC BY-SA 3.0)

Adlerbussard Flug Jkl: MRö | **Alexandersittich** Flug: DFr | **Alpenschneehuhn** ♂ Pkl: CMo • ♂ Skl: RMay | **Alpensegler** SSch | **Alpenstrandläufer** CMo 3x | **Amurfalke** Flug ♂ &Jkl: MRö | **Anadyrknutt** Flug: MPu • Jkl: HHB | **Aschkopf-Schafstelze** Flug & ♀ Pkl: TLa | |**Atlantiksturmtaucher** Flug u: SRo • Flug o: YKo | **Auerhuhn** ♂ Jkl: SKlaus • ♀ Jkl: SKlaus • Pullus: AEb | **Austernfischer** Flug: SAc • 1. Wi: KBr | **Aztekenmöwe** Flug Pkl: IWe • Flug Jkl: MPu • Flug Jkl 2.Wi: SAc | **Bachstelze** ♀ Pkl: WEi | **Bairdstrandläufer** Flug: HVo • Skl: JFl | **Balearensturmtaucher** li: JFe • re: SPü | **Balkanlaubsänger** o: IWe • u: KDr | **Balkansteinschmätzer** ♂ Pkl schwarzkehlige Morphe: IWe • ♂ Pkl hellkehlige Morphe: CMo • ♀ Pkl: FFr • ♀ Skl: JFe | **Baltimoretrupial** ♀: JFe | **Barolosturmtaucher** o: MGo • u: REr | **Bartgeier** Flug ad (2x): AEb • Flug diesj: TLa • Flug 3.Kj: AHo | **Bartkauz** Flug: JFe • Juv: MRö | **Bartlaubsänger** o: MPu • u: OKä | **Bartmeise** Flug (2x): MGr • Jkl: CMo | **Basstölpel** Flug 3.So: SAc | **Baumfalke** Jkl: RJa | **Baumpieper** Flug: RMar | **Bekassine** Flug li: JSn • Flug re: AHo | **Bergbraunelle** RMar | **Bergfink** Flug: IWe • ♂ Pkl: HLi | **Berghänfling** Flug: RMar • Skl: CMo | **Berglaubsänger** o: JSn | **Bergpieper** Flug: CMo • Juv: HHB | **Beutelmeise** ♂ mit ♀: MRö | **Bienenfresser** Flug ad: CMo • Jkl: GMay | **Bindenkreuzschnabel** ♂ Pkl & Jkl: MGo • Ükl o: JDi • Ükl u: RSo | **Bindenstrandläufer** SOl | **Bindentaucher** KDr (2x) | **Birkhuhn** ♂ einj: TSa • ♀: AEb | **Blässgans** Flug: TLu | **Blauflügelente** Flug: VHe • IWe | **Blaukehlchen** Flug: MRö • ♂ ad li: JFe • ♀: KGa • Jkl li: HLi • Jkl re: CHa | **Blaumerle** ad ♂: KHö • ♀: MGr • Jkl: IWe | **Blauracke** Flug (2x): MRö • Jkl: MTh | **Blauschwanz** ♂: JSn • ♀: JFe | **Blutspecht** MRö • ♀: CMo | **Bonapartemöwe** Flug: CMo • Pkl: JDi • Skl: PMo | **Brachpieper** Jkl: MPu | **Brachvogel** Flug ad: CMo • Flug Jkl: MRö • Juv: MGr | **Brandgans** ad: MHö • ad/Juv: CMo | **Brandseeschwalbe** Flug Pkl (2x): HHM • Flug Jkl: JFe • Flug 1. Wi: HKu • Pkl mit Pullus: ELi • Ükl: WEi | **Braunbauch-Flughuhn** Flug: MPu • ♀: JSn | **Braunkehlchen** Flug: GMH | **Braunwürger** ♂: MPu • ♀: CMo | **Brautente** W/Pullus: TKu | **Brillenente** ♂ & ♀ Pkl: CHa • Skl: JFe • ♂ Pkl: CMo | **Brillengrasmücke** ♀: MRö | **Bronzesultanshuhn** wiki Brand • Martien | **Bruchwasserläufer** Flug: MRö • Pkl: ELi • Skl: JFe | **Büffelkopfente** Trupp & ♂ PKL: CMo | **Bulwersturmvogel** Flug o: CMo | **Buntfuß-Sturmschwalbe** Flug: MGo • Pkl: CMo | **Buntspecht Flug: TSa • Jkl: IWe | **Buschrohrsänger** li: SLa • re: JDi | **Carolinakrickente** ♂ Pkl & ♀ Pkl: CMo • ♂ Ükl: MRö | **Carolinataube** TLa | **Chileflamingo** Ükl: SLa | **Corysturmtaucher** u: CMo | **Dachsammer** KFr (2x) | **Dickschnabellumme** Flug: CMo • Pkl: HKu | **Dohle** Flug: AHo | **Doppelschnepfe** Flug: REr • Pkl: HLi | **Dorngrasmücke** ♀: JFe | **Dreizehenmöwe** Flug Jkl: CMo • Flug Pkl & ad & Juv: HKu • Skl: IWe • Jkl: MGr • S.215: MPu | **Dreizehenspecht** Jkl: CMo | **Drosselrohrsänger** u: TLa | **Drosseluferläufer** Flug & Skl: JFe • Pkl: MGr | **Drosselwaldsänger** o & u li: JFe • u re: HTe | **Dunkellaubsänger** o: TLa • u: OKä | **Dunkelsturmtaucher (Dunkler Sturmtaucher)** CBo | **Dunkelwasserläufer** Flug: MGr • Ükl o: SPü • Ükl u: MRö • Jkl: JFe | **Dünnschnabelmöwe** Flug Jkl: KWx | **Eiderente** Flug: HLi • ♂ & ♀ u re: HKu | **Einfarbdrossel** KKr | **Einsiedelwasserläufer** Pkl: KDr • Mi: HHM | **Einsiedler-Musendrossel** CMo | **Eisente** Flug: MGr • ♀ Pkl: JLa • ♂ & ♀ Pkl: HKu • u: CMo | **Eismöwe** Flug 1.Wi & Flug 2.Wi & 1.Wi: CMo • Flug Pkl: HKu • Pkl: JSn • Skl: LTa | **Eissturmvogel** Flug (2x) & ad mit Pullus: CMo • helle und dunkle Morphe: MGr | **Eistaucher** Pkl: OKr • Skl: KGü | **Eisvogel** Flug: USp | **Eleonorenfalke** Flug ad: CMo • Flug Jkl: MPu • Jkl: HBe | **Elfenbeinmöwe** Flug ad & Pkl: HKu • Flug Jkl & Jkl: IWe | **Elsterdohle** Flug: TLa | **Erddrossel** Flug: MPi • ad: TLa | **Erlenzeisig** Flug: MRö | **Fahldrossel** TLa (2x) | **Fahlsegler** MPu | **Falkenraubmöwe** Flug Jkl: MGr • Jkl u: CHa | **Feasturmvogel (Kapverdensturmvogel)** SLa | **Feldlerche** Flug li: OKä • Flug re: MMPu • ad: HGl • Jkl: VHe | **Feldrohrsänger** re: KDr | **Feldschwirl** GBa | **Felsenschwalbe** Flug: MGr | **Fichtenammer** ♀ Pkl: JFe • Ükl: KFr | **Fichtenkreuzschnabel** Ükl: MRö | **Fischadler** Flug diesj: GBa | **Fischmöwe** Flug Jkl 1.Wi: CMo • Flug Jkl diesj: MGr | **Fitis** li: IWe | **Flussregenpfeifer** Flug: RMa | **Flussseeschwalbe** Flug Pkl & Pkl: HLi • Flug Jkl: MGr • Skl: JFe | **Flussuferläufer** Flug: JFe | **Forsterseeschwalbe** Flug & Skl: TLa • Pkl: wiki Dick Daniels • 1. Wi: TSt | **Fuchsammer** o: JFe • u: MGo | **Gänsegeier** ad: AHo | **Gartenbaumläufer** li: CMo • re: AEb | **Gartenspottdrossel** TLa | **Gelbbrauenammer** o: HHB • u: JFe | **Gelbbrauen-Laubsänger** CMo | **Gelbkehlvireo** wiki MDF | **Gelbkopfamazone** DFr | **Gelbkopf-Schafstelze** ♂ Pkl: MGo • ♀ Pkl: CGr • Jkl: CBa | **Gelbkopfstärling** ♂: JFe • ♀: PSp | **Gelbschenkel** Flug: MGo • Jkl li: SGr • Jkl re: KDr | **Gelbschnabelkuckuck** MFr | **Gelbschnabeltaucher** Flug: TLa • Pkl: JLe • Skl: CHa | **Gerfalke** Flug ad: cMo • Flug o li & Jkl: JSn • Flug o re: AHo | **Glanzkrähe** Flug: IWe | **Gleitaar** Flug: CMo • Jkl: MPi | **Gluckente** Flug: MPu | **Goldammer** ♀ Pkl: HKu | **Goldhähnchen-Laubsänger** re: MPu • li: CMo | **Goldregenpfeifer** Flug: HLi • Skl: MGr | **Grasläufer** JFe | **Grauammer** Flug: MPu • ♂ singend: GZi | **Graubrust-Strandläufer** Flug: MGo • Pkl: JDi • Skl: HSj | **Graufischer** Flug: MPu | **Graukopf-Purpurhuhn** Flug MGr | **Grauortolan** ♀: JFe | **Grauschwanz-Wasserläufer** Pkl: wiki honan4108 on Flickr | **Grauspecht** Flug: TLa | **Grauwangen-Musendrossel** TLa | **Großer Gelbschenkel** Flug: DHa • Jkl: CMo | **Großtrappe** ♂ ad: AHo • ♀ ad: JFe | **Grünlaubsänger** JDi | **Grünmantel-Waldsänger** JFe | **Grünschenkel** Flug & S.189: CMo • Pkl: MRö | **Grünspecht** Flug: OKr | **Gryllteiste** Flug: HKu • Jkl: MGr | **Gürtelfischer** Flug & ♂: RGe • ♀ ad: JFe | **Habicht** Flug ♂: MPu • Flug Jkl: KFr • Jkl: HSj | **Habichtsadler** Flug (2x): CMo | **Habichtskauz** Flug: TKu • ad li: AEb • ad re: CMo • Juv: MRö | **Häherkuckuck** Flug li: IWe • Flug re & ad: CMo • Jkl: DBe | **Hakengimpel** ♂ Pkl: MRö • ♀ Pkl: KFr • ♂ vorj: CMo • ♀ oder 1.Wi: JRu | **Halbringschnäpper** ♀: REr | **Halsbandschnäpper** ♂ einj: MRö | **Halsbandsittich** Flug: JSn | **Haubenlerche** Flug: RMar • Jkl: CMo | **Haussegler** u: JSn | **Heidelerche** Flug: MPu • Jkl: CMo | **Heiliger Ibis** Flug: HKu | **Heringsmöwe** Pkl L.f. graellsi: HKu • 3.Jahr & Pkl mit Juv: CMo | **Höckersamtente** ♀ ad: wikimedia Mykola Swarnyk | **Hohltaube** Flug: JFe • ad: JOK • Jkl: TSa | **Iberienadler** Flug li: FTi • Flug re & ad mit Jkl: DBu • ad u: JRG | **Iberienraubwürger** Flug: MPu • ♂: JSn | **Iberienzilpzalp** re: TKu | **Indigoammer** Pkl: RGe • ♀: JFe | **Isabellsteinschmätzer** Flug: TLa • ♂: IWe | **Isabellwürger** Flug li: TLa • Flug re: CMo | **Kaiseradler** Flug re: KGa | **Kalanderlerche** Flug: MRö | **Kampfläufer** Flug: KFr • Pkl:SKlaus | **Kanadakranich** Flug: wiki John Fowler • ad: CMo | **Kanadamöwe** Flug Pkl: CHa • Flug 1.Wi & Skl & 1.So: CMo • Jkl diesj: IWe | **Kanadapfeifente** ♂: CMo • Paar: CMo • Skl: JFe | **Kappenammer** ♀: JFe | **Kappensturmtaucher** ONü | **Katzenspottdrossel** JFe | **Keilschwanz-Regenpfeifer** Flug: REr • u: CMo | **Kernbeißer** ♀ Pkl: HHB • Jkl: JFe | **Kiebitz** Flug: MRö • Skl: IWe | **Kiebitzregenpfeifer** Flug: CMo | **Kiefernkreuzschnabel** sd Pkl: LHa • junges ♂: CMo • ♀ Pkl: TRa • Ükl:

JFe | **Kleinspecht** ♂ li: CMo • ♂ re: JSt • ♀: USp | **Kleinsumpfhuhn [Kleines Sumpfhuhn]** ♂ ad: CMo | **Knäkente** Flug: SFa | **Knutt** Flug & Jkl: CMo • Pkl: JFe | **Kohlmeise** Jkl: AHo | **Kolbenente** Jkl: HLi | **Kolkrabe** Flug ad: AHo | **Königsfasan** ♂: wiki moebius1 • ♀: HPo | **Korallenmöwe** Flug Skl & Flug Jkl: MGr • Pkl: JSn • Jkl: TKu | **Kormoran** Skl: AEb | **Kornweihe** Flug ♂ ad & ♂ ad: JDi • Flug ♂ vorj: PTa • Flug ♀: MRö | **Krabbentaucher** Flug: CMo • Pkl: HKu • Skl: KFr | **Kragenente** Flug: JFe | **Krähenscharbe** Flug: FFr • Pkl: CMo • Jkl: IWe | **Kranich** Flug: MPu • Jkl: ELi | **Krauskopfpelikan** Flug Jkl: NEs • Ükl: JFe | **Krickente** Flug: AHo • ♀ Pkl: CMo | **Kronenlaubsänger** SPr | **Kronwaldsänger** ♀ Pkl: CMo • 1.Wi & ♀ Skl: JFe | **Kubaflamingo** Flug: RMa | **Kuckuck** Flug: CMo • Jkl: FSu | **Kurzfangsperber** Flug ♀ ad: JSn • Flug Jkl & Flug diesj & Flug ♂ vorj: FTi • ♂:DKn | **Kurzschnabelgans** Flug: CMo • diesj: CMo • ad: HGl | **Küstenseeschwalbe** Flug einj: IWe • Flug Jkl: MRö | **Lachmöwe** S.215: MPu | **Lachseeschwalbe** Flug Pkl mi: HJR • Flug Jkl diesj: JFe | **Langzehen-Strandläufer** Pkl: TLa • Skl: MGr | **Lannerfalke** Flug ad & Flug Jkl & ad: JSn | **Ligurien-Bartgrasmücke** TLa | **Löffelente** Flug: RMa • Jkl: JSn • S46: AEb | **Löffler** Pkl: AEb | **Madeirawellenläufer** Flug u: CMo | **Mantelmöwe** Flug einj & Flug zweij & Flug 2.Wi & Flug 3.Wi & Flug 4.Wi & Flug vierj.: MPu • Pkl: MKu | **Mariskenrohrsänger** li: CMo • re: JFe | **Marmelente** Flug: MGr | **Maskenammer** ♂: MPu • ♀: JFe • 1.Wi: TLa | **Masken-Schafstelze** ♂ Pkl: JSn • ♀ Pkl: CMo | **Maskenwürger** Pkl: OKr • ♀:IWe • Jkl: MPu | **Maurensteinschmätzer** ♂ einj: MRö • ♀ ad: FTi | **Meerstrandläufer** Flug: SAc • Pkl: HKu • Skl & Jkl:Cmo | **Mehlschwalbe** Flug: MRö | **Merlin** Flug ♀:TLa • Flug Jkl: MPu • ♂: JSn | **Middendorff-Laubsänger** JFe | **Misteldrossel** Flug: MGr • Jkl: JFe | **Mittelmeer-Sturmtaucher** KGa | **Mittelsäger** ♂ Pkl: IWe • ♂ Skl & u: CMo | **Mittelspecht** Flug: TLa | **Mongolenstar** TLa | **Moorente** Flug: CMo • ♂ Skl: FHe | **Moorschlammläufer** Flug: SPü • Ükl: JFe | **Mornellregenpfeifer** Flug o: MHe • Flug u: FFr • ♀: JFe • ♂: MTh • Skl: FTi | **Nachtigall** re: CMo • li: RMar | **Nachtreiher** Jkl: KFr | **Nachtschwalbe** Flug ♂: KEw • Flug ♀: AHo • ♂ ad: JSn • ♀ ad & Juv: MRö | **Nandu** CMo | **Nebelkrähe** Flug: MPu | **Neuntöter** Flug ♂: MGr • Flug ♀: MPu | **Noddiseeschwalbe** Flug re: JSn | **Odinshühnchen** Flug & Jkl (2x): CMo • PKL ♀: KDr | **Ohrenlerche** Flug: CMo • ♂ Pkl: JHe • ♀ Pkl: MRö • Kopf: EHe | **Ohrentaucher** Pkl: HHM • Ükl & Pullus: ABi • Skl: CMo | **Orientbrachschwalbe** Flug: CMo • Skl & Jkl: JSn | **Orientturteltaube** Flug: VHe | **Orpheusgrasmücke** ♂: JSn • ♀: TRa | **Orpheusspötter** ELi | **Pallasschwarzkehlchen** Flug: MGr | **Papageitaucher** Flug: CMo • Jkl: SPü | **Pazifikpieper** u: KDr • o:TLa | **Pazifiksegler** MPu (2x) | **Pazifiktaucher** Flug: CHa • Skl: SGr • 1.Wi: RMar | **Pazifiktrauerente** o: PMa • u: TLa | **Petschorapieper** ad: TLa • Jkl: SPü | **Pfeifente** Flug VHe • ♂ Skl: JSi • ♂ Ükl: CMo | **Pfuhlschnepfe** Flug & ♂ Pkl & WPkl: CMo • Skl: MWa • S.189: JDi | **Pharaonennachtschwalbe** Flug (2x): JSn | **Pirol** Flug: CMo • ♀ ad: GBa • Jkl: SGr | **Polarbirkenzeisig** ♀ o & Jkl: JSn • ♀ u: CMo | **Polarmöwe** Flug Pkl & Flug 1.Wi & Ükl u& nahezu Pkl: CMo • Skl: Hli • Ükl o: FTi | **Prachteiderente** ♂ ad Pkl: JFe • ♀ Skl: UFr • ♀ ad: KFr | **Prärie-Goldregenpfeifer** Ükl o: SPf • Ükl u: CBo • Jkl: JFe | **Prärieläufer** Flug: JFe • u: REr | **Präriemöwe** Flug o & Skl & Jkl: CMo • Flug u & Pkl: TLa | **Provencegrasmücke** ♀: EBo • Juv: NBo | **Purpurhuhn** Jkl: HKu | **Purpurreiher** Jkl diesj: FFr | **Rabenkrähe** Flug li: JSä | **Rallenreiher** Flug: CMo • Pkl: AEb | **Raubseeschwalbe** Flug Ükl & Pkl o & Pkl mit Ükl: MGr • Flug Skl: CMo | **Raubwürger** Flug: MRö • Jkl: TLa | **Rauchschwalbe** Flug: MRö | **Raufußbussard** Flug ♀ o: CHa • Flug ♀ u: RMay • ad: CMo | **Raufußkauz** ad & Juv u: CMo | **Rebhuhn** Küken: CMo • Ükl: MRö, Juv & Ad.: GBa | **Regenbrachvogel** Flug re: MGr • ad: TLa | **Ringdrossel** ♂ 1.Wi: JFe • ♂ ad *T. t. torquatus*: AHo • ♀ ad *T. t. alpestris*: AEb • ♀ ad *T. t. torquatus*: AHo | **Ringelgans** Flug: TKr • Jkl: WKe • *B. b. nigricans*: VHe • *B. B hrota*: RMa • *B. b. bernicla* ad: IWe | **Ringeltaube** Flug: CMo | **Ringschnabelente** ♂ Skl (2x) & ♀ Skl: SPü | **Ringschnabelmöwe** Flug: MSä • Flug 1.Wi & Pkl: CMo • Skl & Jkl 1.Wi: IWe • Jkl diesj: SAc | **Rohrdommel** Flug: GBa • ♀: AHo • Pkl: RMay | **Rohrschwirl** li: JSn | **Rosapelikan** Flug: CMo | **Rosengimpel** ♂ Pkl: TLa • ♂ einj & ♀ ad: TLud | **Rosenmöwe** Flug Pkl: BMa • Flug o li: REr • Flug o re: JRu • Flug u li: FTi • Flug u re: GON | **Rosenseeschwalbe** Flug Pkl: CMo • Flug Jkl: HHM | **Rosenstar** Flug: RMa • Jkl: TLa • 1.Wi: KFr | **Rostflügeldrossel** o: MGo • u: CMo | **Rostschwanzdrossel [Naumannsdrossel]** TLa | **Rotaugenvireo** JFe | **Rotdrossel** Flug: RMar • Jkl: JSi | **Rötelammer** ♂:TLa • 1.Wi: HSj • o: wiki by Dibyendu Ash | **Rötelfalke** Flug re: FTi • ♀: SDa | **Rötelschwal-**

be Flug ad: RMar | **Rotflügel-Brachschwalbe** Flug: MGr • PKl: AEb • Jkl: SGr | **Rotfußfalke** Flug ♂: ELi | **Rothalsgans** diesj: CMo | **Rothalstaucher** Pkl: HGl • Skl & Jkl: MRö | **Rothuhn** RMar • Flug: MGr | **Rotkehldrossel** ♂ 1.Wi: TLa • ♀ ad: JFe | **Rotkehl-Strandläufer** Flug: MPu • Pkl: MGr • Jkl: JSn | **Rotkopfwürger** Flug: MGr • Jkl: HKu | **Rotmilan** ad: MHö | **Rotschenkel** Pkl & Pullus: WEr • Skl & Jkl & S.189: CMo | **Rubinkehlchen** u: MPu | **Saatkrähe** Flug: MPu | **Säbelschnäbler** Pullus: SAc | **Saharakragentrappe** ♂: HLü • ♀: TSt | **Saharasteinschmätzer** Flug: MHe • 1.Wi: IWe | **Samtente** Flug: MGr • ♂ Pkl: CMo • ♀ Skl: SPü • u: JFe | **Samtkopf-Grasmücke** ♀: CMo | **Sanderling** Fl: KGa • Pkl: CMo • Jkl: JFe | **Sandflughuhn** Flug o: JFe • ♂ u: JSn • ♀ u: CMo | **Sandregenpfeifer** Flug: MWa | **Sandstrandläufer** Flug: MRö • Pkl: Rer • Ükl: HHM • Jkl: OKr | **Sardengrasmücke** ♂: KFr • ♀: CMo | **Schachwürger** ad o: JFe • ad u li: wiki Karunakar Rayker | **Schafstelze** Flug: JSn • Jkl: WDa | **Scheckente** ♂ Pkl & WPKl: CMo | **Schellente** ♂ Skl & ♂ 1.Wi: IWe | **Schieferdrossel** ♂ ad: TLa • ♂ 1.Wi: JSH | **Schilfrohrsänger** li: GBa • re: CMo | **Schlagschwirl** re: CMo • li: JSn | **Schlangenadler** ad: KHö • Jkl: IWe | **Schleiereule** Flug: TLa • ad: MRö | **Schmarotzerraubmöwe** Flug o li: SPü • Flug ad: OKr • Flug Jkl: CMo • Pkl (dunkle Morphe): KFr • Pkl (helle Morphe): HKu • 2.Wi: MGo | **Schmuckreiher** Flug: JFe | **Schmuckseeschwalbe** Pkl: RER • Skl: SPü | **Schnatterente** Flug: IWe | **Schneeammer** Flug: MGr • ♂ Pkl: JFe • ♀ Pkl: MRö • Jkl: SAc | **Schneeeule** Flug ♂ & ♂ ad: RSo • Flug Jkl TLa • ♀ ad: CHa • Jkl: JFe | **Schneegans** Flug: RER • schwimmend: JFe • ad: DBe | **Schneesperling** Flug: CMo | **Schreiadler** Flug & Jkl (2x): CRo | **Schwalbenmöwe** Flug o & Skl: CHa • Flug u & Jkl: MGo | **Schwanengans** Flug: MGr • stehend: CMo | **Schwanzmeise** ad: TRas • Jkl: PMe | **Schwarzbrauenalbatros** Flug o: MGr • Flug u: MGo | **Schwarzflügel-Brachschwalbe** Skl: FTi | **Schwarzhalstaucher** PKL & Pullus: PZa | **Schwarzkehldrossel** ♂ ad: KFr • ♀ Pkl: FTi • Jkl: KWx | **Schwarzkopfmöwe** Flug Skl & Jkl diesj: HHB • Pkl: AEb | **Schwarzmilan** Flug u: CMo | **Schwarzschnabelkuckuck** HSch | **Schwarzschwan** Flug: ELi • Pkl/Ükl: HKu | **Schwarzspecht** Flug: MPu | **Schwarzstirnwürger** Flug: MPu | **Schwirrnachtigall** li: RMar | **Seeregenpfeifer** Pkl: OKl • Jkl: IWe | **Seggenrohrsänger** TLa | **Seidensänger** CMo (2x) | **Seidenschwanz** Flug: MRö | **Sepiasturmtaucher** o: MGo • u: DKr | **Sichelente** ♀: SKlasan | **Sichelstrandläufer** TLa | **Sichler** Jkl: MGr | **Silbermöwe** Flug vorj & vorj: CMo • Flug 3.Wi & 3.So & 1.Wi: MGr | **Silberreiher** Flug Pkl: CMo • Flug „modeste": ARe | **Singammer** o: CMo • u: KDr | **Singdrossel** Flug: MRö | **Singschwan** Flug: JSn | **Skua** Flug Jkl: MRö • ad u re: JSn | **Sommergoldhähnchen** ♂ & ♀: CMo • Jkl: CHa | **Spatelente** ♀: KFr • ♂: CMo | **Spatelraubmöwe** Flug Pkl (dunkle Morphe): MGr • Flug Pkl (helle Morphe) ♀ • Flug Jkl & Jkl: MPu • Flug 2.So: CBo | **Sperber** Flug: MRö • ♂ ad: OKr • ♂ Jkl: TKr | **Sperbereule** Flug: KFr • Jkl (2x): MRö | **Sperbergrasmücke** Flug: LRi | **Sperlingskauz** Flug: SGr | **Spießente** Flug: JAr • ♂♀ Pkl o: TLa • ♂ Ükl: JFe,♀ Pkl u: CMo | **Spitzschwanz-Strandläufer** Flug: MGr | **Spornpieper** Flug li: MPu • Flug re: HHB • Jkl li: HSj • Jkl re & Kralle: HHB | **Sprosser** re: TLa | **Stachelschwanzsegler** MGr | **Star** Flug: RMar | **Steinhuhn** Flug: PMo | **Steinkauz** Flug: MGr | **Steinortolan** ♀: MRa | **Steinrötel** Flug: MSä | **Steinschmätzer** Flug: TLa • 1.Wi: HSj | **Steinwälzer** Flug Pkl: MTh • Flug Jkl: MGr | **Stelzenläufer** ♂ & ♀: ABe | **Steppenadler** Flug ad: CMo | **Steppenflughuhn** Flug ♂ & ♀: JSn | **Steppenkiebitz** Flug: JSn • Jkl: IWe | **Steppenkragentrappe** Flug: RER | **Steppenmöwe** alle Fotos: HRa • außer Flug Skl: IWe | **Steppenpieper** Flug: MPu • 1.Wi: SPü | **Steppenspötter** re: MRö | **Steppenweihe** Flug ♀: SPü • Flug 1.Wi: MRö • Flug Jkl: TLa • ♂ Jkl: CMo | **Sterntaucher** Pkl & 1.Wi: HLi • Skl: JRu • Jkl: IWe | **Stieglitz** Flug: MGr | **Strandpieper** Skl li: TSa • Skl re: MTh | **Streifengans** diesj: GMa • ad + diesj: GMa | **Streifenschwirl** re: MPu • li: JFe | **Strichelschwirl** re: HSj • li: KDr | **Stummellerche** Flug: JSn • ad: KFr | **Sturmmöwe** Flug Jkl 2.Wi: IWe • Jkl diesj: MGo • Jkl einjährig: JFe • S.215 Skl: MPu • 1. Wi: MGr | **Sturmwellenläufer (Sturmschwalbe)** Flug o: KDr • Flug u: SPü | **Sumpfläufer** Flug: Okr • Jkl: GBa • Pkl: MGr | **Sumpfohreule** ad: MGr • Jkl: NEs • Juv: MGr | **Swinhoewellenläufer** HHM (2x) | **Tafelente** ♂ Skl: PKö | **Tannenhäher** Flug: MGr • ad li: MPu | **Tannenmeise** MRö (3x) | **Teichwasserläufer** Flug: MPu • Jkl: MGr | **Temminckstrandläufer** Flug: CMo • Skl: JSn | **Thayermöwe** Flug: JFe • Jkl 2.Wi: CMo • Pkl: MGo | **Thorshühnchen** Flug: MGr • ♂ ad & ♀ ad: HKu • Skl: JFe | **Thunberg-Schafstelze** MTh (2x) | **Tibetregenpfeifer** Flug: CMo • Jkl: CMo | **Tordalk** Flug: CMo • Skl: MGo | **Trauerbachstelze** ♂ Skl: VHe | **Trauerente** Flug:

MGr • ♂ Pkl: TRa • ♀ Pkl o: YKo • ♀ Pkl u: ESch | **Trauerschnäpper** Jkl: CMo | **Trauerseeschwalbe** Flug Pkl: MPu • Flug Skl & Flug Ükl: CMo • Flug Jkl: MRö | **Triel** Flug: MGr • ad & Pullus: TJe | **Trottellumme** Flug: KFr • Skl: CMo • 1.Wi: JFe • Juv: MTh | **Tundra-Goldregenpfeifer** Flug: SFa • Pkl: JDi • Skl: JFe | **Tundramöwe** Flug & Skl & 2.Wi: CMo • Pkl& 1.Wi & Jkl einj : IWe • Skl: HKu | **Tundrasaatgans** Jkl: TLa | **Tundraschlammläufer** Flug: JDi • ad li: JFe • ad re: RER | **Tüpfelsumpfhuhn** ad: CMo | **Türkenammer** ♂ (2x): CMo • ♀ mit Juv: MPu | **Türkentaube** Flug: MPu | **Turmfalke** Flug ♂ vorj: IWe | **Turteltaube** Flug: JFe • Jkl: KFr | **Uferschnepfe** Flug: CMo • ♂ Pkl: GTa • ♀ Pkl: PZa • ♂ Pkl *L. l. islandica* & ♀ Pkl *L. l. islandica*: JSn • Skl: PZa | **Uferschwalbe** Flug: CMo • Jkl: JFe | **Uhu** Flug: MRö | **Unglückshäher** Flug: CMo | **Wacholderdrossel** Flug: CMo • Juv: AHo • Jkl: MGr | **Wacholderlaubsänger** KGa | **Wachtel** ♂: CMo | **Wachtelkönig** u: CMo | **Waldammer** ♀ Skl: TLa | **Waldbaumläufer** MRö | **Waldkauz** Flug & Jkl: CMo • ad (2x): JSn | **Waldlaubsänger** AEb | **Waldohreule** Flug: MPu | **Waldpieper** Jkl: TLa | **Waldrapp** PKL: MSä | **Waldsaatgans** Flug: CMo • ad Mi: TSa • ad u: JFe | **Waldschnepfe** Flug: MGr | **Waldwasserläufer** Flug: MGr • Pkl: CMo • Skl & Jkl: MRö • S.189: JFe | **Wanderdrossel** ♂ ad & ♂ Jkl: CMo | **Wanderfalke** Flug ad & Jkl: MRö • Flug & Jkl F. p. calidus: ASt | **Wanderlaubsänger** MPu | **Wasseramsel** ad *C. c. cinclus*: SPü • Jkl: OKrü | **Weidenammer** ♀: MRa | **Weidenmeise** Jkl: JFe | **Weißbart-Grasmücke** ♂ ad *S. c. albistriata*: AEb • ♂ ad *S. c. iberiae*: JSn • ♂ Skl: JFe • ♀: TSa | **Weißbart-Seeschwalbe** Pkl mit Pulli & Jkl: JFe | **Weißbrauendrossel** ♂ ad: TLa • ♂ 1.Wi: wiki Robert tdc | **Weißbürzel-Strandläufer** Pkl: SGr (2x) • Ükl: SPü | **Weißflügellerche** Flug: RMar | **Weißflügel-Seeschwalbe** Flug Trupp: CMo • Flug Jkl: MGr • Jkl: WEi | **Weißgesicht-Sturmschwalbe** Flug o & u re: JSn | **Weißkehlammer** KDr | **Weißkehlsänger** u: MRö | **Weißkopf-Ruderente** ♂ Skl: MGr | **Weißschwanzkiebitz** Ükl: FTi | **Weißstorch** Flug: CMo | **Weißwangengans** Flug: SPf • CMo | **Wellenläufer** o: HHM • u: MFi | **Wermutregenpfeifer/Steppenregenpfeifer** o: SPf • u li: MGr • u re: MPu | **Wespenbussard** Flug ad: CMo • Flug Jkl: JSn • ♀ ad: IWe | **Wiedehopf** Flug: SFa • Pkl mit Jkl: SGr | **Wiesenstrandläufer** Flug & Skl: CMo | **Wiesenweihe** Flug ♂ ad: RMay • Flug ♀: MGr • Flug Jkl: MRö • ♀ ad: GZi | **Wilsonwassertreter** Pkl: RER (2x) • Skl: CMo | **Winterammer** ♂ Pkl & 1.Wi: CMo • Jkl: JFe | **Wintergoldhähnchen** ♂: TLa | **Würgfalke** Flug: MPu | **Wüstengimpel** ♀ ad & Jkl: CMo | **Wüstengrasmücke** CMo | **Wüstenregenpfeifer** Flug: MHe • Ükl: JSn | **Wüstensteinschmätzer** Flug: CMo | **Zaunammer** ♂ Pkl mit Juv: TJe • ♀ Pkl: CMo • Jkl: JSn | **Zaunkönig** Juv: CMo | **Zippammer** ♀ Pkl: CMo • 1.Wi: MPu • Jkl: RJa | **Zitronenstelze** ♂ Pkl: IWe • ♂ Skl & ♀ Pkl: MRö • 1.Wi: JSi | **Zügelseeschwalbe** Flug: HKu (2x) • Jkl: SFa | **Zwergadler** Flug u: DHa | **Zwergammer** Jkl o: CMo • Jkl u: JSn | **Zwergdommel** Flug: EGr • Jkl: JFe | **Zwerggans** HKr (3x) | **Zwergkanadagans** JFe (2x) | **Zwergmöwe** Flug 1.Wi: CMo • Pkl: JFe | **Zwergohreule** Flug: PTa • ad (helle Morphe): KFr | **Zwergsäger** Flug: JFe | **Zwergscharbe** Flug: AEb | **Zwergschneegans** Flug: 272447 pixabay • ad: wikipedia Andrew C • Kopf: CMo | **Zwergschnepfe** Flug: TLa | **Zwergschwan** Flug: TLa • ad/Jkl: CMo | **Zwergseeschwalbe** Flug Pkl: JFe • Flug Skl: HKu • Flug Jkl & Skl: CMo | **Zwergstrandläufer** Flug Pkl & Skl: JFe • Flug Skl: MPu | **Zwergsumpfhuhn** ad: SGr | **Zwergtaucher** Pkl: SPf | **Zwergtrappe** ♂ & ♀: JFe | **Zypernsteinschmätzer** ♂ Skl: JSn

Vogelstimmen

Die große Mehrzahl der Tondokumente, die sich über die QR-Codes dieses Buches aufrufen lassen, stammt von Hans-Heiner Bergmann. Einige zusätzliche Aufnahmen wurden dankenswerterweise von folgenden Personen zur Verfügung gestellt:

E. Arendt & H. Schweiger (1), K.-H. Dingler (1), W. Engländer (3), P. Feindt (†) (1), M. Förschler (1), M. Koch (6), W. Krey (†) (18), L. Lachmann (1), D. Liebers-Helbig (1), L. Lücker (1), J. Martens (1), R. Martin (1), C. Preuss (1), J.-C. Roché (1), M. Schubert (12), D. Wallschläger (1)

Register der deutschen Vogelnamen

Adlerbussard 342
Alexandersittich 388
Alpenbirkenzeisig 593
Alpenbraunelle 556
Alpendohle 407
Alpenkrähe 406
„Alpenmeise" s. Weidenmeise 419
„Alpenringdrossel" s. Ringdrossel 508
Alpenschneehuhn 17
Alpensegler 91
Alpenstrandläufer 174
Amerikanische Krickente s. Carolinakrickente 61
Amerikanischer Goldregenpfeifer s. Prärie-Goldregenpfeifer 147
Amsel 509
Amurfalke 378
Anadyrknutt (Großer Knutt) 163
Aschkopf-Schafstelze 561
Atlantiksturmtaucher 284
„Atlantischer Kormoran" s. Kormoran 295
Auerhuhn 15
Austernfischer 137
Aztekenmöwe 219

Bachstelze 566
Baikalente s. Gluckente 50
Bairdstrandläufer 176
Balearensturmtaucher 286
„Balkan-Bartgrasmücke" s. Weißbart-Grasmücke 489
Balkanlaubsänger 445
Balkansteinschmätzer 546
Baltimoretrupial 628
„Baltische Heringsmöwe" s. Heringsmöwe 236
Barolosturmtaucher (Kleiner Sturmtaucher) 287
Bartgeier 315
Bartgrasmücke s. Weißbart-Grasmücke 489 bzw. Iberien-/Ligurien-Bartgrasmücke 489/490
Bartkauz 351
Bartlaubsänger 449
Bartmeise 424
Basstölpel 291
Baumfalke 381
Baumpieper 573
Bekassine 188
Bergbraunelle 557
Bergente 68
Bergfink 581

Berghänfling 590
Bergkalanderlerche 431
Berglaubsänger 444
Bergpieper 578
Bergstelze s. Gebirgsstelze 565
Beutelmeise 423
Bienenfresser 364
Bindenkreuzschnabel 597
Bindenseeadler 339
Bindenstrandläufer 169
Bindentaucher 127
Birkhuhn 16
Blässgans 37
Blässhuhn 122
Blässralle s. Blässhuhn 122
Blassspötter 469
Blauflügelente 52
Blaukehlchen 523
Blaumeise 420
Blaumerle 537
Blauracke 359
Blauschwanz 529
Blauwangenspint 363
Bluthänfling 591
Blutspecht 369
Bonapartemöwe 214
Brachpieper 571
Brachvogel (Großer Brachvogel) 159
Brandgans 44
Brandente s. Brandgans 44
Brandseeschwalbe 242
Braunbauch-Flughuhn 104
Braunkehlchen 538
Braunkopfammer 619
Braunwürger 390
Brautente 48
Brillenente 74
Brillengrasmücke 488
Bronzesultanshuhn 120
Bruchwasserläufer 190
Buchfink 580
Büffelkopfente 80
Bulwersturmvogel 288
Buntfuß-Sturmschwalbe 271
Buntspecht 370
Buschrohrsänger 464
Buschspötter 467

Carolinakrickente 61
Carolinataube 112
Chileflamingo 134
Cistensänger s. Zistensänger 477
Corysturmtaucher 281

Dachsammer 625
Dickschnabellumme 260
Distelfink s. Stieglitz 598
Dohle 408
Dompfaff s. Gimpel 584
Doppelschnepfe 187
Dorngrasmücke 485
Dreizehenmöwe 210
Dreizehenspecht 366
Drosselrohrsänger 459
Drosseluferläufer 196
Drosselwaldsänger 629
„Dunkelbäuchige Ringelgans" s. Ringelgans 24
Dunkellaubsänger 452
Dunkelsturmtaucher (Dunkler Sturmtaucher) 282
Dunkelwasserläufer 203
Dunkler Sturmtaucher s. Dunkelsturmtaucher 282
Dünnschnabelmöwe 213

Eichelhäher 403
Eiderente 72
Einfarbdrossel 507
Einsiedelwasserläufer 198
Einsiedlerdrossel s. Einsiedler-Musendrossel 507
Einsiedler-Musendrossel (Einsiedlerdrossel) 507
Eisente 79
Eismöwe 230
Eissturmvogel 279
Eistaucher 269
Eisvogel 360
Eleonorenfalke 379
Elfenbeinmöwe 211
Elster 404
Elsterdohle 409
Erddrossel 505
Erlenzeisig 601
„Westliche Graugans" s. Graugans 32

Fahlsegler 93
„Falkenbussard" s. Mäusebussard 343
Falkenraubmöwe 258
Fasan s. Jagdfasan 23
Feasturmvogel (Kapverdensturmvogel) 283
Feldlerche 427
Feldrohrsänger 463
Feldschwirl 474
Feldsperling 553
Felsenpieper s. Strandpieper 579

Register der deutschen Vogelnamen

Felsenschwalbe 437
Fichtenammer 607
Fichtenkreuzschnabel 596
Fischadler 313
Fischmöwe 223
Fitis 450
Fitislaubsänger s. Fitis 450
Flussregenpfeifer 150
Flussseeschwalbe 248
Flussuferläufer 195
Forsterseeschwalbe 250
Fuchsammer 623

Gänsegeier 319
Gänsesäger 85
Gartenbaumläufer 498
Gartengrasmücke 479
Gartenrotschwanz 535
Gartenspottdrossel (Spottdrossel) 497
Gebirgsstelze 565
Gelbbrauenammer 615
Gelbbrauen-Laubsänger 447
Gelbkehlvireo 400
Gelbkopfamazone (Große Gelbkopfamazone) 387
Gelbkopf-Schafstelze 560
Gelbkopf-Schwarzstärling s. Gelbkopfstärling 627
Gelbkopfstärling (Gelbkopf-Schwarzstärling) 627
Gelbschenkel (Kleiner Gelbschenkel) 199
Gelbschnabelkuckuck 101
Gelbschnabel-Eistaucher s. Gelbschnabeltaucher 270
Gelbschnabeltaucher 270
Gelbspötter 471
Gerfalke 384
Gimpel 584
Girlitz 600
Glanzkrähe 410
Gleitaar 314
Gluckente (Baikalente) 50
Goldammer 606
Goldhähnchen-Laubsänger 448
Goldregenpfeifer 145, 146, 147
Gasläufer 180
Grauammer 605
Graubrust-Strandläufer 181
Grauer Kranich s. Kranich 125
Graufischer 362
Graugans 32
Graukopf-Purpurhuhn 119
Grauortolan 612
Graureiher 305
Grauschnäpper 521
Grauschwanz-Wasserläufer 198
Grauspecht 374

Grauwangendrossel s. Grauwangen-Musendrossel 506
Grauwangen-Musendrossel (Grauwangendrossel) 506
Grauwürger s. Raubwürger 396
„Grönländischer Birkenzeisig" s. Taigabirkenzeisig 592
„Grönländischer Steinschmätzer" s. Steinschmätzer 541
Große Gelbkopfamazone s. Gelbkopfamazone 387
Großer Alexandersittich s. Alexandersittich 388
Großer Brachvogel s. Brachvogel 159
Großer Gelbschenkel s. Tüpfelgelbschenkel 200
Großer Knutt s. Anadyrknutt 163
Großer Schlammläufer s. Tundraschlammläufer 183
Großer Sturmtaucher s. Kappensturmtaucher 283
Großtrappe 96
Grüner Laubsänger s. Grünlaubsänger 456
Grünfink 588
Grünlaubsänger 456
Grünling s. Grünfink 588
Grünmantel-Waldsänger 631
Grünschenkel 204
Grünspecht 373
Gryllteiste 263
Gürtelfischer 361

Habicht 332
Habichtsadler 329
Habichtskauz 350
Häherkuckuck 100
Hänfling s. Bluthänfling 591
Hakengimpel 583
Halbringschnäpper 532
„Halsbanddohle" s. Dohle 408
Halsbandschnäpper 530
Halsbandsittich 389
Haselhuhn 14
Haubenlerche 428
Haubenmeise 417
Haubentaucher 129
Hausrotschwanz 534
Hauskrähe s. Glanzkrähe 410
Haussegler 95
Haussperling 550
Haustaube s. Straßentaube 106
Heckenbraunelle 558
Heckensänger 520
Heidelerche 425
Heiliger Ibis 298
„Hellbäuchige Ringelgans" s. Ringelgans 24

Heringsmöwe 236
Höckersamtente 76
Höckerschwan 40
Hohltaube 107

Iberienadler (Spanischer Kaiseradler) 327
„Iberien-Bartgrasmücke" s. Weißbart-Grasmücke 489
Iberienraubwürger 397
Iberienzilpzalp 453
Indigoammer 632
Indigofink s. Indigoammer 632
Isabellsteinschmätzer 542
Isabellwürger 392
„Isländische Rotdrossel" s. Rotdrossel 516
„Isländischer Rotschenkel" s. Rotschenkel 201
„Isländische Schneeammer" s. Schneeammer 604
„Isländische Uferschnepfe" s. Uferschnepfe 161
Italiensperling 551

Jagdfasan 23
Jungfernkranich 124
Junko s. Winterammer 626
Kaiseradler 326
Kalanderlerche 432
Kampfläufer 166
Kanadabergente (Kleine Bergente) 69
Kanadagans 26
Kanadakranich 123
Kanadamöwe 233
Kanadapfeifente 57
Kappenammer 618
Kappensäger 84
Kappensturmtaucher (Großer Sturmtaucher) 283
Kapverdensturmvogel s. Feasturmvogel 283
Karmingimpel 586
„Kaspischwarzkehlchen" s. Pallasschwarzkehlchen 540
Katzenspottdrossel (Katzenvogel) 497
Katzenvogel s. Katzenspottdrossel 497
Keilschwanz-Regenpfeifer 151
Kernbeißer 582
Kiebitz 140
Kiebitzregenpfeifer 145, 148
Kiefernkreuzschnabel 595
Klappergrasmücke 481
Kleiber 495
Kleine Bergente s. Kanadabergente 69

Register der deutschen Vogelnamen

„Kleiner Alpenstrandläufer"
 s. Alpenstrandläufer 174
Kleiner Gelbschenkel s. Gelb-
 schenkel 199
Kleiner Schlammläufer s. Moor-
 schlammläufer 184
Kleiner Sturmtaucher s. Barolo-
 sturmtaucher 287
Kleines Sumpfhuhn s. Klein-
 sumpfhuhn 116
Kleinralle s. Kleinsumpfhuhn
Kleinspecht 368
Kleinsumpfhuhn (Kleines
 Sumpfhuhn) 116
Knäkente 51
Knutt 165
Kohlmeise 422
Kolbenente 63
Kolkrabe 414
Königsfasan 22
Korallenmöwe 221
Kormoran 295
Kornweihe 334
Krabbentaucher 259
Kragenente 73
Krähenscharbe 294
Kranich 125
Krauskopfpelikan 311
Krickente 60
Kronenlaubsänger 454
Kronwaldsänger 630
Kubaflamingo 133
Kuckuck 102
Kuhreiher 304
„Kumlienmöwe" s. Polarmöwe
 231
Kurzfangsperber 330
Kurzschnabelgans 36
Kurzzehenlerche 430
Küstenseeschwalbe 249
Kuttengeier s. Mönchsgeier

Lachmöwe 216
Lachseeschwalbe 239
Langzehen-Strandläufer 169
Lannerfalke 382
Lasurmeise 421
Ligurien-Bartgrasmücke 490
Löffelente 53
Löffler 299

Madeirawellenläufer 276
Mandarinente 49
Mantelmöwe 227
Mariskenrohrsänger 460
Mariskensänger s. Mariskenrohr-
 sänger 460
Marmelente 62
Maskenammer 621

Maskenschafstelze 562
Maskenwürger 399
Mauerläufer 496
Mauersegler 92
Maurensteinschmätzer 545
Mäusebussard 343
Meerstrandläufer 175
Mehlschwalbe 438
Meisenwaldsänger 631
Merlin 380
Middendorff-Laubsänger 455
Misteldrossel 518
Mittelmeermöwe 235
Mittelmeer-Steinschmätzer s.
 Balkansteinschmätzer 546 bzw.
 Maurensteinschmätzer 545
Mittelmeer-Sturmtaucher 285
Mittelsäger 86
Mittelspecht 367
Mohrenlerche s. Schwarzstep-
 penlerche 433
Mönchsgeier 320
Mönchsgrasmücke 478
Mönchsmeise s. Weidenmeise
 419
Mönchssittich 386
Mongolenregenpfeifer 153
Mongolenstar 502
Moorente 65
Moorschlammläufer (Kleiner
 Schlammläufer) 184
Mornell s. Mornellregenpfei-
 fer 156
Mornellregenpfeifer 156

Nachtigall 526
Nachtreiher 302
Nachtschwalbe (Ziegenmel-
 ker) 89
Nandu 13
Naumannsdrossel s. Rost-
 schwanzdrossel 512
Nebelkrähe 413
Neuntöter 391
Nilgans 43
Noddiseeschwalbe 209
Nonnengans s. Weißwangen-
 gans 28
Nonnenmeise s. Sumpfmeise
 418
Nonnensteinschmätzer 547
Nordamerikanische Pfeifente
 s. Kanadapfeifente 57
Nordischer Laubsänger s. Wan-
 derlaubsänger 457
„Nordische Wasseramsel"
 s. Wasseramsel 549
„Nördliche Ringdrossel" s. Ring-
 drossel 508

Odinshühnchen 193
Odinswassertreter s. Odins-
 hühnchen 193
Ohrenlerche 429
Ohrentaucher 130
Orientbrachschwalbe 207
Orientturteltaube 110
Orpheusgrasmücke 482
Orpheusspötter 470
Ortolan 611
„Östliche Graugans" s. Grau-
 gans 32
„Östliche Klappergrasmücke"
 s. Klappergrasmücke 481
„Östlicher Hausrotschwanz"
 s. Hausrotschwanz 534
Östlicher Kaiseradler s. Kaiser-
 adler 320

Pallasschwarzkehlchen 540
Papageitaucher 264
Pazifikpieper 577
Pazifiksegler 94
Pazifiktaucher 268
Pazifiktrauerente 78
Pazifischer Goldregenpfeifer
 s. Tundra-Goldregenpfeifer
 146
„Pazifische Ringelgans" s. Rin-
 gelgans 24
Pazifischer Wasserpieper s. Pazi-
 fikpieper 577
Petschorapieper 575
Pfeifente 56
„Pfeifschwan" s. Zwergschwan
 41
Pfuhlschnepfe 160
Pharaonennachtschwalbe 90
Pirol 401
Polarbirkenzeisig 594
Polarmöwe 231
Prachteiderente 71
Prachttaucher 267
Prärie-Goldregenpfeifer 147
Prärieläufer 157
Präriemöwe 220
Provencegrasmücke 486
Purpurhuhn 118
Purpurreiher 306

Rabenkrähe 412
Rallenreiher 303
Raubseeschwalbe 240
Raubwürger 396
Rauchschwalbe 436
Raufußbussard 341
Raufußkauz 355
Rebhuhn 20
Regenbrachvogel 158

Register der deutschen Vogelnamen

Reiherente 67
Rennvogel 205
Ringamsel s. Ringdrossel 508
Ringdrossel 508
Ringelgans 24
Ringeltaube 108
Ringschnabelente 66
Ringschnabelmöwe 225
Rohrammer 622
Rohrdommel 300
Rohrschwirl 476
Rohrweihe 333
Rosaflamingo 132
Rosapelikan 310
Rosengimpel 587
Rosenmöwe 218
Rosenseeschwalbe 247
Rosenstar 500
Rostflügeldrossel 514
Rostammer s. Grauortolan 612
Rostgans 45
Rostschwanzdrossel (Naumannsdrossel) 512
Rotaugenvireo 400
Rotdrossel 516
Rötelammer 620
Rötelfalke 375
Rötelschwalbe 439
Rotflügel-Brachschwalbe 206
Rotfußfalke 377
Rothalsgans 25
Rothalstaucher 128
Rothuhn 18
Rotkehlchen 522
Rotkehldrossel 513
Rotkehlpieper 576
Rotkehl-Strandläufer 172
Rotkopfwürger 398
Rotlappenkiebitz 144
Rotmilan 337
Rotrückenwürger s. Neuntöter 391
Rotschenkel 201
Rotschwanzwürger 393
„Rotsterniges Blaukehlchen" s. Blaukehlchen 523
Rubinkehlchen 528
Rüppellseeschwalbe 241
Rußseeschwalbe 246

Saatgans s. Waldsaatgans, Tundrasaatgans 34
Saatkrähe 411
Säbelschnäbler 139
Saharagrasmücke 484
Saharakragentrappe 97, 98
Saharasteinschmätzer 548
Sakerfalke s. Würgfalke 383
Samtente 75

Samtkopf-Grasmücke 491
Sanderling 173
Sandflughuhn 105
Sandregenpfeifer 149
Sandstrandläufer 182
Sardengrasmücke 487
Schachwürger 394
Schafstelze (Wiesenschafstelze) 559
Scheckente 70
Schelladler 323
Schellente 81
Schieferdrossel 504
Schilfrohrsänger 462
Schlagschwirl 475
Schlangenadler 321
Schleiereule 345
Schmarotzerraubmöwe 257
Schmuckreiher 308
Schmuckseeschwalbe 243
Schmutzgeier 316
Schnatterente 54
Schneeammer 604
Schneeeule 347
Schneefink s. Schneesperling 555
Schneegans 31
Schneesperling 555
Schreiadler 322
Schwalbenmöwe 212
Schwanengans 33
Schwanzmeise 441
Schwarzbrauenalbatros 273
Schwarzflügel-Brachschwalbe 208
Schwarzhalstaucher 131
Schwarzkehlbraunelle 557
Schwarzkehlchen 539
Schwarzkehldrossel 511
Schwarzkopfmöwe 222
Schwarzkopf-Ruderente 87
Schwarzmilan 338
Schwarzschnabelkuckuck 101
Schwarzschnabel-Sturmtaucher s. Atlantiksturmtaucher 284 bzw. Mittelmeersturmtaucher 285
Schwarzschwan 39
Schwarzspecht 372
Schwarzsteppenlerche (Mohrenlerche) 433
Schwarzstirnwürger 395
Schwarzstorch 289
Schwirrnachtigall 524
Seeadler 340
Seeregenpfeifer 152
Seggenrohrsänger 461
Seidenreiher 309
Seidensänger 440

Seidenschwanz 415
Sepiasturmtaucher 280
„Sibirischer Tannenhäher" s. Tannenhäher 405
Sibirisches Schwarzkehlchen s. Pallasschwarzkehlchen 540
Sichelente 55
Sichelstrandläufer 170
Sichler 296
Silbermöwe 228
Silberreiher 307
Singammer 624
Singdrossel 517
Singschwan 42
Skua 255
Sommergoldhähnchen 492
Spanischer Zilpzalp s. Iberienzilpzalp 453
Spatelente 82
Spatelraubmöwe 256
Sperber 331
Sperbereule 352
Sperbergrasmücke 480
Sperlingskauz 353
Spießente 59
Spitzschwanz-Strandläufer 168
Spornammer 603
Spornkiebitz 141
Spornpieper 569
Spottdrossel s. Gartenspottdrossel 497
Sprosser 525
Stachelschwanzsegler 95
Star 501
Steinadler 328
Steinhuhn 19
Steinkauz 354
Steinortolan 609
Steinrötel 536
Steinschmätzer 541
Steinsperling 554
Steinwälzer 162
Stelzenläufer 138
Steppenadler 325
Steppenflughuhn 103
Steppenkiebitz 142
Steppenkragentrappe 98
Steppenmöwe 234
Steppenpieper 570
Steppenspötter 468
Steppenweihe 335
Sterntaucher 266
Stieglitz 598
Stockente 58
Strandpieper 579
Straßentaube 106
Streifengans 29
„Streifenkopf-Schwanzmeise" s. Schwanzmeise 441

Streifenschwirl 472
Strichelschwirl 473
Stummellerche 434
Sturmmöwe 224
Sturmwellenläufer (Sturm-
    schwalbe) 275
Sumpfläufer 167
Sumpfmeise 418
Sumpfohreule 357
Sumpfrohrsänger 466
Swinhoewellenläufer 277

Tafelente 64
Taigabirkenzeisig 592
„Taigazilpzalp" s. Zilpzalp 451
Tannenhäher 405
Tannenmeise 416
Teichhuhn 121
Teichralle s. Teichhuhn 121
Teichrohrsänger 465
Teichwasserläufer 202, 204
Temminckstrandläufer 171
Terekwasserläufer 191
Thayermöwe 232
Thorshühnchen 194
Thorswassertreter s. Thorshüh-
    chen 194
Thunberg-Schafstelze 563
Tienschan-Laubsänger 446
Tordalk 262
Trauerbachstelze 567
Trauerente 77
Trauerschnäpper 531
Trauerschwan s. Schwarzschwan
    39
Trauerseeschwalbe 253
Triel 136
Trottellumme 261
Tundra-Goldregenpfeifer 146
Tundramöwe 237
Tundrasaatgans 35
„Tundra-Sandregenpfeifer"
    s. Sandregenpfeifer 149
Tundraschlammläufer (Großer
    Schlammläufer) 183
Tüpfelgelbschenkel 200
Tüpfelralle s. Tüpfelsumpf-
    huhn 115
Tüpfelsumpfhuhn 115
Türkenammer 610
Türkentaube 111
Turmfalke 376
Turteltaube 109

Uferschnepfe 161
Uferschwalbe 435

Uhu 348
Unglückshäher 402

Wacholderdrossel 515
Wacholderlaubsänger 454
Wachtel 21
Wachtelkönig 114
Waldammer 616
Waldbaumläufer 498
Waldkauz 349
Waldlaubsänger 443
Waldohreule 356
Waldpieper 574
Waldrapp 297
Waldsaatgans 34
Waldschnepfe 185
Waldwasserläufer 197
Wanderdrossel 519
Wanderfalke 385
Wanderlaubsänger 457
Wasseramsel 549
Wasserpieper s. Bergpieper 578
    bzw. Strandpieper 579
Wasserralle 113
Weidenammer 617
Weidenmeise 419
Weidensperling 552
Weißbart-Grasmücke 489
Weißbart-Seeschwalbe 251
Weißbauchtölpel 292
Weißbrauendrossel 510
Weißbürzel-Strandläufer 179
Weißflügellerche 426
Weißflügel-Seeschwalbe 252
Weißgesicht-Sturmschwalbe 272
Weißkehlammer 625
Weißkehlsänger 527
Weißkopf-Ruderente 88
„Weißkopf-Schwanzmeise"
    s. Schwanzmeise 441
Weißrückenspecht 371
Weißschwanzkiebitz 143
„Weißsterniges Blaukehlchen"
    s. Blaukehlchen 523
Weißstorch 290
Weißwangengans 28
Wellenläufer 278
Wendehals 365
Wermutregenpfeifer 155
Wespenbussard 318
Westliche Orpheusgrasmücke s.
    Orpheusgrasmücke 482
„Westliche Heringsmöwe"
    s. Heringsmöwe 236
„Westliches Haselhuhn"
    s. Haselhuhn 14

Wiedehopf 358
Wiesenpieper 572
Wiesenralle s. Wachtelkönig 114
Wiesenschafstelze s. Schaf-
    stelze 559
Wiesenstrandläufer 178
Wiesenweihe 336
Wilsonwassertreter 192
Winterammer (Junko) 626
Wintergoldhähnchen 493
Würgfalke (Sakerfalke) 383
Wüstengimpel 585
Wüstengrasmücke 483
Wüstenregenpfeifer 154
Wüstensteinschmätzer 543

Zaunammer 613
Zaunkönig 494
Zeisig s. Erlenzeisig 601
Ziegenmelker s. Nachtschwalbe
    89
Zilpzalp 451
Zippammer 608
Zistensänger 477
Zitronengirlitz s. Zitronenzei-
    sig 599
Zitronenstelze 564
Zitronenzeisig 599
Zügelseeschwalbe 245
Zwergadler 324
Zwergammer 614
Zwergdommel 301
Zwergdrossel s. Zwergmusen-
    drossel 506
Zwergflamingo 135
Zwerggans 38
Zwergkanadagans 27
Zwergmöwe 217
Zwergmusendrossel (Zwergdros-
    sel) 506
Zwergohreule 346
Zwergralle s. Zwergsumpf-
    huhn 117
Zwergsäger 83
Zwergscharbe 293
Zwergschnäpper 533
Zwergschneegans 30
Zwergschnepfe 186
Zwergschwan 41
Zwergseeschwalbe 244
Zwergstrandläufer 177
Zwergsultanshuhn 120
Zwergsumpfhuhn 117
Zwergtaucher 126
Zwergtrappe 98, 99
Zypernsteinschmätzer 544

Register der wissenschaftlichen Vogelnamen

Acanthis cabaret 593
Acanthis flammea flammea 592
Acanthis flammea rostrata 592
Acanthis hornemanni hornemanni 594
Accipiter brevipes 330
Accipiter gentilis buteoides 332
Accipiter gentilis gentilis 332
Accipiter nisus 331
Acnanthis hornemanni exilipes 594
Acrocephalus agricola 463
Acrocephalus arundinaceus 459
Acrocephalus dumetorum 464
Acrocephalus melanopogon 460
Acrocephalus paludicola 461
Acrocephalus palustris 466
Acrocephalus schoenobaenus 462
Acrocephalus scirpaceus 465
Actitis hypoleucos 195
Actitis macularius 196
Aegithalos caudatus caudatus 441
Aegithalos caudatus europaeus 441
Aegolius funereus 355
Aegypius monachus 320
Agropsar sturninus 502
Aix galericulata 49
Aix sponsa 48
Alauda arvensis 427
Alauda leucoptera 426
Alaudula rufescens 434
Alca torda islandica 262
Alca torda torda 262
Alcedo atthis 360
Alectoris graeca 19
Alectoris rufa 18
Alle alle 259
Alopochen aegyptiacus 43
Amazona oratrix 387
Anas acuta 59
Anas carolinensis 61
Anas crecca 60
Anas platyrhynchos 58
Anous stolidus 209
Anser albifrons albifrons 37
Anser albifrons flavirostris 37
Anser anser anser 32
Anser anser rubrirostris 32
Anser brachyrhynchus 36
Anser caerulescens 31
Anser cygnoides 33
Anser erythropus 38
Anser fabalis 34
Anser indicus 29
Anser rossii 30

Anser serrirostris 35
Anthus campestris 571
Anthus cervinus 576
Anthus godlewskii 570
Anthus gustavi 575
Anthus hodgsoni 574
Anthus petrosus 579
Anthus pratensis 572
Anthus richardi 569
Anthus rubescens 577
Anthus spinoletta 578
Anthus trivialis 573
Antigone canadensis 123
Apus affinis 95
Apus apus 92
Apus melba 91
Apus pacificus 94
Apus pallidus 93
Aquila adalberti 327
Aquila chrysaetos 328
Aquila fasciata 329
Aquila heliaca 326
Aquila nipalensis 325
Ardea alba 307
Ardea cinerea 305
Ardea purpurea 306
Ardenna gravis 283
Ardenna grisea 282
Ardeola ralloides 303
Arenaria interpres 162
Asio flammeus 357
Asio otus 356
Athene noctua 354
Aythya affinis 69
Aythya collaris 66
Aythya ferina 64
Aythya fuligula 67
Aythya marila 68
Aythya nyroca 65

Bartramia longicauda 157
Bombycilla garrulus 415
Botaurus stellaris 300
Branta bernicla bernicla 24
Branta bernicla hrota 24
Branta bernicla nigricans 24
Branta canadensis canadensis 26
Branta canadensis parvipes 26
Branta hutchinsii 27
Branta leucopsis 28
Branta ruficollis 25
Bubo bubo 348
Bubo scandiacus 347
Bubulcus ibis 304
Bucanetes githagineus 585
Bucephala albeola 80

Bucephala clangula 81
Bucephala islandica 82
Bulweria bulwerii 288
Burhinus oedicnemus 136
Buteo buteo buteo 343
Buteo buteo vulpinus 343
Buteo lagopus lagopus 341
Buteo rufinus cirtensis 342
Buteo rufinus rufinus 342

Calandrella brachydactyla brachydactyla 430
Calandrella brachydactyla longipennis 430
Calcarius lapponicus 603
Calidris acuminata 168
Calidris alba 173
Calidris alpina alpina 174
Calidris alpina schinzii 174
Calidris bairdii 176
Calidris canutus 165
Calidris falcinellus 167
Calidris ferruginea 170
Calidris fuscicollis 179
Calidris himantopus 169
Calidris maritima 175
Calidris melanotos 181
Calidris minuta 177
Calidris minutilla 178
Calidris pugnax 166
Calidris pusilla 182
Calidris ruficollis 172
Calidris subminuta 169
Calidris subruficollis 180
Calidris temminckii 171
Calidris tenuirostris 163
Calliope calliope 528
Calonectris borealis 281
Calonectris diomedea 280
Caprimulgus aegyptius 90
Caprimulgus europaeus 89
Carduelis cannabina 591
Carduelis carduelis 598
Carduelis chloris 588
Carduelis citrinella 599
Carduelis flavirostris 590
Carpodacus erythrinus 586
Carpodacus roseus 587
Catharus guttatus 507
Catharus minimus 506
Catharus ustulatus 506
Cecropis daurica 439
Cepphus grylle arcticus 263
Cepphus grylle grylle 263
Cercotrichas galactotes galactotes 520

Register der wissenschaftlichen Vogelnamen

Cercotrichas galactotes syriaca 520
Certhia brachydactyla brachydactyla 499
Certhia brachydactyla megarhynchos 499
Certhia familiaris familiaris 498
Certhia familiaris macrodactyla 498
Ceryle rudis 362
Cettia cetti 440
Charadrius alexandrinus 152
Charadrius asiaticus 155
Charadrius dubius 150
Charadrius hiaticula hiaticula 149
Charadrius hiaticula tundrae 149
Charadrius leschenaultii 154
Charadrius [mongolus] atrifrons 153
Charadrius morinellus 156
Charadrius vociferus 151
Chlamydotis macqueenii 98
Chlamydotis undulata 97
Chlidonias hybrida 251
Chlidonias leucopterus 252
Chlidonias niger 253
Chroicocephalus genei 213
Chroicocephalus philadelphia 214
Chroicocephalus ridibundus 216
Ciconia ciconia 290
Ciconia nigra 289
Cinclus cinclus aquaticus 549
Cinclus cinclus cinclus 549
Circaetus gallicus 321
Circus aeruginosus 333
Circus cyaneus 334
Circus macrourus 335
Circus pygargus 336
Cisticola juncidis 477
Clamator glandarius 100
Clanga clanga 323
Clanga pomarina 322
Clangula hyemalis 79
Coccothraustes coccothraustes 582
Coccyzus americanus 101
Coccyzus erythrophthalmus 101
Coloeus dauuricus 409
Coloeus monedula monedula 408
Coloeus monedula soemmerringii 408
Coloeus monedula spermologus 408
Columba oenas 107
Columba palumbus 108
Columbia livia f. domestica 106
Coracias [garrulus] garrulus 359
Corvus corax 414

Corvus cornix 413
Corvus corone 412
Corvus frugilegus 411
Corvus splendens 410
Coturnix coturnix 21
Crex crex 114
Cuculus canorus 102
Cursorius cursor 205
Cyanistes caeruleus 420
Cyanistes cyanus 421
Cygnus atratus 39
Cygnus columbianus bewickii 41
Cygnus columbianus columbianus 41
Cygnus cygnus 42
Cygnus olor 40

Delichon urbicum 438
Dendrocopos leucotos 371
Dendrocopos major major 370
Dendrocopos major pinetorum 370
Dendrocopos syriacus 369
Dendrocoptes medius 367
Dryobates minor hortorum 368
Dryobates minor minor 368
Dryoscopus martius 372
Dumetella carolinensis 497

Egretta garzetta 309
Egretta thula 308
Elanus caeruleus 314
Emberiza aureola 617
Emberiza bruniceps 619
Emberiza buchanani 609
Emberiza caesia 612
Emberiza calandra 605
Emberiza chrysophrys 615
Emberiza [cia] cia 608
Emberiza cineracea cineracea 610
Emberiza cineracea semonovi 610
Emberiza cirlus 613
Emberiza [citrinella] citrinella 606
Emberiza hortulana 611
Emberiza leucocephalos 607
Emberiza melanocephala 618
Emberiza pusilla 614
Emberiza rustica 616
Emberiza rutila 620
Emberiza schoeniclus schoeniclus 622
Emberiza schoeniclus tschusii 622
Emberiza spodocephala 621
Eremophila alpestris 429
Erithacus rubecula 522

Falco amurensis 378
Falco biarmicus 382

Falco cherrug 383
Falco columbarius aesalon 380
Falco columbarius subaesalon 380
Falco eleonorae 379
Falco naumanni 375
Falco peregrinus calidus 385
Falco peregrinus peregrinus 385
Falco rusticolus 384
Falco subbuteo 381
Falco tinnunculus 376
Falco vespertinus 377
Ficedula albicollis 530
Ficedula hypoleuca 531
Ficedula parva 533
Ficedula semitorquata 532
Fratercula arctica 264
Fringilla coelebs 580
Fringilla montifringilla 581
Fulica atra 122
Fulmarus glacialis auduboni 279
Fulmarus glacialis glacialis 279

Galerida cristata 428
Gallinago gallinago 188
Gallinago media 187
Gallinula chloropus 121
Garrulus glandarius 403
Gavia adamsii 270
Gavia arctica 267
Gavia immer 269
Gavia pacifica 268
Gavia stellata 266
Gelochelidon nilotica 239
Geokichla sibirica 504
Geronticus eremita 297
Glareola maldivarum 207
Glareola nordmanni 208
Glareola pratincola 206
Glaucidium passerinum 353
Grus grus 125
Grus virgo 124
Gypaetus barbatus 315
Gyps fulvus 319

Haematopus ostralegus 137
Haliaeetus albicilla 340
Haliaeetus leucoryphus 339
Helopsaltes certhiola 472
Heteroscelus brevipes 198
Hieraaetus pennatus 324
Himantopus himantopus 138
Hippolais icterina 471
Hippolais polyglotta 470
Hirundapus caudacutus 95
Hirundo rustica 436
Histrionicus histrionicus 73
Hydrobates pelagicus 275
Hydrocoloeus minutus 217

Register der wissenschaftlichen Vogelnamen

Hydroprogne caspia 240
Ichthyaetus audouinii 221
Ichthyaetus ichthyaetus 223
Ichthyaetus melanocephalus 222
Icterus galbula 628
Iduna caligata 467
Iduna pallida 469
Iduna rama 468
Irania gutturalis 527
Ixobrychus minutus 301

Junco hyemalis 626
Jynx torquilla 365

Lagopus muta 17
Lanius collaris 391
Lanius cristatus 390
Lanius excubitor excubitor 396
Lanius excubitor homeyeri 396
Lanius isabellinus 392
Lanius meridionalis 397
Lanius minor 395
Lanius nubicus 399
Lanius phoenicuroides 393
Lanius schach 394
Lanius senator 398
Larus argentatus argentatus 228
Larus argentatus argenteus 228
Larus cachinnans 234
Larus canus canus 224
Larus canus heinei 224
Larus delawarensis 225
Larus fuscus fuscus 236
Larus fuscus graellsii 236
Larus [fuscus] heuglini 237
Larus fuscus intermedius 236
Larus glaucoides glaucoides 231
Larus glaucoides kumlieni 231
Larus hyperboreus 230
Larus marinus 227
Larus michahellis 235
Larus smithsonianus 233
Larus thayeri 232
Leucophaeus atricilla 219
Leucophaeus pipixcan 220
Limnodromus griseus 184
Limnodromus scolopaceus 183
Limosa lapponica 160
Limosa limosa islandica 161
Limosa limosa limosa 161
Locustella fluviatilis 475
Locustella lanceolata 473
Locustella luscinioides 476
Locustella naevia 474
Lophodytes cucullatus 84
Lophophanes cristatus 417
Loxia bifasciata 597
Loxia curvirostra 596

Loxia pytyopsittacus 595
Lullula arborea 425
Luscinia luscinia 525
Luscinia megarhynchos 526
Luscinia sibilans 524
Luscinia svecica cyanecula 523
Luscinia svecica svecica 523
Lymnocryptes minimus 186
Lyrurus tetrix 16

Mareca americana 57
Mareca falcata 55
Mareca penelope 56
Mareca strepera 54
Marmaronetta angustirostris 62
Megaceryle alcyon 361
Melanitta americana 78
Melanitta deglandi 76
Melanitta fusca 75
Melanitta nigra 77
Melanitta perspicillata 74
Melanocorypha bimaculata 431
Melanocorypha calandra 432
Melanocorypha yeltoniensis 433
Melospiza melodia 624
Mergellus albellus 83
Mergus merganser 85
Mergus serrator 86
Merops apiaster 364
Merops persicus 363
Microcarbo pygmaeus 293
Milvus migrans 338
Milvus milvus 337
Mimus polyglottos 497
Monticola saxatilis 536
Monticola solitarius 537
Montifringilla [nivalis] nivalis 555
Morus bassanus 291
Motacilla [alba] alba 566
Motacilla [alba] yarrellii 567
Motacilla cinerea 565
Motacilla citreola 564
Motacilla [flava] cinereocapilla 561
Motacilla [flava] feldegg 562
Motacilla [flava] flava 559
Motacilla [flava] flavissima 560
Motacilla [flava] thunbergi 563
Muscicapa striata 521
Myiopsitta monachus 386

Neophron percnopterus 316
Netta rufina 63
Nucifraga caryocatactes caryocatactes 405
Nucifraga caryocatactes macrorhynchos 405
Numenius arquata 159

Numenius phaeopus 158
Nycticorax nycticorax 302
Oceanites oceanicus 271
Oceanodroma castro 276
Oceanodroma leucorhoa 278
Oceanodroma monorhis 277
Oenanthe cypriaca 544
Oenanthe deserti 543
Oenanthe [hispanica] hispanica 545
Oenanthe [hispanica] melanoleuca 546
Oenanthe [hispanica] pleschanka 547
Oenanthe isabellina 542
Oenanthe leucopyga 548
Oenanthe oenanthe leucorhoa 541
Oenanthe oenanthe oenanthe 541
Onychoprion anaethetus 245
Onychoprion fuscatus 246
Oriolus oriolus 401
Otis tarda 96
Otus scops 346
Oxyura jamaicensis 87
Oxyura leucocephala 88

Pagophila eburnea 211
Pandion haliaetus 313
Panurus biarmicus 424
Parkesia noveboracensis 629
Parus major 422
Passer [domesticus] domesticus 550
Passer [domesticus] hispaniolensis 552
Passerella iliaca 623
Passerina cyanea 632
Passer italiae 551
Passer montanus 553
Pastor roseus 500
Pelagodroma marina 272
Pelecanus crispus 311
Pelecanus onocrotalus 310
Perdix perdix 20
Periparus ater 416
Perisoreus infaustus 402
Pernis apivorus 318
Petronia petronia 554
Phalacrocorax aristotelis aristotelis 294
Phalacrocorax aristotelis desmaresti 294
Phalacrocorax carbo carbo 295
Phalacrocorax carbo sinensis 295
Phalaropus fulicarius 194
Phalaropus lobatus 193
Phalaropus tricolor 192

Phasianus colchicus 23
Phoeniconaias minor 135
Phoenicopterus chilensis 134
Phoenicopterus roseus 132
Phoenicopterus ruber 133
Phoenicurus ochruros gibraltariensis 534
Phoenicurus ochruros phoenicuroides 534
Phoenicurus phoenicurus phoenicurus 535
Phoenicurus phoenicurus samamisicus 535
Phylloscopus bonelli 444
Phylloscopus borealis 457
Phylloscopus collybita abietinus 451
Phylloscopus collybita collybita 451
Phylloscopus collybita tristis 451
Phylloscopus coronatus 454
Phylloscopus fuscatus 452
Phylloscopus humei 446
Phylloscopus ibericus 453
Phylloscopus [inornatus] inornatus 447
Phylloscopus nitidus 454
Phylloscopus orientalis 445
Phylloscopus plumbeitarsus 455
Phylloscopus proregulus 448
Phylloscopus schwarzi 449
Phylloscopus sibilatrix 443
Phylloscopus trochiloides 456
Phylloscopus trochilus acredula 450
Phylloscopus trochilus trochilus 450
Pica pica 404
Picoides tridactylus 366
Picus canus 374
Picus viridis 373
Pinicola enucleator 583
Platalea leucorodia 299
Plectrophenax nivalis insulae 604
Plectrophenax nivalis nivalis 604
Plegadis falcinellus 296
Pluvialis apricaria 145
Pluvialis dominica 147
Pluvialis fulva 146
Pluvialis squatarola 148
Podiceps auritus 130
Podiceps cristatus 129
Podiceps grisegena 128
Podiceps nigricollis 131
Podilymbus podiceps 127
Poecile montanus montanuss 419
Poecile montanus rhenanus 419
Poecile montanus salicarius 419

Poecile palustris 418
Polysticta stelleri 70
Porphyrio alleni 120
Porphyrio martinicus 120
Porphyrio poliocephalus 119
Porphyrio porphyrio 118
Porzana parva 116
Porzana porzana 115
Porzana pusilla 117
Prunella atrogularis 557
Prunella collaris 556
Prunella modularis 558
Prunella montanella 557
Psittacula eupatria 388
Psittacula krameri 389
Pterocles exustus 104
Pterocles orientalis 105
Pterodroma feae 283
Ptyonoprogne rupestris 437
Puffinus baroli 287
Puffinus mauretanicus 286
Puffinus puffinus 284
Puffinus yelkouan 285
Pyrrhocorax graculus 407
Pyrrhocorax pyrrhocorax 406
Pyrrhula pyrrhula europaea 584
Pyrrhula pyrrhula pyrrhula 584

Rallus aquaticus 113
Recurvirostra avosetta 139
Regulus ignicapilla 492
Regulus regulus 493
Remiz pendulinus 423
Rhea americana 13
Rhodostethia roseus 218
Riparia riparia 435
Rissa tridactyla 210

Saxicola maurus hemprichii 540
Saxicola maurus maurus 540
Saxicola rubetra 538
Saxicola rubicola 539
Scolopax rusticola 185
Serinus serinus 600
Setophaga americana 631
Setophaga coronata 630
Setophaga virens 631
Sibirionetta formosa 50
Sitta europaea 495
Somateria mollissima 72
Somateria spectabilis 71
Spatula clypeata 53
Spatula discors 52
Spatula querquedula 51
Spinus spinus 601
Stercorarius longicaudus 258
Stercorarius parasiticus 257
Stercorarius pomarinus 256

Stercorarius skua 255
Sterna dougallii 247
Sterna forsteri 250
Sterna hirundo 248
Sterna paradisaea 249
Sternula albifrons 244
Streptopelia decaocto 111
Streptopelia orientalis 110
Streptopelia turtur 109
Strix aluco 349
Strix nebulosa 351
Strix uralensis liturata 350
Strix uralensis macroura 350
Sturnus vulgaris 501
Sula leucogaster 292
Surnia ulula 352
Sylvia atricapilla 478
Sylvia borin 479
Sylvia cantillans albistriata 489
Sylvia cantillans iberiae 489
Sylvia communis 485
Sylvia conspicillata 488
Sylvia curruca blythi 481
Sylvia curruca curruca 481
Sylvia deserti 484
Sylvia hortensis 482
Sylvia melanocephala 491
Sylvia nana 483
Sylvia nisoria 480
Sylvia sarda 487
Sylvia subalpina 490
Sylvia undata 486
Syrmaticus reevesii 22
Syrrhaptes paradoxus 103

Tachybaptus ruficollis 126
Tadorna ferruginea 45
Tadorna tadorna 44
Tarsiger cyanurus 529
Tetrao urogallus 15
Tetrastes bonasia rhenanus 14
Tetrastes bonasia rupestris 14
Tetrastes bonasia styriacus 14
Tetrax tetrax 99
Thalassarche melanophris 273
Thalasseus bengalensis 241
Thalasseus elegans 243
Thalasseus sandvicensis 242
Threskiornis aethiopicus 298
Tichodroma muraria 496
Tringa erythropus 203
Tringa flavipes 199
Tringa glareola 190
Tringa melanoleuca 200
Tringa nebularia 204
Tringa ochropus 197
Tringa solitaria 198
Tringa stagnatilis 202

Tringa totanus robusta 201
Tringa totanus totanus 201
Troglodytes troglodytes 494
Turdus atrogularis 511
Turdus eunomus 514
Turdus iliacus coburni 516
Turdus iliacus iliacus 516
Turdus merula 509
Turdus migratorius 519
Turdus naumanni 512
Turdus obscurus 510
Turdus philomelos clarkei 517
Turdus philomelos philomelos 517
Turdus pilaris 515
Turdus ruficollis 513
Turdus torquatus alpestris 508

Turdus torquatus torquatus 508
Turdus unicolor 507
Turdus viscivorus 518
Tyto alba alba 345
Tyto alba guttata 345

Upupa epops 358
Uria aalge aalge 261
Uria aalge albionis 261
Uria aalge hyperborea 261
Uria lomvia 260

Vanellus gregarius 142
Vanellus indicus 144
Vanellus leucurus 143

Vanellus spinosus 141
Vanellus vanellus 140
Vireo flavifrons 400
Vireo olivaceus 400

Xanthocephalus xanthocephalus 627
Xema sabini 212
Xenus cinereus 191

Zenaida macroura 112
Zonotrichia albicollis 625
Zonotrichia leucophrys 625
Zoothera aurea 505

Register der englischen Vogelnamen

African Desert Warbler 484
African Sacred Ibis 298
Alexandrine Parakeet 388
Allen's Gallinule 120
Alpine Accentor 556
Alpine Chough 407
Alpine Swift 91
American Flamingo 133
American Golden Plover 147
American Herring Gull 233
American Robin 519
American Wigeon 57
Amur Falcon 378
Aquatic Warbler 461
Arctic Redpoll 594
Arctic Tern 249
Arctic Warbler 457
Ashy-headed Wagtail 561
Asian Desert Warbler 483
Atlantic Puffin 264
Audouin's Gull 221
Azure Tit 421

Baikal Teal 50
Baillon's Crake 117
Baird's Sandpiper 176
Balearic Shearwater 286
Baltimore Oriole 628
Band-rumped Storm Petrel 276
Bar-headed Goose 29
Barnacle Goose 28
Barn Swallow 436
Barolo Shearwater 287
Barred Warbler 480
Barrow's Goldeneye 82
Bar-tailed Godwit 160
Bearded Reedling 424
Bearded Vulture 315
Belted Kingfisher 361
Bimaculated Lark 431
Black-bellied Sandgrouse 105
Black-billed Cuckoo 101
Black-browed Albatross 273
Black-crowned Night Heron 302
Black-faced Bunting 621
Black Grouse 16
Black Guillemot 263
Black-headed Bunting 618
Black-headed Gull 216
Black-headed Wagtail 562
Black Kite 338
Black Lark 433
Black-legged Kittiwake 210
Black-necked Grebe 131
Black Redstart 534
Black Scoter 78

Black Stork 289
Black Swan 39
Black-tailed Godwit 161
Black Tern 253
Black-throated Accentor 557
Black-throated Green Warbler 631
Black-throated Loon 267
Black-throated Thrush 511
Black-winged Kite 314
Black-winged Pratincole 208
Black-winged Stilt 138
Black Woodpecker 372
Blue-cheeked Bee-eater 363
Blue Rock Thrush 537
Bluethroat 523
Blue-winged Teal 52
Blyth's Pipit 570
Blyth's Reed Warbler 464
Bohemian Waxwing 415
Bonaparte's Gull 214
Bonelli's Eagle 329
Booted Eagle 324
Booted Warbler 467
Boreal Owl 355
Brambling 581
Brent Goose 24
Bridled Tern 245
Broad-billed Sandpiper 167
Brown Booby 292
Brown Noddy 209
Brown Shrike 390
Buff-bellied Pipit 577
Buff-breasted Sandpiper 180
Bufflehead 80
Bulwer's Petrel 288

Cackling Goose 27
Calandra Lark 432
Canada Goose 26
Carrion Crow 412
Caspian Gull 234
Caspian Plover 155
Caspian Tern 240
Cetti's Warbler 440
Chestnut-bellied Sandgrouse 104
Chestnut Bunting 620
Chilean Flamingo 134
Cinereous Bunting 610
Cinereous Vulture 320
Cirl Bunting 613
Citril Finch 599
Citrine Wagtail 564
Coal Tit 416
Collared Flycatcher 530

Collared Pratincole 206
Common Blackbird 509
Common Buzzard 343
Common Chaffinch 580
Common Chiffchaff 451
Common Crane 125
Common Cuckoo 102
Common Eider 72
Common Firecrest 492
Common Goldeneye 81
Common Grasshopper Warbler 474
Common Greenshank 204
Common House Martin 438
Common Kestrel 376
Common Kingfisher 360
Common Linnet 591
Common Loon 269
Common Merganser 85
Common Moorhen 121
Common Murre 261
Common Nightingale 526
Common Pheasant 23
Common Pochard 64
Common Quail 21
Common Redpoll 592
Common Redshank 201
Common Redstart 535
Common Reed Bunting 622
Common Ringed Plover 149
Common Rock Thrush 536
Common Rosefinch 586
Common Sandpiper 195
Common Scoter 77
Common Shelduck 44
Common Snipe 188
Common Starling 501
Common Swift 92
Common Tern 248
Common Whitethroat 485
Common Wood Pigeon 108
Corn Bunting 605
Corn Crake 114
Cory's Shearwater 281
Cream-coloured Courser 205
Crested Lark 428
Cretzschmar's Bunting 612
Curlew Sandpiper 170
Cyprus Wheatear 544

Dalmatian Pelican 311
Dark-eyed Junco 626
Dartford Warbler 486
Daurian Jackdaw 409
Daurian Starling 502
Demoiselle Crane 124

Register der englischen Vogelnamen

Desert Wheatear 543
Dunlin 174
Dunnock 558
Dusky Thrush 514
Dusky Warbler 452

Eastern Black-eared Wheatear 546
Eastern Bonelli's Warbler 445
Eastern Crowned Warbler 454
Eastern Imperial Eagle 326
Eastern Olivaceous Warbler 469
Eastern/Western Subalpine Warbler 489
Egyptian Goose 43
Egyptian Nightjar 90
Egyptian Vulture 316
Elegant Tern 243
Eleonora's Falcon 379
Eurasian Bittern 300
Eurasian Blackcap 478
Eurasian Blue Tit 420
Eurasian Bullfinch 584
Eurasian Collared Dove 111
Eurasian Coot 122
Eurasian Crag Martin 437
Eurasian Curlew 159
Eurasian Dotterel 156
Eurasian Eagle-Owl 348
Eurasian Golden Oriole 401
Eurasian Hobby 381
Eurasian Hoopoe 358
Eurasian Jay 403
Eurasian Magpie 404
Eurasian Nuthatch 495
Eurasian Oystercatcher 137
Eurasian Penduline Tit 423
Eurasian Pygmy Owl 353
Eurasian Reed Warbler 465
Eurasian Rock Pipit 579
Eurasian Scops Owl 346
Eurasian Siskin 601
Eurasian Skylark 427
Eurasian Sparrowhawk 331
Eurasian Spoonbill 299
Eurasian Stone-curlew 136
Eurasian Teal 60
Eurasian Three-toed Woodpecker 366
Eurasian Treecreeper 498
Eurasian Tree Sparrow 553
Eurasian Wigeon 56
Eurasian Woodcock 185
Eurasian Wren 494
Eurasian Wryneck 365
European Bee-eater 364
European Crested Tit 417
European Golden Plover 145

European Goldfinch 598
European Greenfinch 588
European Green Woodpecker 373
European Herring Gull 228
European Honey Buzzard 318
European Nightjar 89
European Pied Flycatcher 531
European Robin 522
European Roller 359
European Serin 600
European Shag 294
European Stonechat 539
European Storm Petrel 275
European Turtle Dove 109
Eyebrowed Thrush 510

Falcated Duck 55
Fea's Petrel 283
Feral Pigeon 106
Ferruginous Duck 65
Fieldfare 515
Forster's Tern 250
Franklin's Gull 220

Gadwall 54
Garden Warbler 479
Garganey 51
Glaucous Gull 230
Glossy Ibis 296
Goldcrest 493
Golden Eagle 328
Great Black-backed Gull 227
Great Bustard 96
Great Cormorant 295
Great Crested Grebe 129
Great Egret 307
Greater Flamingo 132
Greater Rhea 13
Greater Sand Plover 154
Greater Scaup 68
Greater Short-toed Lark 430
Greater Spotted Eagle 323
Greater White-fronted Goose 37
Greater Yellowlegs 200
Great Grey Owl 351
Great Grey Shrike 396
Great Knot 163
Great Reed Warbler 459
Great Shearwater 283
Great Skua 255
Great Snipe 187
Great Spotted Cuckoo 100
Great Spotted Woodpecker 370
Great Tit 422
Great White Pelican 310
Greenish Warbler 456

Green Sandpiper 197
Green Warbler 454, 631
Green-winged Teal 61
Grey Catbird 497
Grey-cheeked Thrush 506
Grey-headed Swamphen 119
Grey-headed Wagtail 563
Grey-headed Woodpecker 374
Grey Heron 305
Greylag Goose 32
Grey-necked Bunting 609
Grey Partridge 20
Grey Plover 148
Grey-tailed Tattler 198
Grey Wagtail 565
Griffon Vulture 319
Gull-billed Tern 239
Gyrfalcon 384

Harlequin Duck 73
Hawfinch 582
Hazel Grouse 14
Hen Harrier 334
Hermit Thrush 507
Hooded Crow 413
Hooded Merganser 84
Horned Grebe 130
Horned Lark 429
Houbara Bustard 97
House Crow 410
House Sparrow 550
Hume's Leaf Warbler 446

Iberian Chiffchaff 453
Iceland Gull 231
Iceland Gull (Thayer's) 232
Icterine Warbler 471
Indigo Bunting 632
Isabelline Shrike 392
Isabelline Wheatear 542
Italian Sparrow 551
Ivory Gull 211

Jackdaw 408
Jack Snipe 186

Kentish Plover 152
Killdeer 151
King Eider 71

Lanceolated Warbler 473
Lanner Falcon 382
Lapland Longspur 603
Laughing Gull 219
Leach's Storm Petrel 278
Least Sandpiper 178
Lesser Black-backed Gull 236
Lesser Crested Tern 241

Lesser Flamingo 135
Lesser Grey Shrike 395
Lesser Kestrel 375
Lesser Redpoll 593
Lesser Sand Plover 153
Lesser Scaup 69
Lesser Short-toed Lark 434
Lesser Spotted Eagle 322
Lesser Spotted Woodpecker 368
Lesser White-fronted Goose 38
Lesser Whitethroat 481
Lesser Yellowlegs 199
Levant Sparrowhawk 330
Little Auk 259
Little Bittern 301
Little Bunting 614
Little Bustard 99
Little Crake 116
Little Egret 309
Little Grebe 126
Little Gull 217
Little Owl 354
Little Ringed Plover 150
Little Stint 177
Little Swift 95
Little Tern 244
Long-billed Dowitcher 183
Long-eared Owl 356
Long-legged Buzzard 342
Long-tailed Duck 79
Long-tailed Shrike 394
Long-tailed Skua 258
Long-tailed Tit 441
Long-toed Stint 169

Macqueen's Bustard 98
Mallard 58
Mandarin Duck 49
Manx Shearwater 284
Marbled Duck 62
Marmora's Warbler 487
Marsh Sandpiper 202
Marsh Tit 418
Marsh Warbler 466
Masked Shrike 399
Meadow Pipit 572
Mediterranean Gull 222
Melodious Warbler 470
Merlin 380
Mew Gull 224
Middle Spotted Woodpecker 367
Mistle Thrush 518
Moltoni's Warbler 490
Monk Parakeet 386
Montagu's Harrier 336
Mourning Dove 112
Moustached Warbler 460

Mute Swan 40
Myrtle Warbler 630

Naumann's Thrush 512
Northern Bald Ibis 297
Northern Fulmar 279
Northern Gannet 291
Northern Goshawk 332
Northern Hawk-Owl 352
Northern Lapwing 140
Northern Mockingbird 497
Northern Parula 631
Northern Pintail 59
Northern Raven 414
Northern Shoveler 53
Northern Waterthrush 629
Northern Wheatear 541

Olive-backed Pipit 574
Oriental Pratincole 207
Oriental Turtle Dove 110
Ortolan Bunting 611

Pacific Golden Plover 146
Pacific Loon 268
Pacific Swift 94
Paddyfield Warbler 463
Pallas's Fish Eagle 339
Pallas's Grasshopper Warbler 472
Pallas's Gull 223
Pallas's Leaf Warbler 448
Pallas's Rosefinch 587
Pallas's Sandgrouse 103
Pallid Harrier 335
Pallid Swift 93
Parasitic Skua 257
Parrot Crossbill 595
Pechora Pipit 575
Pectoral Sandpiper 181
Peregrine Falcon 385
Pied Avocet 139
Pied-billed Grebe 127
Pied Kingfisher 362
Pied Wagtail 567
Pied Wheatear 547
Pine Bunting 607
Pine Grosbeak 583
Pink-footed Goose 36
Pomarine Skua 256
Purple Gallinule 120
Purple Heron 306
Purple Sandpiper 175
Pygmy Cormorant 293

Radde's Warbler 449
Razorbill 262
Red-backed Shrike 391

Red-billed Chough 406
Red-breasted Flycatcher 533
Red-breasted Goose 25
Red-breasted Merganser 86
Red-crested Pochard 63
Red Crossbill 596
Red-eyed Vireo 400
Red-flanked Bluetail 529
Red-footed Falcon 377
Red Fox Sparrow 623
Red-headed Bunting 619
Red Kite 337
Red Knot 165
Red-legged Partridge 18
Red-necked Grebe 128
Red-necked Phalarope 193
Red-necked Stint 172
Red Phalarope 194
Red-rumped Swallow 439
Red-tailed Shrike 393
Red-throated Loon 266
Red-throated Pipit 576
Red-throated Thrush 513
Red-wattled Lapwing 144
Redwing 516
Reeve 166
Reeves's Pheasant 22
Richard's Pipit 569
Ring-billed Gull 225
Ring-necked Duck 66
Ring Ouzel 508
River Warbler 475
Rock Bunting 608
Rock Partridge 19
Rock Ptarmigan 17
Rock Sparrow 554
Rook 411
Roseate Tern 247
Rose-ringed Parakeet 389
Ross's Goose 30
Ross's Gull 218
Rosy Starling 500
Rough-legged Buzzard 341
Ruddy Duck 87
Ruddy Shelduck 45
Ruddy Turnstone 162
Ruff 166
Rufous-tailed Robin 524
Rufous-tailed Scrub Robin 520
Rustic Bunting 616

Sabine's Gull 212
Saker Falcon 383
Sanderling 173
Sandhill Crane 123
Sand Martin 435
Sandwich Tern 242
Sardinian Warbler 491

Register der englischen Vogelnamen

Savi's Warbler 476
Scaly Thrush 505
Scopoli's Shearwater 280
Sedge Warbler 462
Semicollared Flycatcher 532
Semipalmated Sandpiper 182
Sharp-tailed Sandpiper 168
Short-billed Dowitcher 184
Short-eared Owl 357
Short-toed Snake Eagle 321
Short-toed Treecreeper 499
Siberian Accentor 557
Siberian Gull 237
Siberian Jay 402
Siberian Rubythroat 528
Siberian Stonechat 540
Siberian Thrush 504
Slender-billed Gull 213
Smew 83
Snow Bunting 604
Snow Goose 31
Snowy Egret 308
Snowy Owl 347
Sociable Lapwing 142
Solitary Sandpiper 198
Song Sparrow 624
Song Thrush 517
Sooty Shearwater 282
Sooty Tern 246
Southern Grey Shrike 397
Spanish Imperial Eagle 327
Spanish Sparrow 552
Spectacled Warbler 488
Spotted Crake 115
Spotted Flycatcher 521
Spotted Nutcracker 405
Spotted Redshank 203
Spotted Sandpiper 196
Spur-winged Lapwing 141
Squacco Heron 303
Steller's Eider 70
Steppe Eagle 325
Stilt Sandpiper 169
Stock Dove 107
Surf Scoter 74

Swainson's Thrush 506
Swan Goose 33
Swinhoe's Storm-Petrel 277
Sykes's Warbler 468
Syrian Woodpecker 369

Taiga Bean Goose 34
Tawny Owl 349
Tawny Pipit 571
Temminck's Stint 171
Terek Sandpiper 191
Thick-billed Murre 260
Thrush Nightingale 525
Tickell's Thrush 507
Tree Pipit 573
Trumpeter Finch 585
Tufted Duck 67
Tundra Bean Goose 35
Tundra Swan 41
Twite 590
Two-barred Crossbill 597
Two-barred Warbler 455

Upland Sandpiper 157
Ural Owl 350

Velvet Scoter 75

Wallcreeper 496
Water Pipit 578
Water Rail 113
Western Barn Owl 345
Western Black-eared Wheatear 545
Western Bonelli's Warbler 444
Western Capercaillie 15
Western Cattle Egret 304
Western Marsh Harrier 333
Western Orphean Warbler 482
Western Osprey 313
Western Swamphen 118
Western Yellow Wagtail 559
Whimbrel 158
Whinchat 538

Whiskered Tern 251
White-backed Woodpecker 371
White-crowned Sparrow 625
White-crowned Wheatear 548
White-faced Storm Petrel 272
White-headed Duck 88
White-rumped Sandpiper 179
White Stork 290
White-tailed Eagle 340
White-tailed Lapwing 143
White-throated Dipper 549
White-throated Needletail 95
White-throated Robin 527
White-throated Sparrow 625
White Wagtail 566
White-winged Lark 426
White-winged Scoter 76
White-winged Snowfinch 555
White-winged Tern 252
Whooper Swan 42
Willow Tit 419
Willow Warbler 450
Wilson's Phalarope 192
Wilson's Storm Petrel 271
Woodchat Shrike 398
Wood Duck 48
Woodlark 425
Wood Sandpiper 190
Wood Warbler 443

Yelkouan Shearwater 285
Yellow-billed Cuckoo 101
Yellow-billed Loon 270
Yellow-breasted Bunting 617
Yellow-browed Bunting 615
Yellow-browed Warbler 447
Yellowhammer 606
Yellow-headed Amazon 387
Yellow-headed Wagtail 560
Yellow-hooded Blackbird 627
Yellow-legged Gull 235
Yellow-throated Vireo 400

Zitting Cisticola 477

Register der französischen Vogelnamen

Accenteur à gorge noire 557
Accenteur alpin 556
Accenteur montanelle 557
Accenteur mouchet 558
Agrobate roux 520
Aigle botté 324
Aigle criard 323
Aigle de Bonelli 329
Aigle des steppes 325
Aigle ibérique 327
Aigle impérial 326
Aigle pomarin 322
Aigle royal 328
Aigrette garzette 309
Aigrette neigeuse 308
Albatros à sourcils noirs 273
Alouette calandre 432
Alouette calandrelle 430
Alouette des champs 427
Alouette hausse-col 429
Alouette leucoptère 426
Alouette lulu 425
Alouette monticole 431
Alouette nègre 433
Alouette pispolette 434
Amazone à tête jaune 387
Arlequin plongeur 73
Autour des palombes 332
Avocette élégante 139

Balbuzard pêcheur 313
Barge à queue noire 161
Barge rousse 160
Bécasseau à col roux 172
Bécasseau à croupion blanc 179
Bécasseau à échasses 169
Bécasseau à longs doigts 169
Bécasseau à poitrine cendrée 181
Bécasseau à queue pointue 168
Bécasseau cocorli 170
Bécasseau de Baird 176
Bécasseau de l'Anadyr 163
Bécasseau de Temminck 171
Bécasseau falcinelle 167
Bécasseau maubèche 165
Bécasseau minuscule 178
Bécasseau minute 177
Bécasseau roussâtre 180
Bécasseau sanderling 173
Bécasseau semipalmé 182
Bécasseau variable 174
Bécasseau violet 175
Bécasse des bois 185
Bécassin à long bec 183
Bécassine des marais 188
Bécassine double 187

Bécassine sourde 186
Bécassin roux 184
Bec-croisé bifascié 597
Bec-croisé des sapins 596
Bec-croisé perroquet 595
Bergeronnette à tête cendrée 561
Bergeronnette à tête grise 563
Bergeronnette à tête noire 562
Bergeronnette citrine 564
Bergeronnette des ruisseaux 565
Bergeronnette de Yarrell 567
Bergeronnette grise 566
Bergeronnette printanière 559
Bergeronnette printanière flavéole 560
Bernache à cou roux 25
Bernache cravant 24
Bernache de Hutchins 27
Bernache du Canada 26
Bernache nonnette 28
Bihoreau gris 302
Blongios nain 301
Bondrée apivore 318
Bouscarle de Cetti 440
Bouvreuil pivoine 584
Bruant à calotte blanche 607
Bruant à cou gris 609
Bruant à couronne blanche 625
Bruant à gorge blanche 625
Bruant à sourcils jaunes 615
Bruant à tête rousse 619
Bruant auréole 617
Bruant cendré 610
Bruant cendrillard 612
Bruant chanteur 624
Bruant des roseaux 622
Bruant fauve 623
Bruant fou 608
Bruant jaune 606
Bruant masqué 621
Bruant mélanocéphale 618
Bruant nain 614
Bruant ortolan 611
Bruant proyer 605
Bruant roux 620
Bruant rustique 616
Bruant zizi 613
Busard cendré 336
Busard des roseaux 333
Busard pâle 335
Busard Saint-Martin 334
Buse féroce 342
Buse pattue 341
Buse variable 343

Butor étoilé 300
Caille des blés 21
Canard à faucilles 55
Canard branchu 48
Canard chipeau 54
Canard colvert 58
Canard d'Amérique 57
Canard mandarin 49
Canard pilet 59
Canard siffleur 56
Canard souchet 53
Carouge à capuchon 627
Cassenoix moucheté 405
Chardonneret élégant 598
Chevalier aboyeur 204
Chevalier arlequin 203
Chevalier bargette 191
Chevalier cul-blanc 197
Chevalier de Sibérie 198
Chevalier gambette 201
Chevalier grivelé 196
Chevalier guignette 195
Chevalier solitaire 198
Chevalier stagnatile 202
Chevalier sylvain 190
Chevêche d'Athéna 354
Chevêchette d'Europe 353
Chocard à bec jaune 407
Choucas de Daourie 409
Choucas des tours 408
Chouette de l'Oural 350
Chouette épervière 352
Chouette hulotte 349
Chouette lapone 351
Cigogne blanche 290
Cigogne noire 289
Cincle plongeur 549
Circaète Jean-le-Blanc 321
Cisticole des joncs 477
Cochevis huppé 428
Combattant varié 166
Conure veuve 386
Corbeau familier 410
Corbeau freux 411
Cormoran huppé 294
Cormoran pygmée 293
Corneille mantelée 413
Corneille noire 412
Coucou geai 100
Coucou gris 102
Coulicou à bec jaune 101
Coulicou à bec noir 101
Courlis cendré 159
Courlis corlieu 158
Courvite isabelle 205
Crabier chevelu 303

Register der französischen Vogelnamen

Crave à bec rouge 406
Cygne chanteur 42
Cygne noir 39
Cygne siffleur 41
Cygne tuberculé 40

Durbec des sapins 583

Échasse blanche 138
Effraie des clochers 345
Eider à duvet 72
Eider à tête grise 71
Eider de Steller 70
Élanion blac 314
Engoulevent d'Europe 89
Engoulevent du désert 90
Épervier à pieds courts 330
Épervier d'Europe 331
Érismature à tête blanche 88
Érismature rousse 87
Étourneau de Daourie 502
Étourneau roselin 500
Étourneau sansonnet 501

Faisan de Colchide 23
Faisan vénéré 22
Faucon crécerelle 376
Faucon crécerellette 375
Faucon de l'Amour 378
Faucon d'Éléonore 379
Faucon émerillon 380
Faucon gerfaut 384
Faucon hobereau 381
Faucon kobez 377
Faucon lanier 382
Faucon pèlerin 385
Faucon sacre 383
Fauvette à lunettes 488
Fauvette à tête noire 478
Fauvette babillarde 481
Fauvette de Moltoni 490
Fauvette des Balkans/Fauvette
   passerinette 489
Fauvette des jardins 479
Fauvette du désert 484
Fauvette épervière 480
Fauvette grisette 485
Fauvette mélanocéphale 491
Fauvette naine 483
Fauvette orphée 482
Fauvette pitchou 486
Fauvette sarde 487
Flamant des Caraïbes 133
Flamant du Chili 134
Flamant nain 135
Flamant rose 132
Fou brun 292
Fou de Bassan 291

Foulque macroule 122
Fuligule à collier 66
Fuligule milouin 64
Fuligule milouinan 68
Fuligule morillon 67
Fuligule nyroca 65
Fulmar boréal 279

Gallinule poule-d'eau 121
Ganga à ventre brun 104
Ganga unibande 105
Garrot à œil d'or 81
Garrot d'Islande 82
Geai des chênes 403
Gélinotte des bois 14
Glaréole à ailes noires 208
Glaréole à collier 206
Glaréole orientale 207
Gobemouche à collier 530
Gobemouche à demi-collier 532
Gobemouche gris 521
Gobemouche nain 533
Gobemouche noir 531
Goéland à bec cerclé 225
Goéland arctique 231
Goéland arctique (thayeri) 232
Goéland argenté 228
Goéland bourgmestre 230
Goéland brun 236
Goéland cendré 224
Goéland d'Audouin 221
Goéland de Sibérie 237
Goéland hudsonien 233
Goéland ichthyaète 223
Goéland leucophée 235
Goéland marin 227
Goéland pontique 234
Goéland railleur 213
Gorgebleue à miroir 523
Grand Chevalier 200
Grand Corbeau 414
Grand Cormoran 295
Grand-duc d'Europe 348
Grande Aigrette 307
Grande Outarde 96
Grand Harle 85
Grand Labbe 255
Grand Tétras 15
Grèbe à bec bigarré 127
Grèbe à cou noir 131
Grèbe castagneux 126
Grèbe esclavon 130
Grèbe huppé 129
Grèbe jougris 128
Grimpereau des bois 498
Grimpereau des jardins 499
Grive à ailes rousses 514
Grive à dos roussâtre 506

Grive à gorge noire 511
Grive à gorge rousse 513
Grive à joues grises 506
Grive dama 505
Grive de Naumann 512
Grive de Sibérie 504
Grive draine 518
Grive litorne 515
Grive mauvis 516
Grive musicienne 517
Grive solitaire 507
Gros-bec casse-noyaux 582
Grue cendrée 125
Grue demoiselle 124
Grue du Canada 123
Guêpier de Perse 363
Guêpier d'Europe 364
Guifette leucoptère 252
Guifette moustac 251
Guifette noire 253
Guillemot à miroir 263
Guillemot de Brünnich 260
Guillemot marmette 261
Gypaète barbu 315

Harelde kakawi 79
Harfang des neiges 347
Harle couronné 84
Harle huppé 86
Harle piette 83
Héron cendré 305
Héron garde-bœufs 304
Héron pourpré 306
Hibou des marais 357
Hibou moyen-duc 356
Hirondelle de fenêtre 438
Hirondelle de rivage 435
Hirondelle de rochers 437
Hirondelle rousseline 439
Hirondelle rustique 436
Huîtrier pie 137
Huppe fasciée 358
Hypolaïs bottée 467
Hypolaïs ictérine 471
Hypolaïs pâle 469
Hypolaïs polyglotte 470
Hypolaïs rama 468

Ibis chauve 297
Ibis falcinelle 296
Ibis sacré 298
Iranie à gorge blanche 527

Jaseur boréal 415
Junco ardoisé 626

Labbe à longue queue 258
Labbe parasite 257

Labbe pomarin 256
Lagopède alpin 17
Linotte à bec jaune 590
Linotte mélodieuse 591
Locustelle de Pallas 472
Locustelle fluviatile 475
Locustelle lancéolée 473
Locustelle luscinioïde 476
Locustelle tachetée 474
Loriot d'Europe 401
Lusciniole à moustaches 460

Macareux moine 264
Macreuse à ailes blanches 76
Macreuse à bec jaune 78
Macreuse à front blanc 74
Macreuse brune 75
Macreuse noire 77
Marmaronette marbrée 62
Marouette de Baillon 117
Marouette ponctuée 115
Marouette poussin 116
Martinet à ventre blanc 91
Martinet de Sibérie 94
Martinet des maisons 95
Martinet épineux 95
Martinet noir 92
Martinet pâle 93
Martin-pêcheur d'Amérique 361
Martin-pêcheur d'Europe 360
Martin-pêcheur pie 362
Maubèche des champs 157
Mergule nain 259
Merle à plastron 508
Merle d'Amérique 519
Merle noir 509
Merle obscur 510
Merle unicolore 507
Mésangeai imitateur 402
Mésange à longue queue 441
Mésange azurée 421
Mésange bleue 420
Mésange boréale 419
Mésange charbonnière 422
Mésange huppée 417
Mésange noire 416
Mésange nonnette 418
Milan noir 338
Milan royal 337
Moineau cisalpin 551
Moineau domestique 550
Moineau espagnol 552
Moineau friquet 553
Moineau soulcie 554
Monticole merle-bleu 537
Monticole merle-de-roche 536
Moqueur chat 497
Moqueur polyglotte 497

Mouette atricille 219
Mouette blanche 211
Mouette de Bonaparte 214
Mouette de Franklin 220
Mouette de Sabine 212
Mouette mélanocéphale 222
Mouette pygmée 217
Mouette rieuse 216
Mouette rosée 218
Mouette tridactyle 210

Nandou d'Amérique 13
Nette rousse 63
Niverolle alpine 555
Noddi brun 209
Nyctale de Tengmalm 355

Océanite cul-blanc 278
Océanite de Castro 276
Océanite de Wilson 271
Océanite frégate 272
Océanite tempête 275
Oedicnème criard 136
Oie à bec court 36
Oie à tête barrée 29
Oie cendrée 32
Oie cygnoïde 33
Oie de la toundra 35
Oie de Ross 30
Oie des moissons 34
Oie des neiges 31
Oie naine 38
Oie rieuse 37
Oriole de Baltimore 628
Ouette d'Égypte 43
Outarde canepetière 99
Outarde de Macqueen 98
Outarde houbara 97

Panure à moustaches 424
Paruline à collier 631
Paruline à croupion jaune 630
Paruline à gorge noire 631
Paruline des ruisseaux 629
Passerin indigo 632
Pélican blanc 310
Pélican frisé 311
Perdrix bartavelle 19
Perdrix grise 20
Perdrix rouge 18
Perruche à collier 389
Perruche alexandre 388
Petit Chevalier 199
Petit-duc scops 346
Petit Fuligule 69
Petit Garrot 80
Petit Pingouin 262
Pétrel de Bulwer 288

Pétrel gongon 283
Phalarope à bec étroit 193
Phalarope à bec large 194
Phalarope de Wilson 192
Phragmite aquatique 461
Phragmite des joncs 462
Pic à dos blanc 371
Pic cendré 374
Pic épeiche 370
Pic épeichette 368
Pic mar 367
Pic noir 372
Pic syriaque 369
Pic tridactyle 366
Pic vert 373
Pie bavarde 404
Pie-grièche à poitrine rose 395
Pie-grièche à tête rousse 398
Pie-grièche brune 390
Pie-grièche du Turkestan 393
Pie-grièche écorcheur 391
Pie-grièche grise 396
Pie-grièche isabelle 392
Pie-grièche masquée 399
Pie-grièche méridionale 397
Pie-grièche schach 394
Pigeon colombin 107
Pigeon domestique 106
Pigeon ramier 108
Pinson des arbres 580
Pinson du Nord 581
Pipit à dos olive 574
Pipit à gorge rousse 576
Pipit d'Amérique 577
Pipit de Godlewski 570
Pipit de la Petchora 575
Pipit de Richard 569
Pipit des arbres 573
Pipit farlouse 572
Pipit maritime 579
Pipit rousseline 571
Pipit spioncelle 578
Plectrophane des neiges 604
Plectrophane lapon 603
Plongeon à bec blanc 270
Plongeon arctique 267
Plongeon catmarin 266
Plongeon du Pacifique 268
Plongeon huard 269
Pluvier à collier interrompu 152
Pluvier argenté 148
Pluvier asiatique 155
Pluvier bronzé 147
Pluvier de Leschenault 154
Pluvier de Mongolie 153
Pluvier doré 145
Pluvier fauve 146
Pluvier grand-gravelot 149

Register der französischen Vogelnamen

Pluvier guignard 156
Pluvier kildir 151
Pluvier petit-gravelot 150
Pouillot à deux barres 455
Pouillot à grands sourcils 447
Pouillot boréal 457
Pouillot brun 452
Pouillot de Bonelli 444
Pouillot de Hume 446
Pouillot de Pallas 448
Pouillot de Schwarz 449
Pouillot de Temminck 454
Pouillot du Caucase 454
Pouillot fitis 450
Pouillot ibérique 453
Pouillot oriental 445
Pouillot siffleur 443
Pouillot véloce 451
Pouillot verdâtre 456
Puffin cendré 280, 281
Puffin de Macaronésie 287
Puffin des Anglais 284
Puffin des Baléares 286
Puffin fuligineux 282
Puffin majeur 283
Puffin yelkouan 285
Pygargue à queue blanche 340
Pygargue de Pallas 339

Râle d'eau 113
Râle des genêts 114
Rémiz penduline 423
Robin à flancs roux 529
Roitelet à triple bandeau 492
Roitelet huppé 493
Rollier d'Europe 359
Roselin cramoisi 586
Roselin githagine 585

Roselin rose 587
Rossignol calliope 528
Rossignol philomèle 526
Rossignol progné 525
Rossignol siffleur 524
Rougegorge familier 522
Rougequeue à front blanc 535
Rougequeue noir 534
Rousserolle des buissons 464
Rousserolle effarvatte 465
Rousserolle isabelle 463
Rousserolle turdoïde 459
Rousserolle verderolle 466

Sarcelle à ailes bleues 52
Sarcelle à ailes vertes 61
Sarcelle d'été 51
Sarcelle d'hiver 60
Sarcelle élégante 50
Serin cini 600
Sittelle torchepot 495
Sizerin blanchâtre 594
Sizerin cabaret 593
Sizerin flammé 592
Spatule blanche 299
Sterne arctique 249
Sterne bridée 245
Sterne caspienne 240
Sterne caugek 242
Sterne de Dougall 247
Sterne de Forster 250
Sterne élégante 243
Sterne fuligineuse 246
Sterne hansel 239
Sterne naine 244
Sterne pierregarin 248
Sterne voyageuse 241
Syrrhapte paradoxal 103

Tadorne casarca 45
Tadorne de Belon 44
Talève à tête grise 119
Talève d'Allen 120
Talève sultane 118
Talève violacée 120
Tarier de Sibérie 540
Tarier des prés 538
Tarier pâtre 539
Tarin des aulnes 601
Tétras lyre 16
Tichodrome échelette 496
Torcol fourmilier 365
Tournepierre à collier 162
Tourterelle des bois 109
Tourterelle orientale 110
Tourterelle triste 112
Tourterelle turque 111
Traquet à tête blanche 548
Traquet de Chypre 544
Traquet du désert 543
Traquet isabelle 542
Traquet motteux 541
Traquet noir et blanc 546
Traquet oreillard 545
Traquet pie 547
Troglodyte mignon 494

Vanneau à éperons 141
Vanneau à queue blanche 143
Vanneau huppé 140
Vanneau indien 144
Vanneau sociable 142
Vautour fauve 319
Vautour moine 320
Vautour percnoptère 316
Venturon montagnard 599
Verdier d'Europe 588
Viréo à gorge jaune 400
Viréo aux yeux rouges 400

Register der spanischen Vogelnamen

Abejaruco europeo 364
Abejaruco persa 363
Abejero europeo 318
Abubilla común 358
Acentor Alpino 556
Acentor Común 558
Acentor gorjinegro 557
Acentor siberiano 557
Agachadiza chica 186
Agachadiza común 188
Agachadiza real 187
Agateador Euroasiático 498
Agateador Europeo 499
Águila calzada 324
Águila esteparia 325
Águila imperial ibérica 327
Águila imperial oriental 326
Águila moteada 323
Águila perdicera 329
Águila pescadora 313
Águila pomerana 322
Águila real 328
Aguilucho cenizo 336
Aguilucho lagunero occidental 333
Aguilucho pálido 334
Aguilucho papialbo 335
Aguja colinegra 161
Aguja colipinta 160
Agujeta escolopácea 183
Agujeta gris 184
Albatros ojeroso 273
Alca común 262
Alcaraván común 136
Alcatraz atlántico 291
Alcaudón Chico 395
Alcaudón colirrojo 393
Alcaudón Común 398
Alcaudón Dorsirrojo 391
Alcaudón Isabel 392
Alcaudón Norteño 396
Alcaudón Núbico 399
Alcaudón pardo 390
Alcaudón Real 397
Alcaudón Schach 394
Alcotán europeo 381
Alimoche común 316
Alondra Común 427
Alondra Cornuda 429
Alondra Totovía 425
Alzacola Rojizo 520
Amazona cabeciguada 387
Ampelis Europeo 415
Ánade azulón 58
Ánade friso 54
Ánade rabudo norteño 59

Andarríos bastardo 190
Andarríos chico 195
Andarríos del Terek 191
Andarríos grande 197
Andarríos maculado 196
Andarríos solitario 198
Ánsar campestre 34
Ánsar careto 37
Ánsar chico 38
Ánsar cisnal 33
Ánsar común 32
Ánsar de la Tundra 35
Ánsar de Ross 30
Ánsar indio 29
Ánsar nival 31
Ánsar piquicorto 36
Arao aliblanco 263
Arao común 261
Arao de Brünnich 260
Archibebe claro 204
Archibebe común 201
Archibebe fino 202
Archibebe oscuro 203
Archibebe patigualdo chico 199
Archibebe patigualdo grande 200
Arrendajo Euroasiático 403
Arrendajo Siberiano 402
Autillo europeo 346
Avefría coliblanca 143
Avefría espinosa 141
Avefría europea 140
Avefría India 144
Avefría sociable 142
Avetorillo común 301
Avetoro común 300
Avión Común 438
Avión Roquero 437
Avión Zapador 435
Avoceta común 139
Avutarda euroasiática 96
Avutarda hubara africana 97
Avutarda hubara asiática 98
Azor común 332
Azulillo índigo 632

Barnacla canadiense chica 27
Barnacla canadiense grande 26
Barnacla cariblanca 28
Barnacla carinegra 24
Barnacla cuellirroja 25
Bigotudo 424
Bisbita Alpino 578
Bisbita Arbóreo 573
Bisbita Campestre 571
Bisbita Costero 579

Bisbita de Hodgson 574
Bisbita del Pechora 575
Bisbita de Richard 569
Bisbita Estepario 570
Bisbita Gorgirrojo 576
Bisbita Norteamericano 577
Bisbita Pratense 572
Búho campestre 357
Búho chico 356
Búho nival 347
Búho real 348
Buitre leonado 319
Buitre negro 320
Busardo calzado 341
Busardo moro 342
Busardo ratonero 343
Buscarla de Pallas 472
Buscarla fluvial 475
Buscarla lanceolada 473
Buscarla Pintoja 474
Buscarla Unicolor 476

Calamón Cabecigrís 119
Calamoncillo africano 120
Calamoncillo americano 120
Calamón común 118
Calandria Aliblanca 426
Calandria Bimaculada 431
Calandria Común 432
Calandria Negra 433
Camachuelo Carminoso 586
Camachuelo Común 584
Camachuelo de Pallas 587
Camachuelo Picogrueso 583
Camachuelo Trompetero 585
Canastera alinegra 208
Canastera común 206
Canastera oriental 207
Cárabo común 349
Cárabo gavilán 352
Cárabo lapón 351
Cárabo uralense 350
Carbonero Común 422
Carbonero Garrapinos 416
Carbonero Montano 419
Carbonero Palustre 418
Carraca europea 359
Carricerín cejudo 461
Carricerín Común 462
Carricerín real 460
Carricero agrícola 463
Carricero Común 465
Carricero de Blyth 464
Carricero Políglota 466
Carricero Tordal 459
Cascanueces Común 405

Register der spanischen Vogelnamen

Cerceta aliazul 52
Cerceta americana 61
Cerceta carretona 51
Cerceta común 60
Cerceta de Alfanjes 55
Cerceta del Baikal 50
Cerceta pardilla 62
Cernícalo del Amur 378
Cernícalo patirrojo 377
Cernícalo primilla 375
Cernícalo vulgar 376
Cetia ruiseñor 440
Charrán ártico 249
Charrán bengalí 241
Charrancito común 244
Charrán común 248
Charrán de Forster 250
Charrán elegante 243
Charrán embridado 245
Charrán patinegro 242
Charrán rosado 247
Charrán sombrío 246
Chingolo cantor 624
Chingolo gorjiblanco 625
Chingolo zorruno 623
Chocha perdiz 185
Chochín Común 494
Chorlitejo asiático chico 155
Chorlitejo chico 150
Chorlitejo culirrojo 151
Chorlitejo grande 149
Chorlitejo mongol chico 153
Chorlitejo mongol grande 154
Chorlitejo patinegro 152
Chorlito carambolo 156
Chorlito dorado americano 147
Chorlito dorado europeo 145
Chorlito dorado siberiano 146
Chorlito gris 148
Chotacabras egipcio 90
Chotacabras europeo 89
Chova Piquigualda 407
Chova Piquirroja 406
Cigüeña blanca 290
Cigüeña negra 289
Cigüeñuela común 138
Cisne cantor 42
Cisne chico 41
Cisne negro 39
Cisne vulgar 40
Cistícola Buitrón 477
Codorniz común 21
Cogujada Común 428
Colimbo ártico 267
Colimbo chico 266
Colimbo de Adams 270
Colimbo del Pacífico 268
Colimbo grande 269

Colirrojo Real 535
Colirrojo Tizón 534
Collalba Chipriota 544
Collalba Desértica 543
Collalba Gris 541
Collalba Isabel 542
Collalba pía 547
Collalba rubia 545
Collalba Rubia 546
Collalba Yebélica 548
Combatiente 166
Cormorán grande 295
Cormorán moñudo 294
Cormorán pigmeo 293
Corneja Cenicienta 413
Corneja Negra 412
Corredor sahariano 205
Correlimos acuminado 168
Correlimos batitú 157
Correlimos canelo 180
Correlimos común 174
Correlimos cuellirrojo 172
Correlimos culiblanco 179
Correlimos de Baird 176
Correlimos dedilargo 169
Correlimos de Temminck 171
Correlimos falcinelo 167
Correlimos gordo 165
Correlimos grande 163
Correlimos menudillo 178
Correlimos menudo 177
Correlimos oscuro 175
Correlimos pectoral 181
Correlimos semipalmeado 182
Correlimos tridáctilo 173
Correlimos zancolín 169
Correlimos zarapitín 170
Cotorra alejandrina 388
Cotorra argentina 386
Cotorra de Kramer 389
Críalo europeo 100
Cuchara común 53
Cuclillo piquigualdo 101
Cuclillo piquinegro 101
Cuco común 102
Cuervo Grande 414
Cuervo Indio 410
Culebrera europea 321
Curruca cabecinegra 491
Curruca Capirotada 478
Curruca Carrasqueña 489
Curruca enana 483
Curruca gavilana 480
Curruca mirlona occidental 482
Curruca Mosquitera 479
Curruca rabilarga 486
Curruca sahariana 484
Curruca sarda 487

Curruca subalpina 490
Curruca tomillera 488
Curruca Zarcera 485
Curruca Zarcerilla 481

Éider común 72
Éider menor 70
Éider real 71
Elanio común 314
Escribano aureolado 617
Escribano cabeciblanco 607
Escribano cabecigrís 609
Escribano Cabecinegro 618
Escribano carinegro 621
Escribano Carirrojo 619
Escribano cejigualdo 615
Escribano ceniciento 612
Escribano Cerillo 606
Escribano cinéreo 610
Escribano herrumbroso 620
Escribano Hortelano 611
Escribano Lapón 603
Escribano Montesino 608
Escribano Nival 604
Escribano Palustre 622
Escribano pigmeo 614
Escribano rústico 616
Escribano Soteño 613
Escribano Triguero 605
Esmerejón 380
Espátula común 299
Estornino dáurico 502
Estornino Pinto 501
Estornino Rosado 500

Faisán venerado 22
Faisán vulgar 23
Falaropo picofino 193
Falaropo picogrueso 194
Falaropo tricolor 192
Flamenco chileno 134
Flamenco común 132
Flamenco enano 135
Flamenco rojo 133
Focha común 122
Frailecillo atlántico 264
Fulmar boreal 279
Fumarel aliblanco 252
Fumarel cariblanco 251
Fumarel común 253

Gallineta común 121
Gallo-lira común 16
Ganga de Pallas 103
Ganga moruna 104
Ganga ortega 105
Ganso del Nilo 43
Garceta común 309

Register der spanischen Vogelnamen

Garceta grande 307
Garceta nívea 308
Garcilla bueyera 304
Garcilla cangrejera 303
Garza imperial 306
Garza real 305
Gavilán común 331
Gavilán griego 330
Gavión atlántico 227
Gavión cabecinegro 223
Gavión hiperbóreo 230
Gaviota argéntea americana 233
Gaviota argéntea europea 228
Gaviota cabecinegra 222
Gaviota cana 224
Gaviota de Audouin 221
Gaviota de Bonaparte 214
Gaviota de Delaware 225
Gaviota del Caspio 234
Gaviota de Sabine 212
Gaviota enana 217
Gaviota Encapuchada 237
Gaviota esquimel 232
Gaviota groenlandesa 231
Gaviota guanaguanare 219
Gaviota marfileña 211
Gaviota patiamarilla 235
Gaviota picofina 213
Gaviota pipizcan 220
Gaviota reidora 216
Gaviota rosada 218
Gaviota sombría 236
Gaviota tridáctila 210
Golondrina Común 436
Golondrina Dáurica 439
Gorrión Alpino 555
Gorrión Chillón 554
Gorrión Común 550
Gorrión italiano 551
Gorrión Molinero 553
Gorrión Moruno 552
Graja 411
Grajilla Occidental 408
Grajilla Oriental 409
Grévol común 14
Grulla canadiense 123
Grulla común 125
Grulla damisela 124
Guión de codornices 114

Halcón borní 382
Halcón de Eleonora 379
Halcón gerifalte 384
Halcón peregrino 385
Halcón sacre 383
Herrerillo azul 421
Herrerillo Capuchino 417
Herrerillo Común 420

Ibis eremita 297
Ibis sagrado 298

Jilguero Europeo 598
Jilguero Lúgano 601
Junco pizarroso 626

Lagópodo alpino 17
Lavandera Blanca 566
Lavandera Boyera 559
Lavandera Boyera Balcánica 562
Lavandera Boyera Inglesa 560
Lavandera Boyera Italiana 561
Lavandera Boyero Escandinava 563
Lavandera Cascadeña 565
Lavandera Cetrina 564
Lavandera de Yarrell 567
Lechuza común 345

Malvasía cabeciblanca 88
Malvasía canela 87
Martinete común 302
Martín gigante norteamericano 361
Martín pescador común 360
Martín pescador pío 362
Mérgulo atlántico 259
Milano negro 338
Milano real 337
Mirlo-acuático Europeo 549
Mirlo Capiblanco 508
Mirlo Común 509
Mito Común 441
Mochuelo alpino 353
Mochuelo boreal 355
Mochuelo europeo 354
Morito común 296
Mosquitero Bilistado 447
Mosquitero boreal 457
Mosquitero Común 451
Mosquitero coronado 454
Mosquitero de Hume 446
Mosquitero del Cáucaso 454
Mosquitero de Pallas 448
Mosquitero de Schwarz 449
Mosquitero ibérico 453
Mosquitero Musical 450
Mosquitero oriental 445
Mosquitero Papialbo 444
Mosquitero patigrís 455
Mosquitero Silbador 443
Mosquitero sombrío 452
Mosquitero verdoso 456

Ñandú común 13
Negrón aliblanco 76

Negrón americano 78
Negrón careto 74
Negrón común 77
Negrón especulado 75

Océanite de Swinhoe 277
Oropéndola Europea 401
Ostrero euroasiático 137

Págalo grande 255
Págalo parásito 257
Págalo pomarino 256
Págalo rabero 258
Pagaza piconegra 239
Pagaza piquirroja 240
Paíño boreal 278
Paíño de Madeira 276
Paíño de Wilson 271
Paíño europeo 275
Paíño pechialbo 272
Pájaro gato gris 497
Pájaro-moscón Europeo 423
Paloma callejera 106
Paloma torcaz 108
Paloma zurita 107
Papamoscas Acollarado 530
Papamoscas Cerrojillo 531
Papamoscas gris 521
Papamoscas papirrojo 533
Papamoscas semicollarado 532
Pardela balear 286
Pardela capirotada 283
Pardela cenicienta canaria 281
Pardela cenicienta mediterránea 280
Pardela de Barolo 287
Pardela mediterránea 285
Pardela pichoneta 284
Pardela sombría 282
Pardillo alpino 593
Pardillo Ártico 594
Pardillo Común 591
Pardillo norteño 592
Pardillo Piquigualdo 590
Parula norteña 631
Pato arlequín 73
Pato colorado 63
Pato havelda 79
Pato joyuyo 48
Pato mandarín 49
Pelícano ceñudo 311
Pelícano común 310
Perdiz griega 19
Perdiz pardilla 20
Perdiz roja 18
Petirrojo de Irán 527
Petirrojo Europeo 522
Petrel de Bulwer 288

Petrel gongón 283
Picamaderos negro 372
Pico dorsiblanco 371
Picogordo Común 582
Pico mediano 367
Pico menor 368
Pico picapinos 370
Pico sirio 369
Pico tridáctilo 366
Pigargo de Pallas 339
Pigargo europeo 340
Pinzón Real 581
Pinzón Vulgar 580
Piquero pardo 292
Piquituerto Aliblanco 597
Piquituerto Común 596
Piquituerto Lorito 595
Pito cano 374
Pito real euroasiático 373
Playero siberiano 198
Polluela bastarda 116
Polluela chica 117
Polluela pintoja 115
Porrón acollarado 66
Porrón albeola 80
Porrón bastardo 68
Porrón bola 69
Porrón europeo 64
Porrón islándico 82
Porrón moñudo 67
Porrón osculado 81
Porrón pardo 65

Quebrantahuesos 315

Rascón europeo 113
Reinita charquera norteña 629
Reinita coronada 630
Reyezuelo Listado 492
Reyezuelo Sencillo 493
Roquero Rojo 536

Roquero Solitario 537
Ruiseñor calíope 528
Ruiseñor coliazul 529
Ruiseñor Común 526
Ruiseñor Pechiazul 523
Ruiseñor Ruso 525
Ruiseñor silbador 524

Serín Verdecillo 600
Serreta capuchona 84
Serreta chica 83
Serreta grande 85
Serreta mediana 86
Silbón americano 57
Silbón europeo 56
Sinsonte norteño 497
Sisón común 99
Somormujo cuellirrojo 128
Somormujo lavanco 129

Tarabilla común 539
Tarabilla Norteña 538
Tarabilla Siberiana 540
Tarro blanco 44
Tarro canelo 45
Terrera Común 430
Terrera Marismeña 434
Tiñosa boba 209
Torcecuello euroasiático 365
Tórtola europea 109
Tórtola oriental 110
Tórtola turca 111
Trepador Azul 495
Treparriscos 496
Turpial de Baltimore 628

Urogallo común 15
Urraca Común 404

Varillero capuchino 627
Vencejo común 92

Vencejo del Pacífico 94
Vencejo mongol 95
Vencejo moro 95
Vencejo pálido 93
Vencejo real 91
Verderón Común 588
Verderón Serrano 599
Vireo chiví 400
Vireo gorjiamarillo 400
Vuelvepiedras común 162

Zampullín común 126
Zampullín cuellinegro 131
Zampullín cuellirrojo 130
Zampullín picogrueso 127
Zarapito real 159
Zarapito trinador 158
Zarcero de Sykes 468
Zarcero Escita 467
Zarcero Icterino 471
Zarcero pálido 469
Zarcero Políglota 470
Zenaida huilota 112
Zorzal alirrojo 516
Zorzal Charlo 518
Zorzal Común 517
Zorzal de Naumann 512
Zorzal Dorado del Himalaya 505
Zorzal eunomo 514
Zorzalito carigrís 506
Zorzalito colirrufo 507
Zorzalito quemado 506
Zorzal papine gro 511
Zorzal papirrojo 513
Zorzal Real 515
Zorzal robín 519
Zorzal rojigrís 510
Zorzal siberiano 504
Zorzal unicolor 507

Register der italienischen Vogelnamen

Airone bianco maggiore 307
Airone cenerino 305
Airone guardabuoi 304
Airone rosso 306
Albanella minore 336
Albanella pallida 335
Albanella reale 334
Albastrello 202
Albatros sopraccigliineri 273
Allocco 349
Allocco degli Urali 350
Allocco della Lapponia 351
Allodola 427
Allodola golagialla 429
Alzavola 60
Alzavola americana 61
Alzavola asiatica 50
Amazzone testagialla 387
Anatra falcata 55
Anatra mandarina 49
Anatra marmorizzata 62
Anatra sposa 48
Aquila anatraia maggiore 323
Aquila anatraia minore 322
Aquila delle steppe 325
Aquila di Bonelli 329
Aquila di mare 340
Aquila di mare di Pallas 339
Aquila imperiale 326
Aquila imperiale iberica 327
Aquila minore 324
Aquila reale 328
Assiolo 346
Astore 332
Averla bruna 390
Averla capirossa 398
Averla cenerina 395
Averla codirossa 393
Averla dorsorossiccio 394
Averla isabellina 392
Averla maggiore 396
Averla mascherata 399
Averla meridionale 397
Averla piccola 391
Avocetta 139
Avvoltoio monaco 320

Balestruccio 438
Balia caucasica 532
Balia dal collare 530
Balia nera 531
Ballerina bianca 566
Ballerina gialla 565
Ballerina nera 567
Barbagianni 345
Basettino 424

Beccaccia 185
Beccaccia di mare 137
Beccaccino 188
Beccafico 479
Beccamoschino 477
Beccapesci 242
Beccofrusone 415
Berta balearica 286
Berta della Macaronesia 287
Berta dell'Atlantico 283
Berta di Bulwer 288
Berta grigia 282
Berta maggiore atlantica 281
Berta maggiore mediterranea 280
Berta minore 285
Berta minore atlantica 284
Biancone 321
Bigia grossa 482
Bigia padovana 480
Bigiarella 481

Calandra 432
Calandra asiatica 431
Calandra nera 433
Calandra siberiana 426
Calandrella 430
Calandrina 434
Calandro 571
Calandro di Blyth 570
Calandro maggiore 569
Calliope 528
Canapiglia 54
Canapino asiatico 467
Canapino comune 470
Canapino di Sykes 468
Canapino maggiore 471
Canapino pallido orientale 469
Cannaiola 465
Cannaiola di Blyth 464
Cannaiola di Jerdon 463
Cannaiola verdognola 466
Cannareccione 459
Capinera 478
Capovaccaio 316
Cappellaccia 428
Cardellino 598
Casarca 45
Cavaliere d'Italia 138
Cesena 515
Cesena di Naumann 512
Cesena fosca 514
Chiurlo maggiore 159
Chiurlo piccolo 158
Cicogna bianca 290
Cicogna nera 289

Cigno minore 41
Cigno nero 39
Cigno reale 40
Cigno selvatico 42
Cincia alpestre 419
Cincia bigia 418
Cincia dal ciuffo 417
Cinciallegra 422
Cincia mora 416
Cinciarella 420
Cinciarella azzurra 421
Ciuffolotto 584
Ciuffolotto delle pinete 583
Ciuffolotto scarlatto 586
Ciuffolotto scarlatto di Pallas 587
Civetta 354
Civetta capogrosso 355
Civetta nana 353
Codazzurro 529
Codibugnolo 441
Codirosso 535
Codirossone 536
Codirosso spazzacamino 534
Codone 59
Colombaccio 108
Colombella 107
Combattente 166
Cormorano 295
Cornacchia delle case 410
Cornacchia grigia 413
Cornacchia nera 412
Corriere asiatico 155
Corriere di Leschenault 154
Corriere grosso 149
Corriere mongolo 153
Corriere piccolo 150
Corriere vocifero 151
Corrione biondo 205
Corvo comune 411
Corvo imperiale 414
Coturnice 19
Croccolone 187
Crociere 596
Crociere delle pinete 595
Crociere fasciato 597
Cuculo 102
Cuculo americano 101
Cuculo dal ciuffo 100
Cuculo occhirossi 101
Culbianco 541
Culbianco isabellino 542
Cutrettola 559
Cutrettola capinera 562
Cutrettola capocenerino 561
Cutrettola caposcuro 563

Register der italienischen Vogelnamen

Cutrettola (flavissima) 560
Cutrettola testagialla orientale 564

Damigella della Numidia 124
Dendroica coronata 630
Dendroica verdastra 631

Edredone 72
Edredone di Steller 70

Fagiano comune 23
Fagiano di monte 16
Fagiano venerato 22
Falaropo beccolargo 194
Falaropo beccosottile 193
Falaropo di Wilson 192
Falco cuculo 377
Falco dell'Amur 378
Falco della Regina 379
Falco di palude 333
Falco pecchiaiolo 318
Falco pellegrino 385
Falco pescatore 313
Fanello 591
Fanello nordico 590
Fenicottero 132
Fenicottero americano 133
Fenicottero del Cile 134
Fenicottero minore 135
Fiorrancino 492
Fischione 56
Fischione americano 57
Fistione turco 63
Folaga 122
Forapaglie castagnolo 460
Forapaglie comune 462
Forapaglie macchiettato 474
Francolino di monte 14
Fraticello 244
Fratino 152
Fringuello 555, 580
Fringuello alpino 555
Frosone 582
Frullino 186
Fulmaro 279

Gabbianello 217
Gabbiano comune 216
Gabbiano corallino 222
Gabbiano corso 221
Gabbiano di Bonaparte 214
Gabbiano di Franklin 220
Gabbiano di Pallas 223
Gabbiano di Ross 218
Gabbiano di Sabine 212
Gabbiano d'Islanda 231
Gabbiano eburneo 211

Gabbiano eschimese 232
Gabbiano glauco 230
Gabbiano reale 235
Gabbiano reale americano 233
Gabbiano reale nordico 228
Gabbiano reale pontico 234
Gabbiano roseo 213
Gabbiano sghignazzante 219
Gabbiano tridattilo 210
Gallina prataiola 99
Gallinella d'acqua 121
Gallo cedrone 15
Gambecchio americano 178
Gambecchio collorosso 172
Gambecchio comune 177
Gambecchio di Baird 176
Gambecchio di Bonaparte 179
Gambecchio frullino 167
Gambecchio minore 169
Gambecchio nano 171
Gambecchio semipalmato 182
Ganga 105
Garzetta 309
Garzetta nivea 308
Gavina 224
Gavina americana 225
Gazza 404
Gazza marina 262
Gazza marina minore 259
Germano reale 58
Gheppio 376
Ghiandaia 359, 403
Ghiandaia marina 359
Ghiandaia siberiana 402
Gipeto 315
Girfalco 384
Gobbo della Giamaica 87
Gobbo rugginoso 88
Gracchio alpino 407
Gracchio corallino 406
Grandule ventrecastano 104
Grifone 319
Grillaio 375
Gru 125
Gru canadese 123
Gruccione 364
Gruccione egiziano 363
Gufo comune 356
Gufo delle nevi 347
Gufo di palude 357
Gufo reale 348

Ibis eremita 297
Ibis sacro 298
Ittero di Baltimora 628
Ittero monaco 627

Junco occhiscuri 626

Labbo 257
Labbo codalunga 258
Lanario 382
Limnodromo grigio 184
Limnodromo pettorossiccio 183
Locustella di Pallas 472
Locustella fluviatile 475
Locustella lanceolata 473
Lodolaio 381
Lucherino 601
Luì bianco 444
Luì bianco orientale 445
Luì boreale 457
Luì coronato di Temminck 454
Luì di Hume 446
Luì di Pallas 448
Luì di Radde 449
Luì forestiero 447
Luì grosso 450
Luì nitido 454
Luì piccolo 451
Luì piccolo iberico 453
Luì scuro 452
Luì verdastro 456
Luì verdastro barrato 455
Luì verde 443

Magnanina comune 486
Magnanina sarda 487
Marangone dal ciuffo 294
Marangone minore 293
Martin pescatore 360
Martin pescatore americano 361
Martin pescatore bianco e nero 362
Marzaiola 51
Marzaiola americana 52
Merlo 509, 549
Merlo acquaiolo 549
Merlo dal collare 508
Mestolone 53
Migliarino di palude 622
Mignattaio 296
Mignattino alibianche 252
Mignattino comune 253
Mignattino piombato 251
Mimo poliglotto 497
Ministro 632
Monachella 545
Monachella del deserto 543
Monachella di Cipro 544
Monachella dorsonero 547
Monachella nera testabianca 548
Monachella orientale 546
Moretta 67
Moretta arlecchino 73
Moretta codona 79

Moretta dal collare 66
Moretta grigia 68
Moretta grigia minore 69
Moretta tabaccata 65
Moriglione 64
Mugnaiaccio 227

Nandù 13
Nibbio bianco 314
Nibbio bruno 338
Nibbio reale 337
Nitticora 302
Nocciolaia 405

Oca cana 26
Oca canadese di Hutchins 27
Oca cigno 33
Oca collorosso 25
Oca colombaccio 24
Oca delle nevi 31
Oca di Ross 30
Oca egiziana 43
Oca facciabianca 28
Oca granaiola della taiga 34
Oca granaiola della tundra 35
Oca indiana 29
Oca lombardella 37
Oca lombardella minore 38
Oca selvatica 32
Oca zamperosee 36
Occhiocotto 491
Occhione 136
Orchetto marino 77
Orchetto marino americano 78
Orco marino 75
Orco marino dagli occhiali 74
Orco marino del Pacifico 76
Organetto 592
Organetto artico 594
Organetto minore 593
Ortolano 611
Ortolano grigio 612
Otarda 96

Pagliarolo 461
Pantana 204
Parrocchetto dal collare 389
Parrocchetto di Alessandro 388
Parrocchetto monaco 386
Parula americana 631
Passera d'Italia 551
Passera Europea 550
Passera lagia 554
Passera mattugia 553
Passera sarda 552
Passera scopaiola 558
Passera scopaiola asiatica 557

Passera scopaiola golanera 557
Passerella variabile 623
Passero cantore 624
Passero coronabianca 625
Passero golabianca 625
Passero solitario 537
Pavoncella 140
Pavoncella armata 141
Pavoncella codabianca 143
Pavoncella gregaria 142
Pavoncella indiana 144
Pellicano comune 310
Pellicano riccio 311
Pendolino 423
Peppola 581
Pernice bianca 17
Pernice di mare 206
Pernice di mare dal collare 207
Pernice di mare orientale 208
Pernice rossa 18
Pesciaiola 83
Petrello di Fea 283
Pettegola 201
Pettirosso 522
Pettirosso golabianca 527
Picchio cenerino 374
Picchio dorsobianco 371
Picchio muraiolo 496
Picchio muratore 495
Picchio nero 372
Picchio rosso di Siria 369
Picchio rosso maggiore 370
Picchio rosso mezzano 367
Picchio rosso minore 368
Picchio tridattilo 366
Picchio verde 373
Piccione di strada 106
Pigliamosche 521, 533
Pigliamosche pettirosso 533
Piovanello comune 170
Piovanello gigante 163
Piovanello maggiore 165
Piovanello pancianera 174
Piovanello pettorale 181
Piovanello siberiano 168
Piovanello tridattilo 173
Piovanello violetto 175
Piro piro boschereccio 190
Piro piro codalunga 157
Piro piro culbianco 197
Piro piro del Terek 191
Piro piro fulvo 180
Piro piro macchiato 196
Piro piro piccolo 195
Piro piro siberiano 198
Piro piro solitario 198
Piro piro zampelunghe 169

Pispola 572
Pispola della Pechora 575
Pispola golarossa 576
Pittima minore 160
Pittima reale 161
Piviere americano 147
Piviere dorato 145
Piviere orientale 146
Pivieressa 148
Piviere tortolino 156
Podilimbo 127
Poiana 343
Poiana calzata 341
Poiana codabianca 342
Pollo sultano 118
Pollo sultano della Martinica 120
Pollo sultano di Allen 120
Pollo sultano testagrigia 119
Porciglione 113
Prispolone 573
Prispolone indiano 574
Pulcinella di mare 264

Quaglia 21
Quattrocchi 81
Quattrocchi d'Islanda 82
Quattrocchi minore 80

Rampichino alpestre 498
Rampichino comune 499
Re degli edredoni 71
Re di quaglie 114
Regolo 493
Rigogolo 401
Rondine 436
Rondine montana 437
Rondine rossiccia 439
Rondone codacuta 95
Rondone codaforcuta 94
Rondone comune 92
Rondone indiano 95
Rondone maggiore 91
Rondone pallido 93

Sacro 383
Salciaiola 476
Saltimpalo 539
Saltimpalo siberiano 540
Schiribilla 116
Schiribilla grigiata 117
Scricciolo 494
Seiuro del nord 629
Sgarza ciuffetto 303
Sirratte 103
Smergo dal cappuccio 84
Smergo maggiore 85

Register der italienischen Vogelnamen

Smergo minore 86
Smeriglio 380
Sordone 556
Sparviere 331
Sparviere levantino 330
Spatola 299
Spioncello 578
Spioncello del Pacifico 577
Spioncello marino 579
Starna 20
Stercorario maggiore 255
Stercorario mezzano 256
Sterna codalunga 249
Sterna comune 248
Sterna dalle redini 245
Sterna di Dougall 247
Sterna di Forster 250
Sterna di Rüppell 241
Sterna elegante 243
Sterna maggiore 240
Sterna scura 246
Sterna stolida 209
Sterna zampenere 239
Sterpazzola 485
Sterpazzola del deserto 484
Sterpazzola della Sardegna 488
Sterpazzola nana 483
Sterpazzolina comune 489
Sterpazzolina di Moltoni 490
Stiaccino 538
Storno 501
Storno daurico 502
Storno roseo 500
Strillozzo 605
Strolaga beccogiallo 270
Strolaga del Pacifico 268
Strolaga maggiore 269
Strolaga mezzana 267
Strolaga minore 266
Succiacapre 89
Succiacapre isabellino 90
Sula 291
Sula fosca 292
Svasso collorosso 128

Svasso cornuto 130
Svasso maggiore 129
Svasso piccolo 131

Taccola 408
Taccola della Dauria 409
Tarabusino 301
Tarabuso 300
Topino 435
Torcicollo 365
Tordela 518
Tordo bottaccio 517
Tordo di Baird 506
Tordo di Pallas 507
Tordo di Swainson 506
Tordo di Tickell 507
Tordo golanera 511
Tordo golarossa 513
Tordo migratore americano 519
Tordo oscuro 510
Tordo sassello 516
Tordo siberiano 504
Tordo squamato 505
Tortora americana 112
Tortora dal collare 111
Tortora orientale 110
Tortora selvatica 109
Totano moro 203
Totano zampegialle maggiore 200
Totano zampegialle minore 199
Tottavilla 425
Trombettiere 585
Tuffetto 126

Ubara africana 97
Ubara asiatica 98
Uccello delle tempeste 275
Uccello delle tempeste codaforcuta 278
Uccello delle tempeste di Castro 276
Uccello delle tempeste di Swinhoe 277

Uccello delle tempeste di Wilson 271
Uccello delle tempeste facciabianca 272
Uccello gatto capinero 497
Ulula 352
Upupa 358
Uria 261
Uria di Brunnich 260
Uria nera 263
Usignolo 526
Usignolo d'Africa 520
Usignolo di fiume 440
Usignolo di Swinhoe 524
Usignolo maggiore 525

Venturone alpino 599
Verdone 588
Verzellino 600
Vireo frontegialla 400
Vireo occhirossi 400
Volpoca 44
Voltapietre 162
Voltolino 115

Zafferano 236
Zafferano (heuglini) 237
Zigolo boschereccio 616
Zigolo capinero 618
Zigolo cenerino 610
Zigolo collogrigio 609
Zigolo dai sopraccigli gialli 615
Zigolo dal collare 617
Zigolo della Lapponia 603
Zigolo delle nevi 604
Zigolo giallo 606
Zigolo golarossa 607
Zigolo mascherato 621
Zigolo minore 614
Zigolo muciatto 608
Zigolo nero 613
Zigolo rutilo 620
Zigolo testaranciata 619

Die Autoren

Dr. Wolfgang Fiedler, Jahrgang 1966. Seit 1998 Mitarbeiter an der Vogelwarte Radolfzell bzw. dem heutigen Max-Planck-Institut für Verhaltensbiologie, wo er seit 2000 wissenschaftlicher Leiter der Zentrale für Tiermarkierung ist. Sein wissenschaftliches Interesse liegt im Bereich der Tierwanderungen und hier insbesondere beim Vogelzug. In den letzten drei Jahrzehnten verschiedene Vorstandsfunktionen bei der Deutschen Ornithologen-Gesellschaft, der Europäischen Ornithologen-Union und der Europäischen Union für Vogelberingung. Privat Naturfreund und Vogelbeobachter, Hobbytierhalter und Sachverständiger für Fledermausschutz.

 Hans-Joachim Fünfstück, Jahrgang 1956. Seit 1981 Mitarbeiter am Institut für Vogelkunde, der jetzigen staatlichen Vogelschutzwarte/Landesamt für Umwelt in Bayern. Begeisterter Naturfotograf mit Schwerpunkt Vogelfotografie. Als ständiger Mitarbeiter ist er seit 1999 im Redaktionsteam der Zeitschrift Der Falke tätig. Vorstand der Regionalgruppe Garmisch-Partenkirchen und Weilheim-Schongau sowie Mitglied im Landesvorstand vom Landesbund für Vogelschutz in Bayern (LBV). Mitglied im Beirat der Ornithologischen Gesellschaft in Bayern und in der Deutschen Seltenheitenkommission. Als Reiseleiter und privat studierte er die Vogelwelt auf vielen Reisen, die ihn bis jetzt auf sechs Kontinente führten.